新石器时代·彩陶·人面鱼纹盆

东汉·荷塘渔猎画像砖拓片

东汉·宴饮画像砖拓片

汉代·四川彭州画像砖拓片中的庖厨图

东汉·弋射收获画像砖拓片

魏晋·甘肃河西地区画像砖·伏羲

魏晋·甘肃河西地区画像砖·进食图

唐代·墓壁画·宴饮图

五代·顾闳中·韩熙载夜宴图（局部）和结跏趺坐（右）

元代·鲜于枢书法·醉时歌（局部）

宋代·刘松年·撵茶图（局部）

宋代·张择端·清明上河图中的酒家

宋代·佚名·斗茶图（局部）

陈衡恪篆刻·积石不食

商后期·后母戊鼎
又称司母戊鼎、司母戊大方鼎

西周·颂簋

唐代·鎏金龟型银盒
（1987年法门寺塔地宫出土）

战国·中山王的墓出土的酒器及酒
（出土于河南省平山县）

唐代·鎏金壶门座银茶碾
（1987年法门寺塔地宫出土）

西周·大克鼎

西周·大克鼎·铭文拓片

近代·顾景舟制·汉铎壶

近代·顾景舟制·段泥（白釉内壁）紫砂公道杯

当代·汪寅仙·蝉衣斑竹壶

当代·何道洪·秦方壶

当代·张正中制·树桩壶

作者胡付照敬茶

中国轻工业"十四五"规划教材

高等学校通识教育教材

中華飲食文化概述

胡付照　徐兴海　编著

中国轻工业出版社

图书在版编目（CIP）数据

中华饮食文化概述／胡付照，徐兴海编著．—北京：
中国轻工业出版社，2025.2
ISBN 978-7-5184-3298-1

Ⅰ．①中… Ⅱ．①胡… ②徐… Ⅲ．①饮食—文化—
中国 Ⅳ．①TS971.2

中国版本图书馆 CIP 数据核字（2020）第 242797 号

责任编辑：张　靓
文字编辑：赵晓鑫　　　责任终审：白　洁　　封面设计：锋尚设计
版式设计：砚祥志远　　责任校对：晋　洁　　责任监印：张　可

出版发行：中国轻工业出版社（北京鲁谷东街 5 号，邮编：100040）
印　　刷：三河市国英印务有限公司
经　　销：各地新华书店
版　　次：2025 年 2 月第 1 版第 1 次印刷
开　　本：787×1092　1/16　印张：17.75
字　　数：430 千字　　插页：2
书　　号：ISBN 978-7-5184-3298-1　　定价：46.00 元
邮购电话：010-85119873
发行电话：010-85119832　　　010-85119912
网　　址：http://www.chlip.com.cn
Email：club@ chlip.com.cn

　　人类从食物中获得能量，从而维持生命，繁衍不息。自古以来，中国人通过获取食物实现"天人之际"，祈求构筑"天人合一"的和谐之境。人们从大自然中发现可以食用的对象，有意识地种植、驯化、加工制作、流通储藏、祭祀天地祖先，并且以饮食调和人际关系。饮食是人们每天生活之必需，关系到一个人的生老病死，关系到人类的生存繁衍。食物的安全性也决定着一个国家、一个民族的生存安危。而附着在食物上的文化意义，则更是凸显了民族、区域、国家的文化特征。从看似寻常的饮食对象中，研究探索，发掘其中蕴藏的意义，可以启迪和激发我们的智慧。

　　孙中山先生在《建国方略》中指出："中国近代文明进化，事事皆落人之后，惟饮食一道之进步，至今尚为文明各国所不及。中国所发明之食物，固大盛于欧美；而中国烹调法之精良，又非欧美所可并驾。"据毛泽东主席身边医生徐涛回忆，毛泽东主席曾说："我看中国有两样东西对世界是有贡献的，一个是中医中药，一个是中国菜饭，饮食也是文化。"这些都说明：作为中华文化特色之一的饮食文化，对世界的影响极大。作为一名中国人，学习中华饮食文化也是我们了解自身、传承创新中华文化的责任担当。中华饮食文化内容博大精深，涉及诸多学科。作为当代大学生，学习中华饮食文化，不仅能从更高的层面看待饮食与自身健康、饮食与人生、饮食与学术研究、饮食与相关产业发展，还能激发爱国主义，提高民族文化身份认同，成为积极生活的践行者，通过接触不同学科的专业知识，可以打开视野，拓阔胸襟，并从中汲取灵感，启迪智慧。

　　以食品为核心的食品产业、食品品牌彰显了国家实力、企业实力。当下中国的食品企业国际影响力还不够大，食品企业还不够强，青年一代肩负着振兴中国食品品牌的历史重任。作为食品专业的学子们，要成为一名复合型的青年科学家，饮食文化的学习不能缺失。对于非食品专业的学生而言，了解饮食文化，学习与饮食相关的科学文化知识，健康饮食，于身心及学业精进大有裨益。从中国食品企业转型升级来看，企业要能运用新技术不断研发创新产品，从饮食文化的深厚土壤中汲取品牌基因，方能打造新时代属于中国食品的国际化品牌。

本书分九章阐述中华饮食文化的基本内容，各章相互独立而又彼此衔接。主要内容包括：中华饮食文化的内涵，述及饮食文化及中华饮食文化的特点；概述中华饮食文化发展历程及各历史阶段的特点，以从古至今的时间轴揭示其逻辑发展；从民俗的角度观照饮食文化的内涵；介绍古代饮食名人之论及各地饮食特色、食疗养生；从文献角度看饮食文化，会体味到它的生动性，与日常生活的密切相关；专门论述中华酒与茶文化，明示酒与茶其中的社会交往之道以及人生哲理；从介绍其他富有特色的中华饮食文化，如汤、粥、豆腐、面食、点心、小吃文化等，窥见中国人如何提升生活质量；透过中外比较的视野，能够明晰中华饮食文化在世界饮食文化中的地位，理解饮食文化交流对于一个国家和民族的巨大意义。多角度地论述及探索，是希望学生能扩大视野，从更多元化的视角来探究食品科学与文化，从中激发出更多的创意，共同创造美食，共建人类幸福生活的美好家园。

本书的作者为胡付照、徐兴海。胡付照具有商品学、工商管理、食品贸易与文化等多元学科学术背景，多年来在食品产业、旅游产业等从事教学研究，并且付诸实践，于食品文化、经济美学、品牌战略等学术方向兴趣浓厚，并有相关成果惠及社会大众。徐兴海在《史记》研究、食品文化研究、文献研究等方面取得了丰厚的学术成果，长期从事中华文化及食品文化的教学工作，培养了一批优秀的食品文化专业方向的博士、硕士。徐兴海主编的《中国酒文化概论》《酒与酒文化》教材，被多所高校选为教材，启发同道共同推动饮食文化教育实践，为培养相关专业人才体现了学者的责任担当，与学术贡献。

本书作者均为江南大学从事饮食文化研究的教师。由于作者视野及水平有限，书中难免有纰漏甚至谬误之处，真诚期待得到有关专家学者与读者的批评指正。

作者

目录

绪 论

| 本章导读 |

　　人类的取食方式受生态环境、国家政治、民族习俗、地域空间等深刻影响，饮食不仅是物质层面的，还是行为、制度及心态文化层面的，关系着国家、民族的前途与命运。饮食思想具有时代性、社会性、传承性、民族性、地域性、共时性等特征。饮食思想与政治、人生有着最为密切的关系，蕴含丰富哲理，体现"道生一，一生二"的对立统一。"天人合一"的中国哲学观赋予了中华饮食思想灵魂，"以味合道""味和至美"是对自然敬畏，对祖先敬仰，对人与人之间关系的关切。中西餐饮文化的交融，大大促进了中国人主体意识觉醒和新的社会观念萌发。年轻人代表着饮食文化发展方向，中国饮食文化是世界饮食文化的重要组成部分。

1. 了解饮食文化作为人类文化的重要组成部分，中华饮食文化是中华优秀传统文化的一朵璀璨之花，思考学习中华饮食文化的意义。

2. 掌握"民以食为天""因时而化"的中华饮食文化传承创新的特点。

| 学习内容和重点及难点 |

1. 饮食对于一个国家、民族强盛的意义和价值。

2. 学习的难点是如何把握饮食与国民健康、民族文化自信的关系。

一、民以食为天

饮食文化的研究是要告诉人们：什么是中国的饮食思想？ 中国的饮食思想到底向人们传递了什么样的人生观、价值观、世界观？ 这种思想和中国人的政治观、历史观有什么样的关系？ 和中国的发展历史进程有没有关系？ 具体地说，和"大一统""分久必合"的政治观念有没有关系？

饮食不只是饮和食，还是哲学、人生、传统，关系着国家、民族的前途与命运。 比如，饮食是一种交流工具，一桌饭有时就可以解决许多难题，有时又会制造很多机会。 饮食有时会成为外交契机。 比如，党和国家领导人喜欢用白酒和茶招待外国友人，国宴总是展示丰盛的美食。

中国文化离不开"吃"，只要与"吃"沾上了边，有时候说的话就容易被人理解，人与人之间的距离就拉近了。 中国的饮食文化已经渗透到日常生活的方方面面，很多语言都与"吃"有关，比如，中国人把工作岗位叫饭碗，谋生叫糊口，过日子叫混饭吃，混得好叫吃得开，受人羡慕叫吃得香，得到照顾叫吃小灶，花积蓄叫吃老本，形容漂亮叫秀色可餐，靠长辈生活的人叫啃老族，干活过多叫吃不消，被人伤害叫吃亏，吃亏不敢声张叫哑巴吃黄连，男女嫉妒叫吃醋，下定决心叫王八吃秤砣，不听劝告叫软硬不吃，办事不力叫吃干饭，办事收不了场叫吃不了兜着走，有没有资格叫有没有老本可吃，把世界的游戏规则说成是大鱼吃小鱼和赢者通吃，骂有些人喜好吃里爬外，劝阻人们不要争风吃醋，说到经历的时候爱说吃了不少苦头，吃一堑长一智，劝导人要知足就说不能吃着碗里的看着锅里的……

在古代，饮食占有的不平等扩展成阶级、阶层的标志，《曹刿论战》中载："肉食者谋之"，吃肉成为一个人身份的标志，一个人的饮食状况成为阶级划分的标准。

再比如，"吃了吗？"是中国人习惯的问候语，为什么是这样的问候语而不是其他？因为它是当时劳苦大众生存状态的缩影。吃饭的问题对于中国人太重要了，是必须第一关注的问题，因此成为第一问候语，时而久之，成了习惯。"吃了吗？"就成为习惯性的问候语，倒不是说你一定没吃，也不是我马上招待你。现在这句问候语变了，城里人现在不这样问候了，农村人慢慢地也不这样问候了，是因为围绕着"吃"的问题，发生了翻天覆地的变化。

（清代）徐扬画《乾隆南巡图
第六卷》（局部）

注：鲀通豚，大部分面馆都兼做馄饨

中国饮食文化是如此深度地渗入中国文化的每一个角落，使得人们不得不重视饮食文化，有时甚至需要通过饮食文化来体味中国文化。

二、饮食有文化

中国的饮食文化是在中国的环境下生成与发展的，而中国历史的发展却是在一个相对封闭，继而不断展开的环境中不断开拓的，独特的地理与人文环境使得中国文化具有自己的独特性。中国人对于人与自然关系认识的独特性，使得中国的饮食文化带上了深深的自然的特色。"天授人权"的权力来源学说，使得轩辕黄帝以来的帝王无比崇敬上苍，对于上苍的崇敬又体现在祭祀中饮食地位的突出，饮食地位的崇高又引致人们对饮食文化的无比重视。"礼始诸饮食"的理念，使得中国人看重饮食中所具有的教育意义，饮食具有了文化的意义。

中国饮食文化五千年来的生成与发展有着独特的背景，有三点是值得注意的。其一，人口多。公元2年，在汉朝设置政区的范围内有近6000万人口，未列入统计的少数民族和此范围之外的中国人，估计还有数百万，合计超过当时世界人口（约1.7亿）的三分之一。到了12世纪初的北宋末年，境内的人口已经超过1亿，加上辽国、西夏境内和其他少数民族地区的就更多了，而当时世界人口约有3.2亿。1850年，世界人口达到12亿，而中国人口已突破4.3亿，所占比例并没有减少。其二，灾荒多。中国的自然灾害如影随形，粮食的歉收、减产，甚或颗粒不收是大概率的事件，一经瘟疫便会夺取上千万人的生命。据邓云特的《中国救荒史》统计：从公元前18世纪到清末，中国的各类灾荒数共计5187次，造成灾荒的原因一方面是天灾，另一方面应归于较多的人口与自然地理环境的矛盾，人口增加所导致的人地之间矛盾的加剧。另外还有战争引起的灾荒，战争一方面造成割据局面，使食品不能流通，从而造成局部饥荒；另一方面是许多劳动力因被迫服兵役或逃亡他乡而导致农业生产中断。其三，对饮食占有的不平等。在古代中国，众多的人口由占人口总数 10% 的富贵阶层和占人口总数 90% 的庶民阶层组成。 富贵阶层掌握着大量的土地，依靠对庶民阶层的剥削掌握着国家的绝大部分生活资料。 而无地和少地的庶民阶层则需要向封建国家和地主缴纳相当重的租税、钱粮，平常年景也只能解决温饱，没有更多的食品贮备来面对饥荒。 富贵阶层凭借着占有的丰富的食品，大行奢靡之风，"日食万钱，犹曰无下箸处"，奢靡浪费了大量的食品，加重了庶民阶层生活的困窘。 贵族阶层朱门肉臭，庶民阶层数米而炊，甚至无米下锅。 所以对食品占有的不平等也是古代中国食品安全难以保障的重要原因。

中国的饮食文化又具有其他国家及地区饮食文化的共性，比如都依赖于交流，国内的交流，国与国之间的交流，民族之间的交流。 饮食的交流引起饮食文化的交流，饮食文化始终处在交流之中，因此，饮食文化是流动的，变化着的。 而启动人群流动的往往是灾荒、战争、疾病。 成千上万的人群被迫背井离乡，流动到哪里，哪里就有了新的饮食，新的饮食文化。 有时新的饮食习惯会占据上风，南方人喜食大米，北方人钟情于面食，但是福建泉州的面线糊和中原的胡辣汤却如出一辙，这就是跨越千里的传承，当然也是当地人的改变。

中国的饮食文化是不断变化的，如长江黄河般地奔流不息，不断地前进，不断地有支流汇合进来，不断地融合，使其丰富，更加具有生命力。 变是主流，万变不离其宗的是自己的特色。 一个人的饮食习惯是顽固的，如同基因伴随着你的一生。 凭着你的饮食习惯就可以轻易地知道你的国籍，你的籍贯，你的家乡。 "口味"常常是家乡的印记，是为人之初留下的执念。 对于家乡的思念，可能就牵挂于那一口美食，温习与回味那一种独特的味道。

中国饮食文化几千年来不变化的是道德、教育、亲情；变的是舞台、环境、场所。 先秦时期的饮食文化思想一直处于主流，后来的只是不断增入的新的内容。

中国的各民族不断融合，饮食文化也在不断互相影响，汉族地区的地理环境优势始终存在，导致其饮食的丰富性一直领先。

中国饮食文化的发展方向是融合与创新。 改革开放使得中国的饮食文化急剧变化，外国的进来了，中国的出去了，激烈的碰撞，实现了更高层次的交流。

饮食文化是流动的，交互的，它不是"以国为界的文化观"的结果。 以国为界的文化观将人类饮食文明割裂成一个又一个孤立的存在，这边是中国饮食文化，那边是法国饮食文化，英国饮食文化。 在国家主义的裹挟下，文化之间缺乏共情能力。 当一个文化遭到不测，另一个文化却冷眼相对，制造"文化的冲突"，让原本属于人类的饮食文化落入陷阱。 每个文化或许因为语言和传统而有着不同的辐射范围，但国界从来都不是文化的疆界。 即使是小小的"肉夹馍"，也是东西饮食文化交汇的产物。 即使被认为最为保守的清王朝也不是固守中国饮食文化至上，视西洋饮食文化为劣等，否则西餐怎么会进入中国，进入京城的呢？ 中国人首先接受了西方人的饮食习惯，进而喜欢上了西餐，从而不再排斥异国他乡的思想和行为方式。

不同国家、不同地区、不同民族在自身发展过程中所遭遇的自然、社会等客观情况不同，产生了不同的文化。不同的文化都是在特定的条件下产生的，并随着历史的发展而一代一代地传承下来，如影随形，在每一个人身上都有所体现。但千万不要因为我们的文化去贬低别人的文化，说自己的文化辉煌，说别人的文化浅薄。

文化没有先进落后之分，也无高低贵贱之分。不同文化的产生，有的早些，有的晚些；有的较为强势，有的处于弱势；有的发展得快，有的发展得慢。这里所说的"强弱快慢"，是就某一国家、某一地区、某一民族而言的，是相对的，而不是绝对的，我们必须尊重世界上的各种不同的文化。无论是中国的文明还是西方的文明，都是人类有史以来逐渐摸索出来的伦理、道德、法律等，用来建立社会秩序和国际秩序的规则，在文明方面才会有文明与野蛮之分。我们应当接受文明，保护文化。不能把文明与文化混为一谈。饮食文化无论是中国的，还是外国的，都是在特定的环境下形成的。在饮食文化传承发展中，要摒弃旧有的饮食文化中的糟粕与陋习，以平等、尊重、开放、包容的态度，与世界上不同的饮食文化交流互鉴，要取长补短，美美与共，要共同享受美好的文化，共同创造和谐的世界。在大自然面前，无论它赐予丰盛的饮食还是用灾荒惩戒，人类都有着共同的命运。

三、因时而变化

现在的中国，随着观念的巨大改变，传统的饮食思想发生了深刻的转变。1978年至今的40多年以来的改革开放和市场经济的发展，使得中国抛弃了阶级斗争的极左路线，而关注于人们生活水平的提高，"肚子"的问题成为十分重要的关注点。中国越来越融入世界，每年一亿中国人走遍全球，几千万外国人来到中国，西方餐饮传入中国而受到年轻人的喜爱，更多的新颖观念输入，以互联网为代表的自媒体技术的发展，这一切促进了中国人主体意识的觉醒和新观念的萌发。

互联网改变了人们的饮食获得方式，如今快递之发达，带来了极大的便利，人们坐在家里就可以点到称心如意的美食，足不出户就可以与全世界的美食家交流，人们不再依赖于自己动手做，而是依赖于行家里手，高级厨师；不再是到美食店去，而是"坐享其成"了。这促使人们的思维方式改变，交往方式改变，价值观改变，人际关系改变，社会组织改变。

中国人有了更高的食品安全的要求。中国人从来没有像今天这样真切地意识到食品安全的问题，从来没有像今天这样重视食品安全。

在人们饮食生活极大丰富的时候谈论饮食文化是一个轻松的话题。饮食已经不再生死攸关，它证明了时代的进步。

饮食怎么就有了文化？因为饮食是一种乡愁，饮食里有妈妈的味道，饮食是童年记忆的符号，饮食里有一种寄托，有时候真的是说不清道不明的纠结。作家白描先生有一篇《搅团》，讲到几十年后，不再穷困，想吃什么就有什么了，他却回味起儿时馋嘴的搅团———一种陕西关中人吃的玉米做的杂粮饭，"逗引得对搅团的怀念愈发强烈"，回到老家，"亲人团聚，热腾腾的搅团，热腾腾的气氛，直吃得欢天喜地……饭间不知怎么就说到当年对搅团感觉，发现同一种东西，今天和昨天竟完全可以吃出不同的滋味来。看来人的感觉真是奇妙……搅团的兴衰史里包含着人们太多太复杂的对生存的感觉，斗胆往大说，尝出了搅团的滋味，你就咂摸出了生活的滋味。"

应当指出的是，现在有越来越多的中国公民走出去，到世界各地去旅游，去品尝各国饮食风味，但是却缺乏对其他族群的宗教信仰、风俗习惯的了解、欣赏及尊重的意识。中国人在饮食等方面的禁忌较少，多年来的社会文化的起伏动荡，又造成礼仪上的简化，国人造访一些信奉宗教的国家时，难免会与当地人发生一些文化冲突。

一个人的饮食习惯是非常顽固的，会如影随形地跟你一辈子。但是在异国他乡，国人应增强入乡随俗的意识，考虑别国饮食习惯和禁忌，是对别人宗教信仰的尊重，对自身行为当有更多的约束。

入乡随俗，首先是吃当地的饭食，接受当地人的饮食习惯，这是交流的第一步。然后才可能是心与心的交流，这应该是经验之谈。融入对方的文化，那就是吃，和对方吃一样的，一样的吃，"吃饭就是交流思想和情感最好的时候"。

在全球密切交融的时代，中国要改革公民教育方式，让人们养成面对与不同族群、不同文化的民众交流时的正确习惯。在应对海外投资经商的种种挑战时，无论对中国政府还是中国公民来说，不仅在经济方面，在文化和心理方面也是要补的一门课。中国人以特别的热情对待饮食与饮食文化，但是还需要更多更高的追求，与世界上不同国家和地区的饮食文化交流互鉴，扬长补短，共创美好。

中餐如何走出去，如何更好地适应世界的需求仍然是一个新课题。中餐好吃，但西餐地位高，这似乎是人们的美食共识。中国餐馆开在世界各地，但为了迎合当地口味而变化，因此地位降低，上档次的中国餐馆极少，即使开了也很难坚持，"廉价"往往是整体中国品牌的标签。如何使中国的菜肴得到全球的关注是一个难题。已经有人用难度更高的中式素食与世界对话，有人在将中西餐成功结合，有趣的是，有的食客看着被端上桌的素食，断定它是西餐，但吃下去却是中餐的灵魂，感觉似曾相识，却又从未遇到过，而有的食客期待的是中餐素食，但却能吃出西餐的风味，瞬间被惊艳到，这就是有益的尝试。

进入新时代，有新的问题需要引起注意。全球气候问题、环境危机问题、生态系统问题、生物多样性危机问题、公共卫生危机问题、资源日益匮乏问题、科技与环境伦理问题等，已是全世界面临的共同难题。前车之鉴，不容忽视，要提高中华民族的人口素质，保护生态环境的国策必须继续贯彻执行。

另外，如今全世界因饮食因素引起的死亡人数已经超过了吸烟，而在中国这情况严重得多。饮食上有情感的附着，有着乡愁的记忆。科学的饮食对一个人的健康更加重要。在饮食不佳的习惯中，吃得太咸、杂粮吃得太少、蔬菜和水果吃得太少、过量饮酒等，这样的日常饮食结构与《中国居民膳食指南》背离，对健康不利。

尽管中国发生了翻天覆地的变化，但是"民以食为天"没有改变，没有比吃饭更大的事情。尽管中国存在的问题很多，但只要老百姓还有饭吃，任何危机都可以克服。如果老百姓没有饭吃了，或者食物短缺了，那么就天下大乱了，政治也好、道德也好、经济也好、良心也好，所有的一切，包括政府，都会在食物危机面前轰然倒塌，不足挂齿。设若十几亿人出国讨饭，哪个国家敢于承受？世界还不乱了？

民以食为天

（战国末期）郦食其：
最早提出"民以食为天"

四、当代之遐思

中国有许许多多炒菜，如宫保鸡丁、爆炒大虾、鱼香肉丝等；有许许多多独具特色的小吃，如艾窝窝、驴打滚、糖耳朵、萨其玛、白斩鸡、茴香豆等。中国独有的烹饪文化，将饮食文化提高到无比的高度，让外国的人类学家吃惊，他们认为没有一个国家的人肯花费如此多的时间和精力在吃上。

精致到无以复加的中国小吃是否值得？是否浪费？2018 年在国家会议中心举行的中非合作论坛北京峰会首场活动——中非领导人与工商界代表高层对话会暨第六届中非企业家大会的报道*对餐饮准备作了揭秘，使我们对于国家级宴会得以满足窥视的欲望："……国家会议中心场馆内设置了 3 处茶歇区，供代表随时取用茶点。茶歇点心种类有麦片曲奇、迷你松饼等西式甜点，也有艾窝窝、蜜汁叉烧等中式点心。为方便客人取餐及食用，所有茶点都可以一口吃……可容纳 1200 人进餐的大厅中间，摆放了两件名为'情长万里'和'雀羽金花'的糖艺作品，造型分别是长城和孔雀。这些作品历时 2 个多月完成。'雀羽金花'上约 3000 片孔雀羽毛都是逐一手工制作，且每片羽毛的大小与形状皆不相同，是 4 名厨师一片片做出来的。再有，4 组果蔬雕花费 3 天时间制作，这些果蔬雕摆件，用到了西瓜、伊丽莎白瓜、倭瓜、心里美萝卜、胡萝卜、葡萄等水果蔬菜。国家会议中心西餐冷菜厨师长团队负责制作这组果蔬雕，他们团队 3 人，利用做正餐之余，雕刻了 3 天。"这就

---

* 李玉坤 . 会场恒温恒湿　食材来源均可追溯［N］. 新京报，2018.09.04A08 版 .

有一个问题了，这些精雕细刻的食品是用来吃的吗？ 给你吃，你舍得吃吗？ 你吃得下去吗？ 如果不吃，保鲜期已过，这些劳动成果还不得倒掉吗？ 晋代大贵族石崇家的柴禾，每一根上都雕龙画凤，然后才能送进灶膛。 那就有一个问题：这些柴禾最后都烧成灰了，值得精工巧匠去精雕细刻吗？ 再问：除了中国，还会有哪一个国家的宴会这样制作呢？可能不会有了吧。

天地和（弘嵩书法）

第一章 中华饮食文化含义

| 本章导读 |

　　饮食文化内涵丰富，包括物质文化、行为文化、制度文化及心态文化等层次。日常生活中，饮食文化具有丰富多彩的表现，从日常饮食现象中可以探寻其背后的饮食思想及文化意义。本章内容包括饮食文化的概念、内涵、研究对象及中华饮食文化的特征及功能等。本章将进一步探索饮食文化的丰富内容。

1. 了解中华饮食文化内涵的几个关键词：饮食、饮食文化、饮食文化研究等。
2. 掌握饮食文化的含义及特点、中华饮食文化的特点。
3. 思考中华饮食文化中文化自信体现之处。

| 学习内容和重点及难点 |

1. 饮食文化研究的意义和研究内容，饮食文化的功能等。
2. 学习重点及难点是饮食文化研究的内容、中华饮食文化的特点及功能、中国古代饮食思想家的观点及当代的影响等。

第一节
饮食文化的内涵

一、饮食的概念

"饮食"是由"饮"和"食"组成的词组，这个双音节词的产生比较早，《周易·需卦》："象曰：云上于天，需。 君子以饮食宴乐。"需，是等待，君子等待其时间节点而饮食。《周易·颐卦》："象曰：山下有雷，颐。 君子以慎言语，节饮食。"慎于所言，节制于饮食，是古代君子十分看重的事情。

"饮食"一词在先秦时期的思想家著作中出现频率极高，如《关尹子》："圣人之与众人，饮食衣服同也，屋宇舟车同也，富贵贫贱同也。"《管子·立政》："饮食有量，衣服有制。"《韩非子·存韩》："秦王饮食不甘，游观不乐，意专在图赵。"《老子·道德经》："厌饮食，财货有余，是谓盗夸。"以上所引诸书产生于春秋战国时代，那是单音节词占主导的时代，然而"饮食"一词已经固定，说明饮食的重要性。

《现代汉语词典（第7版）》"饮食"的释义为："吃的和喝的东西。"说明现代汉语中的"饮食"与其最早的用意没有多少差别。 "饮食"是一个联合词组，是"饮"和"食"的结合。 在这种情况下，饮是饮用，其对象是液体；食的对象则是固体。

二、饮食文化的概念

饮食本来只是为了填饱肚子，也就是通过饮食补充能量，延续生命。 但是在中国人的眼里，饮食被赋予了更多的意义，人们借饮食而论其他，饮食被延伸到人们活动的一切范围中去，于是就成了中国特色的饮食文化。

《周易·贲卦·彖辞》："刚柔交错，天文也；文明以止，人文也。观乎天文，以察时变，观乎人文，以化成天下。"这是我国古代典籍中第一次提到"文"和"化"。西汉刘向将"文"与"化"二字联为一词，他在《说苑·指武》中写道："圣人之治天下也，先文德而后武力。凡武之兴，为不服也。文化不改，然后加诛。"意思是说，圣人治理天下，会先用文德教化天下，然后才用武力征服天下。但凡动用武力征服天下的，是因为不信服文德教化；先用文德治理而改变不了的，就可以诛罚他了。此中的"文化"是"文治教化"的意思。"文化"，与无教化的"质朴""野蛮"对举，"文化"则包括种种法规制度、风俗习惯。

文化的产生是自然界"人化"的过程，亦是人类所生活、所依赖的天地万物"人类化"的过程。人在改造自然，使其顺应人之生存的过程也在被改造。

所有的生命都离不开营养。最初的饮食，仅仅是维持生命所必需，而且来自大自然，是原始形态的东西。后来，人类开始用火熟食，进入了文明时期，一个自觉的主动创造的时代产生了。于是，饮食成为人类智慧和技艺的凝聚物，人类的食物与动物的食物便有了质的区别，饮食具有了文化的意义。人们通过饮食来寄托自己的感情，表达自己的思想，说明人与自然的关系等，这就是饮食的文化过程。比如，汤的烹制过程需要调和五味，思想家、政治家由调和五味推而广之用来说明君臣之间的协调，比喻社会的和谐；哲学家进而推广到天人合一、阴阳燮理，汤的烹制成为中国古代哲理的最好比喻物。因此，汤便有了文化的意义，便有了汤文化。"和"是中国哲学的最高境，汤文化由于有了"和"这一理念而使得饮食与中国哲学相连。

饮食文化既涉及物质文化，又有行为文化，还有制度文化及心态文化。饮食文化即是附着在饮食上的文化意义。食物对于动物和人是不同的，人在享用食物的时候，已经摆脱了对物欲的单纯追求，而是追求饮食的美化、雅化，将饮食行为升华为一种精神享受所呈现出的文化形态，是通过人们吃什么、怎么吃、吃的目的、吃的效果、吃的观念、吃的情趣、吃的礼仪等表现出来的。"饮食男女，人之大欲存焉"（出自《礼记·礼运》），饮食是人类生存最基本的需求。饮食文化就是以饮食为物质基础所反映出来的人类精神文明，是人类文化发展的一种标志。文化以生存文化为基础，所以饮食文化得以成为文化的基础。

礼仪是一种规范，由于饮食的重要，所以"饮食文化"之"礼仪"，成为最为普遍的最容易被人们接受的礼仪，并且表达了精神上的意义。比如进食之前，先以酒祭天祭地，表达对大自然的敬畏；当许多人共进宴席时，就有座位的排序，用来表示对长者、尊者的礼敬；与人共食时，通过让食、劝食等以联谊互敬；藉种种自定义的戒规以自律或者律他（如佛徒之茹素）；藉不同节日的特殊食物以怀古，如端午节的粽子、中秋节的月饼；进食时需要优美仪态以表显优雅的风度。这些都足以显示饮食与人的关系，超越食物本身的含义而具有无限扩展延伸的意义。这种无限扩展的意义体现了人文活动真正的价值，展现了人们通过饮食而进行的人文实践活动。

饮食文化是一种创造性的活动，是一种升华。 人在自己的生命中不断赋予饮食以丰富充实的精神内涵；同时也点化了一切被人所用的物，使它在自然效用之余，也参与了人的创造活动而成为具有无限意义之物。 世界上只有人，将自己的自然行为升华为礼仪，使得自然秩序演变转化为道德秩序。 中国人的"天人合一"，不只是能敬物爱物，而且敬人爱人，人与物合一无外，因此而"观乎人文，以化成天下"，而约称之为"人文化成"，或更约称之为"文化"。

第二节
饮食文化研究

一、饮食文化研究内涵

饮食文化是人类在饮食方面的创造行为及其成果，是关于饮食生产与消费的科学、技术、习俗和艺术等的文化综合体。 凡涉及人类饮食方面的思想、意识、观念、哲学、宗教、艺术等都在饮食文化的范围之内。

食品包括主食、副食、饮料和调味品等。"食品文化"与"饮食文化"两词是等义的，本书用"饮食文化"概念。

饮食的制作与享用所体现出的是文化。 饮食文化不但是饮食的味感美学，也与音乐之"听感"，绘画之"视感"，文学之"意感"一样，属精神文化的范畴。 食者，包括烹饪的理论，烹饪的技术，食料食器，餐宴风格以及饮食文学等诸多因素。 品者，吃也，评也，鉴也，从感官体验等方式借由饮食体悟文化之魅力。 饮食文化是人类在认识世界、改造世界中在物质文化、行为文化、制度文化及心态文化等方面的创造，这样非自然的、具体的和抽象的事物的本身是人类智慧的结晶。

本书所进行的饮食文化研究是以与饮食相关的心态文化为中心，兼及物质文化及其他文化层次。

具体而言，饮食文化研究通过对于饮食原料的生产、加工和进食过程中的社会分工及其组织形式，所实行的分配制度等的研究，揭示其中所表现出来的价值观念、道德风貌、风俗习惯、审美情趣和心态、思维方式等。

二、饮食文化研究的意义和核心

对于人类而言，第一要务便是生存下来，维持自己的生命。 因之，饮食便成为人类生存的第一要务，没有哪一个人、哪一个民族、哪一个国家会逃脱这一法则。 饮食本身所赋予的意义和价值是任何其他的可以满足人类需要的物质形态的东西（如衣、住、行等）所无法比拟的。 开门七件事，"柴米油盐酱醋茶"，全是有关吃喝的，雅称"饮食之事"。 悠悠万事，唯此为大，不可须臾离也。 19世纪德国哲学家费尔巴哈说："心中有情，脑中有思，必先腹中有物。"同时，饮食往往影响一个民族的思维模式、思想感情，甚而命运。 或者说，饮食文化的不同，是不同民族的根本区别，而且是最容易观察的表面层次的区别。 从这个意义上说，饮食文化的研究具有十分重大的意义。 张光直说："达到一个文化核心的最佳途径之一就是通过它的肚子。"这句话形象地说明了饮食文化对于文化研究的重要意义。

饮食思想决定饮食文化的核心。 饮食思想是饮食以及饮食行为等反映在人的意识中经过思维活动而产生的结果，它指导着人们对待饮食的态度，以及参加饮食活动的精神生活。 饮食思想，附着在饮食上，通过人们的饮食活动而改变或者不断加强。

饮食思想研究应该揭示人们在饮食的享用过程中所体现的价值观、审美情趣、思维方式，说明为什么、在吃什么和怎样吃的时候会有所不同，这当中又表现了怎样的生活情趣、人生态度、思维方式，以及所反映的人与人之间的关系等。 环境影响人类的取食方式，不同的国家，不同的民族，不同的地域有不同的饮食。

中华饮食文化源远流长，是中国文化的一个有机组成部分。 可以说自从中华大地上有了人，便没有一天离开过饮食，在饮食的获得和享受过程中便已经有了人与自然的相互交流，便已经有了饮食文化。 中国人吃什么，不吃什么，为什么吃，又为什么不吃；为什么这样吃而不那样吃；为什么这个地方的人这样吃，而那个地方的人那样吃，这些问题的背后隐藏着异常深奥的文化道理。

丰富多彩的中华饮食文化，包含着深刻的哲学、诗文、科技、艺术乃至于安邦治国的道理。 钱锺书说："吃饭有时候很像结婚，名义上最主要的东西，其实往往是附属品。 吃讲究的饭事实上只是吃菜，正如讨阔佬的小姐，宗旨倒并不在女人。"他的概括说明中华饮食文化的特点是将吃饭上升到文化层次，在文化的沐浴中，感受味觉和视觉双重满足后的个人价值和社会意义。 中国人从来不怀疑吃的重要——从人皆熟知的"民以食为天"，到告子的"食、色，性也"；从苏轼的"黄州好猪肉"，到李渔的"蟹奴"，中国文化之博大精深，可谓浓缩在一个"吃"字上。

"民以食为天"最早出自《史记·郦生陆贾列传》："王者以民人为天，而民人以食为天。"在政治家看来，王、民、食三者之间的关系，食是基础，没有食便没有民，没有民又哪里会有王。 刘邦的谋士郦食其予以发挥："臣闻知天之天者，王事可成；不知天之天者，王事不可成。 王者以民为天，而民以食为天。"（《汉书·郦陆朱刘叔孙传》）此时正当楚汉相争最紧张的荥阳大战之时，郦食其献策应占据成皋粮仓，指出没有粮食就不能取得天下。 从此之后，历代的政治家无一不重复地论证着："民以食为天，若衣食不给，转于沟壑，逃于四方，教将焉施？"

"民以食为天"是政治名言，它将"食"与政治密切地结合在一起，饮食文化带有极为浓重的政治色彩。　历代杰出的政治家无不通过发挥"民以食为天"这一经典论断来探寻治国良策。"食"与中国政治有着不解之缘，它是中国社会稳定的基石。

　　2020年春节前夕至2022年12月初，受疫情影响，人们的日常生活节奏发生了一些变化，饮食文化也发生了诸多变化。　人们减少应酬，合理饮食，餐中双筷制普及推行，注重运动，规律作息，保持阳光心态，这些变化促使人们形成新的饮食习惯。　疫情之后，我国服务业支柱性产业的餐饮企业，进行品牌战略重构，品牌的核心效益被放大，"互联网+餐饮"融合创新发展。　餐饮服务人员的健康、环境卫生安全问题，食材的可追溯性、品牌化、规范化、标准化、专业化等方面越来越受重视，各企业都加强了管理与运营。　线上线下业务协调发展，外卖发展迅速，窗口打包进一步满足了消费者快捷方便的需求。　食品的绿色、营养、卫生、安全、伦理更加受到人们的关注，野味将离开餐桌，健康饮食成为餐饮消费的主导。　人们的饮食方式呈现多元化并存的特点，合餐、分餐等形式也与以前有了明显的变化，人们普遍能接受双筷取食进食的方式。　饮食文化研究学者赵荣光倡议："'一秒钟，两双筷'是重构中华餐桌仪礼的六字核心。　一秒钟，即餐前餐后一秒钟，提倡中国人在就餐前将筷子在掌心轻轻托举一秒，以示对自然的感恩；同时提倡用餐结束时，将筷子横放在自己面前或食碟边，以示用餐结束，并以此表达对提供服务者的感谢。　两双筷，即传统中餐公宴双筷制，指代人各以取食筷、进食筷两双筷子接续交替使用的进食方式。　提倡中餐传统公宴场合，每位进食者用取食筷从共食器皿中取食置于自用器皿中，用进食筷从自用器皿中夹取进食，取食筷与进食筷接续助食。"

　　疫情使全世界发生了剧烈的改变，疫情促使人们停下脚步来思考人类与外界、与动物界的关系。　人类的饮食需要向大自然索取，不断地俘获新的动物性食物来源，但是疫情之后，人们将进一步检讨如何更加谨慎地从生物界获取食物，使之既能满足口腹之欲，又能防止疫病的传染。　无论是企业还是个人，都比疫情之前更加重视卫生安全因素。

三、饮食中有思想

　　"吃"对于中国人具有特殊重要的意义。　要说明"吃"对于中国人的重要性，不能不提到的名言是"民以食为天"，这是证明中国饮食思想独特性的一句名言。"民以食为天"这句话除了强调"人必须吃饭才能生存"的常识外，更重要的是反映了食品问题对于生产力低下的农业大国的极端重要性，以及解决该问题的特殊困难。

　　要说明"吃"对于中国人的重要性，不能不提到的第二句名言是"夫礼之初，始诸饮食。"《礼记·礼运》的这句话是说礼仪的建立是从饮食开始的。　中国其之所以号称是"礼仪之邦"，意思是说中国人最讲究礼仪，最服从礼仪，而且礼仪之数量最多，阅读

《周礼》《仪礼》《礼记》，即"三礼"，就知道中国古代的礼仪设计是多么繁杂了，无怪乎毕其一生也难以得其要，更重要的是，礼仪对人们行动的约束力最强。 但可能很少有人会知道礼仪与饮食的关系。 奇怪道：这样重要的礼仪，关系到社会各阶层和谐共处的礼仪竟然是从每天都在进行着的饮食活动开始的。 礼仪为什么要从饮食开始？ 又是怎样开始的？ 从饮食开始的礼仪都包括什么？ 这些礼仪有什么样的家庭伦理意义？ 有着什么样的政治意义？

对于中国古代来说，最重要的礼仪是祭祀上天的礼仪，这种礼仪后来在天坛举行。 祭天所用的是祭品，祭品是食品，上天是否接受食品，直接关系到政权的合法性。 中国古代的任何统治者都会将自己政权的合法性放在第一位。 而是否获得了合法性，则取决于是否有祭天的资格，还有祭天的行为是否被天所接受。 是否被天所接受的根据是贡品是否被天所享用。 正因为这个原因，祭品是否洁净等就是政治问题。

食物之所以成为祭品献神，其根源在于古代的人们把神与人进行类比，认为神和人一样有相似的食欲，对各种美味佳肴有着浓厚的兴趣，他们如同地上的人一样，第一位的基本需求就是饮食，因此祭祀中的食品是必不可少的。 只有让神的各种食欲都得到充分的满足，它才可能对人有所回报，降福于人世。《诗经·小雅》："苾芬孝祀，神嗜饮食。 卜尔百福，如畿如式。"就是这个意思。

祭祀是否被接受，证明了国家虽然掌握着强大的官僚组织以及军队等武装力量，但是其统治的有效性仍必须依赖于国家政权在大众心目中的合法性。 中国古代国家的领导人是通过一个被大多数人所认可的程序而产生，这一程序直接体现于上天是否歆享祭天者所供奉的饮食。《史记》第一篇《五帝本纪》，中国历史上第一位的政治统治者黄帝，主要活动是祭祀，有柴祭，燔祭等。 怎么样就算是得到上天的承认了呢？ 那就是歆享，即上天将贡献的食品愉快地吃掉了。《史记·夏本纪》记述尧、舜、禹如何获得权力，同样的是上天赐予了权力，同样的是祈求上天同意转让权力，而这个过程都有祭品作为见证物。 这些说明了祭品食物的重要性。

饮食思想对于中国思想的重要性。 饮食对于人类而言，具有特别的意义，而中国人注重的开门七件事，"柴米油盐酱醋茶"，全是有关吃喝的。 悠悠万事，唯此为大，不可须臾离也。 费尔巴哈说："心中有情，脑中有思，必先腹中有物。"饮食往往影响一个民族的思维模式、思想感情，饮食思想的不同，是不同民族的标志，而且是最容易观察的表面层次的区别。 从这个意义上说，饮食思想的研究具有十分重大的意义。 张光直说："达到一个文化核心的最佳途径之一就是通过它的肚子。"这句话形象地说明了饮食思想对于文化研究的重要意义。

中国饮食思想源远流长，成为中国思想的一个有机组成部分。 自从中华大地上有了人，便没有一天离开过饮食，在饮食的获得和享受过程中便已经有了人与自然的相互交流，便已经有了饮食思想。 中国人吃什么，不吃什么，为什么吃，又为什么不吃；为什么这样吃而不那样吃；为什么这个地方的人这样吃，而那个地方的人那样吃，这些问题的背后隐藏着异常深奥的文化道理。

中国饮食思想是中国文化的代表。饮食往往影响民族、国家的个性。中国的饮食决定了中国人的民族性、国家的个性。中国的根本之道，道生一，一是太极；一生二，二是天和地；二生三，三是人，人是天地所生；人是天地的儿子；人通过空气、水，还有饮食与天地进行交换。这是中国饮食思想的灵魂。

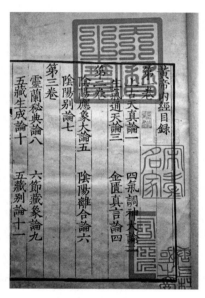

《黄帝内经》书影

在饮食习惯等诸方面，中华饮食文化中重视"和合"的特点是十分显著的。钱穆在《现代中国学术论衡》一书中提到有关的思想："文化异，斯学术亦异。中国重和合，西方重分别"。这一文化特征也体现在中西饮食文化中。在中医理论中，《黄帝内经》汲取了"和合"思想的精华，认为和合是生命活动的最佳状态，失和是疾病的根本原因；求和是治病与养生的最高法度。这在某个角度也反映了中华饮食文化中重视和合所代表的心理意义。中国古代认定药食同性、药食同理，以及药食同效。这是中国饮食思想的独特视角。

中国饮食思想导致了中国人思维的不同。创新的根本点是求异，寻找不同，而中国文化的求同妨碍了这种求异。而求同，恰恰是通过饮食之道实现的。比如，宴席，请客，那种氛围是不允许求异的。或者说宴席的举办目的就是为了求同，追求和谐。和谐的实现需要圈子，就是关系。中国的饮食之道是和谐之道。中国的饮食之道为制造中国人的思维模式提供了途径、模式。

中国思想史持续地关注着饮食思想，饮食思想是中国思想史的切入点。这当然因为饮食是幸福感的集中表现点，饮食是人与人差别的集中表现点，饮食是社会不公的集中表现点。杜甫"朱门酒肉臭，路有冻死骨"所表现的社会现实就是典型，杜甫只要有了这一句诗，就足以不朽。富贵者钟鸣鼎食、食前方丈。鼎的最初功用便是饮食，而"钟鸣鼎食"几乎就是中华饮食文化的代名词，但是在饮食中，以鼎为代表的炊饮器具却被赋予了神圣的文化使命，成为最重要的中国文化中的原型意象。"锄禾日当午，汗滴禾下土"，李绅只要有了这一句诗，就足以流传后世了，因为他关切了人们的食，从粮食的生产到消费，反对奢侈浪费是永恒的主题。通过饮食的差别揭示社会的不公，千百年来知识分子不懈努力，是最为社会记忆的地方，最容易获得社会的肯定。

第三节

中华饮食文化的特点

一、注重天人关系

（一）中国人的自然观

1.《周易》中的天人合一理论

《周易》是最早对宇宙观予以阐述的典籍，有一个非常重要的理论——"天人合一"，就是说人与天地是相应的。 人是自然界的一部分，人的气是天地所赐，饮食就是天地输入人体之气，人通过饮食与天地交通，人的养生也就应该要根据天地阴阳之气的变化来进行。 人与自然的关系是"不违""不过"，讲究天人和谐，"与天地合其德，与日月合其明，与四时合其序"，并将仁的精神推广及天下，泽及草木禽兽，达到天地万物人我一体的境界。

具体到卦，《颐卦》是讲吃饭的。 "颐"是颊、腮，和吃饭有直接关系，吃饭总得要鼓动腮帮子，"颐"，口嚼食物以养人，于是"颐"就有了"保养"的含义。 这个卦的《象辞》说，君子观察此卦象，思念到物既畜聚，则必有以养之，无养则不能存息。 识悟到生养之不易，从而谨慎言语，避免灾祸。 节制饮食，修身养性。 故《周易·颐卦·象辞》曰："山下有雷，颐；君子以慎言语，节饮食。"古人的解释强调圣人设卦，为的是推广保养之义，大而至于天地养育万物，圣人养贤能以及万民，与人之养生、养形、养德、养人，皆颐养之道也。

"天人合一"的理论对养生有什么指导意义呢？《黄帝内经·素问·宝命全形论》说："天地合气，命之曰人。"人是天和地的气集合而成的，人体的物质基础，比如饮食，都来自天地，所以人的一切都离不开天地。 既然如此，人生命的延续当然也不能离开天地了。

生命仰仗于天地，饮与食都来自天地，所以人要顺应天地，就是说人必须顺应天时地利的变化，顺着这个变化，生命就能延续，养生就能成功，违背这一规律，健康就要受到影响。《黄帝内经·素问·六节藏象论》所说"天食人以五气，地食人以五味"。"真气者，所受于天，与谷气并而充身者也"（《黄帝内经·灵枢·刺节真邪》），并且"五味入口，藏于肠胃，味有所藏，以养五气，气和而生，津液相成，神乃自生"（《黄帝内经·素问·六节藏象论》）。 那么，怎么样来顺应天地呢？

人的生命的规律顺应着天地，随着天地气化而有开有合。 春分时节，天气渐暖，昼渐长，这叫"开天门"；到了夏天，大自然处在生发的时候，人也一样，是身体活动最旺盛的时节；到了秋分的时候，大自然的气机开始收敛了，就要"入地户"了；而到了冬天，经过了大半年的活动，就要开始保养了，为来年的春天做准备。

2. "物吾与也"所表达的万物同类

宋代哲学家张载对于人与自然的关系有进一步的解释，《正蒙·乾称篇》指出："乾称父，坤称母；予兹藐焉，乃混然中处。故天地之塞，吾其体；天地之帅，吾其性。民，吾同胞；物，吾与也。"

张载认为：乾为天，坤为地。天地分而生阴阳二气，证之于人事，恰似人之父母。乾坤之元气混合无间，弱小之本我处于天地之中。天地浩然之气充塞乾坤，我之性体由此而生发。以此观之，我身之元气同于天地之正气。天行健，地势坤。乾健坤宁的本体属性为阴阳二气所遵循，便是天地之常理。本我感于阴阳二气，因之成就了自己的本性。以此观之，我的本性即是天地之理性。万民皆由天地所生，与我都是一母同胞，为我弟兄；万物皆由天地化育，与我同属一类，为我侪辈。

人类的衣食住行都取自大自然，向大自然索取是不可避免的。人是世界上最为强大的动物，人从天地之间获取了最为精华的物质，所以人越来越强大，无可匹敌。人应该把大自然看作伙伴。在人与人的关系上，要做到"民吾同胞""爱必兼爱"；在人与自然的关系上，要做到"物吾与也"，达到"天人合一"境界。张载的哲学观点最简明扼要地揭示了中国或者东方对待大自然的态度或哲学基础是"天人合一"。

（二）将饮食文化作为天人关系的结合点

国学大师钱穆将自己一生对中国文化根本特点的研究，归结于"天人关系"，认为这是打开中国文化大门的钥匙。将其研究结论推进一步，就可以得出：饮食文化正好是天人关系的结合点。人乃天地之精气所生，人所食也是天地所能供给的最好食物，这些食物无一不是天地之精华，天地之精华造就了天地之间最具灵性的人。食物是天地所赐，不可暴殄天物；人仰给于食物，食物乃生命之源；食物的供给与否，直接决定政治局势的稳定与否，决定战争的胜负，因而，对于中国人而言，食物具有特殊的意义："民以食为天。"人大地大天大，天最大，天盖过了一切，也因此饮食文化的研究成为最为重要的事情。

从先秦时期起，很多政治家同时也是饮食文化的研究专家，不是拿食物说话，就是以烹调为例说明政治的道理。唐代杜佑《通典》、宋代郑樵《通志》、元代马端临《文献通考》并称为"三通"，被认为是中国政治学著作的典范，就因为这些书都紧紧地扣住了粮食生产、土地制度、赋税制度等和国计民生紧密相关的要素，抓住了中国社会的命脉。说到底，就是把握住了饮食的生产和分配。因之，中国文化研究的基础在饮食文化的研究，要了解中国文化的最好切入点是中国的饮食文化，它是天人关系的最好诠释物。也因为先秦政治家的影响，使得中华饮食文化一开始就与政治结下了不解之缘，敏感的政治话题不好说，便拿日常饮食来作引子，用烹饪做饭来引出话题。因为他们的影响，饮食文化从一开始就成为礼仪的承载物，成为人际交往的工具，但人们却常常忽视了饮食的这一功能。

对中华饮食文化的研究，也应该紧紧把握住"天人关系"。具体而言，即是把握住一对矛盾，矛盾的一方面是天，天即是大自然；矛盾的另一方面是人。大自然所生的物质种类是无限的，人的欲望也是无限的。表现在对饮食的追求上是同样的，"食不厌精，脍不厌细"。人对饮食的需求是多层次的，渐进的。首先是吃饱。这一层次实现以后，就要求吃好。什么是好？好的标准无限，不断膨胀，最后也就成了奢侈。试看今日，上到九霄云外，下到大海深处，天上飞的，地上跑的，水里游的，树上长的，凡是能被人吃的，没有不被人享用的。人的欲望是无止境的，对于食物的追求也是同样的。欲望是一种推动力，推动着人们去向大自然索取。大自然是无私的，袒露胸怀，所能够提供于人的，全不隐藏。人也在不断地发掘，不断地探索，总是有新的可食的东西被发现。但是对于某个人而言，对于某个时代而言，大自然对人的满足又总是有限的。这是一对矛盾。因此，中国饮食思想的演变就是这一对矛盾不断展开的过程，对于人而言，是一个不断探索、不断发现的过程；对于大自然而言，就是一个不断地满足人的需要的过程。今天人们所认识的世界，人们所享受的食品之丰富绝非古代或者上古时代的人们所能够想象的。

中国饮食思想同样是沿着"天人关系"这一对矛盾的展开而不断丰富发展。首先是祖国疆域的不断开拓，生态环境更富层次感，还有江河湖海等地理环境的变迁，都使得生物品种不断增加，提供了更加丰富的食物。其次，无论是战争、种族冲突、外族入侵还是国家与民族之间的友好交往等，都促进了人际的交流，无论是国家的分裂与统一，都打破了原来的社会结构，形成新的交往形式，这些都使得原来的食品结构、饮食方法、饮食习惯等发生变化，相互作用，互为因果，新的思想观念形成，推动饮食思想的不断丰富发展。

（三）食补的理论基础源于对大自然的观察

食补是中国人独有的饮食原则，通过饮食来实现人体与大自然的平衡。具体而言，食补就是通过调整平常饮食种类和进食方法等，以求维护健康或治疗疾病的一种进食方法。

食补来自中医的寒热理论。《黄帝内经·素问·至真要大论》说："诸寒之而热者取之阴，热之而寒者取之阳，所谓求其属也"。中医认为，凡是能够治疗热证的药物，大多属于寒或凉性；反之，能够治疗寒证的药物，大多是温性或热性。

一般情况下，可从食物的颜色、味道、生长环境、地理位置、生长季节等几方面来看。从颜色来看，绿色植物与地面近距离接触，吸收地面湿气，故而性偏寒，如绿豆、绿色蔬菜等。颜色偏红的植物，如辣椒、胡椒、枣、石榴等，虽与地面接近生长，但果实被阳光长期照射，故而性偏热。

从味道上来看，味甜、味辛的食品，由于接受阳光照射的时间较多，所以性热，如大蒜、柿子、石榴等。而那些味苦、味酸的食品，大多偏寒，如苦瓜、苦菜、芋头、梅子、木瓜等。

从生长环境来看，水生植物偏寒，如藕、海带、紫菜等。而一些长在陆地中的食物，如花生、马铃薯、山药、姜等，由于长期埋在土壤中，植物耐干，所含水分较少，故而性热。

从生长的地理位置来看，背阴朝北的食物吸收的湿气重，很少见到阳光，故而性偏寒，比如蘑菇、木耳等。而一些生长在高空中的食物，或东南方向的食物，比如向日葵、栗子等，由于接受光热比较充足，故而性偏热。

同样的道理，凡是热性或温性的饮食物，适宜寒证或阳气不足之人服用；凡寒性或凉性食品，只适宜热证或阳气旺盛者服用。推理可知：寒证的人或阳气不足者，忌吃寒凉性食品；热证或阴虚之人，忌吃温热性食品。

寒与凉，温与热，是区别其程度的差异，温次于热，凉次于寒。温热性的食品多具有温补、散寒、壮阳的作用，寒凉性的食品一般具有清热泻火、滋阴生津的功效。另外，中性的食品，中医称为平性，是指性质比较平和的饮食物，不热不凉。食物有热性，有凉性，有平性。每个人的体质不一样，有的人易上火，当然应该多吃凉性的，易怕冷的阳虚的人当然应该多吃热性的，至于平性的，那当然是无论何种体质的人都可以吃的，了解这方面的常识对自己和家人的身体健康都是有益的。

传统医学讲究天人合一，春生夏长秋收冬藏，那么人也应春夏养阳，秋冬养阴。且五脏与四季对应，春天属木，肝气旺。中医说的"肝气太旺"，大致相当于说人紧张的时候，交感神经兴奋，就是现代语言所讲的"应激"反应状态。肝气旺，人就容易发怒，容易紧张，容易急躁。

唐代医家孙思邈说："春七十二日，省酸增甘，以养脾气。"明代高濂《遵生八笺》中也记载："当春之时，食味宜减酸增甘，以养脾气。"意思是说，春季肝旺之时，要少食酸性食物，否则会使肝火更旺，伤及脾胃。此时可以多食一些性味甘平的食品。在整个春季里，食养原则是减酸益甘而养脾气。因为春天肝旺容易克伐脾土而引起脾胃病，而酸味是肝之本味，故此时应减酸味，不能再助长肝气以免过旺，这样可以保护脾气不受克伐。甘是脾的本味，为了抗御肝气的可能侵犯，增加甘味以增强脾气，可以此加强机体的防御。

中医还有象形药食以形补形的重要原则，这是中医通过对自然界的长期细致观察所发现的一些规律。比如，从中医养生方面来讲，"桃养人"养的是气血。桃子很像心，入心补血，桃子芳香悦脾，还能补益气血，贫血患者多吃桃子有益。

以形补形的论点有部分是有医学根据的，其中会有谬误，不可尽信。对于体内脏腑虚弱以致身体孱弱的患者，进食相应的内脏可能收到补益之效。例如患有虚弱咳或哮喘的人士，可按中医的处方用猪肺煮汤服用，既可缓和病情，又可有补肺之效。不过，我们必须选择适合自己体质的食物，才能获取食疗的益处，应该按自己体质及中医的建议进补，这样才能达到理想的效果。

"以形补形"来源于中医治疗中的食疗法。简言之，就是用动物的五脏六腑或用类形状的食物来治疗人体的脏器器官。但中医还讲究"气"，阴阳、虚实之辨，所以，不能单纯地"以形补形"来治疗或防治某些疾病。吃啥补啥，有些符合营养学的规律，有些不科学。

二、中华饮食文化的创造者

（一）多元化的主体

中华饮食文化的创造者可以划分为以下 3 个层次。

第一个层次是劳动者。当人们品尝着美食的时候，或许不会去想这些美食的创作者是谁：粮食是谁种的？菜是谁采摘的？猪是谁喂养的？山羊是谁猎取的？海南的荔枝是怎么运来的？冬日的大棚菜是哪个省的？厨师姓甚名谁……千千万万的劳动者，他们已经隐没于美味的创造之中，而只是留下来无尽的回味。比如酒，是不经意之间被发现的，究竟是谁，已无从考证。但是有一点可以肯定，它只能是劳动者一瞬间的灵感、联想，加上不断地探究，反复地试验。说不定是多少人，经历多少年才完成了这一发现过程。有一点可以肯定，它只可能是被参与饮食制作的人所发现，而机会绝对不会留给只能享受饭食的人。

第二个层次是社会上层。他们是享受者，但是同样参与了创造，只不过是采取了一种独特的方式。他们有着充裕的时间、完备的物质条件、社会的交往、更为繁复的礼仪的需要等，因而对饮食的种类、品质等提出越来越高的要求，对烹调有更高层次的追求，在礼仪方面有更为详备的设计，更加注重饮食文化的社会意义，这些都推动了饮食文化的发展，使得饮食的种类更加丰富，使得烹调方法更加完备，使得饮食更加成为社会交往的黏合剂。

第三个层次是士人，即后来所称的知识分子，或者称为美食家、饮食理论家，他们是饮食文化理论体系的创造者、完成者。随着社会分工的日益严密，有人专门从事思想体系的构建、人类智慧的总结这一工作。中华饮食文化的开端就与政治伦理思想有着千丝万缕的联系，一开始就承担着政治思想和社会伦理的宣教功能，是社会心理的体现者，在人们的饮食活动中渗透着许多教化的作用，先秦时期的政治家、思想家老子、孔子就是美食家，在他们的著作中处处闪耀着思想睿智的火花，创建了中华饮食文化的最初体系，中华饮食文化的大致走向从此确定。如果没有唐代的陆羽，没有他所撰写的《茶经》，就不能说中国的茶文化体系已经确立；如果没有袁枚，没有他所撰写的《随园食单》，就很难想象清代人所享用的是怎样的饮食，其配料、形制、色、香、味怎样，又是如何制作的，是否可以再现？ 且不说古代的小说中无一不写饮食，《红楼梦》《水浒传》《三国演义》哪一形象生动的人物不是有"食"在其中穿插？ 当代的文化名人亦无不参与了饮食文化的创造活动。 孙中山、林语堂的大论人人耳熟能详，陆文夫有专写美食家的小说《美食家》。 此外，总论吃的，夏丏尊有《谈吃》，钱锺书有《吃饭》，沈宏非有《写食主义》，符士中有《吃的自由》；谈天下四方的，汪曾祺有《四方食事》；谈文人与饮食的，汪朗有《胡嚼文人》；谈一地之饮食的，朱自清有《话说扬州的吃》，郁达夫有《食在福州》；谈一味饮食的，黄苗子有《豆腐》，林斤澜有《家常豆腐》，张爱玲有《草炉饼》，叶圣陶有《白果歌》，姚雪垠有《一鱼两吃》，冰心有《腊八粥》等。 历史学家逯耀东更多的是以饮食美文名扬天下，周芬娜的《品味传奇——名人与美食的前世今生》将古今名人与美食连接起来，原来，那些社会名流无一不有美好的饮食故事。

（二）美食的创造者

中国最早的美食创造者伊尹，被历史学家司马迁敬重，惊艳出场，《史记·殷本纪》用了一百字记述伊尹的事迹："伊尹名阿衡。 阿衡欲奸汤而无由，乃为有莘氏媵臣，负鼎俎，以滋味说汤，致于王道。 或曰，伊尹处士，汤使人聘迎之，五反然后肯往从汤，言素王及九主之事。 汤举任以国政。 伊尹去汤适夏。 既丑有夏，复归于亳。 入自北门，遇女鸠、女房，作《女鸠女房》。"

关于伊尹烹饪家的身份说明，只有区区数字。"鼎"，古代煮食物、盛食物的器皿，"俎"，切割肉类用或祭祀时放牛羊等祭品用的几形器物。"鼎俎"泛指庖厨割烹的用具。伊尹背着饭锅、砧板来见成汤，即商汤，商朝开国之主，伊尹借着谈论烹调滋味的机会向成汤进言，劝说他实行王道。 伊尹是政治家，发现商汤王是可以进谏的，如何接近商汤王的难题被他破解了，商汤王喜欢饮食，是一位美食家。 伊尹学会了炒菜，味道很好，远近有名，于是才有机会被推荐到商汤王跟前。 伊尹说明为什么自己烹制的滋味这么好，加进了政治，加进了如何治国、如何实现王道的道理。 商汤王听进去了，重用了伊尹，于是有了商的开拓与发展。

《吕氏春秋》第14卷《本味篇》，记述了伊尹以汤的"至味"劝说商汤王的故事，伊尹讲到了汤的烹制的要素：第一，汤的味道的根本在于水。 第二，不仅仅是水，所用以调和的甘、酸、苦、辛、咸五味也决定了味道。 第三，汤的味道和木、火也都有关系，味道烧煮九次变化了九次，火很关键。 通过疾徐不同的火势可以灭腥去臊除膻，只有这样才能做好汤，不失去食物的品质。 第四，还要考虑阴阳的转化和四季的影响。 第五，汤的制作过程是一个十分复杂的过程，鼎中的变化非常精妙细微，不是三言两语能表达出来说得明白的，需要细心地体味。 伊尹表面上没有说，但是却明显地包含着的是，人的作用，人的决定性作用。 具体地说，是厨师决定着金、木、水、火、土的调节，是厨师把握着阴阳的调和，只有厨师具有高超的技艺，同时有着对于中国哲学的深刻理解，才能够做出美味的汤。

春秋时期有一位烹饪大师，名叫易牙，又有人称之为狄牙，他也被史书记载了下来。易牙是齐桓公宠幸的近臣，用为雍人。易牙是第一个运用调和之事操作烹饪的庖厨，善于调味，很得齐桓公的欢心。他是厨师出身，烹饪技艺很高，又是第一个开私人饭馆的人，所以他被厨师们称作祖师。狄牙调味，关键是把握一个度，这个度只可意会不可言传，全在于厨师凭借经验掌握，酸了就拿水加，淡了就用盐放。就跟水火能相克变化一样，所以饭菜不会过咸过淡，必能美味适口。

春秋时期大哲学家庄子的《养生主》中说有一个名叫丁的厨师替梁惠王宰牛，手所接触的地方，肩所靠着的地方，脚所踩着的地方，膝所顶着的地方，都发出皮骨相离声，刀子刺进去时响声更大，这些声音没有不合乎音律的。它竟然同《桑林》《经首》两首乐曲伴奏的舞蹈节奏合拍。梁惠王惊奇地问："嘻！好啊！你的技术怎么会高明到这种程度呢？"庖丁放下刀子回答说："臣下所探究的是事物的规律，这已经超过了对于宰牛技术的追求。"庖丁不仅仅是个厨师，他已经提升到哲学的高度论证宰牛了，宰牛的时候，只是用精神去接触牛的身体，顺着牛体的肌理结构，劈开筋骨间大的空隙，沿着骨节间的空穴使刀，都是依顺着牛体本来的结构。宰牛的刀从来没有碰过经络相连的地方、紧附在骨头上的肌肉和肌肉聚结的地方，更何况股部的大骨呢？技术高明的厨工每年换一把刀，是因为他们用刀子去割肉。技术一般的厨工每月换一把刀，是因为他们用刀子去砍骨头。庖丁用了十九年而刀刃仍像刚从磨刀石上磨出来一样。他每当碰上筋骨交错的地方，就十分警惧而小心翼翼，目光集中，动作放慢。刀子轻轻地动一下，"哗啦"一声骨肉就已经分离，像一堆泥土散落在地上了。梁惠王听了庖丁的话，学到了养生之道，而我们从中体会到厨师的伟大，实践出真知。

中国古代的官僚们往往不以亲自参与烹饪为低贱，如"宫保鸡丁"这道菜，便是清咸丰年间曾任太子少保，习称"宫保"的丁宝桢所创造的。他参照京酱爆肉丁的烹调方法，用四川豆瓣酱代替甜面酱，又用鸡丁代替肉丁制成，再冠以主人的官职，从此"宫保鸡丁"名声大振，成为一道名菜。若没有丁宝桢的鼓励与传播，这道名菜不会如此名扬天下。

烹饪者是劳动人民，在士人的眼中并非是浅薄、无足轻重的人，如袁枚就很敬重社会下层的美食的创作者。

袁枚，清乾隆四年（1739年）进士，授翰林院庶吉士。乾隆七年（1742年）外调江苏，先后于溧水、江宁、江浦、沭阳任县令七年，为官清廉、勤政。他专注于烹饪的专门研究，讲究饮食，并提出色、香、味、形等要求。作为一位美食家，《随园食单》是袁枚饮食思想的产物，以随笔的形式，记录四十年美食实践，描摹江浙地区的饮食状况与烹饪技术，用大量的篇幅详细记述了我国14世纪至18世纪流行的326种南北菜肴饭点，也介绍了当时的美酒名茶，是我国清代一部非常重要的饮食名著。能够如此详细地介绍美食的做法，如果不是自己亲手烹制，那一定是紧跟厨师，步步记录并且做出比较，袁枚可以说是厨师的知音。

（三）厨师对美食的传承和创新

厨师一般工作环境差，工作空间小，冬天不暖，夏天不凉，对着火焰整日的炙烤，烟熏火燎；工资待遇低；社会地位低。

陈忠实所写小说《白鹿原》里鹿家祖辈以"勺勺客"发家，故事虽然是虚构，但是"勺勺客"这一称呼早已存在，而且在清代已闻名全国。

"勺勺客"就是掌勺的厨师，特指蓝田厨师。 小说《白鹿原》故事的发生地滋水县，就是陕西蓝田县。 秦穆公称霸，将发源于蓝田的滋水改为灞水。 蓝田是中国四大厨师之乡（广东顺德区，河南长垣县，陕西蓝田县，安徽绩溪县）之一，名厨辈出。 这里出厨师的原因是过去自然条件恶劣，土地贫瘠，人口众多。 夏天麦子收了，成群结队地出发去讨饭。 讨饭不如做饭，后来就将讨饭的篮子改成勺勺，明代御厨王承恩，清代御厨邵生贤、侯智荣、李松山都是蓝田人。

当下，仍有数万名蓝田厨师活跃在海内外各地，形成了独特的饮食文化现象。 厨师是辛苦的职业，"要问我是哪一个？ 我是勺勺客。 尝的是酸甜苦辣，掌的是多味调和，动的是人间烟火，咽的是悲欢离合。 我迎的是客，我送的是客，四海当家，我也是客。"

一个菜系的形成，离不开创新的厨师；一个菜系的维系与发扬，更离不开厨师。 比如粤菜发源地是在广东，但近几年，随着资本、人才、市场等的转移，上海逐渐形成了一股高端粤菜风潮，而且呈现有增无减之势，它们有的坚守经典粤菜精髓，有的走海派融合路线，还有的正在探索创新。

面对市场与食客需求的变化，粤菜餐厅的厨师也在思考，如何在高度坚守经典的同时，推出一点新的变化。 于是，有了独立的时令菜单，还有更新食材的选择。 粤菜本身对原材料的高要求，烹饪费时费工，所以发展至今，经典粤菜似乎已经达到一种饱和状态，甚至连很多有经验的粤菜师傅都坦言，粤菜要想突破，其实已经很难。

即使是传菜者，往往也会得到格外关切。 南北朝时有一位叫顾荣的，在洛阳时，有一件好人得到好报的故事：顾荣一次应邀赴宴，发现上菜传送烤肉的人神情怪怪的，时不时盯着烤肉，顾荣猜想他心里痒痒的，猜测他想吃，就把自己那一份让给了他。 同座的人都笑话顾荣，顾荣说："哪有成天端着烤肉而不知肉味这种道理呢！"顾荣后来遇上战乱，过长江避难，每逢遇到危急，常常有一个人在身边护卫自己。 便问他为什么这样，原来就是得到烤肉的那个人。 顾荣有不忍人之心，关爱那个厨师，后来当遇到危难的时候，得到那位传菜人的回报。

（四）第一层次与第三层次往往混而为一

在饮食文化的创造过程中，第一个层次的劳动者与饮食文化理论体系的创造者、完成者往往混而为一。最典型的代表就是苏轼。

苏轼是一位美食家，也是美食的记录者，评论家。他的词作代表了宋代词作的最高水平，他通过自己的词作描绘美食，抒发情感，记录宴会场景，使得当时的美食流传至今，令人称羡。他还是饮食思想的总结者，站在时代的最高点，思考凝聚了宋代及其以前的饮食思想。像他这样的人，千年一人而已。

苏轼有一首《老饕赋》，从一个老食客的角度说明厨师之难，技艺之绝。首先，要挑选好的厨师，刀工要像庖丁那种水平，烹煮要像易牙那种水平。其次，用水必须是新鲜的，厨具必须是干净的。第三，柴火要烧得恰到好处。第四，对食材的处理要精细，有时候要把食材经过多次蒸煮后再晒干待用，有时则要在锅中慢慢地文火煎熬。第五，选料，食材精致讲究，猪肉只要脖子上那一小块，螃蟹只吃霜冻前最肥美的那一对螯。第六，配食要精到，用成熟的樱桃做成蜜饯，淘洗杏仁浆做成酪一样的糕点。第七，烹制时候要注意细节，比如蛤半熟的时候加点酒则更鲜，蟹和酒糟一起蒸到火候半生正好。类似像这样的各方面都到位的美食，才配得上老饕这样的食客。

苏轼的《菜羹赋》详细说明了菜羹的制作过程，记述其味之美。如果不是亲手制作或者注意观察，不会记载得如此详细。全赋的基调昂扬向上，积极乐观，歌颂自然之味，洋溢着一种穷且益坚、乐天知命的精神。非常真实地表达了他倡导蔬食的主张。苏轼还写过一篇讲养生的文章《续养生论》，主旨还是讲节制，认为人生来就有情绪上的纷扰，因此要主动地控制心神的激动。

再如"东坡肉"是一道著名的菜肴，相传是苏东坡被贬官至湖北黄冈任黄州团练副使时所自创的一道菜。他有一首诗《猪肉颂》这样写道："净洗铛，少著水，柴头罨烟焰不起。待他自熟莫催他，火候足时他自美。黄州好猪肉，价贱如泥土。贵者不肯吃，贫者不解煮，早晨起来打两碗，饱得自家君莫管。"诗中介绍了这道菜肴的具体做法。

三、中华饮食文化的特征

1. 中国饮食文化重视礼仪

礼仪之重，维系着社会的稳定，而中国的礼仪开始于饮食，饮食之中讲究"礼"，礼成为一种秩序和规范。所谓"礼始诸饮食"，即是通过饮食来体现礼仪，学习礼仪，实现礼仪。儒家倡导的礼仪内化于中国人的日常生活之中，早已成为一种潜移默化的习俗。

2. 中国的饮食文化是差异文化与和合文化的交叉

中国饮食文化是用和合的途径去实现差异。 说它是差异文化，是因为它追求差异，把实现差异作为目标，在差异中形成社会的均衡。 这主要是与礼仪相关。 而礼仪的根本是阶级、等级。 开始的思想家的设计是这样的。 而和合文化，通过共同饮食，无论是品茶还是饮酒，能坐下来一起借助宴饮活动而沟通交流，求同存异，实现和而不同。

3. 对饮食对象"味和"的追求

中国食物的区域性、多样化、丰富性、延续性，数千年来，人们热衷于饮食美味的创造，食品及菜肴等创新层出不穷，同时又保持着传统饮食的特色。 人们烹饪时重视食品和菜肴的口感、营养、美观等方面，在享用时对食品和菜肴的色、香、味、形，及盛装的器具、宴饮的环境等综合要求高。 一些特色食品及菜肴，身心的享受和饮食美学的体验让人感受到浓郁的中国文化特色。

4. 以健康为中心的食疗食养的追求

吃什么对自己的身体有何作用？ 这是中国人饮食行为中最为关心之处。 除了满足饮食风味的多元化需求、饮食消费的情趣之外，顺应节气饮食、结合中医辨证施治的食疗养生等，是中国饮食文化中具有鲜明民族特色一个特征。

5. 饮食是体味中国哲学的一把钥匙

在世界上诸多的文明之中，"味"一直是被当作是欲望的对象，而不涉及思想。 只有在中国文化中，"味"才被上升为思想的对象与思想方法。"味"不仅有满足口腹之欲的这个层面的形而下的意义，也还存有形而上的高度：味中有道。

四、中华饮食文化的功能

中华饮食文化内涵丰富，包括物态、行为态、制度态和心态的文化层次。 文化层次的多元化，必然体现了对个人及社会人群的不同功能。

1. 饮食具有多元的功能

饮食的美育功能。 比如，各类饮食菜肴色香形味之美，饮食器具之美，五味调和之美，宴饮过程的和谐之美等。 赵荣光先生总结饮食文化审美的"十美风格"："质、香、色、形、器、味、适、序、境、趣"。①

饮食的礼仪教化功能。 中国饮食礼仪在行为准则上以尊老敬贤、长幼有序的伦理原则，西方更注重绅士精神的养成，体现女士优先、尊重妇女的良好修养。② 不同场合的饮食礼仪规范，入乡随俗的饮食之礼，饮食对象及烹制方式体现了传承创新，饮食的禁忌体现了民族文化及地域文化对人们的饮食行为约束的功能等。

酒是中国宴饮中不可或缺之物。《汉书·食货志下》记载，西汉王莽时的羲和（官职名）鲁匡有一个十分精彩的论述，他说："酒者，天之美禄，帝王所以颐养天下，享祀祈福，扶衰养疾。 百礼之会，非酒不行。"鲁匡认定酒是上天赏赐给人的最美的俸禄，第一，酒是被帝王用来"颐养天下"的；其二，"扶衰养疾"，扶助衰老，休养疾病；其三，礼之用，酒是祭祀所必需的要件。 百礼的会聚，非酒不可施行。"享祀祈福"，祭祀天地、宗庙，献酒、酹酒是王朝大事，没有酒不行，没有高贵新奇的酒器，也不行。

2. 饮食是政策的体现者

如何饮食，饮食什么，是由决策者政策约束的。 比如，2012 年 12 月 4 日，中共中央政治局召开会议，审议通过了中央政治局关于改进工作作风、密切联系群众的"八项规定"。 此规定之后，政府工作接待饮酒、宴席规格等受到了严格的限制，体现了为人民服务的宗旨。

饮食是最好的赏赐物，是心意的最好承载物。《汉书·文帝纪》记载，汉文帝下诏曰："今岁首，不时使人存问长老，又无布帛酒肉之赐，将何以佐天下子孙孝养其亲？ 今闻吏禀当受鬻者，或以陈粟，岂称养老之意哉！ 具为令。"于是下令："年八十已上，赐米人月一石，肉二十斤，酒五斗。"从政府行为而言，赐酒食成为"养老"的重要措施。

3. 饮食文化体现了时代社会风俗

何谓"风俗"？《汉书·地理志》有精辟的论述："凡民函五常之性，而其刚柔缓急，音声不同，系水土之风气，故谓之风；好恶取舍，动静亡常，随君上之情欲，故谓之俗。"不同时代的饮食文化内涵不同，饮食文化体现了时代社会风俗。

不同时代、不同地域的人们饮食习惯差异很大，饮食对象及饮食方式之不同，形成了"千里不同风，百里不同俗"的现象。 比如饮酒就是一种公众聚会，是欢乐的场合。 饮酒时有一种气氛，最高潮时是为"酒酣"。 此时最适合人际的交往，或者化解矛盾。《汉书·荆燕吴传》记田生劝说张卿就是借"酒酣"："酒酣，（田生）乃屏人说张卿。"《汉书·樊哙传》又有"中酒"之说："项羽既飨军士，中酒，亚父谋欲杀沛公，令项庄拔剑舞

---

① 赵荣光. 中华饮食文化概论［M］. 北京：高等教育出版社，2018.
② 韩作珍. 饮食伦理：在中国文化的视野下［M］. 北京：人民出版社，2017.

坐中。""中酒"者，颜师古注释道："饮酒之中也。不醉不醒，故谓之中。"人们常常借着酒性说出平时不愿说或者不敢说的话。帝王亦如此。《汉书·佞幸传》记载，汉哀帝喜欢庶出的弟弟，想要禅位于他，这一天设置了酒宴，酒酣，借着酒席说出了禅让的话："上有酒所，从容视贤笑，曰：'吾欲法尧禅舜，何如？'"但是遭到了反对。

4. 饮食行为中对人的观察

社会经验丰富的管理者或长辈，常常设酒宴以观察、考察一个人的才能。通过一次宴饮，观察酒宴之中的人在与人沟通、取食进食（俗称吃相）、敬酒言辞中的多方面的表现。比如，长者常常以酒性观人。以一个人的酒性如何观察人，是社会通则之一。从饮食时的神态观察一个人的志向，甚而至于可以预测其生命事业的长短。在宴饮中，观察一个人的行为，取食、进食方式、速度，饮酒的表现等在一定程度上能反映出一个人的性格特征及文化修养。《汉书·五行志中之上》颜师古注："谓饮酒者不傲佷，不傲慢，则福禄就而求之也。"说明在汉代，酒德如何是评价一个人的重要条件。所谓酒德，从伦理道德层面去观察一个人的德行，即饮酒时的风度，是否遵守饮酒的规矩。又包括买酒时是否诚信，还包括是否仗着酒性胡作非为。《荆燕吴传》记吴王选拔人才就十分看重酒德。"王专并将其兵，未渡淮，诸宾客皆得为将、校尉、行间侯、司马，独周丘不用。周丘者，下邳人，亡命吴，酤酒无行，王薄之，不任。"周丘大概买酒时不够诚信是也，或不付钱或不能按时付钱，因此信誉不好。

《汉书·季布传》记载季布因为"使酒难近"而被汉文帝以为难以任用，留于招待所一月时间，有人提出他不能控制饮酒，会误事。从此可见当时的人对酒德十分看重。

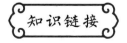

中国古代饮食文化思想家举要

一、孔子

孔子（孔夫子，公元前551年9月28日—公元前479年4月11日），字仲尼，祖籍宋国栗邑（今河南夏邑），出生于鲁国陬邑（今山东曲阜），我国古代著名的思想家、教育家，儒家学派创始人，后被尊为孔圣人、至圣、至圣先师等，位居"世界十大文化名人"之首。

孔子是对中国文化影响最大的人物，其所创立的儒学成为中国思想文化的主导，渗透到中华民族生活的方方面面。孔子又是美食家，虽然他的人生追求在于政治理想的实现，只能"食无求饱，居无求安"，但是他在饮食思想上有许多创见，他把这些饮食思想生动地贯穿于日常生活之中。孔子曰："士志于道而耻恶衣恶食者，未足与议也。"（《里仁》）对于那些有志于追求真理，但又过于讲究吃喝的人，采取不予理睬的态度。可是对苦学而不追求享受的人，则给予高度赞扬，他的大弟子颜回被他认为是第一贤人。他说："贤哉回也！一箪食，一瓢饮，在陋巷。人不堪其忧，回也不改其乐。贤哉回也！"（《雍也》）孔子自己所追求的也是一种平凡的生活，他说："饭蔬食饮水，曲肱而枕之，乐亦在其中矣。不义而富且贵，于我如浮云。"（《述而》）

孔子一生追求礼制的实现，他把礼的思想与具体的饮食礼仪相结合，因而对后世的影响更为深远。《论语》一书是孔子言行的记载，包括不少饮食文化的内容，尤其以《乡党》一篇最为精辟。如"食不厌精，脍不厌细""斋必变食，居必迁坐""食噎而餲，鱼馁而败，不食""色恶，不食；臭恶，不食""失饪，不食""不时，不食""割不正，不食""不得其酱，不食""肉虽多，不使胜食气""唯酒无量，不及乱""沽酒市脯，不食""祭于公，不宿肉。祭肉不出三日，出三日不食之""食不语，寝不言"。意思是说食物做得越精细越好，食物陈旧变味了，鱼和肉腐败变质了，不吃。食物的颜色变坏了，不吃。色味不好，不吃。烹饪不当，即过熟或不熟，都不能吃。从市上买来的酒和熟肉，不吃；祭肉不出三日，超过三天就不吃。对肉的切割要符合一定的规格，不到吃饭时间不吃，在食物搭配上肉的量不能超过主食。每餐必须有姜，但也不多吃。喝酒要以不醉为度。孔子从刀工、火候、主副食搭配、食品卫生等方面阐述了他的饮食理念。

应该注意到，"和"的最终旨归，是人内心的心性平和，也就是说，它的最后落脚点，还是人自身的生存状态。因此，它是内向的，而不是外向的；是人本的，而不是物质的。

"和"是中国古代思想家讨论的一个十分重要的命题。《论语》记"有子曰：礼之用，和为贵。"《中庸》曰："和也者，天下之达道也。致中和，天地位焉。""和"的理念被扩展而充斥于宇宙之间，不和不足以为礼，不和不可以为达道。和的意义被升华，无大小，无内外，无边岸，无形色。天得之而四时顺，地得之而万物生，人得之而性命凝，这就是所谓的"达道"。和作为一个哲学理念，代表着通，顺，悦，从容，徐缓。达不到"和"这一个层次的人，就不可能使用"和"来待人待己。而善用和者，不惊俗，不骇众，不固执，不偏僻，随方就圆，内刚外柔，大智若愚，大巧若拙，潜修密炼，人莫能识。和被升华为人生哲理了。

二、老子

老子大约于周灵王元年（鲁襄公二年、宋平公五年、公元前571年）出生于周朝春秋末期陈国苦县（一说楚国苦县）。老子（本名李耳），字聃，一字伯阳，或曰谥伯阳，世界百位历史名人之一，中国古代思想家、哲学家、文学家和史学家，道家学派创始人和主要代表人物。在道教中，被尊为道教始祖，称"太上老君"。

老子的饮食文化思想独成体系，其主旨是因应时世，清心寡欲，辩证地看待饮食之美。老子的饮食思想与其政治思想相通。老子的理想是"无为而治"和"小国寡民"："甘其食，美其服，安其居，乐其俗。邻国相望，鸡犬之声相闻，民至老死不相往来。"使人民认为他们的饮食已很香美，衣服已很舒服，住宅已很安适，风俗已很安乐。邻国彼此可以互相望见，鸡犬之声互相可以听见，而两国人民至死不相往来。人民虽然不富足，但是所能够得到的食品便是最好的食品。老子以为发达的物质文明不会带来好结果，主张永远保持极低的物质生活水平："五色令人目盲，五音令人耳聋，五味令人口爽；驰骋畋猎，令人心发狂。难得之货，令人行妨。是以圣人为腹不为目，故去彼取此。"老子认为丰美的饮食，使人味觉迟钝，强调过于追求滋味反而会伤害人身体。老子还提出了一个十分重要的饮食原则，通俗地说即吃饭的目的："为腹不为目。"这是针对当时饮食的奢靡之风提出的批评，认为不应当在饮食的形式上下功夫，不应求其外在的美，而应求其实际，吃饭是为了饱肚子，不是为了好看。

老子又有"为无为，事无事，味无味"的说法，"味无味"即以无味为味，于恬淡无味之中体味出最浓烈的味道来才是最高级的品味师，也算是一种独到的饮食理论。他将饮食文化中的重要概念"味"借喻到哲学领域，表明他崇尚自然、返璞归真、无为无不为的哲学思想。

老子崇尚"淡"的哲学观，对后世的饮食文化产生了重要影响，形成中国文化所特有的审美趣味，表现于具体的饮食现象，便是在饮食环境、饮食器具、宴席设计、食品材料等方面，都有意识地追求一种淡雅的意境。

"味无味"的命题，是对饮食活动中审美观照与审美体验的观察和总结：只有通过"味"（品味、体味）的步骤和过程，才能达到对"无味"（至味）的把握。或者也可以说，"味"的极致，便是"味"的本身，而非任何外加的东西。老子将"无味"作为一个审美范畴，指出"道"乃是一种"无味"之"味"，因而也就是一种"至味"。可见所谓"味无味"，就是全神贯注地去体味和观照美的最高境界，即"道"的本质特征和深刻意蕴，以便体悟到自然宇宙与人体生命的真谛，从而获得最大的美的享受。这说明老子美学深受中国古代饮食文化的启示和影响，有着浓郁的体验性特征。这种"味无味"的美学观，实际上就是"淡"的审美理想，而其深层次的含义，则是人去主动地感受和体验（"味"）大自然（"无味"）的存在，以便使自己能够完全地融入大自然的怀抱，了解和体悟到自然与人生的"至味"，表现在饮食中，便是通过饮食这一日常的行为去体悟自然的奥妙，反过来又以自然的运行法则来指导人们的饮食。

显然，老子的饮食观与其人生哲理密切相关，谈的是饮食，同时也是人生态度。老子还明确提到饮食对人的修养的重要意义，有"治身养性者，节寝处，适饮食"的议论。

老子将烹饪提高到政治的高度，认为烹饪不仅仅是做菜那样的雕虫小技，而是其中透现着深刻的统治之术。老子有一句总结治国的名言："治大国若烹小鲜。"小鲜即小鱼。老子将治理大国比喻为煎烹小鱼，就是要统治者决策必须准确，政策要稳定，如果朝令夕改，就像用铲子乱铲乱翻，锅里的小鱼就会被铲烂。

三、苏轼

苏轼（别称苏东坡、苏仙，1037—1101 年），字子瞻，又字和仲，号东坡居士。北宋眉州眉山（今属四川省眉山市）人，祖籍河北栾城，北宋著名文学家、书法家、画家、美食家。

苏轼是真正的美食家，不仅是烹饪大师，还是美食的记录者、评论家。作为饮食思想的总结者，苏轼站在时代的最高点，思考凝聚了宋代及其以前的饮食思想。

苏轼历经宋仁宗、宋英宗、宋神宗、宋哲宗、宋徽宗五朝，经历了"还朝-外任-贬谪"两次循环。他一生走遍祖国大江南北，写了近 400 首饮食诗，囊括了北宋中华各种饮食，不仅展现了各个阶层的饮食习惯，反映了北宋饮食文化的兴盛与繁荣，还为宋代诗歌发展注入新的活力。

苏轼能够做到在穷困中体会美食，存真生活情趣。

苏轼年轻时家里很穷，吃的饭很简单只有三样：盐、白萝卜和白米饭。这三样实在无味得很，简单得很，但在年轻时的苏轼兄弟二人眼里却是幸福，因为能够吃得饱。粗茶淡饭中一起品味幸福，岂不是一种享受？苏轼和朋友分享的人生体会也是节俭。他给李尚一封信，说道人的嘴巴的欲望是无穷尽的，而俭素乃人生之要，也即是淡而有味。节俭，也是惜福延寿之道。

苏轼一生不善饮酒，然而与酒结缘，奉陪着酒，于酒中探索美味，增长友谊，于文中词中留下浓浓的酒香。酒是理想的养生药物，酒最早出现时的主要功效是药用，经过后代不断发展才成为一种饮品，但其药用作用仍不可忽视，苏轼当然清楚这一点，他认为慢斟浅酌、饮用有度是有益养生的，而且饮酒的快乐是不容忽视的，他说："予虽饮酒不多，然而日欲把盏为乐，殆不可一日无此也。"他以酒养生，还亲自酿酒饮用，调节心情以治病养生，像桂酒、真一酒、蜜酒等。

苏轼的书法很好，当时的人都以得到他的题词为珍贵，他的书法作品甚而可以换取美食。《韵府》引《志林》谓苏轼书法可得换羊肉。名人、大人物于是纷纷给苏轼写信，为的是得到苏轼的回复，哪怕只是一个小纸条。此亦是文人雅兴尔。

美食是一种人生的满足，也是精神的慰藉，会使人兴奋，留下美好的回忆，也会暂时的忘却不快。苏轼一生颠沛流离、命运多舛，经历了乌台入狱、三次丧妻、老年丧子、九死南荒，但是他却坦然面对，敞开胸怀、遍尝各地美食，而且想着法子变着方子吃，并利用有限资源亲自耕种和烹制，尤其在他被贬的时候。苏轼每到一地都注意发现美食，通过美食了解当地，熟悉环境，体味当地人的生存状态。当然，还有一个更为重要的目的，通过"吃"来化解生活的烦恼和政治的失意，通过"吃"来对抗命运的作弄。

苏轼初贬黄州时，来不及伤感，而是惦记着黄州的美鱼和香笋。贬到岭南，谪谪惠州，瘴气浓重，苏轼却有了"日啖荔枝三百颗，不辞长作岭南人"的想法。旷达、随遇而安的精神成为他的人生哲学。文人自有排解忧苦的方法，餐桌上总是文人显露雅兴的场所，更何况苏轼那样乐天幽默，有时又那样恶作剧的人。

《夷坚志》记载有一张某向苏轼请求长寿良方，苏轼就写出下列的四句话，这是他的养生秘诀：无事以当贵，早寝以当富，安步以当车，晚食以当肉。苏轼养生的关键是自我约束，同时要求朋友们监督自己。他认为节食有养福、养胃、养财三大好处。苏轼养生的秘诀是"清虚"，将无欲无念作为修炼的目标，这其中当然也包括饮食，没有酒肉的日子同样是幸福满足的日子。苏轼是以清虚自守，他的人生观浸透着道家的无为。

四、李渔

李渔（1611—1680 年），出生于南直隶雉皋（今江苏如皋），籍贯浙江兰溪，字笠鸿、谪凡，号笠翁，明末清初文学家、戏曲家，世称"李十郎"，被后世誉为"中国戏剧理论始祖""世界喜剧大师"。他在明代中过秀才，入清后无意仕进，从事著述和指导戏剧演出。所著《闲情偶寄》包括词曲、演习、声容、居室、器玩、饮馔、种植、颐养等 8 部，《饮馔》《种植》《颐养》三部分则表达他的饮食思想。

《闲情偶寄》的书名可见他将饮食之道归于闲情雅致，所写均为偶然所得。为什么标出"闲情"，一则在政治的高压下，知识分子为自保，借闲情以说明自己没有异己的行为，与最高统治者保持一致。二则将饮食作为正儿八经的学问加以研究，堂而皇之地写入著作，本来已经是进步了，但是比较起安身立命的经学来，诗词歌赋、吃饭穿衣只是"闲情"而已。

李渔面对当时的社会风气提出"崇尚俭朴"，包括饮食。李渔声明自己创立新制，并非引导社会风气崇尚奢侈，而是"凡予所言，皆贵贱咸宜之事"。

卷三《声容部》引用古语说明了衣食二事之难："古云：'三世长者知被服，五世长者知饮食。'俗云：'三代为宦，着衣吃饭。'古语今词，不谋而合，可见衣食二事之难也。"

卷五《器玩部》记有饮食器具，认为"人无贵贱，家无贫富，饮食器皿，皆所必需。"《器玩部》专列"茶具""酒具"，二者均与饮食相关。"茶具"最欣赏今宜兴紫砂壶，谓"著注莫妙于砂壶，砂壶之精者，又莫过于阳羡，是人而知之矣。"又介绍制壶的要领，说明李渔是欣赏紫砂壶的行家里手，应该是把玩多有时日之后的体会之谈。《闲情偶寄》专门有"酒具"一条，说明应当设置什么样的酒具，不同酒具的用法及价值，又对当时的瓷器予以品评。

卷六《饮馔部》与饮食的关系最为直接。《饮馔部》所述几乎全是他自己的见识，而不同于一般的食谱类烹饪著作。他写的饮撰部分，分为蔬菜、谷食、肉食三节，把蔬食放在卷前，而将肉食放在卷后，表达了他提倡清淡饮食的主张。他说："吾为饮食之道，脍不如肉，肉不如蔬，亦以其渐近自然也。"又说："吾辑《饮馔》一卷，后肉食而首蔬菜，一以崇俭，一以复古；至重宰割而惜生命，又其念兹在兹，而不忍或忘者矣。"

李渔论蔬，将笋列为第一，在肉之上，肉为鱼而笋为熊掌，原因即在于笋之鲜味。蔬食中第二个推荐的是菌类植物——蕈，人通过食用菌类，就可以实现与山川之气的交接。对于蔬食中的萝卜，持辩证观点，"虽有微过，亦当恕之。"

李渔将"谷食"排在第二,"食之养人,全赖五谷。""谷食"中特别对"汤"进行了考证:"汤即羹之别名也。羹之为名,雅而近古;不曰羹而曰汤者,虑人古雅其名,而即郑重其实,似专为宴客而设者。然不知羹之为物,与饭相俱者也。"

李渔将"肉食"排在第三,对肉食中的羊肉,特别提示:"予谓补人者羊,害人者亦羊。凡食羊肉者,当留腹中余地,以俟其长。倘初食不节而果其腹,饭后必有胀而欲裂之形,伤脾坏腹,皆由于此,葆生者不可不知。"

《饮馔部》有"不载果食茶酒说"一节,指出水果、酒、茶之间的关系:"果者酒之仇,茶者酒之敌,嗜酒之人必不嗜茶与果,此定数也。"

卷八为《颐养部》,即为养生。如何养生?他主张养生重在养心,行乐第一,止忧第二,调饮啜第三,节色欲第四,却病第五,疗病第六。看得出这是个顺行自然之道的养生论,李渔明确申明这是儒家养生观,重在明理而非邪术。

李渔的养生学以幸福生存为目的。行乐之道——处之得宜,各有其乐,"乐不在外而在内,心以为乐,则是境皆乐,心以为苦,则无境不苦。"知足常乐,"善行乐者必先知足。""以不如己者视己,则日见可乐;以胜于己者视己,则时觉可忧。"穷苦的人也有自己的快乐:"穷人行乐之方,无他秘巧,亦止有退一步法。我以为贫,更有贫于我者,我以为贱,更有贱于我者;我以妻子为累,尚有鳏寡孤独之民,求为妻子之累而不能者;我以胼胝为劳,尚有身系狱廷,荒芜田地,求安耕凿之生而不可得者。以此居心,则苦海尽成乐地。如或向前一算,以胜己者相衡,则片刻难安,种种桎梏幽囚之境出矣"。

李渔指出饮食也与养生相关:"贫民之饥可耐也,富民之饥不可耐也,疾病之生多由于此。从来善养生者,必不以身为戏。"而且怒时哀时倦时闷时勿食,以免不利消化。

五、袁枚

袁枚(1716—1798年),字子才,号简斋,晚年自号仓山居士、随园主人等,祖籍浙江慈溪,出生于钱塘(今浙江杭州)人,清朝乾嘉时期代表诗人、散文家、文学评论家和美食家。乾嘉三大家之一、性灵派三大家之一、与纪昀齐称"南袁北纪"。

袁枚的《随园食单》堪称清代饮食理论体系中的杰作,有中国古代《食经》之誉。他将各种烹饪经验兼收并蓄,各地风味特点融会一册,理论与操作相结合,形成了系统的理论学说。《随园食单》共有14篇,主要理论包括注意原料选择、注意原料搭配调剂、注意饮食卫生、烹调要"精始"、菜肴上桌要有次序、讲究进食艺术等。

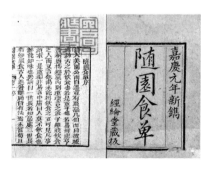

《随园食单》书影

袁枚处于清朝盛世,各民族饮食文化融合,王公贵人、富商巨贾、文人学士等竞尚奢侈,其家境也宽裕和稳定,因而有条件讲究饮食,并提出色、香、味、形等要求。但他又抨击当时浮华的饮食风气，提出饮食要实惠，要节俭。

作为一位美食家，《随园食单》是袁枚饮食思想的产物，以随笔的形式，记录四十年美食实践，描摹江浙地区的饮食状况与烹饪技术，用大量的篇幅详细记述了我国 14~18 世纪流行的 326 种南北菜肴饭点，也介绍了当时的美酒名茶，是我国清代一部非常重要的饮食名著。全书分为须知单、戒单、海鲜单、江鲜单、特牲单、杂牲单、羽族单、水族有鳞单、水族无鳞单、杂素单、小菜单、点心单、饭粥单和菜酒单十四个方面。在须知单中提出了既全且严的二十个操作要求；在戒单中提出了十四个注意事项；特牲单介绍了十余种菜肴，涉及猪、牛、羊、鹿、獐、果子狸等牲畜与动物的许多烹饪方法；点心单介绍了面、饼、饺、馄饨、合子、馒头、面茶、粽子、汤团、糕、豆粥等五十余种点心的做法。

很少有思想家津津乐道于食谱，袁枚论食谱却是在谈思想。难得有人像袁枚这样将烹饪的记述和哲理的探求融合在一起，于日常所见所尝所味中品出天地间的大道理。该书的特点是，常常借着谈饮食而纵论学术思想，或谈论人生，或抨击时俗，显现着执着、认真、求实的个性。如果没有经受过饥饿的煎熬，他绝不会发出"百死犹可忍，饿死苦不速"的呼号；如果不是曾经目睹"路有饿莩、哀鸿四野"的景象，他恐怕不会这样关切民食民生。《随园食单》所透现的是对社会的关注，对民众生存状态的焦虑。美食的嗜好背后流露出真实的一面，即是对人生价值的追求，是一种精神需要的满足。其中有对儒家思想的继承与批判，对老庄思想的发挥，其所谓"问我归心向何处，三分周孔二分庄。"（《山居绝句》其九），以及对程朱理学与佛教的批判等方面。

袁枚在《随园食单·序》中开宗明义的阐明自己的饮食思想，明白无误的宣扬儒家的饮食文化思想，展现了思辨性、哲理性的特点。

食单中的《须知单》是袁枚的饮食学认识论。他将学问之道推广到饮食之道，谓："学问之道，先知而后行，饮食亦然。作《须知单》。"这是袁枚的认识论，先知而后行，知在行前，以避免盲目性。

第一须知"先天须知"从哲理的高度谈食材，认为各种食材都有天生的品性，凡是物品都有先天的秉性，如同人一样，各自有资质秉性。人性下愚的，即使有孔子、孟子亲自教导他，也不会有什么效果。

袁枚提出普通人不在意的一个问题：对于一场宴席来说，如何评判买办与厨师的功劳？袁枚的评判是：厨师占六成，购置食材的人为四成。这一观点与一般人仅仅只看到厨师的功劳显然不同。袁枚是从构成宴席的基础的环节上判断分析问题。

书中"酒"一节则纵论酒文化，对于品酒、饮酒、酒道，袁枚提出系统的看法，全以生动的比喻导出。袁枚对于品酒有两条要求，第一条是了解酒。袁枚说自己本来不饮酒，但是应酬很多，好友的劝说百般殷勤，慢慢地爱上了酒，转变而对酒有了深入的了解。提出好酒的标准："大概酒似耆老宿儒，越陈越贵，以初开坛者为佳，谚所谓'酒头茶脚'是也。炖法不及则凉，太过则老，近火则味变。须隔水炖，而谨塞其出气处才佳。"第二条，所品评的酒要是自己品尝过的酒，并且说得出是谁家的酒，比如金坛于酒，于文襄公家所造，有甜涩两种，涩者味佳，清澈透亮，一清彻骨，颜色如松花，其味略似绍兴酒，而清冽程度超过了它；德州卢酒，卢雅雨转运家年造，色如于酒而味略厚；四川郫筒酒，从四川万里而来，袁枚七次饮郫筒酒，只有杨笠湖刺史木排上所带来的是上乘。从四川郫筒酒一例看来，袁枚对品酒的要求很高，他品尝过七次才敢下结论，可见其严谨的科学态度。袁枚作为食学理论家及美食品鉴家，被当代食学界誉为"食圣"。

通过学习了解古代的饮食文化思想家，结合课下查阅文献资料，分别撷取不同饮食名人的饮食名言或典故，与师友分享。

|思考题|

1. 饮食文化的内涵是什么？谈谈你的理解。
2. 中华饮食文化具有哪些特点？
3. 中华饮食文化的创造者有哪些？
4. 中华饮食文化的特征与功能包括哪些？
5. 向同学介绍一种你家乡的美食，并谈谈其背后所蕴含的文化意义。
6. 在日常生活的饮食现象中，你如何看待"节俭"与"浪费"的社会存在？
7. 课外挑选一本饮食文化方面的著作，阅读之后，与同学分享读书心得。

一二三四五（弘嵩书法）

第二章 中华饮食文化发展历程

| 本章导读 |

　　博大精深的中华饮食文化具有悠久的历史，如同任何事物都有其发生、演变的过程，饮食文化也不例外。由于不同的历史阶段食品原料、科技发展水平以及人们思想认识的不同，表现出不同阶段的特点。总体而言，中华饮食文化的发展沿着由萌芽到成熟、由简单到繁富、由粗放到精致、由物质到精神、由口腹欲到养生观的方向发展。在发展中，饮食中精神层面的内涵也越来越丰富。本章主要阐述了中华饮食文化原创时期（夏商周）、初步发展时期（秦汉）、全面发展时期（魏晋隋唐）、成熟时期（宋元明清）、繁富时期（1840年至今）不同发展时期的主要特点。

1. 了解中华饮食文化发展的各个历史时期的特点。

2. 熟悉各个时期具有典型特色的饮食文化内容。

3. 了解中华饮食文化的发展状况及未来趋势。

4. 坚持历史自信，把握中华饮食文化的发展特点，掌握当代中华饮食文化的发展特点。

| 学习内容和重点及难点 |

1. 本章学习的主要内容包括中华饮食文化各个历史时期的特点，熟悉各历史时期具有典型特色的饮食文化内容。

2. 学习的重点及难点是当代中华饮食文化的发展状况及未来趋势。

3. 针对本章中相关阅读材料的学习及思考。

第一节
中华饮食文化的原创时期

中华饮食文化的原创时期指原始社会、夏、商、周，人们逐步地解决了生存的问题，开始建立起初步的礼仪，出现了饮食思想家。

一、原始社会的饮食文化

在人类发展的历史长河中，原始社会的历程最为漫长，先民们从被动的采集、渔猎到主动的种植、养殖（尽管是原始的）；餐饮方式从最初的茹毛饮血到用火熟食；从无炊具的火烹到借助石板的石烹，再到使用陶器的陶烹；从原始的不加任何调味品的烹饪到调味品的使用；从单纯的满足口腹到祭祀、食礼的出现等，原始社会时期的人们在饮食活动中萌生对精神层面的追求，使得饮食初具文化意味。陶器和人工酿酒的发明，盐、蜜糖、食用油等调味品的使用，石磨盘与石磨棒、杵白和研磨器等食物加工工具的出现，炊事设施的初步完善，烹饪技术的产生等，都标志着人类对大自然的认识在进步，表明中国饮食的传统体系早在史前时期已经孕育了。

史前时期的许多神话传说，比如燧人氏（火的利用）、伏羲氏（渔猎）、神农氏（农业），都与饮食文化有关，其中的一些内容都被今天的考古发现所证实。比如河南舞阳贾湖遗址，是距今八九千年时间段上最为发达的远古聚落之一。彼时新石器时代刚刚揭幕两千余年，人类不久前才从洞穴里走出来，正逐步开辟农业，尝试着种植植物、驯化动物。 而贾湖却展示了一幅并非全然原始落后的面貌，超越了人们对于饮食文化起步阶段的认识。 发掘出的炭化稻米，说明贾湖先民已经吃上了稻米。 贾湖遗址考古发现成为长江以北发现的年代最早的单一稻作农业遗存。 考古工作者在贾湖陶器中提取出了类似于酒的化学成分，证明贾湖人饮用一种由稻米、蜂蜜和果实制作的混合发酵饮料。 这种酒就是为了精神生活，因为巫师在主持巫术仪式时，需要借助一些可使人尽快达到癫狂的通神状态的道具，于是酒就应运而生了，饮酒常常是很重要的程序。 贾湖人饮酒，也是为了通灵之用。 占卜、通灵、原始宗教的产生，是农业生产的形而上，是农业与生产力发展的结果。 证明了中国农业起源于距今一万年前后，而显著发展就是在距今八千年左右，农业的发展支持了文明的起源，迅速引起了整个社会的巨大进步。 这个时候的贾湖人以渔猎为主，但狩猎、捕捞、种植、养殖、采集五大门类都有，餐桌已很丰富了。 贾湖的居住地和墓地里出土了 11 个埋狗坑，埋葬着狗的完整骨骸。 这是人们对家养动物一种有意识的处理，说明狗并不作为食物，而是被驯化的伙伴。

神农像

在同一时间的其他地域，如长江流域的上山文化、跨湖桥文化、彭头山文化、高庙文化、辽河流域的兴隆洼文化等考古学文化中，也出现了水稻、黍粟、祭祀等遗存，与贾湖有相似的发展高度。 多余的生产物促使社会的分工，这时已经出现了较为先进的思想观念和知识，包括宇宙观、宗教观、伦理观、历史观，天文、数学、符号、音乐等。 这些较为先进的思想观念和知识体系，以及较为复杂的社会形态，将中国文明起源提前到距今八千年以前，可以视为中国饮食文化起源的第一阶段。

人类学家张光直认为中国饮食史上至少存在着三个转折点。 第一个转折点，是农耕的开始，北方栽种小米等谷物和南方栽种水稻等植物的开始，很可能就是这一变化确立了中式烹饪的"饭-菜"原则。 第二个转折点，是一个高度层化的社会的开始，这也许发生在夏王朝时期，但肯定不迟于公元前 18 世纪的商代。 新的社会重组基本上是以食物资源的分配为基础的。 一方面是食物的生产者，他们耕种土地，但必须把他们生产出来的大部分交给国家。 另一方面是食物的消费者，他们从事的是统治而不是劳作，这给他们以闲暇和刺激，去雕琢一种精致的烹饪风格……伟大的中国烹饪法是以许多代人的智慧和许多地区为基础的，但主要却是通过富有的、有闲的美食家们的努力，并借助于那种适合于复杂的多层化的社会关系模式的烦琐而严格的饮食礼仪，才得以成为可能的。 第三个转折点，如果信息证明是准确的，就发生在我们自己的时代。 在中华人民共和国，以饮食为基础的社会极化，已明显让位于一种真正的食物资源国家分配系统[*]。

二、夏商时期的饮食文化

夏商时期，即是从约公元前 20 世纪一直到公元前 11 世纪，中华民族的饮食从勉强果腹到渐趋丰富的过渡时期，尚未形成理论体系，此时的饮食文化还处于低级的层次。体现在以下几个方面。

1. 食物原料更加丰富，饮食器具更加丰富多彩

这个时期的农业和畜牧业，在原始社会的基础上有了进一步的发展，食物原料更加丰富。食品加工与食品储藏技术也有了很大的提高，出现了专门的粮库和食品储藏方法，人们对抗自然的能力增强了，更加自信和主动。这一时期"火食之道"已经大备，甲骨文中的"羹"字已经向我们揭示了火的使用，用烧制的办法，用纯肉熬出来了不加任何调料的肉汤，这就更有利于人吸收营养，身体素质增强了。加之饮食器类的繁化，炊事的操作技巧不断推陈出新，各种各样的烹制方法使得人们的身体状况有了重大变化，向自然的索取能力增强。

夏商时期的饮食器具，器形种类更加丰富多彩，形成了炊器、食器、食品加工器、食品盛储器、水器、酒器等不同系列，而每一系列又包含了多种多样的更强的器具。即以酒器而言，商周时期的墓葬中曾出土过尊、鉴、斛、觥、壶等青铜盛酒器，和觚、觯、角、爵等饮酒器。还有一种称作"禁"的青铜酒桌，提醒饮酒者不要贪杯。这一时期后产生了"美食不如美器"的观念，说明人们更加注重器具与美食的关系。

2. 烹饪理论已形成体系

夏商时期的食品来源进一步扩大，烹调技术更加多样化，烹饪理论已形成体系，奠定了后世烹饪理论发展的基础。同样的用"羹"字来说明，周朝的官职中已经有了"亨（烹）人"，亨人就是负责煮肉汤的，需要加多少水、用多大火候煮才合适都有要求，所谓"祭祀，供大羹、铏羹"，就是说在祭祀时，亨人要负责供应大羹、铏羹。说明饮食已经加入了礼仪，成为祭祀中的重要角色。另外，这时已经有了面条。在 2000 年，在距今 4000 年的青海民和喇家史前地震遗址发掘中，发现了一只倒扣在地上的红陶碗，翻开后里面竟然还有"面条"。显然，灾难发生时人们正在吃饭。这是迄今发现的中国最早的面条。以往学界认为，面条是在汉代时出现的，民和喇家考古的发现，改写了中国人吃面条

---

[*] Chang, K. C. Food and food vessels in Ancient China [J]. Transactions of the New York Academy of Sciences, 1973.

的历史。 古人称面条为"水引""馎饦""索饼""汤饼"等，归入"饼"类。 面条之后又有了"饺子"，说明人们不但注重吃，而且讲求食品外形之变化，有了对美的追求。 1959年，吐鲁番阿斯塔那唐墓编号为301号的墓中，出土3个灰陶小盌，盌中各置一只饺子。饺形如月牙，长约5厘米、腰宽1.5厘米，皮是麦粉做的，与现代所吃的饺子完全一样。1989年，在对阿斯塔那墓地再次发掘时，从一座墓中又发现了水饺。

3. 饮食文化形成

这样一来，饮食距离单纯的果腹充饥的目的越来越远，其文化色彩越来越浓，人们普遍重视饮食给人际关系带来的亲和性，宴会、聚餐成为人们酬酢、交往的必要形式，饮食的社会性显得越来越明显，附加在饮食上面的社会意义越来越多。 这一时期出现了一些烹饪理论家和烹饪名家，有些人就是因为善烹饪得到国君赏识而参政。 谈到这一时期的烹饪，不能不提到两个人：伊尹和易牙。 伊尹本是商汤之妻陪嫁的媵臣，烹调技艺高超，商汤向他询问天下大事，伊尹便从说味开始，伊尹和商汤的对话，记载在《吕氏春秋·本味》中。 另一位烹饪名家是易牙，他以擅长烹饪受宠于齐桓公。

4. 饮食文化的显著特点已经显现

这一时期饮食文化的显著特点是"食政结合""食以体政""寓礼于食"。 统治者将自己的政治原则、政治主张贯穿于饮食活动，特别是制度化的饮食活动当中。 "食以体政"的首要表现是统治阶级把食品保障作为政治活动的头等大事。《尚书·洪范》中箕子提出了"食为政首"的理念。 当时周武王向箕子请教治国之道，箕子便讲了"洪范九畴"。"洪范九畴"中第三类专讲"政"，共有八个方面，故又称"八政"。 八政：一曰食，二曰货，三曰祀，四曰司空，五曰司徒，六曰司寇，七曰宾，八曰师。 这八种政治中的"食"即指管理百姓的食物或者说食品。 箕子把它放在政务之首，表现了明智的统治阶级"食以体政"的食品忧患意识，他们通常还通过高层享受的部分收敛或让步来满足低层社会有限需求的对策来维护社会的稳定。

"食以体政"的第二个表现是通过饮食来"别君臣，名贵贱"，饮食器具的用材、数量、种类，筵席座次的排列，献酒的先后，食用的差别，都表现了不同人在社会中的不同地位。 这就使得饮食在国家政治中的地位提高了。

夏商时期的饮食成为"礼政"——以礼仪实现政治的目标，其核心部分是"食礼"，从肴馔品类到烹饪品位，从进食方式到筵席宴飨等细节安排，明显地强调着阶级的严格区别、等级序次的不可逾越。 贵族集团间人际关系的规定，社会人伦教化之倡导，通过饮食标识出来。

夏商时期"礼政"的基本特色，是以史前那种最亲切自然表现社会生活实践程式的饮食习俗传承作为底蕴，又经夏商统治者反复不断地整合创新升华其社会功能，而制约于社会生活，凡人事神事方方面面，小到族民家室之政，大到国家社会之治，渗透无所不在。

这个时期的社会分工初步形成，一方面是食物的生产者，另一方面是食物的消费者，这促使饮食更加精致，有人开始对饮食从精神层次上进行思考。

三、周代时期的饮食文化

1. 中华饮食文化奠基

周代一般指周朝。周朝（前1046—前256年）是中国历史上继商朝之后的国家。这一时期，出现了中华饮食文化的原典著作和思想家，对中华饮食文化的奠基具有根本意义。中国文化的大致走向确立于先秦时期，是因为这一时期产生了许多对中国后来的文化发展方向具有重大影响的伟大人物，比如孔子、孟子、老子、庄子、墨子、管仲、子产、邹衍，他们所建立的学派深刻地体现于社会形态和思想的建构之中。饮食文化在中国文化中的特殊地位即奠定于此一时期，是因为以上这些伟大的思想家都曾深刻地论述过饮食文化，都曾深入地思考过饮食文化与中国文化的关系，饮食文化的基本概念如"中和"发端于此，中国人社会生活中礼的设计由他们完成，而他们将礼灌输于饮食生活之中。他们的论断深刻地影响中国文化，他们使中国人眼中的饮食由物质的层次上升到了文化的、精神的层次。

周代的思想家通过《周易》探讨了食对于民众的重要性，观察到人体内的阴阳平衡与饮食有密切的关系，提出了饮食有节、应时顺气、鼎中之变、五味调和、饮食礼仪等规范。《周易》六十四卦集中谈到饮食的有《颐卦》《井卦》《鼎卦》。如，《颐卦》提出"节饮食"的观点，"初六'井泥不食'"，是说带有泥滓的井水不可食用，说明人们已经有了讲究饮水清洁的习惯。《周易》通过思辨的思维来看饮食文化，除了具体的饮食记载与描绘之外，附着了深刻的哲学与人生道理。叙说食物只是引子，说治理天下的大道理才是目的。

2. 出现"五谷""五果""五畜""五菜"等概念

这个时期，人们的食物原料更加多样化，谷物品种基本完备，出现了"五谷""五果""五畜""五菜"等概念。除主食南北分野的传统在这一时期继续加强外，副食中菜肴的口味也有了南北分野的趋势。周代的"八珍"和《楚辞·招魂》中的菜式，就分别对应了中国北、南地区的两种截然不同的口味。周代的食品加工和烹饪技术更趋进步，在选料、时令、主副食搭配、刀工、调味和火候等方面，都积累了丰富的经验，在此基础上产生了"食不厌精，脍不厌细""和而不同"等烹饪理论，席地分食、乡饮酒礼、王公宴礼及餐前行祭等饮食礼仪于此形成，是周代具有划时代意义的成果，它对当时及后世产生了极其深远的影响。

3. 饮食的礼仪性提升

周代的酒已经成为礼仪的一部分，有一种乡间饮酒聚会叫"乡饮酒礼"，于冬季举行，有人称之为中国最早的"饮酒节"。乡饮酒礼有一套礼仪的规定，如何喝酒，如何敬酒，如何劝酒，席位怎么坐，酒杯怎么放，都有讲究。在敬酒前，还要把酒杯洗干净。

以食为重，追求饮食的享受性和娱乐性，是周代饮食的重要特征之一。在该观念的支配下，又产生了"医食同源"的思想，从而为以后食疗学的创立和发展打下了坚实的基础。与此同时，饮食卫生也受到人们的普遍重视。

第二节
初步发展时期：秦汉

一、"民以食为天"思想出现

秦汉的国家高度统一为"民以食为天"思想的提出准备了条件。

公元前 221 年，秦王嬴政经过多年的兼并战争，建立了秦王朝，成为与地中海的罗马、南亚次大陆的孔雀王朝并立的世界性大国。秦统一以后，采取了"书同文""车同轨""度同制""行同伦""地同域"等措施，极大地促进了不同地区的贸易和文化交流。在秦统治的 15 年中，中国的饮食文化随着生产的发展，水平逐渐提高，进入进一步发展阶段。

西汉（公元前 202 年—公元 8 年），共历十二帝，享国二百一十年，定都长安（今陕西西安）。这一时期的经济高度发展，粮食充盈，大大小小的粮库里堆满了粮食，国库存放的黍米腐败而不可食，这就为饮食文化的发展提供了空前丰富的物质条件，这时的饮食思想特色鲜明，"民以食为天"的思想建构了中华民族的饮食思想最为核心的部分。西汉物质生产力的高度发展和开阔宏大的汉代精神，成为探索这一时期饮食思想形成的时代背景。同时，秦汉时期饮食生活中的社会阶级或集团性差异更加鲜明。宴饮活动成为社会活动的普遍性的人们社交活动之一，涉及了当时主要的社会生活内容，并在时间和空间上呈现出明显的差异。

中国饮食文化南北分野的现象，在秦汉时期进一步加强，并形成了关中、西北、中原、北方、齐鲁、巴蜀、吴楚等 7 个相对稳定循环传承的饮食文化圈。

二、饮食文化大交流

这一时期饮食文化实现大交流，饮食生活大提升。国力的空前强盛给了汉武帝十足的勇气，要把困扰国家边境的匈奴一举驱赶到沙漠中去，于是派张骞出使西域，带回了葡萄、石榴、大蒜等十多种食物，引进了葡萄酒的酿造技术，有了史无前例的饮食文化大交流。张骞之路后来被称为"丝绸之路"。

这个时期，人们的饮食生活有了极大的提高。比如人们在制作谷物类食物时尤为强调熟食以及对谷物进行去糠的粗加工，并在这一饮食的基本原则指导下，进行多样化的主食食品的制作。中国传统的烹饪方法，除去炒法外，在秦汉时期均已出现。淮南王刘安豆腐的发明，饮茶风气的兴起，盐、酒专卖制度的始行，都是这一时期饮食史上的大事。特别是豆腐的发明，是中国对人类文明的重要贡献之一，它大大丰富了饮食的内容，为植物蛋白的利用开辟了广阔的前景。

秦汉时期的食物原料更加丰富多彩，生活更加丰富多彩，是人们的饮食生活有了极大提高的例证。以酒而言，西汉古墓中挖出的 26 千克酒，证明秦汉以前已经能够酿出五种浊酒、三种清酒。2003 年，在陕西西安市北郊发现了一座汉代贵族墓，从中出土了不少文物，其中有一只铜钟特别沉，揭开密封后，酒香扑鼻而来，竟然是一坛酒，重达 26 千克——这是中国迄今考古出土保存最好、存量最大、年代最久的酒。证明《周礼·天官》所称的"酒人掌为五齐三酒"的说法是真实的。

汉代末年，"中国饮食文化由'粒食文化'进入'粉食文化'，也就是说，麦代替了黍、粟成为中国的主食。"具体而言，就是由煮着吃的一粒粒的米粒，转变成磨成粉状的麦粉。这一转变，直接促使点心面食的大量增加，并已能做发酵面点。这样加工的粮食，更加容易吸收，有利于人的健康。秦汉时期，独立的厨房及其设施有了较快的发展完善，传统中国社会中厨房的基本格局和关于厨事活动的基本程序确定下来。加上新能源的开发，铁锅炊具的出现，炉灶的改革等，都使得秦汉时期的饮食水平有了飞跃的发展。

知识链接

儒家关于饮食制度的研究

儒家思想在这一时期飞速发展，因为汉代"独尊儒术"，使得儒家关于饮食制度的研究有着重大进展，这一制度研究的成果体现在《礼记·曲礼》中。

首先，它对礼仪的重要性作了阐述，对礼仪与政治、经济、文化的关系做了说明；其次，它所描述的琐细的日常礼节，尤其是饮食礼仪、餐桌上的文明，传承上千年，现在仍然被引用，被遵从；再次，它直接明白地解释了饮食是如何与礼仪发生联系的，饮食在礼仪中又发挥着怎样的重要作用。

今天我们看到的《礼记》是戴圣编定的一共四十九篇。《礼记·曲礼》是四十九篇中的一篇。"曲"是详尽、细致、细小的杂事。"曲礼"是指具体细小的礼仪规范。

1. 对礼的规定

礼的意义是什么？"夫礼者，所以定亲疏，决嫌疑，别同异，明是非也。"即是说礼节的制定是为了审定亲疏、裁决嫌疑，分别同与异，明白是与非的尺度。第一条很重要，是基础，就是很明确地说明礼仪是为了审定关系的亲疏的。什么是"亲疏"，就是亲近和疏远，是说血缘关系的远近。

"礼"是如何贯彻执行的，是如何渗透到每一个人的日常生活中去的呢？尤其是在饮食活动中有哪些礼仪的规定，如何体现礼，执行礼，都有不厌其烦地教导。礼被表述为很郑重的精神层面的东西，详尽解说礼与饮食这一日常活动之间如何发生联系，礼仪又是怎样的体现于饮食之中，礼仪又是怎样地影响着饮食。

中国人的最基本的社会单位是家庭，下一代所受到的第一教育是在家庭中进行的，家庭对孩子教育的第一堂课是在餐桌上进行的。吃饭是最重要的事，对于孩子来说也是如此。饥饿中的孩子对食物的要求是迫切的，也因此，这时候的教育是最能发挥作用的，最见效果的。餐桌上的教育，是从座位开始的，然后是每一个人用餐的顺序等。一日三餐，天天如此，年年如此，周而复始，餐桌上的教育不断巩固加强，就自觉不自觉地体现在行动上，融化在血液中，即"礼之初，始诸饮食"。于是人与人的关系如中国古代君臣、父子、夫妇、兄弟、朋友的五伦关系都体现了出来，各人都依礼而行。"家国同构"是指家庭与国家同一个结构，遵从了家庭中的教育，接受了父家长制，到社会上自然遵从礼数，"不逾矩"，饮食礼仪中反映出的严格的社会等级区分和贫富悬殊的区别便被认同，自然认同了大家长"天子"与生俱来的权威，自然而然的，"家天下"便延续下来。餐桌上的"礼数"不再是简单的一种礼仪，而是一种精神，一种内在的伦理精神。这种精神，贯穿在饮食活动的全过程中，对人们的礼仪、道德、行为规范发生着深刻的影响，约束着人们的行为，并且被推广到社会上。"礼"的最终功用，是规范人际关系的仪矩，是调整矛盾的润滑剂，是社会的稳定器，也因此，饮食的地位被空前的提高。由家庭推广到国家的层面，就有了"大一统"的影子。

明白了"礼之初，始诸饮食"的缘由，便不难理解《礼记·曲礼》所反复强调的"礼"的重要性，道德仁义，非礼不成，而要成就于道德仁义，就必须先从规规矩矩的做人入手。

2. 饮食的礼仪

饮食之礼是儒家关注的重点。比如关于如何设置席位的事情，必须请示尊者席应该怎样摆放，什么方向，请示莝席如何摆放，一切以尊者所感觉合适为衡量。当座席南向北向的时候，以西方为上位尊位；东向西向的时候，以南方为上位尊位。如果不是饮食之客，则布设席位，席间距离一丈。

座席有座席的规矩，比如姑姊妹的女子，已出嫁而返回，兄弟不能与她同席而坐，不能用同一食器饮食。这是古人避嫌之道。虽是骨肉之间，也必须如此讲究。再比如，父子不同席，是为了表明尊卑有等差。

关于进食礼仪的规定，比如宴饮开始，馔品端上来时，客人要起立；在有贵客到来时，其他客人都要起立，以示恭敬。主人让食，要热情取用，不可置之不理。客人要坐得比尊者长者靠后一些，以示谦恭。进食之前主人引导客人行祭。食祭于案，酒祭于地，先吃什么就先用什么行祭，按进食的顺序遍祭。一般的客人吃三小碗饭后便说饱了，须主人劝让才开始吃肉。宴饮将近结束，主人不能先吃完而撇下客人，要等客人食毕再停止进食。如果主人进食未毕，客人不可以酒浆荡口，使清洁安食。主人尚在进食而客自虚口，便是不恭。宴饮完毕，客人自己须跪立在食案前，整理好自己所用的餐具及剩下的食物，交给主人的仆从。待主人说不必客人亲自动手，客人才住手，复又坐下。

饮食礼仪的规定，对出席宴会的许多细节做出了要求，直至今日仍然有其价值。如咀嚼时不要让舌在口中作出响声，因为这可能使主人觉得你是对他的饭食表现不满意；客人自己不要啃骨头，也不能把骨头扔给狗去啃；客人不能自己动手重新调和羹味，否则会给人留下自我表现的印象，好像自己更精于烹调；同别人一起进食，不能吃得过饱，要注意谦让；同用一个食器吃饭时，不可用手抓饭食；吃饭时不可抟饭成大团，大口大口地吃，这样有争饱之嫌；要入口的饭，不能再放回共同的饭器中，因为这样做别人会感到不卫生；不要长饮大嚼，让人觉得是想快吃多吃，好像没够似的；进食时不要随意不加掩饰地大剔牙齿，如齿塞，一定要等到饭后再剔……这些要求虽然细碎，但是很实用，使出席者注意到礼数风度，照顾到别人、主人的感受。

另外，对餐具的使用，也有详细的规定，如吃黍饭不要用筷子，但也不是提倡直接用手抓；食饭必得用匙；如羹中有菜，用筷子取食，如果无菜筷子派不上用场，直饮即可；如饮用肉羹，不可过快，不能出大声。

通过以上材料的学习，和同学们分享你对当代饮食礼仪的认识。

第三节
全面发展时期：魏晋隋唐

一、魏晋时期中华饮食文化全面展开

考古发现支持了魏晋时期是中华饮食文化全面展开时期的论断。

魏晋时期（公元220—589年），是中国版图分裂最厉害、政权更迭最频繁的历史时期。 但是，人口迁徙、宗教、和亲和对外开放使中外、国内不同区域、不同民族之间的饮食文化交流空前频繁，从而导致了当时食品原料结构、进餐方式的改变。 佛教的传入和道教的发展促进了素食的发展。 植物油的使用，极大地促进了炒这种熟食方式的发展。 长期的封建割据和连绵不断的战争是这一时期的主调，灾难、流亡、迁徙，逼迫着成千上万的人流离失所，在战乱之中的少许安静中，饮食原料市场顽强地发展，伴着政治环境的稍许安定，农业和林、牧、副、渔各业有了不同程度提高。 西晋短暂统一时期，首都洛阳有"五谷市"，南方的建康城则有"谷市"，边淮列肆而买卖粮食，屠宰市场相当发达，此时又增设了"羊市"。 魏晋南北朝时期经济果木和果品市场继续发展。

陕西省西安市少陵原发现的十六国大墓，包括焦村 M25、焦村 M26、中兆村 M100 三座墓葬，是我国迄今发现的规模最大的十六国时期（公元 304—439 年）少数民族领袖人物的高等级墓葬，为研究汉民族与北方少数民族饮食文化交流，及民族融合提供了新的、极具价值的资料，体现出中原文化强大的辐射力及影响力，是中华饮食文明由多元到一体历史演进过程中的重要一环。 中兆村 M100 西壁龛以陶罐、陶仓、牛车等为主，反映的是当时的生产与粮食储存情况。 水井、碓房、陶仓、牛车，应该是一组用来表达整套粮食加工流程的随葬器物组合：水井取水，碓房对粮食进行去壳、舂米，陶仓用来存储，牛车负责运输。

这一时期餐饮时坐具的变化，引起饮食习惯的重大变化，使得分食制演进为合食制，这从西安市少陵原考古中兆村 M100 墓室所见得到的实物作为佐证。 到中古时期，床仍是堂上主要的甚至是唯一的坐具，比如胡床，即今天的马扎，就是普通的坐具。 墓葬中东西两侧对称的南北向棺床均为高棺床，其床腿增高是一个信号，标志着我国中古时期的起居方式发生重大变化。 这时跪坐方式已开始减少，垂足坐和高脚家具正在兴起。 坐得更高，身体更加舒展，胃口更好。 同时，进餐的人们可以坐得集中，众人合食的可能性有了，于是，合食制应运而生，这一进步一直延续下来。

魏晋南北朝时期饮食胡汉交融的特点，表现在饮食烹饪方面，各民族都把自己的饮食习惯和烹饪方法带到了中原腹地。 从西域地区来的人民，带来了胡羹、胡饭、胡炮、烤肉、涮肉等烹炮制法；从东南来的人民，带来了叉烤、腊味等烹炮制法；从南方沿海地区来的人民，带来了烤鹅、鱼生等烹炮制法；从西南滇蜀来的人民，带来了红油、鱼香等烹炮制法。 这些风味各异的烹炮制法，极大地丰富了魏晋南北朝时期中华饮食文化的内容。 至北魏时，西北少数民族拓跋氏入主中原后，又将胡食及西北地区的风味饮食大量传入内地*。 同时，随着佛教在中国的深入与普及，素食及素食习俗也开始蔓延。

烹调方式中炒菜方法的发明和普及使用，是魏晋南北朝时期饮食史上的大事。 美食家

＊ 姚伟钧. 胡汉交融的三国魏晋南北朝饮食文化［J］. 武汉：中南民族大学学报（哲学社会科学版），1994.

梁实秋先生在《雅舍谈吃》中说道："西人烹调方法，不外油炸、水煮、热烤，就是缺少了我们中国的炒。"炒与中国传统烹调技法煮、炖、蒸、羹、烹、炮等相比，味道更鲜，色泽更艳，更加引起人们的食欲；维生素保存更丰，更有利于人的健康。

这一时期有关饮食的著作急剧增加，其数量和涉及的范围都远远超过前代，从饮食原料到加工烹饪，从饮食内容到饮食文化，呈现出系统性、独立性和总结性的特点，有了较为系统和深入的记述和研究，对饮食研究的学问被空前地重视起来，基本形成了一门新兴的独立学科。

（明代）仇英画《竹林七贤图》（局部）

魏晋南北朝时期，政治纷争不已，社会动荡不安，人们朝不保夕。读书人深感生命短暂、世事无常，或饮酒消愁，或以酒放纵，或借酒避世。曹操名句"何以解忧，唯有杜康"成为共识，而魏晋之际的"竹林七贤"正是此中典型。

二、隋唐五代时期中华饮食文化极速发展

隋唐五代（公元581—公元960年），中国饮食文化进入了发展的快车道，揭开了中华饮食文化辉煌的一页，居于世界文化中心位置的唐代文化向周边敷衍，五代时期的连续推动，使得中国的饮食文化与全世界有着广泛的交流。唐代的富庶非一般人所想象。杜甫《忆昔二首》详细地描述了当时国富民殷的大唐气象："忆昔开元全盛日，小邑犹藏万家室。稻米流脂粟米白，公私仓廪俱丰实。九州道路无豺虎，远行不劳吉日出，齐纨鲁缟车班班。男耕女桑不相失，宫中圣人奏云门。天下朋友皆胶漆，百余年间未灾变。"唐朝建国到开元年间，一百多年没有灾变，公家和私人的仓库都堆满了流脂的稻米、白净的粟米，千里远行也不需担心吃喝与安全。这使得唐代的饮食文化充满了昂扬蓬勃的气韵。

人们食用的食品原料越来越丰富，新材料不断涌现，海产品和各种牲畜禽类的下水脚料都已入馔，西域乃至欧洲的各种蔬果品种，如苜蓿、葡萄、番石榴、番瓜、胡椒、胡蒜、胡葱、胡豆、胡萝卜等大量进入内地，印度熬糖法的引入，大大丰富了中国烹饪的内容。此时期在炊具、燃料及引火技术等方面取得了长足的进步。煤从隋代开始应用于饮食烹饪，木炭也已成为当时主要的燃料。经济又卫生的瓷质饮食器具，在当时得到了相当广泛的应用。烹饪技艺日趋成熟。人们对火候与调味的关系有了进一步的认识，并从理论上总结出了烹调技术的基本准则："温酒及炙肉用石炭、柴火、竹火、草火、麻荄火气味各不同。"（《隋书·王劭传》）"物无不堪吃，唯在火候，善均五味。"（《酉阳杂俎·酒食》）

这一时期，除了饮酒盛行，饮茶也越来越普及。从陆羽的《茶经》可知，茶在唐代已

逐渐由重视茶的药用功能和粗放式煮饮而发展成为纯粹的饮品，并进一步演化为艺术化、哲思化的茶艺行为，对后世人们的饮食生活产生了极其重大而深远的影响。

随着社会的相对稳定，国富民强的社会环境的熏陶，人们追求安逸和享乐，追求口腹之欲，从而使饮食文化研究出现高潮，饮食文化的著述也就不断涌现，第一类是有关饮食烹饪的内容，如各种食谱、食经等；第二类是有关食疗及饮食养生的内容；第三类是有关饮茶及茶学的内容；第四类是有关饮食发展史方面的综合性内容。

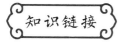

养生学的发展

魏晋南北朝时期，养生学得到长足的发展。养生是中国独特的一门学问，根基于中国人对于天地人关系的独特认识，认为人可以通过与天地之沟通、交换，来保养、调养、颐养生命。在遵从天地阴阳的条件下，调节人体内的阴阳，主动地和气血、保精神，通过调神、导引吐纳、四时调摄、食养、药养、节欲、辟谷等多种方法，以期达到健康、长寿的目的。

养生与饮食相关，常常通过饮食调节体质，调整体力，抗御疾病，防治疾病，达到长寿的目的。养生思想是中华饮食思想的重要部分。

嵇康的《养生论》，引用当时人对食物品性的认识，指出食物以及环境与健康之间的关系：常吃黑大豆就会让人身体沉重，过量使用榆皮和榆叶就会让人昏昏欲睡，合欢能让人消除郁忿，萱草能让人忘记忧愁；这是愚蠢人和聪明人都知道的常识……身上虱子寄生到了头上就会逐渐变黑，雄麝吃了柏叶就能生成麝香；生活在有些山区的人由于水土不好颈部就会生出瘿病，生活在晋地的人则由于水土的原因牙齿就会变黄患病。从这些情况推论来说，凡是吃的东西的特性，在熏陶性情、影响身体方面，无不产生相应的作用。……因此神农氏所说的"上品药保养生命、中品药调养性情"，实在是由于深知养性保命的道理，才要靠药物的辅助养护来达到养生的目的啊！可是世人不去仔细思考这一道理，只是看到五谷的作用，沉溺于声色之中，眼睛被天地间的事物所迷惑，耳朵致力于欣赏淫邪的音乐，让美味佳肴熬着他们的脏腑，让美酒烧灼着他们的肠胃，让香气腐蚀他们的骨髓，让喜怒扰乱着他们的正气，让思虑损耗着他们的精神，让哀乐伤害着他们平和纯正的本性。就小小的身体来说，摧残它的东西不是来自一个方面；精气容易耗尽的身体，却要内外受到攻击，身体不是木石，怎能长久呢？

嵇康批评那些过于自行其是的人，饮食无节制，以至于体生百病；乐此不疲地贪恋女色，以致精气亏绝；受风寒侵袭，百毒损伤，都在半途中灾难缠身，甚至丧失了生命；认为善养生者的关键是保持身心清虚通泰，少私寡欲。

东晋的葛洪在中国养生史上占有十分重要的地位，他所著的《抱朴子·内篇》体现了其养生思想及方术，标志着道教从初期的鬼神方术与符箓信仰向理论化的贵族道教转化。该书涵盖道教的宇宙观、人生哲学、宗教观念和炼丹养生学说，论述了道教神仙和修道养生思想，对魏晋时期神仙道教及宋元内丹学的理论和实践方术产生了重要影响。其指出保全生命是第一位，否则一切无从谈起；而保全生命的基础是饮食。提出饮食之道的原则是："不欲极饥而食，食不过饱，不欲极渴而饮，饮不过多，凡食过则结积聚，饮过则成痰癖。"有饥饿感之后再饮食："不饥勿强食，不渴勿强饮。不饥强食则脾劳，不渴强饮则胃胀。体欲常劳，食欲常少。劳勿过极，少勿至饥。冬朝勿空心，夏夜勿饱食。"

葛洪强调预防和节制在养生中的作用，认为养生之道在于"以不伤为本"。指出不利于养生的各种衣食住行、视听言思方面的伤害，相应地提出了许多养生方法。比如，提倡辟谷，有服药饵辟谷、服气辟谷、服（符）水辟谷、服石辟谷共四种方法。其中服药饵辟谷是服食高营养、难消化的药物或食物以代替谷物，这是辟谷术最主要的做法。可见，辟谷并不是什么都不吃，是慢慢节食，少食；不吃通常之食物。

葛洪把儒家的忠孝仁信思想和神仙道教的养生理论结合起来，当以忠孝和顺仁信为本，德行不修而得方术，皆不及长生也。

颜之推（约531—595年），字介，琅邪临沂（今山东临沂）人。他的养生学思想更加稳妥实用，而且注重养生之上更重要的人生观、价值观。

颜之推提出一个前提：养生体现的是对生命的重视，"夫养生者先须虑祸，全身保性，有此生然后养之，勿徒养其无生也"。比养生更高一个层次的是：养生的人首先应该考虑避免祸患，先要保住身家性命。有了这个生命，然后才得以保养它；不要白费心思地去保养不存在的所谓长生不老的生命。颜之推指出人生价值观高出于养生论，作为一个士人，不能因为养生而放弃了追求，不能将贪生怕死当作养生。生命不能不珍惜，也不能苟且偷生。走上邪恶危险的道路，卷入祸难的事情，追求欲望的满足而丧身，进谗言，藏恶念而致死，君子应该珍惜生命，不应该做这些事。

杨泉所著《物理论》篇幅不长，首先阐述人生与死亡的关系，因为这是谈论养生的基础，养生并不是为了长生不老。在这一点上，他就自觉地把自己和道家区别开来。杨泉说："人含气而生，精尽而死。死犹澌也，灭也。譬如火焉，薪尽而火灭，则无光矣。故灭火之余，无遗焰矣；人死之后，无遗魂矣。"就是说：身体和精神的关系，就如燃料与火的关系。燃料烧完以后，不会有余光；身体死了以后，也不会有余魂。这也是继承东汉桓谭的形死神灭的唯物主义的理论。

具体到养生，杨泉强调天生的元气，也就是自然禀赋的生命本体很重要，是基础。后天的谷气，也就是饮食不可胜过元气。薄滋味，节饮食，是杨泉所提倡的，同时，他还反对追求厚味和美味，认为那样就会胜过元气。

杨泉对医生的要求很高，认为必须三个条件齐备的人才可以担当此重任："夫医者，非仁爱之士，不可托也；非聪明达理，不可任也；非廉洁纯良不可信也。"这三条之中，仁爱之心是基础；医术是第二位的；还要廉洁，有医德，不可乘人之危索要钱财，必须纯洁善良。

通过以上材料的学习，和同学们分享你对当代饮食养生的认识。

食制的演化：分食与合食

考古学家们在距今约 4500 年以前的山西襄汾陶寺遗址就发现了一些用于饮食的木案，说明当时就已经出现了分餐制。而真正意义上的"会食制"是从宋代以后才开始，距今也只有一千多年，而分餐制的历史已有三千多年。由分食到合食不仅仅是餐桌上各人吃各人的到众人合吃一盘形式上的变化，而是饮食制度的重大变化，其背后是物质条件、社会形态等的变化。

饮食制度是由社会生产的水平、人们的饮食观念及人与人之间的关系等决定的。饮食制度一旦确定下来，就规范着人们在饮食活动的行为方式、礼仪、习惯。至魏晋南北朝之前，中国传统的宴席方式是分食制，即每人一席，每人一份，各自享用。可是到了魏晋南北朝时期，这一分食的习惯被打破了，改而成为合食制，即共享一席，共同享用一份饭菜。引起这一巨大变化的原因，竟是因为座席改为饭桌，因为有了高凳子，进而有了高桌子。饭桌高了，不可能再每人一桌，人们不得不坐在一起，享用同一份饭食。

这一变化不仅仅是饮食制度的改变，它深深地影响了人们的心态，人际关系。"礼始诸饮食"，合食制的礼仪潜移默化中改变了人们的价值取向，引导了集体意识。从根本上说，它符合"大一统"的政治理念，体现了"合""和"，餐饮的外在形式引导了心理，激发人们的集体意识，增加向心力，所以这种饮食制度得到推崇，被不断加固，绵延千年。

分食制的历史可以追溯到远古时期，在财富稀缺的情况下，人们对财物共同占有，平均分配。在一些开化较晚的原始部族中，可以看到这样的事实，氏族内食物是公有的，食物烹调好了以后，按人数平分，没有厨房和饭厅，也没有饭桌，每个人分到饭食后都在席上跪坐着吃，这就是最原始的分食制。

什么是席呢？指古时铺在地上供人坐的垫底的竹席，古人席地而坐，设席每每不止一层。紧靠地面的一层称筵，筵上面的称席。从考古发现的实物资料和绘画资料，可以看到古代分餐制的真实场景。在汉墓壁画、画像石和画像砖上，经常可以看到席地而坐、一人一案的宴饮场面，而看不到许多人围坐在一起狼吞虎咽的场景。低矮的食案是适应席地而坐的习惯而设计的，从战国到汉代的墓葬中，出土了不少实物，以木料制成的为多，常常饰有漂亮的漆绘图案。汉代呈送食物还使用一种案盘，或圆或方，有实物出土，也有画像石描绘出的图像。承托食物的盘如果加上三足或四足，便是案。

如《艺文类聚》载，战国末期燕太子丹优待荆轲，与他等案而食。"等案而食"表明，虽然太子和荆轲的身份不同，但是两张食案小桌上放的是相同的饭菜，供两个人各自据案分食。又据《史记·孟尝君列传》，战国时的孟尝君养着三千"食客"，孟尝君对这些人毕恭毕敬。但是有一次意外的事发生："孟尝君曾待客夜食，一人蔽火光。客怒，以饭不等，辍食辞去。孟尝君起，自持其饭比。客惭，自刭。"因为是晚上，又被人遮蔽了灯光，客人看不清楚，发生了误会，误认为自己受到了亏待。孟尝君连忙端着自己的食桌给客人看，看到的确和主人是一样的饭食，那位性情刚烈的客人惭愧得自杀了。显然，宴席上也是分食的，如果坐在一起合食的话，便不会发生"饭不等"的误会了。

西晋以后，出现了规模空前的民族大融合的局面，引起了饮食生活方面的一些新变化。胡床就是东汉后期从西域传入中原地区的一种坐具，胡床的引入改变了人们席地而坐的习惯，人们坐得高了，身板直了，更舒服了，对肠胃的消化功能有积极影响。人们坐姿由席地而坐改为垂足而坐是一种饮食制度的变化。到了隋唐五代，出现了更加方便、舒适的大椅高足，杯盘碗等餐具可以直接摆在桌上，终于逐渐形成了多人围坐一起的合食方式。由坐具的改变而推动了饮食制度的变化。各人分食到众人合食，共享一器，拉近了人们的距离，加强了人们的亲近感，推进了和谐的关系。

通过以上材料的学习，和同学们分享你对分食和合食的食制演化及现在的食制的认识。

第四节
成熟时期：宋元明清

从北宋建立到清朝灭亡，即从公元 960 年—公元 1911 年，这一时期是中华饮食文化的成熟阶段，在这一时期，中华饮食文化在其各个方面发展日臻完善，呈现前所未有的繁荣和鼎盛。

一、饮食文化深深地介入到政治生活中

北宋开国皇帝赵匡胤靠军事政变的方式夺取国家政权，心里最忌讳的是别人会不会用同样的方式把自己干掉，于是以"杯酒释兵权"的宴会方式，解除了立有卓越功勋的开国将领的兵权，让他们优哉游哉度过晚年，不再觊觎政治。其实汉代的"鸿门宴"就已经非常典型地运用了宴会的形式来为政治服务，宴会成为军事手段的补充。

二、中外饮食文化交流兴起

宋元明清时期，尤其是明清时期国门大开，实现了中外饮食文化的大交流。许多对后世影响巨大的粮蔬作物在这一时期传入中国。食品原料的生产和加工也取得了巨大成就，

食品加工和制作技术日趋成熟。 商品经济的发展和繁荣、城市经济的发展促进了饮食业的空前繁荣，宋代城市集镇的大兴，首都汴梁（今开封）的酒肆酒楼林立，夜以继日的喧嚣，把饮食业推向繁华。 尤其是明清商业的发展，使酒楼、茶肆、食店遍布街市，饮食业发展迅速。 最具盛名的苏菜、粤菜、川菜和鲁菜四大风味菜形成并具有全国性的影响。菜点和食点的成品艺术化现象不断得到发展，使色、香、味、形、声、器六美备具，而且名称也雅致得体，富有诗情画意的审美情趣。 食品加工业的兴旺也已经成为中华饮食文化日趋成熟的重要因素，在全国大中小城市中，普遍有磨坊、油坊、酒坊、酱坊、糖坊及其他大小手工业作坊。

三、中华饮食文化的成熟

中华饮食文化在这一时期的成熟呈现多个层次。 首先，表现在宋元时期的厨事职业分工、烹饪技法、饮食器具、消费环境、行业交融等方面。 厨事分工越来越专；厨事、厨师逐渐成为一个民间的专门行业与人才群体，且有一定的市场；烹饪技法变化多端；色、香、味、形在食品中得到了淋漓尽致的发挥；食品的种类、名目繁多，令人目不暇接。 饮食器具不仅品类齐全，而且已向小巧、精致玲珑的方向发展。 饮食业在这一时期打破了坊市分隔的界限，出现了前所未有的繁荣景象。 酒楼、茶坊、食店等饮食店肆遍布城乡，并流行全日制经营。 饮食业的行业特色也更为显著，讲究优美典雅的环境布置、高悬明显的招牌广告，用周到热情的服务质量、丰富多彩的食品种类吸引顾客，已成为当时饮食业经营者刻意追求的目标。

其次，饮食文化的成熟表现在茶文化与酒文化的变化。 酒与茶文化，在这一时期也有深入的发展，预示着其已经成熟。 尤其是茶文化，在唐代的基础上又有了饮茶方式的变化，从釜中煎茶变化为在茶碗、茶盏中点茶，宋代盛行的斗茶、点茶等活动，更使饮茶成为一种具有审美性质的高雅的文化活动。

再次，饮食文化国际化的交流。 之所以说这个时期的饮食文化已经成熟，表现在这一时期的中外饮食文化交流，由于国家的稳定，影响的扩大，出现了空前的国际交往。 由于交流的频繁，人们的饮食方式也呈现出多种形态并存的现象。 交流的范围，也从邻近的东亚、东南亚地区扩展到北非、东非地区。 交流的内容，也远远超过了以往任何一个时期。

最后，这一时期饮食著作大量涌现是成熟的最为突出的标志。 其范围遍及饮食文化的各个领域，其中尤以茶学著作的迭出引人瞩目。 此外，文人、官僚、食技从艺者，乃至帝王、贵族、家庭主妇等均程度不同地广泛参与，对烹饪技艺和饮食理论等进行了全面系统的总结，元代忽思慧的《饮膳正要》就是这方面的代表作。 这些饮食著作的出现，使中国古代的饮食学更趋成熟。

四、明清饮食文化的成熟表现

为什么说明清时期的饮食文化在成熟中走向鼎盛，首先是，食品原料比过去更为广泛，特别是玉米、甘薯、花生、向日葵、番茄、马铃薯等的传入，极大地改变了人们的饮食结构。 食品的制作工艺也已渐成传统，地区菜系形成，于是有了苏、粤、川、鲁四大地方菜肴体系。 烹饪技法已达上百种之多，而且食点的成品艺术化形象也进一步得到发展，不仅色、香、味、形、声、器六美备具，做工精细，富于营养，而且名称也典雅得体，富有诗情画意，文化内涵深厚。"满汉全席"的出现，标志着民族菜系的升华，标志着中国古代菜系达到了鼎盛。

成熟中走向鼎盛的另一标志是明清茶文化，明清时期在中国茶文化史上处于转型发展的阶段，无论是茶叶的加工工艺还是品饮方法的变革，都明显与以往盛行的主流相异。 明代开始流行的炒青制茶法和在小壶、茶盏中的沸水冲泡的瀹饮法，被后人誉为"开千古饮茶之宗"。 而明代文人集团对饮茶的嗜好，更是推动了茶文化的发展，加深了茶人以茶清节励志的积极精神。

成熟中走向鼎盛的再一标志是这一时期的饮食思想和理论研究达到了新的高度。 表现在《觞政》《多能鄙事》《居家必备》《遵生八笺》《酒史》《随园食单》《素食说略》《中馈录》《食宪鸿秘》《养小录》《调鼎集》《随息居饮食谱》等，一大批高水平的饮食著作的出

《觞政·胜饮篇》书影

现，推动明清饮食思想和理论研究达到了新的高度，内容涉及饮食的各个方面，各成理论体系，表明中国古代的饮食学体系已经形成，饮食学从而成为一门包含饮食（色、香、味、形、声）、饮食心态、美器与礼仪（饮宴餐具、陈设、仪礼）、食享与食用（保健、养生与食疗）等多重文化内涵的"综合艺术"*。

成熟中走向鼎盛的最后一个标志是，虽然从公元 1840 年开始，英、法等帝国主义用大炮和军舰打开了中国的大门，中国逐渐沦落为半殖民地半封建社会，中国封建社会已经到了衰落期。 但是，中外饮食文化的交流却从没有停止脚步。

---

* 林永国，王燕．《论中国古代饮食文化》，载李士靖主编《中华食苑》第一集，北京：经济科学出版社，1994.

宋人饮食之俭朴素雅

随着宋代社会生产水平不断提升，烹饪原料的丰富、烹饪技艺的提高等，人们对日常饮食越来越重视，人们对于饮食精神方面的要求提高了，讲究食品的精细化和艺术化。一日三餐成为固定的餐制，且采用共器共餐的合餐共同进食。饮食结构的合理，是人们注重养生的体现，也是宋人提倡俭约饮食风尚的必要前提。

宋代饮食养生形式多样，有粥、煎饼、煮菜、蒸菜等。既有各种主食，又有多种菜肴，还有茶、酒、汤等，基本涵盖了宋代日常食品、饮品的种类。宋代文人士大夫的饮食养生思想主要体现在食物、饮品和饮食细节等方面。他们以素食养生、以粥养生、药膳养生、饮酒养生、饮茶养生、以汤养生等，在饮食细节上强调饮食禁忌、不要偏食和节食养生等，正是人们意识到了饮食合理对身体的重要性，才逐步形成追求俭朴淡泊的养生之道。

在两宋时期，高大的椅子、凳子、桌子等家具进入寻常百姓家，使得人们摆脱了以往席地跪坐的饮食坐姿，垂足而坐成为固定的饮食坐姿。

宋代是生活审美意识蓬勃发展的时期，"重文取士"的文化政策，致使宋代弥漫着"大宋风雅"。宋代文人浓厚的文化修养与淡雅情致造就了更为细腻有品位的饮食观念，宋代饮食文化呈现出文人化与审美化，具有素淡雅致的审美特点。合餐制饮食方式能保留大多数菜肴的完整形态，精致的菜肴外形与精美的饮食器具搭配，呈现出更美的视觉审美体验，这大大提升了宋人饮食乐趣，促进了筵席的菜肴审美的系统化发展。宋人尚"味"、注重调"和"、养"身"为核心的饮食观念，大大推动了中国饮食文化的发展。

宋代饮食尚俭成为宋代的社会风尚，尤其在士大夫阶层，这在历史上的其他时期并不多见。

历史学家郑樵贫苦一生，其《饮食六要》提倡节俭。南宋时期兴化军莆田（今属福建）人郑樵，字渔仲，是著名史学家，也是美食家。他不慕功名，不应科举，刻苦攻读几十年，通晓天文地理与草木虫鱼等知识。他注重实际生活考察，对烹饪有研究，并提出饮食六要："食品无务于淆杂，其要在于专简；食味无务于浓醇，其要在于醇和；食料无务于丰盈，其要在于从俭；食物无务于奇异，其要在于守常；食制无务于脍炙生鲜，其要在于蒸烹如法；食用无务于厌饫口腹，其要在于饥饱处中。"

宋代不仅一般的上大夫能以养生为要，自持节俭，有一些高居要职的官僚，也能以节俭相尚，十分难得。比如宋哲宗朝任宰相，撰写《资治通鉴》的司马光就是代表。司马光反对王安石行新政，被命为枢密副使，坚辞不就。次年退居洛阳，朝廷特别允许他带上自己的写作班子，继续编撰《资治通鉴》。在洛阳的日子是他休闲的时光，留下许多饮食节俭的轶事。

据明末镏绩《霏雪录》记载："司马温公（司马光）为真率会，约酒不过数行，食不过五味，惟菜无限。"所谓真率，真诚坦率之谓，相知相熟的一起聚会，其意义在于提供一个聚会的机会，而不在于品味奇异珍贵的食物。司马光与朋友聚会，饮酒不过几轮，所上的菜品不超过五种，只有蔬菜不限品种，称得上是真诚坦率了。《宋人轶事汇编》卷11宋人周辉《清波别志》有司马光"自叙清苦"一条，自称不敢常常吃肉。

宋神宗时的宰相王安石也是个节俭的人，但是有一种传说，说他最喜欢吃獐脯，獐脯并不是一种容易得到的东西，这是怎么一回事呢？这一说法传到王安石夫人的耳朵边，她十分诧异，她知道王安石吃饭从来不挑食，有什么吃什么，怎么会有这样的事呢？经过观察，她破解了其中的秘密，原来，王安石只吃手边的食物，什么放的最近，就吃什么。重新调整了食物摆放的位置，他果然不再吃獐脯了。

范仲淹每一天都要计算伙食费的支出，不然便会难于入睡。他曾对人说过："每夜就寝，即窃计其一日饮食奉养之费，及其日所为何事。苟所为称所费，则摩腹安寝。苟不称，则一夕不安眠矣，翌日求其所以称者。"在范仲淹的带领下，节俭的家风世代相传。

北宋时朝廷重臣杜衍一生节俭，颇有名声，他的行为带动了朝廷风气，连皇帝都得考虑他的意见。杜衍不是没有条件奢侈，只是不喜欢那样做而已。

南宋初年的政风还是比较节俭的，到秦桧作宰相的时候取消了"会食"制度，官员们不再一起共进"工作餐"。

南宋的理学先生们也都生活节俭，饮食清淡，朱熹用"脱粟饭"招待胡纮，菜品只有茄子蘸姜汁，而且只有三四枚的数量，从山中来的胡纮极为不满，说我们山里人连酒都不缺呢！

邵雍字尧夫，是北宋名儒，也是安贫乐道的代表人物。他面对贫穷的日子，眉头都不皱一皱。吕蒙正三次登上相位，年少时家里很穷，等到富贵以后，野史说吕蒙正每天都要喝鸡舌汤。一日游花园，遥望墙角一座高岭，以为是山，问左右说："谁造的？"回答说："这是相公所杀的鸡毛。"吕蒙正惊讶地说："我食鸡几何？乃有此。"回答说："鸡只有一只舌头，相公一汤用多少舌头？食鸡舌汤又已经多长时间了？"吕蒙正默然省悔，遂不再用。

宋仁宗时宰相杜衍不好酒，即便有客造访，也不过"粟饭一盂，杂以饼饵，他品不过两种"。

南宋大诗人陆游的饮食观也是以俭朴为中心。他在《放翁家训》中记述家风时特别提醒："天下之事，常成于困约而败于奢靡。"他追忆祖先节俭故事，常常忆苦思甜，进行节俭的教育。陆游强调食物来之不易，不可穷口腹之欲，不可浪费，"凡饮食，但当取饱"而已。陆游发现子孙的天分一般，所以郑重叮咛子孙要自给自足，以农为乐，有饭吃就不错了，不可有非分的想法。什么是神仙的生活？陆游认为喝上了稀粥就是神仙，《食粥》诗说："世人个个学长年，不悟长年在目前。我得宛丘平易法，只将食粥致神仙。"身居陋巷有粗菜叶子熬汤喝就很不错了，自得其乐是最可贵的，心中的满足便将公卿也不放在眼里了。

通过以上材料的学习，结合查阅相关文献，和同学们分享你对宋代饮食文化的认识。

第五节

繁富时期：1840 年至今

从 1840 年的鸦片战争至今，是中华饮食文化的繁富时期。期间也经历过转折与振兴。

一、中外饮食文化交流频仍

1949 年中华人民共和国成立之前，由于战乱频繁，大量西方殖民者进入我国，我国半殖民地化进一步加深。在各色的西方人涌居中国的同时，也带来了西方的物质文明、精神风尚和风俗礼仪。西式饮食的传入便是其中之一。由于西餐的原料、烹饪方法、调味均与中餐相去甚远，西餐传入中国后，人们吸收西菜烹制的精华而创造出符合中国人口味的西式中菜，不但丰富和发展了中国人的饮食品种，同时也对中国传统饮食文化产生了深远的影响。中外饮食思想的融合，西餐的进入引发了中国人饮食结构变化，大量西式餐馆逐渐兴起，西餐饮食中的肉类明显增多。跟随西餐进入中国的还有各式各样的糖果、饼干、罐头、面包、蛋糕等等西式餐点。到 20 世纪 30 年代中期，西式点心已出现在大城市街头的柜台里。因其甘香可口，整洁卫生，体积不大，便于携带，适合于旅行食用或馈赠亲友，因此极受欢迎。西式餐点在中国食品市场的畅销，一方面丰富了中国的饮食市场食品种类，另一方面，刺激了中国传统饮食业的发展。中国传统的食礼文化也在西餐的影响下逐渐淡化，中国传统筵席制度的一是讲大、二是讲礼，主人先动筷子搛菜给客人吃的习惯被改变着，在席面布置、菜肴品种、数量搭配、上席次序、食用方式上已经具有中西结合的特点。文化交流是双向的，中国饮食文化在吸收西方文明的同时，也把中餐推向了国外，并以其鲜明的中国文化特色，烹调之精良，造型之优美，风味之独特，享誉全球，外国友人赞誉"烹饪王国""食在中国"。

二、人民大众饮食生活内容丰富，饮食文化研究快速发展

1949 年 10 月 1 日，中华人民共和国成立至今 70 多年间*，尤其在 1978 年之后，随着

---

* 1958—1961 年的公共食堂运动是中国古代饮食思想在当代的实践。"饥者有其食"，让贫穷的人都有饭吃，为方便农民生活，尽早出工劳动，解放妇女劳动力，使更多的人投入到一线劳动生产中去，人民公社兴办公共食堂，社员吃饭不要钱。但现实的实践却无法让人人吃饱，最终 1961 年各地的公共食堂相继解散。

改革开放，中国人的吃饭问题解决了，经过 10 余年过渡，人们不再凭粮票吃饭。 物质生活逐渐丰富，人们吃饭讲究了，对饮食也有了更高的追求。 20 世纪 80 年代开始出现烹饪热，饮食文化方面的研究成果也逐渐增多，如《中国烹饪古籍丛刊》整理出版。 进入 21 世纪，饮食文化的研究呈现进一步繁荣昌盛的局面，产生了一系列重大成果，形成了一支老中青结合的研究队伍，研究成果成井喷式增长。 研究方法多元化，人类学、心理学、社会学等新的方法，分门别类的研究，新的视野都使得饮食文化的研究向着新的高度、广度开展。 中外饮食文化研究的会议如雨后春笋，共同研究的成果又如春华遍地开花。 饮食文化的教育走进大学课堂，酒文化、茶文化的美好被更多的大学生所享受。 饮食文化更多的渗入到文学艺术之中，正如莫言所说："酒就是文学""不懂酒的人不能谈文学"。"舌尖上的中国"风靡一时，将中国人带入对饮食文化的集体审美中。 当代人的饭局已经成为生活中很重要的一部分，饭局在社会生活中的地位逐步增加。

随着几亿农民进城，新的城乡关系建立，家庭这一饮食的基本单位受到挑战而重新组建，依靠着家庭强有力的教育而维系的传统观念被改变。

三、进入 21 世纪，中华饮食文化深入发展

具体表现在以饮食史和饮食民俗为主要视角的传统被延续，同时在研究视野、研究方法、研究深度方面均有所突破。 文化人类学介入中国饮食的研究，并且初步形成了自身的理论和方法体系，产生了一批有学科建设意义的成果。 伴随科技的飞速进步和经济的高度发展，中国百姓的生活水平普遍提高，饮食生活呈现出前所未有的活跃、丰富局面，追求"饮食文明"也就成了人们对饮食生活新的、更高的期许。 以社会生活史的视野和方法来研究中国饮食，依然是中华饮食文化研究的主要范式，同时在研究视野上，较前更为宏观，更加注重整体和全局性把握；在研究深度上，更加具体细致，注重分门别类。 一批中国饮食领域的"通史"性著作出版，更加注重断代饮食史和不同时期饮食文化的比较研究，关于中国饮食具体门类的研究也更加细致深入。

新的发展还表现在饮食民俗研究的重心进一步下移，饮食民俗学研究占据了重要的位置，饮食被视作民俗的一种，涉及从食材获取到制作方法乃至民俗生活的方方面面，饮食及其相关习俗在人们的日常生活、婚丧嫁娶等场合扮演着不可或缺的角色。 同时对民族和宗教饮食文化的研究更加全面、深入，学术著作更加丰富。 另外，对古代典籍和文学作品中饮食文化因子的研究更加深入、透彻。 新的发展还表现在随着经济社会的发展，人们生活水平的提高，民众更加注重身体健康，对饮食与养生保健关系的关注，被提到了新的高度。 2022 年版的《中国居民膳食指南》已经公布，对于保障中国人的饮食健康具有重要的意义。 民以食为天，饮食不仅是维持生命的最基本的行为，吃得科学和合理，不仅可以预防疾病，还能让健康状况更持久、更科学。 首次提出东南沿海一带膳食模式代表我国"东

方健康膳食模式"，提倡蔬菜水果丰富，常吃鱼虾等水产品、大豆制品和奶类，烹调清淡少盐等。 随着膳食模式的推广，中国人进一步认识食物，科学设计膳食，膳食营养科学的健康将使得中国人更加平衡膳食、合理膳食、健康膳食。

繁富阶段引起饮食交流出现深刻变化。 现代中国人亲朋好友聚会，一般会以圆桌围坐的方式宴饮，这种餐饮交流的方式，气氛热烈，谈笑风生，既能吃饱吃好，又增进了感情的交流。 这种亲密接触的会食方式，是中华饮食文化的一个重要传统。

四、珍惜粮食，健康饮食，饮食文化研究与时俱进

食品浪费是全世界具有普遍性的社会问题。 据联合国粮农组织（FAO）关于食品浪费调查报告显示，全球每年食物浪费总量达 13 吨，而中国餐桌上的浪费更是触目惊心，普通人餐桌上的饭菜至少要剩下 10%，对于一个刚刚解决了温饱的社会来说，实在是无法容忍的。 2021 年 4 月 29 日起《中华人民共和国反食品浪费法》施行。 它旨在"立规矩、明责任、兴风尚"，对食品浪费这一社会顽疾，提供有效的法律约束。 从立法层面上制定反食品浪费法，为全社会确立餐饮消费、日常食品消费的基本行为准则。 勤俭节约、珍惜粮食是中华民族的传统美德，我们正在从靠文明道德规范遏制餐饮浪费，进入法律法规与文明道德规范并重，遏制餐饮浪费的时代。 全民珍惜粮食、保障国家粮食安全的观念，将不断规范并改变人们对粮食消费的习惯，一定会在全社会产生深远的影响。

| 思考题 |

1. 中华饮食文化的发展经历了哪几个阶段？各阶段有何特点？

2. 中国的进餐方式经历了怎样的变化？推动餐制变化的原因是什么？

3. 对家族的长辈进行采访，通过回忆几十年来家庭饮食的变化，了解你的家庭饮食特点，并和同学们分享交流。

4. 说说你所生活着的区域当前饮食文化的特点。

5. 通过课下对人们饮食消费、科技、美学、文化等方面的现状调研，谈谈你对中华饮食文化未来发展的思考。

三川四野，一叹而已（弘嵩书法）

第三章 中华饮食礼俗文化

| 本章导读 |

　　从民俗学这一维度去观察研究中华饮食文化，可以明白礼仪礼俗与饮食有着极其繁复的关系，如传统的吉凶军宾嘉这"五礼"无一不与饮食有关联。许多传统的节日，如春节、元宵、上巳、寒食、清明、端午、中秋、冬至等，均与各自的食俗相应相合。中国有55个少数民族，众多的民族风情与食俗的多姿多彩也相映成趣。随着社会的发展变化，人们的饮食对象有些也被列为禁食之物，相应的民族民俗也随之发生了与时俱进的演变。另外，一些民俗事象具有强烈的个性特点，比如筷子就具有特殊的形态、功能和历史文化，从中也可以透视其中深厚的文化。

1. 了解中国古代礼仪中的饮食礼仪的特点，掌握现代饮食礼仪及人生礼俗中饮食礼仪特点。

2. 了解传统节日及各民族饮食民俗的特点，掌握在一年四季中的传统节日食俗饮食内容及寓意等。

3. 思考饮食礼仪元素在提升中华文化自信中的实践与意义。

| 学习内容和重点及难点 |

1. 本章内容主要包括古代饮食礼仪及现代饮食礼仪的特点、内容，对传统节日饮食民俗、各民族饮食民俗的特点的学习。

2. 学习重点和难点是如何"优雅"地落实当代饮食礼仪，体现作为一名中国人的礼仪素养。

第一节
古代礼仪中的饮食礼仪

一、古代饮食礼仪

中国是一个伟大的文明古国，在悠久的历史中形成了极其繁复的礼仪与礼俗，其中很多都与饮食有着千丝万缕的联系。

《周易》《尚书》《诗经》等所组成的"十三经"，构成了中国传统知识体系的基石，其中《周礼》《仪礼》《礼记》是专门讲礼仪的。孔子一生所致力实现的理想就是"克己复礼"，舍弃自己的私，把社会改造成礼仪社会。"不学礼，无以立"，在《论语》中有 74 次讲到"礼"，体现了孔子用礼仪规范社会的思想。学习礼仪，遵循礼仪是中国人必备的基本修养。礼仪的开端与饮食相关，"礼之起，起于祀神，其后扩展为对人，更其后扩展而为吉、凶、军、宾、嘉等各种仪制。"*古代有"五礼"之说，而五礼之冠是吉礼（祭祀），此外还有嘉礼（庆贺）、宾礼（朝仪官场）、军礼（军旅）和凶礼（丧葬）等。礼不同，则关涉的饮食不同。

---

* 郭沫若. 十批判书·孔墨的批判［M］. 北京：人民出版社，1976.

（一）五礼与饮食

1. 吉礼

吉礼是对天神、地祇、人鬼的祭祀之礼，是祈求福祥之礼。其主要内容：一是祭祀天神；二是祭祀地祇；三是祭祀人鬼。这种祭祀有着复杂的程式，很多都与饮食不可分离。经过复杂的祭祀过程，最后还要把祭祀所用的酒醴和牲肉等赐赠予天子及宗室臣子等享用。

2. 嘉礼

嘉礼是"亲万民"之礼，和合人际关系、沟通、联络感情的礼仪。其主要内容：一是饮食之礼，这里所指的"饮食"是专指宗室之内的宴饮，是族宴，有逢祭而宴，也有以时而宴，用这种礼来亲和宗族兄弟；二是婚、冠之礼，男子二十而冠，女妇十五而笄，是古代的成人礼。无论男女的冠礼、笄礼均有礼仪，均伴有酒醴之礼。新婚之夜，夫妻共用一个盛肉的牢盘进食，这是"同牢"，又将瓠剖为两半，各饮其一，称为"合卺"。

3. 宾礼

宾礼是接待宾客之礼。其主要内容：一是朝觐之礼，饮食活动占有重要的地位；二是会国之礼，有祭祀、盟誓、宴饮；三是诸侯聘于天子之礼，如汉武帝以来朝者，"设酒池肉林以飨四夷之客""及赂遗赠送，万里相奉，师旅之费，不可胜计"（《汉书·西域传》）；四是诸侯遣使交聘之礼，其间宴饮之礼在古代也极繁复；五是相见礼，相见之礼中也有关食品，如士相见，宾见主人要以雉为贽，下大夫相见，以雁为贽，上大夫相见，以羔为贽（贽是见面礼物）。

4. 军礼

军礼是军事方面的礼仪，其主要内容：一是征战之礼，出师祭祀，誓师、军中刑赏、凯旋、论功行赏等，这些均与宴饮有密切的关系；二是校阅之礼，这往往与饮食也有关，如清代康熙三十年（1691年）"会阅"典礼，皇帝亲率部众在今河北承德一带会集49旗藩王、台吉，先置宴会，设歌舞杂技，次日各营布阵就列，皇帝身穿甲胄校阅；三是田猎之礼，通过田猎获取祭祀之食物，这又与军事训练有关，通过田猎模拟战斗场面，当然又能用田猎之物来宴饮。

5. 凶礼

凶礼是哀悯吊唁忧患之礼，其主要内容：一是荒礼，与粮食，食品等直接相关，如散利救济灾民，用薄征来减轻百姓负担等；二是襘礼、恤礼等，天子或盟国汇合财货予以救助，称为"襘礼"，派使者进行慰问存恤，称为"恤礼"。

（二）古代饮食礼仪演变

1. 食礼起源

食礼的最初形态，源于先民们的共食生活实践，且受到祭祀礼仪的启示。 当人们将对鬼神的敬畏和鬼神等级差异转移到人群中来，并且成为饮食生活必要的区别之时，人与人之间便有了财产和地位的区别，且观念的认可达到一定程度时，严格意义上的食礼才可能出现。《礼记·礼运》曰："夫礼之初，始诸饮食。"意即最初礼仪的创设是从饮食活动的设计开始的。 饮宴中的礼仪，将人与人的关系，如中国古代君臣、父子、夫妇、兄弟、朋友的五伦关系都体现了出来，各人都得依礼而行。 中国饮食讲究"礼"，这与中国的传统文化有很大关系。 生老病死、迎来送往、祭神敬祖都是礼，礼又严格控制饮食行为。 宴请宾客时，主客座位的安排，上菜肴、酒、饭的先后次序等，都体现着"礼数"。 这种"礼数"不是简单的一种礼仪，而是一种精神，一种内在的伦理精神。 这种精神，贯穿在饮食活动的全过程中，对人们的礼仪、道德、行为规范发生着深刻的影响。

儒家所提倡的礼仪渗透在中国人的生活之中。 以吃饭的形式而言，中国人的饭局讲究最多，礼仪贯穿于用餐的整个过程之中，从座位的排放座次到上菜的顺序，从谁先动第一筷，到什么时候可以离席，都有明确的规定，食礼把儒家的礼制观念诠释得淋漓尽致。 在中国人的饭局上，靠里面正中间的位置要给最尊贵的人坐，上菜时依照先凉后热、先简后繁的顺序。 吃饭时，须等坐正中间位置的人动第一筷后，众人才能跟着各动其筷。 吃完饭后，人们并不是马上就散去，往往还要聊上一会儿，以增进感情。 等坐在中间位置的人流露出想走的意思后，众人才能随之散去。

食礼是人们社会身份与社会秩序的认定和体现。 以食礼为核心，规范这人们共餐时相处的和谐。 食礼的制定与传播是由上至下，从上层社会逐渐普及到平民百姓，教化民风，逐渐推广开来，并因地、因时、因人而不断发展变化。

2. 饮食餐制

餐制是每天吃饭的次数。 现代人已经习惯一日三餐，但从古代来看，餐制的变化，主要有两餐制及三餐制。

（1）两餐制 在远古时期，食物来源不稳定，无餐制可言。 餐制的出现是人类进入了农耕社会以后才有了可能。 原始农业中，人们为种植谷物而有了正常的作息制度，与此相应的餐制才出现。 据文献记载，先秦时期一般日食两餐，甲骨文中有"大食""小食"记载。 商代计时法中，"大食"为7时至9时；"小食"为15时至17时。 这里的大与小，是指吃的食物的量多与少。 到了秦代，普通民众仍以两餐制为主，但在上层社会则有三餐制的食俗了。 如《战国策》中有"士三食不得厌饱，而君鹅鹜有余食"的记载。

（2）三餐制　汉代确立与巩固了三餐制食俗。 孔子曾说"不时，不食"。 意思是说不到该吃饭的时候不吃。 汉代郑玄注解说："一日之中三时食，朝、夕、日中时。"从他的注解来看，汉代已经初步形成了三餐制的食俗。 第一顿饭为朝食，即早餐；第二顿食，即午餐；第三顿饭为铺食，也称为飧食，即晚餐。 虽然一日三餐的餐制自汉代之后在民间普遍实行，但在贫困人家中以及根据不同的季节和生产的需要仍实行两餐制的情况存在。 而且，在上层社会，尤其是皇帝饮食，一日四餐的情况也存在。

总而言之，先秦是中国的一日两餐制食俗初步形成时期，随着农业生产力水平的提高，到汉唐时期一日三餐制才逐渐推广起来，但此时并没有结束两餐制，两种餐制在秦汉以后也始终并存着。

3. 宴请礼仪

在各类饮宴活动的每一环节都体现出了中国特有的文化，而礼仪文化又使饮宴充满了无限魅力。

（1）宴前请帖　宴请文化，是饮食文化的重要内容之一。 宴请前邀请客人参加宴会，是不可或缺的礼仪。 俗话说：送头贴"三日是请客，两日是拉客，当日是抓客"。 意思是请人吃饭，主人提前三天以发请帖的方式邀请的客人是主人尊重的贵客，提前两天被邀请的则会被人认为是不甚重要的客人，而当天临时接到通知的客人，则会被人认为是主人应急抓来的陪客，被邀之人自然内心里也不会感激主人。 由此可见，古代宴请要正式且提前方能体现主人对客人的重视以及诚意。

（2）宴席座次　在宴席座次的安排上，中国有源于先秦的以东向为尊（坐西面东）的食俗座次传统。 一般而言，只要不是在堂室结构的室内宴饮，在一些普通的房子室内或军帐之中，都遵循以东为尊的原则。 堂是用于主人举行典礼、接见宾客及饮食宴饮等活动。在堂上举行宴饮活动时，遵循以面南为尊（坐北面南）的原则。 宴席中一席之中的人数是不固定的，明代流行八仙桌之后，一席人一般坐 8 人，但不论人数多少，都会按照尊卑顺序设席位。 首席落座之后，其他人方可入座。 位置的尊卑，各地也有所区别，大致可分为南、北两种类型（图3-1）。

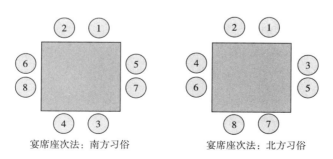

宴席座次法：南方习俗　　　　　　宴席座次法：北方习俗

图 3-1　古代宴席座次

4. 进食之礼

儒家经典《礼记》中对进食礼仪有着较为详细的记载。 对君臣进食有三条规定：一是饮前必祭；二是正式用餐时，君先臣后，不得颠倒；三是若受君王命尝菜时，臣子必须由近及远，不得反向而行；四是臣不得先于君吃饱，必须等君王吃饱，放下筷子，臣才能放下筷子。

中国传统文化中，特别强调尊卑之礼，重视长幼有序。《礼记·乐记》曰："所以官序贵贱各得其宜也，所以示后世有尊卑长幼之序也"。 进食时有敬赐授受之礼，饮宴过程的饮酒有酌献酬酢的礼仪。 具体细节方面，在本书的"酒宴与酒文化"一节中有详述。

总之，在中国古代不同阶层的饮食活动之中，普遍遵循着礼的规范，体现着尊老爱幼等中华民族的传统文化美德，有些食礼，一直沿袭至今，如长者优先、贵客优先、注重吃相、用餐具的规范，尤其是使用筷子的禁忌等，都有着明确的要求。

二、现代饮食礼仪

中国与国外文化的交流，促使中国的饮食礼仪也逐渐发生着变化。 现代饮食礼仪中，包括宴会邀请、宴席座次、待客食俗等内容。

1. 宴会邀请

请客吃饭，邀请朋友，真诚守信第一。 现代人们工作繁忙，尤其是城市中工作生活节奏快，能找到共同闲暇时间聚在一起吃顿饭不容易。 一般请人吃饭要至少提前三天发出邀请，若是重要的正式的宴请，需至少提前一周以上。 根据重要程度，有的还要发正式的请帖。 在聚会的前一天晚上可以再联系客人发消息友情提醒，以防止忘记。

2. 宴席座次

举行宴会时，主人和客人们坐在哪一桌，坐在哪一个位置上，极其讲究。 尤其是正式场合，不能随便。

根据宴会的场合、桌子数量、参加人员等需要灵活机动的安排座次。 一般而言，主桌设置在面对大门、背靠主墙的位置。 对单桌而言，以10人一桌的圆桌为例，遵循的原则一般是"面门为上""中座为尊""以远（门）为上""临墙为上""临台为上""观景为佳""各桌同向"的原则。 中国传统文化以"左为上"，在国家政务礼仪宴会上，遵循以左为尊，在商务涉外交往中，多遵循"以右为尊"，在日常礼仪中，大多遵循"以右为尊"。 正对大门的位置为主人位，左手边为主客，背对着门与主人相对应的为第二主人位，如图3-2所示。 有多张桌子时应根据桌子的数量灵活安排。 在现实生活中，宴席席位及桌位的安排从来都没有一个统一不变的标准，不同的地区、不同的民族，桌子的形制大小等各不相同，具体座次也会因地因时制宜，常有变通，总之，要入乡随俗，客随主便，尊重当地的饮食习俗为宜。

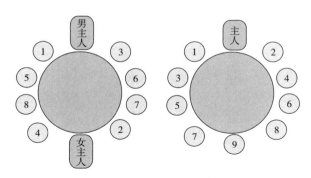

图 3-2　现代宴会座次法：10 人圆桌

3. 待客食俗

招待客人宴饮，有一系列规矩，不可不知。比如中式餐饮，餐具以筷子为主，兼备碗、碟、汤匙、醋碟等。现代餐饮，中餐宴饮提倡双筷制进餐礼仪。常见的是每人面前有两双筷子，一双放在外侧的为取食筷，一双放在内侧的为进食筷。也有的饭店把取食筷或取食勺、取食夹放在每道菜的餐具上。相比而言，每人两双筷子更卫生，杜绝了持公筷交叉感染的机会。

作为嘉宾参加宴会时，除了遵照一般社交礼仪之外，在餐饮过程中还应特别注意几点：应提前或准时到达宴会地点。根据宴会的情况，穿着合适得体的服饰，仪容仪表端庄。根据主人的安排就座。在进餐时，使用筷子的礼仪很重要，说话时应放下筷子，切忌用筷子指点他人，不能敲击筷子、不能在盛有米饭的碗中竖插筷子（这种仅在祭祀时采用），用取食筷撹菜时，要注意撹取菜品容器中与自己对应位置的菜肴，撹取菜肴一次不宜过多，不宜口含食物说话，敬酒时应考虑时机，举止得体，兼顾他人。

举行宴会时，餐桌上自然少不了酒、茶、饮料等。因此，相关的敬酒饮酒礼仪、饮茶礼仪等必不可少。"入乡随俗"固然重要，但依法守则更加重要。酒驾违法，公务人员工作期间宴饮要符合中央"八项规定"，尤其是不能饮酒。宴饮时，根据客人意愿，选择好待饮的酒、茶或其他饮料。饮用不同的酒应选择不同的酒具。饮酒礼俗各地区别很大，如何饮酒，应采取入乡随俗及个人身体健康状况综合考虑。如饮白酒时，一般每人一个分酒器，一个白酒杯。饮红酒时，每人一个高脚红酒杯。饮啤酒时，常选用一个玻璃杯材质的啤酒杯。饮黄酒时，每人用一个玻璃杯或瓷杯。斟酒倒茶时常有"茶七酒八"之礼仪，是指斟酒时以杯子容量的八分满为宜，倒茶时以容量的七分满为宜。啤酒斟酒量与杯子容积比例与此类似，红酒一般斟杯子容量的三分之一左右。 酒席上负责倒酒的人员要经常观察各人的杯子酒水的情况，以免出现他人来敬酒时，杯中无酒水的尴尬情况发生。

在宴饮时，敬酒和回敬是常常避免不了的。 在宴会开始时，主人会讲几句开场白，然后提议举杯干杯。 此时喝白酒的人要喝完小杯中的白酒，其他酒水可自由发挥。 主人一般连喝三杯之后，各人就可以按照顺时针的方向逐一敬酒。 敬酒时敬人者常会干杯，但不能要求对方也干杯，但对方一般也会干杯，否则会让人觉得高傲，而有失礼之嫌。 切记不要跳过某人不敬而敬到另一个，这样会失礼。 本桌人互敬之后，可以独自或邀请同桌人一起到外桌敬酒，敬酒时根据情况，一般分几个层面敬酒。 依据尊长优先、感谢东道主、再共同举杯等先后顺序分别敬上一杯。

在宴会中饮茶的人常常会低调些。 用茶水也可以敬人，但敬茶的频率无法与敬酒的人相比。 以茶敬人时可以倡议对方也饮茶，或者对方饮酒时随意，不用像敬酒时那样干杯。但对方往往也会饮酒、干杯，以示诚意和谢意。

在宴饮时，酒量的自控非常重要，若是喝高了，尤其是当场喝吐了，就非常失礼了。 在饮酒时要时刻提醒自己总量要控制好，不能太任性，不可贪杯，一桌人饮酒，每个人的饮酒安全非常重要，若是因饮酒引发生命安全问题等，共同饮酒者都要负一定的法律责任。

三、人生礼仪食俗

人的一生，常常会在不同的阶段举行仪式，以祝福、纪念，由此也形成了不同时段的习俗。 中国的人生礼俗十分丰富，其中饮食礼俗自然少不了，而且对人生也发挥着重要的影响。 这里主要介绍诞生、婚嫁、祝寿的食俗，以及鹿鸣宴等。

1. 诞生食俗

中国家庭非常重视新生命的诞生。 孩子出生满一个月，家里通常会祭祖祀神，宴请宾客；出生满一百日，还经常办百日宴等。

摆满月酒这一天，母亲抱孩子出来接受亲友祝贺，家里要向邻里亲友赠送"红鸡蛋"，生女孩送的鸡蛋数量为偶数，生男孩送的鸡蛋数量为奇数，以示阴阳不同。 很多地方，在满月那一天，孩子要剃满月头，将四周剃净，囟门处头发留着。 剃头后，在场的亲友要轮流抱一抱孩子，然后大家一起喝满月酒。 大家还会给孩子送礼物，如衣物、鞋帽和寓意吉祥的礼物等。

婴儿出生满一年，常常行"周岁礼"，有"抓周"礼俗。 孩子的父母会举行酒宴招待亲友。 民间流行"抓周"做法，一般是在桌上放些笔、书、纸、算盘、钱币、食物、炊具、剪子、尺子等物品，任孩子抓取，用来测试其志向。 此俗最早见于南北朝时期，流传至今，其性质大多已由预测转为游戏了，为当天的生日周年庆增添了祥和喜乐的气氛。

"抓周"后一般摆"周岁酒"招待宾客，这时大人抱着牙牙学语的孩子向酒席上的长辈一一行礼。

2. 婚嫁食俗

从古至今，无论中外，结婚都是人一生中的又一件重要的事。古代称婚礼为"六礼"，包括：纳采、问名、纳征、请期、亲迎等六种礼节。中国的百姓有着十分丰富的礼俗与食俗。

从旧俗来说，男女两家先由媒人互通意向，如果能合成便互通帖子。帖子上写有拟成亲人的姓名、排行、生辰、八字等，如门不当户不对，生辰不合，便可以中止婚姻，如双方满意，可以择日下定礼。然后择日送彩礼、嫁妆。此后是确定娶亲日期，到了该日男方便迎娶新娘。

迎亲当日，在汉族地区的婚俗中，无论到男方还是女方家，常常有喝糖水或喝茶、吃荷包蛋、糯米小圆子等食俗。男方到女方家接到新娘后，大多会在早已提前数月就预定好的大酒店内举行婚礼仪式。仪式中，男女手牵"同心结"，拜天地，拜高堂，又夫妻对拜。在舞台上，还有给父母敬茶等仪式，又有请两位新人喝交杯酒，又称"合卺"，表示合成一体，象征夫妻相亲相爱，风雨同舟。一般还有切蛋糕、倒香槟酒等环节。父母代表向诸位亲友致辞，提议共同举杯，感谢大家，尽兴喝喜酒。酒宴散去，夫妻入洞房，还有闹新房等习俗。

各个地方还有特殊的习俗。浙江一带流行喝"别亲酒"。女儿出嫁前一晚，其父母为嫁女备酒席。其母先为嫁女斟酒，并有告诫之词。酒席结束后，嫁女要穿上新娘装束，由人搀扶着告辞家堂、灶膛、祖先，后拜双亲及诸亲属。绍兴还有一种"女儿酒"，即在女儿出生那年酿制几坛酒，藏于地窖或夹墙内，女儿出嫁时或作陪嫁，或用于婚宴。

中国除了汉民族各地有丰富的婚俗食俗外，少数民族的婚嫁酒俗也是多彩多姿，例如鄂伦春族办婚事，先由男方派媒人去女家，边喝酒边谈。然后是认亲，由男方带着酒及被视为贵重的食物等送给女家，女方父母要设酒宴招待。再如景颇族的婚礼与食俗也很有意趣。如有"抢婚"这一礼节，是在男情女愿的前提下的一种礼仪，男方先到女方寨中将意中的姑娘"抢"到手，带往男方村寨。然后由"长桶"（婚礼中女方寨子中的人）背着"抢婚者"带来的酒到女方父母家议婚。同时"抢婚者"在回到本寨附近时，要鸣枪告示家人。家人闻之，知道"抢婚"成功，迅速送酒至寨门口，众人一同饮酒后进寨，送新娘至"勒脚"（婚礼中男方寨内的人）家歇息。正式举行婚礼时，要专门选出两人往新娘歇息处送四次酒，每次水酒、烧酒各一筒。婚俗与酒文化完全融成一片，且演绎成一种密合的程式了。

3. 祝寿食俗

长寿是人们共同的愿望，因此礼俗中祝寿的活动自古以来就有，而与之相应的食俗也很有意趣。

祝寿，本是指祝愿人长寿，或是祝贺生辰。 一直到今天，人们还流行着生日这天吃面条这一习俗，并称为"生日面"。 之所以吃面条是取面条之长，象征长寿的意思。 当然一些家庭在庆贺某人生日时也有办宴席的，除吃面条外，还有喝寿酒的。 随着时代的变化，当代人庆祝生日之俗也已经有了很大的变化。 比如，要订购生日蛋糕，生日当天在家或饭店里庆祝生日。 其实中国传统的祝贺生日，其所祝不仅是快乐，而且祝其长寿，也并不限于年老者。

办寿酒是在人的岁数逢十时举行，这一习俗由来已久。 不过一般来说，40岁不做寿，因为"4"谐音"死"，被视为不吉利。 吴语地区有逢"九"做寿的习俗，这是因为吴语中"十"和"贼"同音而避之，为讨个吉利，从而有"做九不做十（贼）"的习俗了。 人越活下去越不容易，而且人寿命越久，子孙也越多，儿孙满堂时也更隆重地为老人祝寿，寿酒办得热闹丰盛。

祝寿要有寿堂，即祝寿的礼堂，寿堂上要高挂寿星图，还有祝寿对联，并要点燃寿烛。 古代还有请人作"寿文"的，即祝寿文章。 寿文又称为"寿序"，明中叶以后开始盛行。 还有寿词、诗画屏条，统称为"寿屏"。

徐悲鸿画《麻姑献寿》（局部）

从食俗来看，祝寿有寿桃，是用鲜桃或面制的桃子。 寿桃，是神话中可以使人延年益寿的桃子。 东方朔《神异经》："东北有树焉，高五十丈，其叶长八尺，广四五尺，名曰桃。 其子径三尺二寸，小狭核，食之令人知寿。"

食俗中有寿酒，此为祝寿之酒。 祝寿的酒杯称为寿觞，而酒宴也称为寿宴。 人们为做寿的老人敬酒，儿孙小辈向老人跪拜，大家庭其乐融融。

4. 丧葬食俗

中国古代十分重视丧葬，因为这是人生的一个终结。"养生送死"中一是生者须得到"养"，二是死者能得到"送终"，均为人们所看重。 古代文献中关于丧葬有繁杂的礼俗，其中与食俗联系者甚多，限于篇幅不一一细述。

例如人死后要"饭含"，在死者口中放入米、贝等物，上菜的数量不宜为双数，不宜吃有团圆和长寿寓意的食物，如月饼、饺子、面条、包子等，具体要以遵从当地风俗禁忌为宜。

各地丧事食俗与礼俗也并不全相同，各个民族也并不相同，现代与古代也有了很大的不同。 现在一般在办完丧事后，丧家必办酒席，农村中还常见菜肴以素斋为主，被称为吃"豆腐饭"。 许多亲戚朋友帮忙料理丧事和前来吊唁；虽然也会饮酒，但大家因心情悲痛而并不猜拳，行令，劝酒。 不过在城市里，丧家已大都在酒店办酒招待，一些城市还出现专门针对丧事服务的饭店，且也不再是以素斋为主了，习俗也在慢慢改变着。

5. 鹿鸣宴

在中国礼俗与食俗中，科举与饮食文化的关系也值得一提。 隋朝废除九品中正制，开创科举制，即是分设科目，通过考试选举人才。 科举中的一大礼俗便是庆贺，相应也形成了一定的食俗。

鹿鸣宴，也作鹿鸣筵，是乡举考试（乡试是科举取士的第一级考试，旨在选拔参加会试者。 因分省举行，似古之乡举考试，故谓乡试，也称乡举）后，州县长官出面宴请那些考中的举子，或放榜次日宴请主考、执事人员及新举人，其宴用少牢（羊、猪两牲），并歌唱《诗经·小雅·鹿鸣》，还会表演魁星舞。 因为唱《鹿鸣》之诗，故称为"鹿鸣宴"。

"鹿鸣宴"起源于唐代。《诗经·小雅·鹿鸣》："呦呦鹿鸣，食野之苹。 我有嘉宾，鼓瑟吹笙。 吹笙鼓簧，承筐是将。 人之好我，示我周行。"鹿鸣呦呦，呼唤同伴来共食田野上的艾蒿。 后科举时代，以举人中试为赋鹿鸣，明代即以鹿鸣借指科举考试，可见鹿鸣宴的文化积淀是深厚的。 唐以来诗文中屡见，如唐代韩愈《送杨少尹序》："杨侯始冠，举于其乡，歌《鹿鸣》而来也。"

至清代，又有"重宴鹿鸣"之制。 清制，举人于乡试中试后满 60 周年，经奏准能与新科举人同赴"鹿鸣宴"，称为"重宴鹿鸣"。 鹿鸣宴的历史由唐而至清延续的跨度很长，在科举史上具有不可低估的作用。

第二节
传统节日中的饮食文化

汉字的"节"是指竹节，节的本意是"结"，指竹子上的圪节。 字面上的意思，节就是打个结的意思。 时间本没有节，人为地给它做个记号，作为标记。 中国人说的"节"，并不是时间设置上的所有的节点，特指节日、节庆。 它是约定俗成地在一个十分广泛的地区，或民族，或国家颁布政令所认可，或普遍承认，而且实际经历着的。

节日对于人们的社会生活具有十分重要的意义，所以早在先秦时期，就有了节日的萌芽，如《诗经·七月》所描述的"九月肃霜，十月涤场。 朋酒斯飨，曰杀羔羊，跻彼公堂。 称彼兕觥，万寿无疆"，就是隆冬季节，人们在结束了一年的耕作之后，聚集在公共场所举行的酒会。 其时间、地点、形式，应该已经约定俗成。 这也反映了节日与农业耕作的时节有密切的关系，节日往往在农闲时节，或者庆贺的时日。

节日与饮食文化有着密切的关系，节日里饮食最为丰盛，新打的粮食上场，味香浓郁，喜气洋洋的气氛渲染，各种庆祝活动丰富多彩。小孩子最喜欢过节，可以吃美食，参与各种有意思的活动。

节日和节日中的饮食是人类生活的闪光点。从这一维度可以深刻地体会到国家、民族的饮食文化的特色及其社会的心理。中国有许多传统节日，几乎每一种传统节日都有相应的食俗，这里我们对汉族的主要节日食俗作概略的阐述。

一、春节食俗

春节是中国人传统节日中最隆重的节日。"旧历的年底毕竟最像年底，村镇上不必说，就在天空中也显出将到新年的气象来。"（鲁迅《祝福》）习惯上正月初一至初五都称春节。旧时，从过小年（腊月二十三或二十四）到元宵节（正月十五）都是新年范围，其中从除夕到正月初三为高潮。首先是送灶活动。一般在腊月二十三日，要先祭灶神，放上新鲜水果、麦芽糖（或寸金糖）、酒等为供品，然后点香烛祈祷，用糖来粘他的口，用酒食来讨他的欢心，从而希望"上天言好事，下界保平安"。

"大年三十"又称"除夕"，这一天的晚餐是一年之中的最后一餐，也是最隆重的一餐，称为年夜饭。每个家庭要尽量全家团聚在一起，先用酒菜等饮食祭祖，让祖宗享用，年夜饭的菜肴比平常丰富得多。据晋代周处《风土记》载：除夕之夜，"各相与赠送，称曰馈岁；酒食相邀，称曰别岁；长幼聚饮，祝颂完备，称曰分岁；大家终夜不眠，以待天明，称曰守岁。"这馈岁、别岁、分岁、守岁也与饮食活动有关，其中喝酒守岁，这酒就称为"守岁酒"。宋代孟元老《东京梦华录》中还说到，除夕"士庶之家，围炉而坐，达旦不寐，谓之守岁"。随着城市现代化的演进，年味的淡化，已有许多现代人在大酒店提前预订年夜饭，尤其是酒店大厅的百桌宴，酒店会安排演绎节目及抽奖等环节，把年夜饭、宴会活动办得气氛热烈而欢乐。

春节吃年饭，或认为始于清代。清代顾禄《清嘉录》："煮饭盛新竹箩中，置红桔、乌菱、荸荠诸果等，并插松柏枝于上，陈列中堂，至新年蒸食之。取有余粮之意，名曰年饭。"此为江南民俗。这种年饭到今天早已见不到了。又如清代富察敦崇《燕京岁时记》："年饭用金银米为之，上插松柏枝，缀以金钱、枣、栗、龙眼、香枝，破五之后方始去之。"这是北方年饭之风俗，这种年饭如今也难以寻觅。清代以前年饭的习俗又有不同。南朝梁宗懔的《荆楚岁时记》记述长江中下游一带习俗，是除夕时家家具肴，守岁酣饮，送旧迎新，但"留宿岁饭，至新年十二日，则弃之街衢，以为去故纳新也。"这是留下年饭，到正月十二抛弃在街道上，表示吐故纳新之意。《时镜新书》："除夕，留宿饭。俟惊蛰雷鸣，掷之屋上，令雷声远。"这也是抛弃年饭的习俗。

春节吃年糕，或认为是明代才有的。 明代刘侗、于奕正《帝京景物略》："正月元旦，夙兴盥漱，啖黍糕，曰年糕。"记载了黍米做年糕，元旦吃年糕的习俗。《湖广志书·德安府》还载，湖广一带，"元旦比户，以爆竹声角胜。 村中人必致糕相饷，俗曰年糕"。 这是农村中相互赠送年糕的风俗，年糕的文化含意是年年高升，这是吉祥、希望、祝福的心态表露。当代的年糕多为糯米制作，且品种花色繁多，如苏州桂花糖年糕、苏式猪油年糕、广东糖年糕、海南年糕、福建糖年糕、闽式芋艿年糕、清真鸡油年糕、北京百果年糕等。

春节还有吃春饼的习俗。 宗懔《荆楚岁时记》引晋周处《风土记》："'元旦造五辛盘。 正元日五熏炼形。'五辛所以发五脏之气，《庄子》所谓春日饮酒菇葱，以通五脏也。"五辛盘装的就是五种荤菜，如大蒜、小蒜、薤、韭、胡荽之类。 唐代史料及宋元明清史料都能说明"春盘"就是"春饼"。 这说明晋时已有春节吃春饼的风俗。 当代人吃的"春卷"是由春盘、春饼演进而来。

春节期间北方吃饺子的食俗流传至今，颇有特色。 饺子是中国人喜爱的食品之一，也堪称世界饮食文化中的一绝。 饺子古代名称很多，如"饺饵""粉饺""扁食""水饺""角子"。 钱钟书曾考证："饺子原名'角子'，孟元老《东京梦华录·州桥夜市》所云'水晶角儿''煎角子'，《聊斋志异》卷八《司文郎》亦云'水角'，取其偈兽角。"饺子中的"交"不仅表声而且含义，认为饺子取名于"交子之时"吃的寓意。 传统习俗，每到腊月三十晚上，家家包饺子，等到新年钟声响起时吃饺子。 因此时正是午夜子时（指23时至1时），也是年岁交替的时候。 一夜连两岁，子时分两年，所以这顿饺子有"除旧迎新，更岁交子"之意，又寓意新一年交上子午好运。 明代沈榜《宛署杂记》："元旦时盛馔同享，各食扁食，名角子，取更岁交子之意。"

过新年吃饺子还有许多民俗。 除夕吃饺子，忌讳很多，如煮破的饺子，不能说是"破了""坏了"，要说"挣了"，以讨吉利，而商人为讨口彩吉利，还将饺子称为"银元宝"。农家还会包四只轮子状的饺子，给赶车使牲的男子吃，祝福在新的一年里，"车行千里路，人马保平安。"除文字记载的饺子外，考古发现还让我们看到1300多年前完整的实物。 20世纪70年代吐鲁番阿斯塔那的唐墓里出土有一只饺子与四只馄饨一起放着的木碗，它们是以菜和肉作馅，用和好的面粉为皮，这已成了珍贵的食品考古文物了。

春节有饮屠苏酒、椒柏酒的习俗，屠苏酒相传为三国时华佗所制，古代风俗于农历正月初一饮之。 宗懔的《荆楚岁时记》："长幼悉正衣冠，以次拜贺，进椒柏酒，饮桃汤，进屠苏酒……次第从小起。"屠苏酒是一种药酒，用大黄、桔梗、白术、肉桂、乌头等制成，相传元旦饮之可除瘟气。 饮屠苏酒也颇有意趣，是先小者饮然后轮到长者饮，据说是因为"小者得岁，故先酒贺之，老者失时，故后饮酒。"唐代卢照邻《长安古意》："汉代金吾千骑来，翡翠屠苏鹦鹉杯。"此见唐时之状。 宋代苏辙《除日》："年年最后饮屠酥，不觉年来七十余。"此又见宋时之情。 清代马之鹏《除夕得庐字》："添年便惜年华减，饮罢屠苏转叹歔。"这里又见清时之况。 另外还有一种椒柏酒亦于元旦饮之，也称为椒酒、胡椒酒、椒花酒，是用椒花、椒树根浸制的酒。 崔实《四民月令》说到，元旦"祀祖称毕，子孙各上椒花酒于家长，称觞举寿。"至明代还有地方保留饮椒柏酒习俗。

春节的活动内容丰富多彩，节日前置办年货，制作新衣，举行掸尘、祭灶、祭祀祖先、吃年饭、守岁、贴春联、挂年画等活动，在节日期间，人们互相拜年问候，燃放鞭炮（近年来城市多禁止）、喝春酒、吃年糕、吃饺子等，这些活动围绕"辞旧迎新""祝福吉祥"的新年主题，是人们一年之中最为重视的节日。

二、元宵节食俗

元宵节又称上元节、灯节，在农历正月十五。 元宵节的主要活动一是张灯结彩，二是吃元宵。 唐代有吃"粉果"的习俗，类似于现代的元宵。 唐代段成式在《酉阳杂俎》中记载有"汤中牢丸"，此可能说明唐代已有汤圆了。 一般认为上元节吃汤圆的食俗始于宋代，宋代周必大《元宵煮浮圆子》诗序："元宵煮食浮圆子，前辈似未曾赋此，坐闲成四韵。"浮圆子即汤圆，因其煮熟即上浮，故名。 又名汤团、汤圆、元宵等。 不过人们吃汤圆也有文化含义，表示一家团团圆圆的意思。 汤圆原为"珍品"，时至今日已成为普通食品，人们想什么时候吃均可以从商店中买到。 这也颇像吃年夜饭，今日百姓说天天可以像过年那样地吃，不过有一点是不同的，即那种"吃"后面的文化不在那一特定的时间、氛围中则是体现不出来的。 元宵节还要饮元宵酒，亲朋好友再次大聚合，一起进餐。 至此传统的春节活动就结束了。

三、上巳节食俗

古代以甲子记日，汉代以前把三月上旬的第一个巳日定为上巳节，后来固定在夏历三月初三。 到了这一天，人们来到河旁溪边祓禊，用春气祓除病魔，除灾去邪。 这一活动本来是在岁末岁首于宗庙、社坛进行的一种祭祀仪式，后来改到水滨。 时间原来有定于农历三月上旬七日的，魏晋以后才固定在三月初三。 上巳节虽起源甚早，周朝已有记载，但时至今日早已不流行了。 不过历史上是很盛行的，此节日一到，官民均参与，至水滨洗垢嬉游，又有饮食活动，并发展为临水宴宾。

"曲水流觞"就是修禊中的一种饮食兼娱乐的活动。 引水环曲成渠，用耳杯盛酒浮在上游水面上，任其顺流而下，停在谁的面前，谁就取饮。 东晋王羲之于永和九年（公元353年）上巳节时与当时名士孙绰、谢安等41人，在绍兴兰亭宴集修禊，举行这种"曲水流觞"活动。 与会者多有诗作，事后汇编成集，王羲之为诗集写了序言《兰亭序》，其书法成为"天下第一行书"。

四、寒食节食俗

民间流传的说法，春秋时期流亡在外的晋公子重耳，曾与介子推等一起到处避难。 介子推曾经割下自己大腿的肉去喂养饥肠辘辘的重耳。 重耳复国后，即是后来的霸主晋文公。 介子推未曾受到奖赏。 待文公觉悟要赏介子推的功劳时，介子推则已奔今山西的介山，他不肯出山来受赏。 有人出了馊主意，说烧山，介子推山中待不住了，就会跑出来。谁知介子推坚持不肯出来，后来抱木而烧死。 为了纪念他，于是有了不得举火的寒食节。即是在清明前的一天或二天只吃冷食，不点火烧饭做菜。 不过这一传说若用历史来考证显然是有问题的，学者多有考论，今人裘锡圭有《寒食与改火——介子推焚死传说研究》长文专题论之，见诸其《文史丛稿》。 裘锡圭认为，用来解释寒食起源的介子推焚死传说，是以改火活动中用新点燃的火烧死代表谷神稷的人牺的习俗为背景的。

寒食节起因还有其他说法，如冬至后的 105 天，"即有疾风甚雨，谓之寒食。 禁火三日，造饧大麦粥"。 此说见诸南朝梁宗懔的《荆楚岁时记》。《周礼·司烜氏》中说到，三月乃是起火最多的时候，周朝要让官吏摇着铎巡行国中，宣令国人禁火。 这便是寒食禁火。

对于民俗来说，一般人已是听之传之，不再去考之证之，而于食俗却是影响颇大。 有学者指出，寒食节对人们饮食烹饪的影响至今仍在。 一是寒食节推动了一些可供冷吃的点心小吃的创制。 如以糯米粉和面，搓成细条状，油煎而成的"寒具"，就是寒食节的著名品种。 寒具的别称和类似品种，如粔籹、餲、环饼、捻头、馓子、膏环、米果等。 此外还有适应寒食而生的青粉团、乌饭糕、椿芽面筋，柳叶豆腐等品种。 二是寒食节推动了食品雕刻工艺的发展。《玉烛宝典》：寒食节"城市尤多斗鸡卵之戏"。 宗懔的《荆楚岁时记》："古之豪家，食称画卵。 今代犹染蓝茜杂色，仍如雕镂。"这些"画卵"要互相馈赠，或放置在餐具里观赏，比赛，这就是"斗卵"。 斗卵对中国后来的食品雕刻艺术来说当是良好的开端，后世的瓜雕及蔬果雕花，当从其中得到启迪*。 寒食节与食俗确实有诸多趣味。

五、清明节食俗

清明节，又名鬼节、冥节、聪明节、踏青节等，时间在农历三月间（公历 4 月 5 日前后，寒食节之后），这时候天气既清又明朗。 清明是 24 节气之一，又与农历 7 月 15 日，10月 15 日合称为"三冥节"，这三个节日都与祭祀鬼神有关。 清明节常有祭祖扫墓、踏青、

---

* 熊四智 . 中国人的饮食奥秘［M］. 郑州：河南人民出版社，1992.

插柳、植树、荡秋千等活动。

中国人向来重视清明节，节日时祭扫祖先坟墓，今人也会祭扫烈士陵墓。 祭扫时，准备瓜果、酒菜、鲜花、香烛等供品，叩首祷告，然后将这些酒菜供品或送给"坟亲"享用，称为吃"上坟酒"。 杜牧《清明》一诗中写道："清明时节雨纷纷，路上行人欲断魂。 借问酒家何处有，牧童遥指杏花村。"将清明的氛围、杏花村的酒香都融入诗的意境中。 因清明节正值暮春，人们常把踏青与扫墓结合起来，到郊区旅行、游宴。

在清明节前后，有些地区现在还有特别的节令食物，如江浙沪一带的青团子、四川成都的欢喜团子、江苏沿江一些地区的柳叶饼等。

六、端午节食俗

端午节在农历五月初五，又称为端阳节、重五节、端节、龙船节、粽包节、女儿节、天中节、蒲午节、蒲节、五月五等。 端午节民间有赛龙舟、吃粽子、咸蛋、饮雄黄酒、菖蒲酒、放艾草、挂香袋、吃蒜挂蒜、插菖蒲等习俗。

据说，战国时楚国屈原因忧国忧民而投汨罗江自沉，百姓们为了不让鱼鳖来伤害其身体，于是在这一天往江中投粽子喂鱼鳖，又在江上赛龙舟吓退鱼鳖。 端午吃粽子影响极广，不仅中国人家家户户都在节日吃粽子，而且朝鲜、日本、越南、马来西亚等国也有端午节吃粽子的风俗。 粽子在古代最初由菰叶裹黏黍制成，后来用箬叶裹米做成，其形状、馅料多种多样。

其实许多民俗学家认为，端午节起源于夏至。 此时农作物生长旺盛，必须加强田间除草灭虫的管理，同时也为了祈求祖先保佑丰收，早在周代，天子就在夏至日专门品尝黍米，并用来祭祀祖先。《礼记·月令》：仲夏之月，"天子乃以雏尝黍，羞以含桃，先荐寝庙"。 这一活动渐渐影响到民间，并出现了吃"角黍"即粽子的食俗。《太平御览》引《风土记》："俗以菰叶裹黍米，以淳浓灰汁煮之令烂熟，于五月五日及夏至啖之。 一名粽，一名角黍，盖取阴阳尚未分散之时象也。"后来人们又将这一食俗的文化意义由农业生产演绎至屈原的爱国精神上，从而使端午节之食俗更富魅力。

雄黄酒是将蒲根切细、晒干，拌入雄黄，用白酒浸泡，或单用雄黄浸酒而制成。 在酒乡绍兴一带，除喝雄黄酒外，还要吃黄鱼、黄鳝、黄瓜、黄梅，号称"五黄"。 吃"五黄"的目的是驱"五毒"，即蛇、蜈蚣、蝎子、壁虎、蜘蛛。 不过雄黄这种矿物含有毒，泡酒而饮，易使人中毒，召集饮雄黄酒的人渐已减少*。 这是科学改变了食俗的例子。

---

　　* 朱宝镛，章克昌．中国酒经［M］．上海：上海文化出版社，2000.

七、中秋节食俗

中秋节在农历八月十五，因为处于孟秋、仲秋、季秋的中间而得名。 中国在周代就有帝王春天祭日、秋天祭月的礼制。 我国最早记载"月饼"这一食品的，当是宋代，周密的《武林旧事》、吴自牧的《梦粱录》有"月饼"的称呼和品种。 月饼还起过特殊的作用，传说元末朱元璋起义时，就将写有起义时间的纸条藏在月饼中传递消息。

原来月饼是祭拜月亮时最主要的供品，祭供后全家分食，现在已不再祭月拜月，但仍有赏月吃月饼的习俗。 明代田汝成《西湖游览志余》："八月十五谓之中秋，民间以月饼相遗，取团圆之义。"中秋最讲全家团圆，历代文艺作品已有不少是从这一角度着笔的，从古代的诗词到今日之歌曲不胜枚举。 正因为有团圆之文化意义，故月饼是圆形的，另外用圆形来模拟月亮之状，向月亮祭拜，表达对大自然的感恩之情，不过这一层文化含义在今天已渐渐地失落了。

月饼在唐代已有，至宋代更盛，明代《酌中志》："八月，宫中赏秋海棠，玉簪花。 自初一日起，即有卖月饼者。"又清代《燕京岁时记》中谈到月饼时，称赞京城月饼以前门致美斋为第一，可见清时月饼专业生产中的情况。 月饼到清代时制作已极为讲究，品种繁多。 现在已有苏式、广式、京式等流派，有枣泥、莲蓉、椰蓉、五仁、豆沙、松仁、火腿、蛋黄、肉松等数十种不同风味的馅心，而且每至中秋节，月饼商战已越战越猛，已成为现代人节日食俗的一道风景。

中秋节食俗除吃月饼外，还有中秋酒俗也颇具特点。 中秋节是家人团聚的节日，中秋节晚上喝酒，要拜月赏月，人们一般先吃完晚饭，然后在院中或天井中摆开桌凳、香烛、供品，做好拜月准备。 供品中，除月饼之外，还有石榴、苹果、红枣、李子、梨、柿子、藕、菱角等食物。 待月亮东升后，女人们虔诚拜祭，而男人们在此时开始喝酒赏月。 这是在月下饮酒赏月，其他时候饮酒则多在室内进行。

八、重阳节食俗

重阳节在农历九月初九，因为古时九为阳数，故得名。 重阳节又名重九节、茱萸节、登高节、菊花节等。 我国民间在此节日有登高、插茱萸、赏菊花、饮菊花酒、吃重阳糕的习俗。 现在重阳节是尊老爱老的"敬老节"。

重阳节登高之风，起源于汉代汝南人桓景，传说他在此日登高以避灾害，后来慢慢在民间传播开来。 唐代登高之风尤盛，诗人李白、王维、孟浩然、岑参、杜甫、刘禹锡等，均有这方面的诗作。 插茱萸是民间习俗，大约起源于晋代，宋代以后此风渐衰落，今人已经难以见到。

重阳节食俗有赏菊饮菊花酒。 南宋吴自牧《梦粱录》："今世人以菊花、茱萸，浮于酒饮之。 盖茱萸名辟邪翁，菊花为延寿客。"这表明当时重阳节饮菊酒已成为一种时尚。 据晋人文献所记，菊酒的制作是菊花舒时并采茎叶，杂黍米酿之，至来年九月九日始熟就饮，所以称为菊花酒，又称为重阳酒。

重阳节食俗还有吃重阳糕。 重阳糕就是用粉面蒸糕，辅料有枣、栗、肉等。 最初称为"饵"，到了宋代，重阳糕已基本形成定制，《东京梦华录》《梦粱录》《武林旧事》所记重阳糕大体相同。 清代《帝京岁时记胜》中谈到重阳糕时说：京师重阳节花糕极胜，市人争买，供家堂，馈亲友。 此可见当时食糕之习俗很盛。 当代的重阳糕品种、成分、形状也各种各样，用料中含有多种果料、品质松软、经过蒸制而成，很多在重阳节吃的松软糕类都被称为重阳糕。

九、腊八节食俗

腊八节在每年的农历十二月初八，是民间的一种传统节日。 农历十二月又称腊月，腊八有着新旧交替的寓意，意味着新的一年即将到来，同时，腊八节象征着人们对来年美好生活的祝愿。

农历腊月初八日也是浴佛会，相传为释迦牟尼成道之日，寺院于这一日诵经，举行法会，民间也视为盛大节日。 这一节日与食俗有诸多关系。

是日各大寺院用果子杂拌煮粥，分食僧众，因此有"腊八粥"之称。 民间也相沿成俗，《东京梦华录》：初八日，诸寺院"作浴佛会，并送七宝五味粥与门徒，谓之腊八粥。都人是日各家亦以果子杂料煮粥而食也。"腊八粥，又称为佛粥、七宝粥、五味粥等。 腊八粥用料因时因地也有所不同，如宋代周密《武林旧事》记当时杭州做此粥，用胡桃、松子、乳蕈、柿、栗之类。 清代富察敦崇《燕京岁时记》记载当时的北京煮此粥，用黄米、白米、江米、小米、菱角米、栗子、红豇豆、去皮枣泥等，合水煮熟，外用染红桃仁、杏仁、瓜子、花生、榛穰、松子及白糖、红糖、琐琐葡萄，以作点染。

腊八粥十分流行，《红楼梦》第十九回写道："明儿是腊八儿了，世上的人都熬腊八粥。"此可见那一时代之普遍流行。 沈从文专门写有一文《腊八粥》，其中写道："初学喊爸爸的小孩子，会出门叫洋车了的大孩子，嘴巴上长了许多白胡子的老孩子，提到腊八粥，谁不口上就立时生一种甜甜的腻腻的感觉呢。"这将不同年龄的中国人对于腊八粥的那种情感写出来了。一直到今天，当代人还流行在腊八这一天喝腊八粥，不过其习俗也渐被淡化。

腊八节的标志性习俗吃腊八粥，其实也是农业丰收成果的一次大展示。 正如老舍在《北京的春节》一文中所说："在腊八那天，人家里，寺观里，都熬腊八粥。 这种特制的粥是祭祖祭神的，可是细一想，它倒是农业社会的一种自傲的表现——这种粥是用各种米，各种豆，与各种干果熬成的。这不是粥而是小型的农业展览会。"不同地区制作腊八粥时的用料也有所不同，最早的腊八粥是用红豆煮的，后来人们根据一些地方特色，逐渐演变，在制作腊八粥时所用的材料，以及制作好后的种类也逐渐丰富了起来。腊八节来历的说法有多种，如中国古代对祭祀活动说；佛成道节日说；纪念岳飞说；赤豆打鬼说；纪念修长城劳工说；牢记祖先勤俭美德说等。不管怎样，作为热爱饮食的民族，最终的情感化在了一碗热气腾腾的腊八粥里，人们敬畏天地，不忘先祖先贤，祝福当下，祈福人间，期盼未来更美好。

除腊八粥外，还有腊八面，或称腊面。明时宫中于十二月初八日有赐百官食面，这就是腊面。明沈德符《野获编》："腊月八日吃腊面。"清俞樾《茶香室续抄·腊八面》："十二月初八日，释氏以饧果诸物煮粥，名腊八粥。明宫中有腊八面。"

十、冬至节食俗

冬至节在阳历的 12 月 21 日或 22 日。冬至节又称冬节、交冬、亚岁、贺冬节、小年等。大约在汉代，冬至已成为一节日，魏晋以后，冬至的庆贺规模扩大，变成一个重要的节日，同时也伴随着食俗。

古人对冬至极其重视，有"冬至大如年"之说。人们在冬至这天进行祭祖活动，这一天的酒就称为"冬至酒"。人们在冬至前几天就要准备三牲菜蔬的供品，以及纸钱寒衣。祭祀时有的还要张挂祖先遗像，后辈以长幼为序依次跪拜，称为"拜冬"。祭毕，将纸做的寒衣、冥币在院子里焚化，表示敬献给祖先。然后全家人享用冬至酒。苏南一带家家还饮用冬酿酒，为冬至食俗的特色。

冬至食俗也颇多，如有食馄饨的，其文化含义是，冬至节是阴阳交替，食馄饨寓示祖先从混沌中开创天地，从而对祖先缅怀与感激之情。也有食羊肉的，寓示吉祥，同时冬令进食羊肉也可滋补身体。《明宫史》卷四载，冬至节吃炙羊肉、羊肉包、扁食、馄饨，以为阳生之义。此外，中国的北方地区还有在冬至前后腌制酸菜、南方地区腌制鱼肉的习俗。

以上概要地介绍了传统节的与食俗的十个方面，其实传统节日还有不少。如宋代陈元靓《岁时广记》所载一年中节日有：元旦、立春、人日、上元、正月晦、中和节、二社日、寒食、清明、上巳、佛日、端午、朝节、三伏、立秋、七夕、中元、中秋、重九、小春、下元、冬至、腊日、交年节、岁除等。如今一些节日已淡化，而随着社会的发展一些节日又成为新的传统了，如国庆节、劳动节、妇女节等，而每适这些节日也往往少不了聚会餐饮，不过要形成某种模式的习俗还待看是否能"约定俗成"了。

另外，除汉族之外，少数民族的传统节日也丰富多彩，与食俗也紧密地联系在一起，特色鲜明。如，锡伯族也有清明节，但又分为三月清明、七月清明，前者称鱼清明，后者称瓜清明，一鱼一瓜即与食品相连。信仰不同宗教的信众，在饮食方面也有特殊的饮食禁忌及节日习俗。各民族依他们的食俗过节，在过节中又传承积淀着他们的食俗。

第三节
饮食文化与少数民族风俗

饮食文化与民俗学的一个重要内容，即少数民族的饮食文化与民俗。汉族和55个少数民族各有特点，由于地理环境、气候物产、民族习惯、信仰差异、经济发展水平的不同，饮食文化及风俗内容丰富各有差异。从区域文化差异和各民族文化关系来看，大致可分为东北、华北、西北、中南、西南、华东少数民族饮食文化；从历史发展来看，可分为采集、渔猎型，游牧、畜牧型，农耕型等饮食文化形态。如，居于北方及西部草原、高原上的人们，离不开牛羊奶酪制品；东北地区的鄂伦春人山珍野味颇具特色；西南少数民族生活在山林之中常喜酸辣糯食；长江中下游地区"饭稻羹鱼"特色明显；东南沿海地区，人们嗜鱼虾，尚生猛等。

东北及华北地区地域辽阔，古代多以畜牧、狩猎为生，后来的一些民族以农业生产为主。生活在这一区域的民族主要包括蒙古族、满族、朝鲜族、达斡尔族、鄂温克族、鄂伦春族、赫哲族等。

西北地区主要居住着回族、维吾尔族、哈萨克族、东乡族、柯尔克孜族、撒拉族、土族、锡伯族、塔吉克族、乌孜别克族、俄罗斯族、保安族、裕固族、塔塔尔族、蒙古族、藏族等。

西南及中南是我国少数民族聚集最多的地区，主要有：藏族、苗族、彝族、壮族、布依族、侗族、瑶族、白族、土家族、哈尼族、傣族、黎族、傈僳族、佤族、拉祜族、水族、纳西族、景颇族、仫佬族、羌族、布朗族、毛南族、仡佬族、阿昌族、普米族、怒族、德昂族、京族、独龙族、门巴族、珞巴族、基诺族等。

华东及华南地区主要有畲族、高山族等。

随着社会的发展，人们对野生动植物的态度也在发生着变化，相关法律法规不断修订完善。受保护的野生动植物已禁止被猎杀、采集。各民族中先前所涉及的饮食民俗也与时俱进地发生着变化。

下面简要介绍几个少数民族的饮食文化风俗。

1. 壮族饮食文化与风俗

壮族聚居在广西壮族自治区，另外分布在云南、广东、贵州、湖南等地，是我国少数民族中人口最多的一个。

壮族主食大米，善于制作糯米食品，制成米饭、米粉、米花、粽粑、油团等。五色糯米饭、米花糖、烤方（大粽子）是常见的节日佳点。五色糯米饭，俗称五色饭，又称乌饭、青粳饭或花米饭，因糯米饭呈黑、红、黄、紫、白五种颜色而得名，是用各种颜色植物汁液染成，再蒸熟后食用。 又如"五色蛋"也是着色的，将煮熟的鸡、鸭、鹅蛋染上四种颜色，再加上一个本色蛋。 壮族的"壮粽"种类多，且形体大。 一般是重1千克左右，形状像个枕头。 祭祀时，人们抬着大粽子游街。

壮族喜饮酒，且在酒内放入不同的配料，从而有鸡胆酒、鸡杂酒、猪肝酒等。 还有一种特殊的风俗"打甏"。 这种饮酒方式很讲礼仪，要先由主妇致欢迎词，然后将竹管庄重地递给客人，并同饮一瓮。 另外，壮族敬客人酒的风俗是饮交杯酒，但不用杯，而是用白瓷汤匙，两个舀酒相互交饮，主人这时还会唱起动人的敬酒歌。 广西壮族自治区还有"牛魂节"的风俗，四月初八这一天牛不劳动，人们整修牛栏。 中午家家举行隆重的敬牛仪式，摆上丰盛酒菜，全家坐于桌边，家长牵牛绕桌一圈，边绕边唱，并且要将米酒浇在牛身上。

2. 回族饮食文化与风俗

回族主要聚居在宁夏回族自治区，其余主要分布在甘肃、河南、河北、青海、新疆维吾尔自治区、云南、山东等地。 回族信仰伊斯兰教，因而有其特有的饮食文化与风俗。

回族饮食禁忌严格，不吃猪、驴、骡等不反刍动物的肉和凶猛禽兽之肉，不吃一切动物的血，不吃自己死去的动物，不吃不带鳞的鱼，不嗜烟酒等，共有17条饮食禁忌。 不过因有不同教派，如有新教、老教、小坊派等，又因分散居住的环境与影响，各地回民的饮食风格也有差异。

回族特色食品丰富，如油香。 炸油香是非常严肃的事，制作前要沐浴净身，吃时要正面向上，撕开吃。 只有宗教节日或办红白喜事时才炸油香。 另外如馓子、肉火烧、软皮儿烧饼、羊肉粥、卷果、夹饭、干巴、阀子、面肠、烧羊肉、红松羊肉、黄焖羊焦肉、桶子肉、手抓羊肉、羊肉粉汤、煨牛肉等，均颇有特色。 回民教徒不喝酒。

回民好喝茶，如盖碗茶、冰糖窝窝茶、八宝茶、罐罐茶、油茶、烤茶等，均为特色茶饮料。 客人进门后，先小净，即用"活水"洗手与漱口，然后先献上新沏的茶，后端上油香、馓子等食品。 若贵客临门或杀鸡宰鹅，或做全羊席待客，而妇女不陪客人。

传统宗教节日也内含丰富的饮食文化。 每年伊斯兰教历的十月一日为开斋节（或称"肉孜节"），在斋戒的一个月里，白天不吃不喝，晚上进食，斋月期满那天便是开斋节。各家备油香、馓子、羊肉粥等。 这一天清晨到清真寺参加会礼。 又如古尔邦节，汉译为宰牲节，这天要宰鸡鸭鹅，或者是牛羊，接待亲友，在清真寺举行会礼，宰牲献祭。 又有圣纪节，是穆罕默德的生日与忌日，人们要聚在清真寺聆听阿訇讲述《古兰经》，然后会餐，而圣纪节的饮食比其他节日都丰盛。

3. 满族饮食文化与风俗

满族大部分分布在东北三省和北京。 周秦时的肃慎及后来的挹娄、勿吉、靺鞨、女真族都是满族的先民。 满族主食丰富，如饽饽、小肉饭、龙斗虎（大米与秫米为"龙虎"，小豆为"斗"，合煮成的饭）、秫米水饭等。 以烧、烤见长，擅用生酱（大酱）。 其先人好渔猎，祭祀除用家禽外，还有鱼等食材。 满族人尤喜食猪肉，多用白水煮，谓"白煮肉"。 大宴会则多用烤全羊。 忌食狗肉。 好饮茶，且好酸茶，用小米或稷子米泡到发酵后煮熟，将米汤加茶叶煮开，放些糖即可饮。

满族家庭逢喜庆等大事必设肉食宴会。 在院中搭一大棚，人们围成圈盘膝坐于坐垫上。 有大铜盘盛大块猪肉约 5 千克，另有大铜碗盛肉汁，每个座位前有一小铜盘。 一大碗酒由各人依次捧碗而饮，吃肉喝酒越多，主人越高兴，而只要是旗人，无论认识与否均可参加进来。

满族人祭祖之风盛行，用酒、肉祭祀。 家中西炕是奉祖先的地方。 每到祭日，供奉酒肉，全家礼拜，十分庄重。 还特别讲究饮酒风俗，如主人向客人敬酒，敬年长者则长跪进酒，待客人饮毕才站起来；向年少者敬酒则站着敬酒。 妇女敬酒礼大体相仿，只是客人象征性示意一下即可，酒不要沾唇，否则就得将酒一次而尽，不这样妇女就会长跪不起，直到客人饮完一大杯酒始罢，当然这是较古老的习俗，渐渐地也消失了。

4. 维吾尔族饮食文化与风俗

维吾尔族主要居住在新疆维吾尔自治区，史书上曾有袁纥、回纥、回鹘、畏兀尔等名称，其远祖曾是西突厥汗国的一部分。

维吾尔族传统食品有馕、烤全羊、烤羊肉串、抓饭等。 馕，即是各种烤饼，又分为白面馕、两合面馕、油馕、肉馕等。 烤羊肉串，已是国人尽知。 烤全羊是高级宴会的传统佳肴。 维吾尔族的"抓饭"很有意思，他们自称为"帕罗"，意思是用蔬菜、水果、肉类做的甜味饭。 将羊肉块煮至七八成熟，再油炸一下，然后捞出，与大米、胡萝卜条、洋葱块、葡萄干及各种作料一起焖制成饭。 吃时盛在盘里，用手撮成团，抓到嘴里。

维吾尔族就餐前必洗手，不可顺手甩水，用毛巾擦干后，行了谢主礼便可就餐。 待客时，客人如吃不了饭菜，可双手捧还给主人，主人很高兴，因为这预示主人家富足有余。 吃饭时不得随意拨弄盘中食品；共盘吃饭时，不可把自己抓起的饭团再放回盘里。 宗教节日与回民相同。

5. 苗族饮食文化与风俗

苗族主要分布在贵州、云南、湖南、湖北、广西壮族自治区、四川和海南等地。 苗族以大米为主食，喜食糯米。 饮食习惯上嗜好酸辣，蔬菜、鸡、鸭、鱼、肉等常用盐腌成酸味食品。 苗族人待客至诚，客人来访，若是远道而来，则习惯先请客人饮牛角酒，杀鸡宰鸭必不可少。 吃鸡时，鸡头要敬给客人中的长者，鸡腿要给年纪最小的客人。

苗族人爱喝米酒。 在酒俗中，苗族人与侗族人欢迎客人的迎宾仪式"喝拦路酒"富有特色，即在进入寨子的门边及沿路上设置"路障"及酒桌，饮酒对歌，欢乐有趣。 饮酒风俗中，有"咂酒"习俗。 其方法是：用竹管插入瓮中，人们围成一圈，由长者先饮，由左向右，顺次轮流饮酒。 瓮中的酒饮完后，可再冲水，继续啜饮，直到无味为止。

苗族以辣椒为主要调味品，日常饮食酸汤必备。 酸汤使用米汤或豆腐水，放入瓦罐中发酵 3~5 天后，即可以用来煮肉、鱼和菜等。 苗族几乎家家都有腌制食品的坛子，俗称酸坛。 常以腌鱼、腌肉、腌菜的坛子多少来显示家庭富裕程度。

6. 彝族饮食文化与风俗

彝族主要居住在四川省凉山彝族自治州、云南、贵州及广西壮族自治区等地。 彝族以杂粮、面、米为主食。 彝族在过年过节时要椎牛打羊，宰猪宰鸡，平时则很少宰杀动物，除非是款待客人。 过年过节时常吃砣砣肉、糍粑，喝坛坛酒、泡水酒、酒茶等。 广西壮族自治区的彝族在九月初一过打粑节时有"尝新"习俗，即品尝新稻谷。 彝族热待客热情，客来招待以酒相待。 宴客规格以椎牛为大礼，打羊、杀猪、宰鸡渐次之。

彝族口味喜酸辣，嗜酒，日常饮食中有酒有茶，常以酒招待客人，有"汉人贵茶，彝人贵酒"之说。 彝族饮"转转酒"特色明显，即饮酒时，席地围坐成圈，端着酒杯依次轮饮，不论男女皆喜饮酒，"有酒便是宴"，且有"饮酒不用菜"的习俗。 彝族中老年人喜欢饮茶，以烤茶为主，坐在火塘边，把绿茶放入小砂罐中焙烤，边烤边抖动，当烤至酥脆，茶叶略呈黄色时，冲入少许沸水，茶水沸腾翻滚，茶香四溢，再继续冲水至满，稍煨片刻即成。 饮用方法，可以轮流饮一罐，也可以每人发一小砂罐，一个茶杯，各自独饮。

7. 土家族饮食文化与风俗

土家族主要聚居在湖南、湖北、四川、贵州等地，以农业为主。 土家人多居住在气候潮湿、高寒之地，喜食酸辣菜肴，又因交通不便，物资流通困难，常采用腌渍法储存菜肴。 如每家都有酸坛子，几乎餐餐不离酸菜和辣椒。 土家人喜食豆制品，如豆腐、豆豉、豆腐乳，尤其是将黄豆磨细后的豆渣，煮沸后澄清，加菜叶煮熟食用。 土家族的酸肉、酸鱼、腊肉也别具一格。 土家人日常饮食俭朴，但十分好客。 请客吃酒或有客人上门，夏天常请客人喝一碗糯米甜酒，冬天先吃一碗开水泡团馓子，正餐时以美酒佳肴招待。

8. 藏族饮食文化与风俗

藏族主要分布在西藏自治区及四川、青海、甘肃、云南等地。 藏族人喜吃青稞面，酥油茶和羊肉食品及奶制品。 青稞面又称糌粑，是将青稞炒熟后磨成粉制成，可直接吃，此谓干糌粑；又可与奶茶、酥油、奶渣等一起饮用。 风干牛肉是他们喜爱的食品。 秋季宰杀牛并割成条，穿成串，又用食盐、花椒粉、辣椒粉、姜粉拌和，再风干而成，味道极美，口感极佳。 大部分地区藏民不吃鱼和飞禽肉。 饮料也很讲究，青稞酒是传统饮料，传说其酿造技术是唐文成公主传授的。 酥油茶是藏民时刻不可缺少的饮料，是在熬好的茶水中加酥油、盐，搅拌后再加热而成。 如果早上喝足酥油茶，即使不吃午饭，也不觉得饥渴。此外还有奶茶、甜茶等饮料。

藏族牧民食肉喜欢白煮大块肉，至半熟即捞出来食用。 吃时一手抓肉，一手用刀削片食之，然后剩下骨头。 多用胸岔肉和肋条间的肉敬客。 对尊贵的客人要进献一盘羊尾，尾梢上还要留有一绺象征吉祥的白羊毛。 牛羊的头和小腿肉是自家食用的，肩胛骨处的肉给牙齿不好的老人吃，若小伙子在女友家吃了这种肉，即表示女方已默许了婚事。

藏族节日尤多，几乎月月有节日，节日少不了饮食。 古突是年饭，"洛萨节"，即过新年，十分隆重，每家都要酿制青稞酒，做点心。 大年初一早上，喝八宝青稞酒"观颠"，是由红糖、奶渣子、糌粑、核桃仁等与青稞酒合煮成的食品，表示祝贺新年的丰收、吉祥。 再如藏历每年七月六日至十二日是"沐浴节"，男女老少带着青稞酒、酥油茶、糌粑到江河溪流边，先沐浴，然后全家聚集一起，吃着饮着，每天日出则出，日落则归，要持续一周时间。

9. 蒙古族饮食文化与风俗

蒙古族聚居于内蒙古自治区，其他分布在东北三省及甘肃、青海等地。 牧区蒙古族以乳肉为主食，多食肉干、奶干、炒米。 农区以粮食为主食，多食牛羊肉和乳制品。

蒙古族人将传统食品分为白食、红食。 白食是各种奶制品，其文化意义是表示纯洁高尚的食品，蒙古语称为"查干伊德"。 红食是指各种肉食品，称为"乌兰伊德"。 全羊席是宫廷菜肴的杰作，煮全羊、烤全羊是待客的上品。 蒙古族人的饮料有马奶酒，从伏夏骒马下马驹开始，至秋草干枯不再挤奶时止为酿制时期，又称为"马奶酒宴"期。 又一饮料是奶茶，用茶砖加牛奶及盐熬制而成。 待客先敬茶后敬酒。 敬茶时，客人一定要喝，敬酒时，主人先用手指蘸酒往客人头上抹一下，再为客人斟酒。 蒙古族多以"满杯酒满杯茶"为敬，汉族则多以"满杯酒半杯茶"为敬。

蒙古族有过原始宗教信仰，因此有"祭敖包""祭尚西"的饮食文化活动。 尚西在蒙古语中是独棵大树或神树之意。 祭尚西，即要向扮演的"尚西老人"敬酒，进献奶食品。锡林郭勒草原的蒙古族人，于夏历八月末有马奶节。 牧民盛装而来，杀羊宰牛，炸果，赛马。 赛马毕，入席饮宴，祝酒歌唱，庆贺草原人畜兴旺。

10. 侗族饮食文化与风俗

侗族主要聚居在贵州、湖南、广西壮族自治区等地，居于贵州省人口最多，以农业为主，兼事林业和渔猎，手工业较发达。 侗族饮食有"杂"（膳食结构）、"酸"（口味嗜好）、"欢"（宴席氛围）的特色。

侗族的酸味菜肴

一般，居住在平坝地区的侗族人吃粳米饭，居住在山区的多喜食糯米。 侗族人喜食酸辣，有"侗不离酸"俗语。 除了有酸汤之外，还有用酸汤制成的酸菜、酸肉、酸鱼、酸鸡、酸鸭等。 常喜欢用竹筒腌制鱼肉类，如腌鱼、腌猪排、腌牛排及腌鸡鸭肉等，用坛子腌酸菜。 侗族人爱饮酒，待客常用上好的苦酒及腌制多年的酸鱼、酸肉及酸菜等，有"苦酒酸菜待贵客"的俗语。 庆祝节日活动吃油茶很讲究。 油茶用猪油、大米、黄豆或红豆、花生、茶叶等制成。 在酒俗中，欢迎客人的迎宾仪式"喝拦路酒"富有特色。 在侗家人心中，糯米饭最香，甜米酒最醇，腌酸菜最可口，叶子烟最提神，酒歌最好听，筵席上最欢腾。

11. 布依族饮食文化与风俗

布依族主要居住在贵州、云南、四川等地，大部分以农业为主。 主食以大米为主，尤喜糯米。"三天不吃酸，走路打偏偏"是流传于贵州的古老俗语，反映了布依族、苗族、侗族人对酸味食品的喜爱和依赖。 布依族人喜食酸辣食品，酸菜、酸汤几乎每餐必备。 其中，贵州的独山盐酸菜最为有名。 独山盐酸菜气味清香，口感脆甜，具有甜、酸、辣、咸、鲜、香、脆的特殊风味。 布依族人喜食腊肉，也常用腊肉招待客人。 布依族人爱饮酒，常在秋季酿制米酒，以备常年饮用。 布依族人过年时要吃鸡肉稀饭，鸡头、鸡肝、鸡肠敬宾客，部分地区有捕食竹虫及鼠类等习惯。 布依族每逢农历三月三、六月六，都要杀鸡宰狗庆贺，一年之中，最隆重的节日是过大年（春节），除夕前要杀年猪、舂糯米粑粑、准备各种蔬菜。 在荤菜之中，狗肉、狗灌肠、牛肉汤锅为上品，将猪血、肉末加作料煮至成菜作为待客佳肴。

12. 瑶族饮食文化与风俗

瑶族主要聚居在广西壮族自治区、湖南、云南、广东、江西、贵州等地。 由于长期不断迁徙，瑶族分布很广，有"南岭无山不有瑶"之说。

瑶族待客热情，典型礼节有"挂袋子"和"瓜箐酒"。 具体做法是，当客人到了瑶家，只要把随身携带的袋子往堂屋正柱上的挂钩上一挂，就表示要在这家用餐了。 假如不了解此风俗，吃饭的事往往落空。 瓜箐酒是瑶家招待客人的特制酒。 此酒用糯米制成，酿成的米酒呈糊状，饮用时掺入泉水或凉开水，在碗中连酒带渣一起喝下，此酒酒度不高，甜香宜人。

瑶族有吃油茶的习俗，也喜欢用油茶敬客人。 每有客至，习惯敬油茶三大碗，名为"一碗疏、二碗亲、三碗见真心"。 广西壮族自治区的瑶族还喜欢用桂皮、山姜等煎茶，用此茶汤提神、消除疲劳。 瑶族人常将肉、鱼、鸡、鸭等制作成"鲊"，居住在山林里的瑶族人也常将鸟制作成"鸟鲊"。 崇拜盘王的瑶族人禁食狗肉，崇拜"密洛陀"的瑶族禁食母猪肉和老鹰肉，湘西南辰溪县农历七月五日前禁食黄瓜，绝大部分瑶族人禁食猫肉和蛇肉等。

13. 白族饮食文化与风俗

白族主要聚居在云南，主要从事农业。 平坝地区以大米、小麦为主食，山区多以玉米、马铃薯、荞麦为主食。 白族人喜食酸辣麻甜食品，除新鲜时蔬外，还常腌制各类腊制品。 肉食以猪为主，兼有牛、羊、鸡、鸭、飞禽、鱼等。

白族三道茶

白族人喜饮酒喝茶，一般早晨和中午喝两次茶，以砂罐烤茶为特色，俗称"响雷茶"。 另外，白族最有名的就是"三道茶"，白语叫"绍道兆"，其特点是"一苦二甜三回味"，也叫"三味茶"。 其产生年代久远，流行广泛，最初是作为拜师、经商、婚嫁时长辈对晚辈教诲与祝福的仪式，后来渐演变为一种待客的茶俗。 第一道茶，叫"清苦之茶"，炮制方法是：先将小砂罐置于文火上烘烤，烤热后，取一撮茶叶置于罐内，并不停地转动罐子，使茶叶受热均匀。 当罐中茶叶发出"啪啪"的声音，茶色由绿转黄并发出焦香时，向罐内注入沸水。 稍停片刻，将茶汤倒入牛眼睛茶盅中，即可饮头道茶。 第二道茶，叫"甜茶"或"糖茶"，炮制方法是：在小砂罐内重新烤茶置水（也有用留在砂糖内的第一道茶重新加水煮沸的）。把牛眼睛茶盅换成小茶碗或普通茶杯，碗内或杯中放入红糖和核桃仁、桂皮等把热茶汤冲入至八分满后敬给客人。 此道茶寓意"人生在世，做什么事，只有吃得了苦，才会有甜香来"。 第三道茶，叫"回味茶"，炮制方法是：煮茶方法同前两道，在碗内放入一匙蜂蜜、少许米花、几粒花椒、一撮核桃仁等，再冲入热茶水，冲入量以半碗为好。 客人接过茶碗后，一边晃动茶杯，使茶汤和佐料均匀混合，一边口中"呼呼"作响，趁热饮下。 此道茶甜、酸、苦、麻辣、香等各味俱全，回味无穷。 也有在碗内加入用牛奶熬制的乳扇等白族特有的传统食品的。 此道茶，寓意"凡事都要回味自省，切记先苦后甜的哲理"。

14. 朝鲜族饮食文化与风俗

朝鲜族主要聚居于吉林延边朝鲜族自治州，辽宁、黑龙江、内蒙古自治区等地也有少量分布，是19世纪陆续从朝鲜迁来的。 延边是"北方水稻之乡"，主食丰富，如打糕、冷面、德固（汤饼）、五谷饭、药饭等均为代表性食品。 药饭是用糯米、红枣、栗子焖制成饭，再拌白糖、蜂蜜、香油后再次加工，吃时又拌入松仁粉、桂皮粉等，色泽艳丽，余香满口。

朝鲜族人好吃味辣微酸的生拌菜、凉菜、咸菜等，辣椒为家中必备。 肉食品中尤喜吃狗肉，但节庆日不吃。 每餐必喝汤，讲究喝汤浓味重的浓白汤。 好饮米酒，平时很少喝热水，专好喝凉水，且越凉越好。

肉食品也有生食的，如生拌牛肉，是将鲜牛肉中的里脊切成丝，加酱油等八九种调料后制成，又有生拌牛百叶。 辣拌鱼丝是将明太鱼干用木槌捶软，去皮，把肉撕成丝，放酱油等六七种调料拌制成。

朝鲜族盛行"回婚礼"，是子女们为健在的结婚六十年的双亲举行庆祝活动。 老人穿上结婚时穿过的礼服，子孙们设宴，并一一跪着给老人敬酒，等老人喝过后，其余人再依次举杯而饮。 另外老人"六十花甲""七十晋甲"时，子女也设宴为他们祝寿。 正月十五早晨要空腹喝酒，以助耳聪，称为"耳明酒"。

15. 哈尼族饮食文化与风俗

哈尼族主要居住在云南西南山区，主要从事农业，还善于种茶。 哈尼族人以大米为主食，玉米、荞麦、高粱为辅。 由于哈尼族人长期居住亚热带山区和半山区，饮食习惯中喜食酸味食品，善于腌制咸菜，如酸酢肉、酸酢鱼、豆豉、烟熏腊肉等。 哈尼族人普遍嗜好烟酒茶，其种植茶叶的历史久远，哈尼族地区的茶叶产量占云南全省产量的三分之一左右；家家户户都有土法酿酒，自酿白酒。 哈尼族人好客，每有客至，主人敬献一碗米酒，三大片肉，俗称"喝焖锅酒"。 哈尼族盛大的传统节日有"苦扎扎节""火把节""十月年"等。

16. 黎族饮食文化与风俗

黎族主要聚居在海南省中南部，主要从事农业，以大米为主食。 黎族多居住在山林之中，也常以山上的多种薯类为食，常以烤或煮，用盐巴和辣椒调制。 黎族经常食用的野菜有"雷公根"，常与河中的鱼虾或肉骨煮食。 黎族人常腌制酸菜，一年四季餐餐不断。 黎族酒有番薯酒、木薯酒、山兰玉液等。 黎族也有竹筒饭，用香糯米焖饭，香气四溢，是待客的美味饭食。 黎族妇女有嚼食槟榔的爱好。

17. 哈萨克族饮食文化与风俗

哈萨克族主要聚居在新疆维吾尔自治区伊犁哈萨克自治州、木垒哈萨克自治县、巴里坤哈萨克自治县等地。 主要从事畜牧业，除部分经营农业者定居之外，大部分牧民仍然过着逐水草而居的游牧生活。 奶类和肉类是日常生活的主要食物，面食是次要食物，很少吃蔬菜。 奶茶是哈萨克人的一日不可缺的饮品，烧制奶茶时，将茶水和开水分别烧好，喝奶茶时，将鲜奶和奶皮子放入碗里，倒入浓茶，再用开水冲制。 每次每只碗只盛放半碗多，这样喝起来浓香可口。 冬季喝奶茶时，还常加入白胡椒面，带有辣味的奶茶，可增加热量，提高抗寒力。 在饮食禁忌方面，哈萨克族与回族和维吾尔族相似。

18. 傣族饮食文化与风俗

傣族主要聚居在云南省，以农业为主。以大米和糯米为主食，副食喜欢酸和水产。外出劳动时，常在野外就餐，善用野生植物调味。喜食竹筒饭，还喜欢吃米线、酸笋、酸菜、鱼类、蛙类、蜂蛹、酸蚂蚁等。傣族人嗜酒好茶，酒多为自家酿制的低度甜米酒。饭后，傣族人喜欢嚼槟榔，槟榔具有健胃消食之功效，是傣族人日常及待客食品。傣族人多信仰南传上座部佛教，重要的节日有泼水节、关门节和开门节等。每年傣历六月举行的泼水节是最盛大的节日，具有较大的知名度和影响力。

| 思考题 |

1. 了解你所在区域的人生礼仪中的饮食文化特色，以图文并茂的形式做一份小作业，与师生交流。

2. 探究你所感兴趣的某一个区域的岁时节日的饮食文化，以图文并茂的形式做一份小作业，与师生交流。

3. 探究你所感兴趣的某一个民族的饮食文化，以图文并茂的形式做一份小作业，与师生交流。

4. 课下查阅相关饮食文献，与同学们交流不同宗教的饮食文化特色。

树德务滋（弘嵩书法）

第四章 中华饮食风味与食疗

| 本章导读 |

　　我国幅员辽阔，饮食文化区域特色鲜明。丰富多彩的各地饮食文化既有个性又有共性，通过交流与融合，不断发生演化。人们常以自己家乡的美食为荣，也常常分享家乡的美食与故事。不同的饮食还具有一定的养生保健功效，祖国医学中常以食疗等辅助提升人们的健康水平，受到人们的青睐。

1. 了解中国不同地方特色的饮食风味的特点及代表的菜肴。

2. 树立科学养生的理念，了解中华食疗与养生的内涵，了解不同节气的饮食特点。

3. 掌握不同地方特色美食的代表菜肴，如何结合自身的健康状况进行食疗养生。

4. 从饮食文明的视角，落实健康中国行动和爱国卫生运动，倡导文明健康生活方式。

| 学习内容和重点及难点 |

1. 本章内容主要包括三个方面：中国各地的饮食文化特色、中华食疗与养生、节气饮食养生的内容。

2. 学习重点及难点是中国主要地方的饮食风味特点、代表性菜肴，如何结合自身的健康状况进行食疗养生。

第一节
饮食文化与地方风味

古谚云："十里不同风，百里不同俗。"中国历史悠久，地大物博，人口众多，地域气候差别较大，物产各有特色，形成了丰富的地方风味，有的学者又称其为"饮食文化圈"或"饮食文化区"，所表达和反映的均是中华饮食文化的区域属性与特征。 赵荣光认为，经过漫长历史过程的发生、发展、整合的不断运动，17—18 世纪，中国域内大致形成了：东北饮食文化圈、京津饮食文化圈、黄河中游饮食文化圈、黄河下游饮食文化圈、长江中游饮食文化圈、长江下游饮食文化圈、中北饮食文化圈、西北饮食文化圈、西南饮食文化圈、东南饮食文化圈、青藏高原饮食文化圈和素食文化圈。*

人们从烹饪的角度曾将中国的菜分为四大菜系：鲁菜、苏菜、川菜、粤菜，或分为八大菜系：鲁菜、苏菜、川菜、粤菜、湘菜、闽菜、徽菜、浙菜，或又分成十大菜系，即在八大菜系上再加上北京菜、上海菜。 菜系的前身提法是"帮口"，是中国烹饪的风味体系。其实对于世界来说，中国菜是相对于法国菜、土耳其菜等的一个独立的又有鲜明特色、悠久历史文化的菜系，即中国菜系。 往细里说，中国菜系还不止四大、八大、十大，于是又有地方菜系之说，人们认为可按行政区来分，如此等，不管划分方面是否符合实际情况与逻辑之律，但足以可见，中华饮食文化中地方风味显示出特别的丰富性、多样性，而这些

---

* 赵荣光，谢定源. 饮食文化概论 [M]. 北京：中国轻工业出版社，1999.

地方风味又正是中国民俗的重要内容。各地的中国人是怎样于彼土彼水，于彼生彼长，于彼烹彼调中吃的，吃什么，怎样吃，于是形成风味与风俗。

1. 鲁菜

山东饮食文化极其深厚，鲁为周公旦封地，齐为姜太公封地，又有齐之易牙、鲁之孔丘等美食家，山东在上古已积淀下丰厚的饮食文化。北魏《齐民要术》记录山东的菜肴、面点、小吃达百种以上，烹饪制作方法众多，不少名食已形成，由唐宋至明清，山东风味已确立，今天"鲁菜"在国内外均有很大影响。

鲁菜既有内陆风味的济南菜，又有沿海风味的胶东菜，还有孔府菜。济南菜烹饪技法以爆、烧、炒、炸等见长，菜肴以清、鲜、脆、嫩著称，口味浓厚鲜咸，有鲜明的济南地方特色。胶东菜因地制宜，利用丰富的海产资源为饮食原料，口味以鲜为主，偏于清淡。孔府菜又自有特色，继承了孔子"食不厌精，脍不厌细"等饮食文化观，选料严制作精。

山东人喜欢生食葱蒜，这种民间习俗也随着鲁菜中的烤鸭、锅烧肘子、清炸大肠、炸脂盖等进入了高级宴席。又如鲁菜还常用豆豉、豉汁来调味，这种习俗可以追溯到春秋、战国时期，一直绵延至当代，这也让人惊叹食俗中所深藏的历史及其强大的生命力。

九转大肠（鲁菜）

2. 苏菜

苏菜是我国长江下游地区饮食风味体系的代表，发展历史悠久，文化积淀深厚，主要由淮扬、金陵、苏锡、徐海四帮地方风味菜构成。

淮扬菜，以扬州、镇江为中心，还包括南通、淮阴等地区。淮扬菜刀工精细，注重火工，善于运用炖、焖、煨等技法，注重菜肴的色泽鲜艳，造型生动，其味鲜嫩平和。淮扬风味小吃历史渊源长久，乡土气息浓郁，明清时期扬州就以有各种面点数十种而"美甲天下"。

金陵菜，即南京菜，能兼取四面之美，适八方之味，故有"京苏大菜"之称。南京的"三炖"——炖生敲、炖菜核、炖鸡孚，又有所谓"金陵三叉"——叉烤鸭、叉烤鱼、叉烤乳猪，刀工、火工特别讲究。南京菜以鸭馔最具地方特色。

南京桂花鸭（苏菜）

苏锡菜，是以苏州、无锡为中心，包括常熟、宜兴等地的风味菜。其地善于烹制水产，以甜出头，咸收口，讲究浓油、赤酱、重糖。苏锡菜也重刀工、火工，苏州"三鸡"——西瓜鸡、早红橘络鸡、常熟叫花鸡是代表。 苏州的碧螺虾仁、雪花蟹斗、莼菜塘鲤鱼片、松鼠鳜鱼、母油船鸭，无锡的脆鳝、香松银鱼、锅巴虾仁等都别具风味，能让人品味到苏锡菜的色美、形美、味美。

徐海菜，源于徐州、连云港等地。 徐州风味受鲁豫影响最大，连云港风味则受淮扬菜影响较大，总体上是口味平和，兼适四方，风味古朴。

3. 川菜与地方风味

川菜，其饮食文化积淀也极其丰厚，如文君当垆、相如涤器等，人尽知之。 两宋时"川食""川菜"进入汴京、临安市肆，为其风味奠定了基础。 明清之际，辣椒传入四川，川味更具特色。 今有所谓"食在中国，味在四川"之说，可见影响之大。

四川风味又可分为成都（上河帮）、重庆（下河帮）、自贡（小河帮）组成，风味小吃则还有川东、川北地区的区别。 川味的主要特色是：取料广泛，调味多样，适应性强，其烹饪技法有 50 多种；名食繁多，如宫保鸡丁、麻婆豆腐、樟茶鸭子等，美不胜收。 其小吃已达到 500 种以上，可见其丰饶。

川菜的神韵在于——百菜百味，一菜一格，如有家常味（咸鲜微辣）、鱼香味（咸甜酸辣辛而兼有鱼香味）、怪味（咸甜酸辣香鲜，各味谐和）、红油味、麻辣味、酸辣味、椒麻味、椒盐味、甜香味、咸甜味、姜汁味等，有 20 多种。 有学者这样写道：品尝过川菜的人，无不对其复合调味拍案叫绝。 川菜厨师在烹调用料时十分注意层次分明，恰如其分；食客在品尝川菜时，大有甜、酸、麻、辣、苦、香、咸诸味高低起伏的感觉。 另外四川小吃也可谓百食百味，百吃百美，著名的如赖汤圆、钟水饺、龙抄手、担担面、夫妻肺片、青城白果糕、三合泥、山城小汤圆、九圆包子、牦牛肉、提丝发糕、鸡丝凉面、八宝枣糕、鸳鸯叶儿粑、泸州白糕、泸州老窖鸭、猪儿粑、川北凉粉、灯影牛肉等。 那些名称也极有意思，其他地方称馄饨，四川称为"抄手"。

重庆火锅

川菜文化中影响力较大的有火锅文化。对四川人来说，火锅的重要性不言而喻，它已成为具有地域特色的生活方式、生活态度。火锅，不仅仅是美食，更体现了包容与团圆的川人情怀和巴渝饮食文化的经典传承（麻辣火锅发源地目前主要有三种说法：重庆江北、自贡盐场、泸州小米滩）。 重庆火锅发源于重庆江滨码头文化，经过近百年发展演变，成为现代意义上的麻辣火锅。 重庆火锅的味碟有多种，如用麻油、蚝油、熟菜油、汤汁等调制成味碟，适应了不同口味的需要。 辰智大数据发布《2023 年度中国火锅产业大数据研究报告 》中表明：2023 年全国火锅收入（此处指火锅店营业收入，不包括火锅底料、调料等的销售收入）约有 5444 亿规模，火锅门店规模约为 60.2 万家以上。 辰智大数据将火锅分为四大品类：川渝火锅、北派火锅、粤式火锅和特色火锅。 火锅消费呈现出快餐化、强化"鲜美"风味特色、聚焦年轻人社交场景，更加重视品牌口碑和品质等发展趋势。

4. 粤菜

粤菜是我国岭南饮食文化的代表。

清屈大均《广东新语》："天下所有之食货，粤东几尽有之，粤东所有之食，货天下未必尽有也。"能看出粤菜原料非常丰富，而且当地百姓又敢于吃、善于吃，早在唐代韩愈被贬至潮州时，就看到当地居民吃鲎、蛇、蒲鱼、青蛙、晷鱼、江珧柱等数十种异物，感到很独特。 南京周去非《岭外代答》："深广及溪峒人，不问鸟兽蛇虫，无不食之。 其间异味，有好有丑。 山有鳖名蛰，竹有鼠名鼬，鸽鹳之足，腊而煮之，鲟鱼之唇，活而脔之，谓之鱼魂，此其至珍者也。 至于遇蛇必捕，不问短长，遇鼠必执，不别小大。 蝙蝠之可恶，蛤蚧之可畏，蝗虫之微生，悉取而燎食之。 蜂房之毒，麻虫之秽，悉炒而食之。 蝗虫之卵，天蟒之翼，悉鲊而食之。"由唐而宋，由古而至，此种食俗没有改变，而是传承并发展着。

广东地处亚热带，天气炎热，这也给食俗带来很大的影响，因天气热，故粤菜较重汤菜。 粤菜又可分为四大地方风味菜。 一是广东菜，包括珠江三角洲和肇庆、韶关、湛江等地菜肴。 其风味特色是用料广泛，选料精细，烹饪技法多而善于变化，注重火候，菜肴清、嫩、鲜，力求保持原汁原味。 二是潮州菜，源于潮州、汕头、饶

广州文昌鸡（粤菜）

平、惠来等地，长于烹制海鲜类菜肴，汤类、素菜、甜菜最具特色。 三是东江菜，又称客家菜，菜肴多以禽畜为原料，主料突出，造型古朴，酥烂浓香，口味偏咸，有"无鸡不清，无鸭不香，无肉不鲜，无肘不浓"之说。 四是海南菜，其名产甚众，如文昌鸡、嘉积鸭，万宁东山的东山羊、和乐蟹、港北对虾、后安鲻鱼，又如大洲燕窝、陵水石斑、乐东淡鳗等，其烹调风格用料重新鲜，少浓口重味，有热带菜之特色。

粤菜食俗根基于深广的历史文化，其中历史上多次中原人向岭南移民，清末大量广东人流入海外，近代列强用坚船利炮轰开中国南大门，中外文化在这时碰撞与交融，粤东山区的客家人文化等，使粤菜食俗在中国菜中独具一格，而且越来越多的人喜欢吃粤菜，在世界各地粤菜饭馆也是开得越来越多。

5. 湘菜

湘菜源于湘江流域、洞庭湖区。 此地区饮食文化积淀同样极其丰富，《楚辞》《吕氏春

秋》、马王堆汉墓出土遗址中均有古代美食之记载。 这些是地方风味形成的物质基础。

湘菜可分为三大地方风味：一是湘江流域菜，以长沙、湘潭、衡阳为中心。 其名菜如麻辣仔鸡、生溜鱼片、清蒸水鱼、红煨甲鱼裙爪等，均表现出制作精细，或油重色浓，或汁浓软糯，或汤清如镜。 二是洞庭湖菜，以常德、岳阳、益阳为中心。 此地区以烹制湖鲜见长，又以芡大油厚、香软咸辣为特色。 三是湘西菜，以吉首、怀化、大庸为中心。 此地长于山珍野味、熏腊腌品的烹制，口味以咸香酸辣为主。

孔雀开屏鱼（湘菜）

湘菜之"香"特色尤为人称道。 有论者说道：湘菜之"香"，芳馨独特，精微而细腻，恰如清代著名美食大师所言，"不必齿决之，舌尝之而后知其妙也"，大有先声夺人之势。 清代湘菜更随季节变化其香味，春有椿芽香，夏有荷叶香，秋有芹菜香，冬有熏腊香等；就原料而言，更有韭香、葱香、椒香、茄香等；再以品质而论，亦有清香、浓香、醇香、异香等。 还有一些特殊的香味，令人叫绝，如"翠竹粉蒸鮰鱼"的竹香，是仿照云南竹筒饭的制法，将洞庭湖特产的鮰鱼置于竹筒中，上笼蒸熟，成品细嫩鲜美，竹香横溢四散。 又如"君山鸡片"的茶香，是以君山银针茶叶为配料精制成，食时别有一番韵味[*]。 其实各地风味之中的"香"也可作为香文化的专题加以研究一番的。

6. 闽菜

福建菜系源于华东南部沿海地区，也称闽菜。 唐代福建已有海蛤、鲛鱼皮作为皇家贡品。 宋代这里已成为水稻、茶叶、水果的著名产区，宋代《山家清供》录有蟹酿橙等名菜。《清稗类钞》已将福建菜视为"肴馔之有特色者"。 闽菜在华侨和东南亚一带较有影响。

佛跳墙（闽菜）

闽菜分为三大地方风味：一是福州菜，福州菜是闽菜的主流，取料广泛，长于烹制海鲜，口味甜酸，重调汤，有"无汤不行"之说，又善用糟香、香辣。 其名肴如佛跳墙、淡糟炒香螺片、糟汁氽海蚌等，均具有鲜明的特色。 二是闽南菜，以厦门、漳州地区为中心，用沙茶、芥末、橘汁等调味，调味方法独特，口味清鲜淡爽。 其代表者有东壁龙珠、沙茶焖鸭块、芥辣鸡丝等名

---

　*　徐海荣. 中国饮食史，卷五 ［M］. 北京：华夏出版社，1999.

肴。三是闽西菜，讲求浓香醇厚，以烹制山珍野味为长，味偏咸重油，善用香辣，有山区风味特色。如白斩河田鸡、上杭鱼白、煨牛腩等为其代表。

闽菜与苏杭菜有较深关系，南宋时中原人的再次南迁也影响了该地区的饮食文化，因此福州菜以“苏杭雅菜”作为一大支柱。另外又深受广东菜的影响，这是因为鸦片战争以后福州成为通商口岸，广东菜也浸入到福州，此中又夹杂着部分西洋菜，如英国的烹调方法在内，因此有人认为“京广烧烤”是福州菜的又一支柱。

福建风味小吃也别具特色，如蚝煎、鱼丸、蛎饼、锅边、油葱粿、光饼、汀州豆腐干、手抓面等，均显示出制作精细，善于调味，地方特色浓厚。

7. 徽菜

徽菜起源于南宋时期的古徽州（今安徽歙县一带），原是山区的地方风味，随着徽商的经营足迹，也将徽菜带到了全国各地。

徽菜有良好的本地特色原料，如皖南山区和大别山区盛产石鸡、香菇、石耳等山珍野味，又如长江中的鲥鱼、淮河中的淝王鱼、巢湖的银鱼和大闸蟹、砀山的酥梨、萧县的葡萄、涡阳的苔干、太和的椿芽、安庆的豆腐、淮南八公山豆腐都是闻名于世的。徽菜烹饪重火工，菜品油浓色重，炖菜汤浓味厚，质地酥烂，故有“吃徽菜，要能等”的说法。

根据2009年出版的《中国徽菜标准》，正式确定徽菜为皖南菜、皖江菜、合肥菜、淮南菜、皖北菜五大风味，皖南菜、沿江菜、沿淮菜的总称。皖南菜以古徽州府歙县、屯溪为中心，具有皖南乡土特色。著名的如火腿炖甲鱼、臭鳜鱼、徽州毛豆腐、徽州蒸鸡、胡氏一品锅、红烧划水等。沿江菜源于长江流域，而以合肥、芜湖、安庆风味为代表，擅长红烧、清蒸、烟熏，注重形色，善用糖调味，著名的如无为熏鸭、毛峰熏白鱼、八宝蛋、火红鱼等。沿淮菜源于淮河流域，以蚌埠为中心，咸鲜微辣，酥脆醇厚，著名菜如符离集烧鸡、香椿焖蛋等。

黄山臭鳜鱼（徽菜）

安徽风味小吃品种繁多，相传唐代就有了名品示灯粑粑，另有寿县“大救驾”，传说是因赵匡胤吃过而得名。此外还有庐江小红头，芜湖虾子面、蟹黄汤包、老鸭汤，安庆江毛水饺、油酥饼，蚌埠烤山芋、膣汤，怀远龙亢辣汤，合肥鸡血糊、银丝面，和县霸王酥，淮南八公山豆腐、牛肉汤，阜阳卷馍等，兼有南北风味特色，而又民间色彩浓厚。

8. 浙菜

浙菜有着浓厚的饮食文化积淀，《梦粱录》《武林旧事》等文献中已说明了当时杭州饮食文明的发达、烹饪技术的高超。

浙菜由杭州菜、宁波菜、绍兴菜、温州菜等地方风味组成。 杭州菜，著名的如西湖醋鱼、东坡肉、龙井虾仁、油焖青笋、叫花鸡、西湖莼菜汤、蜜汁火方、虎跑素火腿等，均表现出用料精细，口味清鲜脆嫩。 宁波菜长于烹制海鲜，如清蒸河鳗、冰糖甲鱼、葱烤鲫鱼、苔菜拖黄鱼等均表现出注重原汁原味，咸鲜味突出的特点。 绍兴菜长于烹制河鲜家禽，如干菜焖肉、绍式虾球、清汤越鸡等均表现出江南水乡的浓厚风格。 温州菜以海鲜入馔为主，清鲜淡爽，如三丝敲鱼、江蟹生、怀溪番鸭、盘香鳝鱼、双味蝤蛑、橘络鱼脑、蒜子鱼皮、爆墨鱼花等。

龙井虾仁（浙菜）

浙江风味小吃也是品种丰富，如吴山油酥饼，即是袁枚介绍过的"蓑衣饼"，还有宁波汤团、虾爆鳝面、片儿川面、幸福双、西施舌、猫耳朵、银丝卷、三鲜烧卖、粽子等，其味型丰富，制作精细，很有地方特色。 据说南宋时杭州的小吃店已有专业分工，故小吃之发达是有其渊源的。

9. 其他菜系

除以上八大菜系，北京"京菜"具有"北京化"了的外地风味菜，"外地化"了的北京民间菜，以及从宫廷、官府流传到市肆的宫廷菜，组成了北京风格的京菜。 又上海"沪菜"，是以上海和苏锡水乡风味为主体，兼有各地风味的地方菜。 "东北菜"，以辽宁菜、吉林菜、黑龙江菜为主，陕西"陕菜"或称"秦菜"、河南之"豫菜"、山西的"晋菜"、湖北的"鄂菜"、河北的"冀菜"、云南的"滇菜"、贵州的"黔菜"，以及天津、江西、广西壮族自治区、台湾、内蒙古自治区、新疆维吾尔自治区、甘肃、宁夏回族自治区、青海、西藏自治区、港澳等地也各有其特色，各有其风味，各有其名肴，各有其名小吃。 这些都伴随着各地百姓的历史、文化、民俗、地理、风物而形成各具特色的地方风味。 地方风味之真知，在于品尝其食物时，应当"细嚼慢咽"地去寻找、领悟食物背后的民风、习俗之韵味。

地方风味的亮点在各地名食名肴中尤可解读。 如，羊肉泡馍是陕西风味的美食，而这一地方风味的形成就有其悠久的历史文化。 公元 7 世纪中叶之后，阿拉伯商人、使者来到长安，从而带来了阿拉伯烤饼和煮制牛羊肉的方法，还有必备的调料小茴香、八角、桂皮等。 长安的回族居民将我国的烤饼和阿拉伯的烤饼制法结合起来，创造出一种小圆饼，称"图尔木"，后来称为"饦饦馍"。 有了"饦饦馍"，又有了煮牛羊肉，也就产生了羊肉泡馍。 大约在明代中叶，羊肉泡馍已在西安的回族居民家庭中传开了。后来不断普及，羊肉泡馍成了西安乃至陕西民众喜爱的一种风味美食。至今西安市还有西羊市、东羊市等历史性街名。而那里的回族居民现在还称"饦饦馍"为"图尔木"。

清蒸武昌鱼是湖北传统名菜，其用料的鱼是一种团头鲂，即鳊鱼。三国时吴主孙皓一度从建邺（南京）迁都武昌（今鄂州市），陆凯上疏谏劝，用了当时民谣："宁饮建业水，不食武昌鱼。"1956 年 6 月毛泽东主席来到武汉视察，曾品尝清蒸武昌鱼，在所作词《水调歌头·游泳》中写下了："才饮长沙水，又食武昌鱼。"从而使这一地方风味名菜又积淀了新的文化内涵，使武昌鱼名声更大了。

洛阳水席被称为与龙门石窟、洛阳牡丹并列的"三绝"之一。全席共 24 道菜，先上 8 个冷拼盘的酒菜，接着上 4 大件，且每个大件带 2 个中碗，然后上主食，再上 4 个压桌菜，最后还上"送客汤"（白菜汤或鸡蛋汤）。传说武则天出巡洛阳，曾以"水席"大宴群臣，她本人对"水席"也颇多称赞，从此"水席"进入宫廷宴会，唐时称"官场席"。直到今天，洛阳地区的民众还常用"水席"招待宾客。

孔府菜，其宴席菜肴的贵贱、精粗、多少以及餐具、器皿的档次，都有严格的区别。清代大致有满汉全席、全羊大菜、燕菜席、鱼翅席、海参席、便席、如意席（丧事席）等。乾隆三十六年（1771 年），皇帝到曲阜祭孔，孔府接驾宴席费用里记载有"预备随驾大人席面干菜果品需银二百两"，从这一点就可以透视宴席全体之奢豪。又孔府主人遵其祖训，"食不厌精，脍不厌细"，菜肴制作上选料广泛，粗菜细做，细菜精做，且有浓厚的乡土风味。其著名菜肴有：当朝一品锅、燕菜一品锅、红扒熊掌、扒白玉脊翅、御笔猴头、烧秦皇鱼骨、菊花鱼翅、神仙鸭子、一卵孵双凤、八宝鸭子、霸王别姬、绣球鱼肚、怀抱鲤、抱子上朝、烤花篮鳜鱼、干蒸莲子等。家常菜肴有：玉带虾球、松子虾仁、炒双翠、九层鸡塔、七星鸡子、鸳鸯鸡、汪肉丝、珍珠汤、什锦素鹅脖、鸡皮软烧豆腐、椿芽豆腐、炸熘茄子、油淋白菜等。我们从这些名菜的命名上，或许就可以解读出文化的意蕴，既含孔府的内涵，还有浓郁的地方特色。

走遍中国，则如入文化之林，食在中国，则如入美食之林，文化与美食又是错综着；饮食之背后有风情，有民俗，有文化。

第二节
中华食疗与健康养生

作为中医学的重要组成部分之一，具有悠久历史的中华食疗，源于中国传统的饮食文化。中华食疗是在中医理论指导下，研究中国传统的食物营养以及运用食物养生保健、防病治病的途径。中医自古以来就有"药食同源"之说，早在周代设有"食医"，专事管理帝王饮食卫生，其职责为："掌和王之六食、六饮、六膳、百羞、百酱、八珍之齐。"《周礼·天官》中记载，治疗疾病要以食物和药物相互结合："以五味，五谷，五药养其病。"

一、健康养生的内涵

1989 年世界卫生组织（WHO）对健康作了新的定义，即"健康不仅是没有疾病，而且包括躯体健康、心理健康、社会适应良好和道德健康"。 由此可知，健康不仅仅是指躯体健康，还包括心理、社会适应、道德品质，是相互依存、相互促进、有机结合的。 当人体在这几个方面同时健全，才算得上真正的健康。 一般而言，心理健康概念是指：个体的心理活动处于正常状态下，即认知正常，情感协调，意志健全，个性完整和适应良好，能够充分发挥自身的最大潜能，以适应生活、学习、工作和社会环境的发展与变化的需要。

世界卫生组织对健康的定义细则为：有足够充沛的精力，能从容不迫地应付日常生活和工作的压力而不感到过分紧张；处事乐观，态度积极，乐于承担责任，事无巨细不挑剔；善于休息，睡眠良好；应变能力强，能适应外界环境的各种变化；能够抵抗一般性感冒和传染病；体重得当，身材均匀，站立时，头肩、臂位置协调；眼睛明亮，反应敏锐，眼睑不易发炎；牙齿清洁，无空洞，无痛感，齿龈颜色正常，无出血现象；头发有光泽、无头屑；肌肉、皮肤有弹性。 其中前四条为心理健康的内容，后六条则为生物学方面的内容（生理、形态）。

对心理健康的标准，国外学者近年来又有若干新的提法，主要有：对心理健康的评估指标：自知能力、适应能力、耐受能力、控制能力、注意能力、社交能力、复原能力。 心理健康的标准：智力正常、能主动地适应环境、热爱人生、情绪稳定、意志健全、行为协调、人际关系适应、反应适度、心理年龄与生理年龄一致、能面向未来。

从中医的角度看，"形神合一"才是健康。 一个健康人理想的体质为：身体生长发育完善，体格健壮，体型匀称，体重适当；面色红润，头发润泽，双目有神，肌肉皮肤有弹性；双耳灵动聪明，牙齿坚固清洁，声音有力洪亮，脉象和缓且均匀，睡眠良好，两便正常；动作灵便有活力，具有较强的运动与劳动等身体活动能力；精神振奋，情绪乐观，意志坚强，感觉灵敏；遇事态度积极，镇定、有主见，富有理性和创造性；具有很强的应变能力及对各种环境的适应能力，有较强的抗干扰、抗不良刺激和抗病的能力。

健康养生不是从中老年才开始，而是从受精卵的那时候就开始了，养生在于"三通"，即心气通、肠胃通、血脉通。 养生贵在全神，努力使自己保持至善至美、恬淡宁静的心态。 摒除邪恶和贪欲之心，不慕求浮荣，不损人利己，破除私心杂念，要有忠恕仁厚、纯一无伪的精神。 以"豁达，潇洒，宽容，厚道"的心态过生活，身体气血和畅、五脏安宁、精神内守、真气从之，可达到应享年寿。

道德与涵养是养生之根本，良好的精神状态是养生之关键，思想意识对人体生命起主导作用，科学饮食及节欲是养生之保证，运动是养生保健之有力措施。 只有全面地科学地对身心进行自我保健，才能达到防病、祛病、健康长寿的目的。

二、食疗与养生的相关概念

"食疗"一词首见于唐代孙思邈《千金要方》。 唐宋以来，随着食疗发展日趋兴盛，又出现了食补、药膳、饮膳等语义相近的词语，其表达的基本含义均为通过饮食养生保健和防病治病。

与食疗密切相关的词语有：食养、食疗、食治、饮膳、药膳、养生，现作简要辨析。

1. 食养

食养指饮食调养，以适宜的食物养生。《黄帝内经》中有"食养"的概念，即用食物调养身体。《素问·五常政大论》提出："大毒治病，十去其六……谷肉果菜，食养尽之；无使过之，伤其正也。"《淮南子·修务训》也有关于食物养生的记载：神农"尝百草之滋味……令民知所避就。 采食物以养生，采药物以治病"。

2. 食疗和食治

唐代孙思邈的《千金要方》和《千金翼方》中分别有"食治"和"养老食疗"的专论。他首次使用了"食疗"和"食治"的说法。 他所提出的"食治"和"食疗"语义相同，但唐代后期由于避唐高宗李治的讳，"治"改为"持"或"理"或"化"，而在医籍文献中"治"多改为"疗"，因此，唐代后期多称为"食疗"。《中医名词术语精华辞典》："食疗，治疗学名词，又称食治。 指利用饮食的不同性味，作用于不同脏器，达到调整机体功能和治疗疾病的目的。"《中医大辞典》："又称食治。 即根据食物的不同性味，作用于不同脏器，而有调理和治疗作用。"《中医食疗学》："又称食治。 即利用食物来影响机体各方面的功能，使其获得健康或愈疾防病的一种方法。"

3. 饮膳

饮膳原指饮食。《晋书·孝友传·李密》："刘氏有疾，则涕泣侧息，未尝解衣，饮膳汤药必先尝后进。"《旧唐书·职官志三》："家令掌太子饮膳、仓储、库藏之政。"《明史·后妃传二·光宗康妃李氏》："朕蒙皇考令选侍抚视，饮膳衣服皆皇祖、皇考赐也。"元代忽思慧《饮膳正要》，记载了丰富的药膳食疗方剂，注重阐述各种食物的性味与滋补作用，是我国第一部营养学专著。 且元代还设置了"饮膳太医"，专管皇帝及其家族的饮食，并负责从本草中挑选有补益作用的药品与饮食配合。 明代《普济方·食治门·食治饧粥》中也有"粥为身命之源。 饮膳可代药之半"。《古今医统大全·老老余编（上）·养老新书钞》："凡烹调饮膳，妇人之职也"，均出现"饮膳"一词。

4. 药膳

药膳作为"含药的饮食"来理解，最早出现在北京中医药大学翁维健编撰的《药膳食疗菜谱集》中，从而使"药膳"一词广泛应用。 药膳，是在中医药学理论的指导下，合理配伍药物和食物，采用我国独特的烹饪技术加工制作而成的一种具有药理功能的特殊膳食。 药膳虽然是以膳食的形式出现，但本质上仍是药为主，食为辅，合理适度的食用药膳，可达到防病、治病、保健的养生功效。 但是药三分毒，药物对人体有一定的副作用，如何选用适合自己的药膳，要因人因症因时因地而辨证施食，食用量也有一定的控制，必须在医生指导下食用，才能收到应有的功效。《中医大辞典》[*]定义为："药膳是用药料作膳食，在中医药理论指导下，将中药与相应的食物原料相配，采用独特的加工烹调技术制作的食品，并具有预防、治疗及保健作用。 药膳在中国已有几千年的历史，其主要特点是将防治用药融汇于饮食生活之中，既发挥药物的功能，又得饮食的滋味与营养，相得益彰。 药膳食品通常有粥类、汤羹类、饮食点心类、菜肴类、酒饮类等。"

5. 养生

养生的概念源于中医理论，《医钞类编》中有："养生在凝神，神凝则气聚，气聚则形全，若日逐劳攘忧烦，神不守舍则易于衰老。" 养生之道贵在保精气神，精足则气足，精足气足血旺则形全。 养生需不断地滋养和增强人体生命原动力系统的功能，精气神足则生命力强，滋养形体的效果就越显著。

从以上几个词语不难看出，食疗养生与中医密切相关。 现代食疗内涵可以概括为：在中医药学理论指导下，针对不同人的身体健康状况，根据食物的不同性味，通过运用日常饮食调理，从而达到养生防治疾病的目的。 食疗所用的原料都是食品，包括"按照传统既是食品又是药品的物品"，"但是不包括以治疗为目的的物品"，属于"保健食品"的范畴。笔者认为，药膳不应该作为日常普通食品。

三、食疗养生的原则与方法

1. 平衡饮食

中医养生学理论强调："尊天重道""天人相应""天人合一"，人应该顺应天地的自然变化做好生活起居、日常饮食保健。 食疗养生也同样遵循此理。《黄帝内经·素问·脏气

---

[*] 李经纬. 中医大辞典［M］. 北京：人民卫生出版社，1995.

法时论》:"五谷为养,五果为助,五畜为益,五菜为充,气味合而服之,以补精益气。"强调了多样化的饮食,搭配合理才好。 平衡饮食,合理营养,按照食物的性味、归经作用合理选择搭配食物原料,科学合理地搭配好各类食材,主料、辅料、调料协调互补,综合利用。

2. 辨证施食

不同的食物有不同的性能,根据人们身体状况的差异,选择不同的食物进食,可以达到不同的调理效果。 辨证施食,就是依据食物的性能和作用,以性味、归经加以概括,通过饮食调养身体现状,使人体阴阳达到平衡健康状态。

性味,本是中药的概念,是"四气""五味"的统称。 从饮食的角度看,是指食物的性质。 食物的寒、热、温、凉的四种属性称为四气。 食物的酸、甘、苦、辛、咸五种味道称为五味。 饮食应遵从四气五味,辨证施食。 具体而言,从阴阳角度看,寒凉和温热相对。寒凉的食物大多具有清热、解毒、泻火、凉血、滋阴的作用;温热的食物多具温中、散寒、助阳、补火的作用。 此外,介于寒与凉、温与热之间的,还有平性。 如,玉米、青稞、番薯(山芋、红薯)、芝麻、黄豆、蚕豆、赤小豆、黑大豆、猪肉等性平;性凉的食物,如小米、小麦、大麦、荞麦、薏米、绿豆、番茄、丝瓜、冬瓜、黄瓜等;性寒的食物,如苦瓜、苋菜、空心菜、香瓜、西瓜、芒果、柿子、梨、香蕉、柚子、螃蟹、蛤蜊、田螺、螺蛳、蚌肉、蚬肉、牡蛎肉、蜗牛、乌龟等;性温的食物,如大葱、大蒜、洋葱、韭菜、生姜、香菜、荔枝、石榴、龙眼、榴莲、杏、椰子、樱桃等;性热的食物,如辣椒等。 五味中的酸味,具有收敛、固涩作用,如乌梅、柠檬、橙子、木瓜、醋、杏、枇杷、山楂等;五味中的甘味,具有补益、和中、缓急的作用,如蜂蜜、丝瓜、马铃薯、芋头、胡萝卜、白菜、豆腐、菠菜、金针菜、西瓜、甜瓜、豆类等;五味中的苦味,具有清热、泻火、燥湿、降气、解毒的作用,如苦菜、苦瓜、茶叶、苦杏仁、白果、海藻、百合、橘皮等;五味中的辛味具有发散、行气、行血的作用,如辣椒、花椒、生姜、大葱、洋葱、大蒜、茴香、芥菜、白萝卜、芹菜、芫荽、胡椒、酒等;五味中的咸味具有软坚散结、泻下、补益阴血的作用如紫菜、海带、盐等。

归经是把食物、药物的作用与脏腑联系起来,通过对脏器的定位观察,说明其作用。如,小麦具有养心除烦、健脾益肾、除热止渴的作用,归心经;芹菜具有平肝清热的作用,归肝经;丝瓜具有清热解毒凉血,祛风化痰通络的作用,归肝、胃经;菠菜具有滋阴润燥、养血止血、止渴润肠的作用,归胃、肠经。

3. 饮食有节

饮食有节主要是讲究饮食的数量、质量和寒温的调节。《黄帝内经》:"食饮有节,起居有常,不妄作劳,故能形与神俱,而尽终其天,度百岁乃去。"《黄帝内经·素问·奇病论》："肥者令人生热，甘者令人中满。"晋代葛洪指出："食不过饱，饮不过多。"宋代李东垣在《脾胃论》中说："饮食百倍，则脾胃之气既伤，而元气亦不能充，而诸疾之由生。"从当代而言，饮食要有节制，营养要合理，当代人常患的高血压、高脂血症、肥胖症、冠心病等，与吃得过饱、吃得不规律、生活劳逸失调等有密切关系。

4. 三因配膳

"三因"是指"因人""因时""因地"，三因施食，是根据不同的人的身体健康状况、不同的季节时间、不同的地区等选用不同的食物，以顺应自然，达到食疗养生的目的。

《中医体质分类与判定》中把人的体质分为：平和质、气虚质、阳虚质、阴虚质、血瘀质、痰湿质、湿热质、气郁质、特禀质九种体质。 人们应该根据不同人体质来选择食物。由于每个人体质的差异性，适合他人的养生方式不一定适合自己。 除体质之外，选择食物还应考虑年龄、性别、生活习惯以及家族遗传病、劳动强度等方面的因素。 如体胖者，"胖人多痰湿"，需避免肥甘厚味，宜清淡饮食；"瘦人多火"，瘦人需饮食清滋，避免辛辣；儿童因脾胃发育不完善，应给予容易消化的食物。 燥热上火时宜食偏凉食物，慎食温热食物；畏冷怕寒时宜食偏温热食物，慎食苦寒食物。 对于身体有病者，通过饮食调理或药膳调养都有助于患者身体恢复健康。 如肿瘤病人，运用"寒者热之""热者寒之""虚者补之""实者泻之"等中医"辨证论治"的原则来合理配膳。

从时令季节因素来看，春季采取养肝柔肝、滋养肝血，防肝阳上亢、肝风内动，食疗以补肝明目、滋阴清热养血为主，饮食上主要以姜、葱、枣、花生及含维生素丰富的蔬菜水果为主。 夏季气温炎热，人体湿热较重，脾胃功能较易失常，需清热化湿、健脾和胃，应食用防暑生津之品，如甲鱼、鳝鱼、丝瓜、绿豆汤、菊花、竹叶、金银花露、西瓜、番茄、黄瓜等。 秋季以干燥、阴液亏虚伪特征，虚润肺养阴、清热润燥，宜食百合、水鸭、石榴、梨子、银耳、莲藕、萝卜等。 冬季气候寒冷，易伤人体阳气，冬季主肾主藏，宜补肾养阴、清心火，饮食多选用温热性食品羊肉、狗肉、桂圆、板栗、白果等。

地理环境不同，不同区域、不同民族的饮食习惯差异很大。 如，南方气候潮热多湿，宜进食健脾利油的食物，如薏苡仁、山药、扁豆、莲子等；北方气候寒冷，易伤人阳气，宜用温热补阳的食物，如牛羊肉、鸡肉、鹿肉、葱、蒜等食物。

四、食疗养生禁忌与误区

1. 个体的差异性而引起食疗养生禁忌多

源自古代的食物禁忌，蕴涵着食物与个体的适应性。 食物对大多数人而言，是安全和健康的，但对某些人而言，可能会引起过敏，比如有人对海鲜过敏、对牛奶过敏、某些水果过敏等。 对于患有不同疾病的患者而言，食物对疾病也有不同的反应。 如，含糖量高的食物糖尿病患者就不宜食用；含盐量高的食物，肾脏、高血压、冠心病等患者不宜食用。 不同病人服药期间，与食物同食，有不同的禁忌。 食物与药物之间有相互影响和促进的关系，也存在吸收上的竞争作用，在代谢过程中也有相互影响，这方面要遵医嘱。如，茶叶因含鞣酸，会影响铁剂的吸收，含生物碱的药剂，如颠茄合剂、硫酸阿托品等都不宜用茶水送服。

2. 辨证看待食物中的"发物"

人们常说的"发物"，其实就是可诱发或加重人体某些疾病的食物。 这个概念与"阴阳""五行"的观念有关。 因为中医与道家同源，所以人体分阴阳，食物分寒凉温热的"四性"，再加上金木水火土"五行"，这就使得再普通的食物，也具备了很多保健的功效。对于健康的人而言，食用"发物"一般难以发作。 但若是患者，则需根据具体情况而定。如，羊肉属温阳食物，对于肿瘤患者的热毒型或阴虚阳亢型而言是发物，但对于血虚、阳虚患者来说反而有益。 我们在选择食物时，应遵循中医核心思想"辨证论治"和现代营养学观念，且不违反中医治疗原则。

3. 不可盲目相信"进补"观念

由于缺乏信息获取途径及分辨判断能力，有部分人盲目相信伪科学的养生谬论，养生成了他们的一种心理需求，那些打着"神医"旗号者，他们所炮制出的仪式感、神秘感及归属感，已远远超出了真伪本身。 我们在追求养生时，最重要的是要保持理性，而不是盲目相信。 被不法企业的养生广告洗脑的消费者，改变了认知，偏执地相信"养生能够长寿"，一掷千金地为健康盲目消费。 养生不在于"补"。 生活中由于受各种广告、促销信息的影响，人们常常会购买各种保健食品，这已经成为当今国内城市生活中存在的一个普遍现象。 若盲目进补，容易加重身体负担。 对食疗养生未有正确的认识，分不清食补与药补，未能在专业医师指导下合理安排，反而不利养生。 客观上说，保健食品具有一定的保健功能，但不能盲目。

"药食同源"是古人在当时的认知条件下，对营养学的一种初步探索。 有人认为，既然是"药食同源"，所以食物可以治疗慢性病。 也有人认为，只要是食疗就是安全无毒的，什么人都可以用同样的食疗方子，营养学就是食疗的学问，慢性病可以用偏方治愈等错误的认识。 有的饭店推出了具有养生特色的"药膳"宴席，但围坐一桌共享药膳盛宴的食客，不分身体状况，不分男女老幼而大快朵颐，这样的随意食用药膳，反而违背了养生保健的初衷。

4. 切勿把养生当作时尚追求

国人痴迷"养生"，有独特的社会文化原因。 早在战国时期，庄子在《庄子·内篇·

养生主》中就提到了养生的概念："缘督以为经，可以保身，可以全生，可以养亲，可以尽年。"庄子认为，养生之道重在顺应自然，不为外物所滞。 中国历史上虽然有养生的传统，但并未普及。 在大多数人温饱尚不能解决的情况下，养生注定只是少数人的追求。改革开放之后，中国经济取得了快速发展，人均寿命超过 65 岁，"气功热""养生热"成为流行时尚追求。 其后养生保健品市场的混乱，各类养生法层出不穷，一些打着各种旗号的"神医"趁虚而入，曲解了中医食疗及养生理论，他们以食疗治百病迷惑群众，赚取了不义之财，最终受到了法律的制裁。

五、食疗养生的规范与期待

医食同源，食疗养生，代代传承创新。 现代社会，技术的进步带给人们比以往更加科学有效的食疗方法及产品。 食疗与饮食文化、现代科技的深度融合是时代发展的必然趋势。 对于药膳而言，从法规角度把药膳明确为药物而不是食品，符合"食品不得加入药物"的规定，有利于药膳名正言顺地推广。 商业意义上的食疗药膳也亟待市场的规范，产业的扶持，在此基础上积极走向国际市场。

第三节
节气与饮食养生

二十四节气，是中国人通过观察太阳周年运动，认知一年中时令、气候、物候等方面变化规律，及其与农业生产、人类生活的关系，所形成的认知体系，并指导着社会实践。二十四节气包括：立春、雨水、惊蛰、春分、清明、谷雨、立夏、小满、芒种、夏至、小暑、大暑、立秋、处暑、白露、秋分、寒露、霜降、立冬、小雪、大雪、冬至、小寒、大寒。《二十四节气歌》描述了节气与物候的对应关系："春雨惊春清谷天，夏满芒夏暑相连。 秋处露秋寒霜降，冬雪雪冬小大寒。 每月两节不变更，最多相差一两天。 上半年来六廿一，下半年是八廿三。"

依循二十四节气，就是依从太阳，依从四季，依从大自然。 随着节气的转换，人体的运行就有"春生阳、夏养阴、秋滋阴、冬补阳"的养生规律，具体而言："春养肝，夏调心，秋养肺，冬益肾"。 人们根据各地的生活习性和饮食规律，形成了富有地域特色的行之有效的养生食谱，为人们在不同季节时令里安排日常饮食起居提供了有益的指导，有助于人们延缓衰老、永葆青春和祛病延年，这也是中华饮食文化的一个组成部分。

不同的节气，人体的状态也不一样，需要根据节气来选择食物，通过饮食调整来养生。 中医养生注重"治未病"，根据四季的变化来调养身心变得十分重要。 以下所分析的以北方及中原地区四季分明的温带气候为基础，日常饮食应因地、因时、因人制宜，灵活变化。

一、春季节气饮食

春天时万物生机勃发，是推陈出新的季节，乍暖乍寒，要逐渐地减去厚重的棉衣，常到户外春游，让身心轻松，内心愉悦。但因百花渐开，对花粉过敏者要特别注意防止花粉、柳絮等诱发鼻炎、皮肤过敏症等。春天要特别注意养肝，需调和心境，防止脾气急躁、怒火伤感。春天饮食方面应减少辛味食品，如葱、蒜、辣椒等。天气干燥，尤其北方更明显些，饮食方面应注意补充水分，如百合粥、银耳粥、红枣粥、枸杞鸡蛋汤等，养肝润燥保健效果好。

（一）立春饮食

多食辛甘发散食物。立春饮食调养要注意阳气生发的特性。《素问·藏气法时论》："肝主春……肝苦急，急食甘以缓之……肝欲散，急食辛以散之，用辛补之，酸泻之"。在五脏与五味的关系中，酸味入肝，具收敛之性，不利于阳气的生发和肝气的疏泄，因此立春应少吃酸性食物，宜多吃辛甘发散之品，如香菜、韭菜、洋葱、芥菜、萝卜、豆豉、茼蒿、茴香、菠菜、黄花菜、蕨菜、大枣、百合、荸荠、桂圆、银耳等。其中，最值得一提的是萝卜。《燕京岁时记》说："是日，富家多食春饼，妇女等多买萝卜而食之，曰'咬春'。谓可以却春困也。"中医认为，萝卜生食辛甘而性凉，熟食味甘性平，有顺气、宽中、生津、解毒、消积滞、宽胸膈、化痰热、散瘀血之功效。常食萝卜不但可解春困，而且可理气、祛痰、通气、止咳、解酒等。

宜常吃芽菜。芽菜在古代被称为"种生"，最常见的芽菜有豆芽、香椿芽、姜芽等。立春吃芽菜有助于人体阳气的升发。《黄帝内经》指出："春三月，此为发陈，天地俱生，万物以荣。夜卧早起，广步于庭。被发缓形，以使志生。"发，是发散；陈，即陈旧，指万物发芽的姿态，这些嫩芽具有将植物陈积物质发散掉的功效。因此，人体的阳气可借助这些嫩芽的力量来帮助发散。近年研究发现，芽菜中含有一种干扰素诱生剂，能诱生干扰素，增强机体抗病毒、抗肿瘤的能力。芽菜的吃法以凉拌、煮汤为佳，这些吃法最能体现它幼嫩、爽口的特点。绿豆芽和黄豆芽性寒凉，在做芽菜的时候，可适量放一些辛辣、芳香、发散的调料，如配姜丝以中和其寒性。而绿豆芽寒性更重，易伤胃气，脾胃虚寒和患有慢性胃肠炎的人不要多吃。香椿芽最好先用沸水焯5分钟再凉拌。香椿不宜过多食用，否则易诱使痼疾复发，慢性病患者应少食或不食。

（二）雨水饮食

雨水时节空气湿润，不燥热，是养生的好时机，特别要注意调养脾胃。 应多吃新鲜蔬菜、多汁水果，以补充人体水分，少吃酸味，多吃甜味，以养脾脏之气。

省酸增甘以养脾。 唐代药王孙思邈认为："春日宜省酸增甘，以养脾气。"雨水节气宜少吃酸、多吃甜味食物以养脾。 中医认为，春季与五脏中的肝脏相对应，人在春季肝气容易过旺，太过则克己之所胜，肝木旺则克脾土，对脾胃产生不良影响，妨碍食物的正常消化吸收。 因此，雨水节气在饮食方面应注意补脾。 甘味食物能补脾，而酸味入肝，其性收敛，多吃不利于春天阳气的生发和肝气的疏泄，还会使本来就偏旺的肝气更旺，对脾胃造成更大伤害。 故雨水饮食宜省酸增甘，多吃甘味食物，如山药、大枣、小米、糯米、薏苡仁、豇豆、扁豆、黄豆、胡萝卜、芋头、红薯、马铃薯、南瓜、桂圆、栗子等，少吃酸味食物如乌梅、酸梅等。 同时宜少食生冷油腻之物，以顾护脾胃阳气。

多食粥以养脾胃。 雨水时节前后还应适当多喝粥以养脾胃。 粥被古人誉为"天下第一补人之物。"粥以米为主，以水为辅，水米交融，不仅香甜可口，便于消化吸收，而且能补脾养胃、去浊生清。 孙思邈《备急千金要方》有三方：一曰地黄粥，以补虚；二曰防风粥，以去四肢风；三曰紫苏粥。 还可常食扁豆红枣粥、山药粥、栗子桂圆粥等。 此时天气逐渐转暖，早晚温差较大，风邪渐增，风多物燥，人体易出现皮肤脱皮、口舌干燥、嘴唇干裂等现象，故此时应多吃新鲜蔬菜、水果以补充水分。

（三）惊蛰饮食

适当多吃温热健脾食物。 惊蛰时天气虽然有所转暖，但余寒未清，在饮食上宜多吃些温热的食物以壮阳御寒，如韭菜、洋葱、大蒜、魔芋、香菜、生姜、葱等，这些食物性甘味辛，不仅可祛风散寒，而且能抑制春季病菌的滋生。 另外，惊蛰时还应遵循"春日宜省酸增甘，以养脾气"的养生原则，多吃些性温味甘的食物以健脾，这些食物包括糯米、黑米、高粱、燕麦、南瓜、扁豆、红枣、桂圆、核桃、栗子等。

多食野菜益健康。 惊蛰以后，野菜陆续上市。 野菜吸取大自然之精华，其营养丰富，有些本身就是药材，多食有益健康。 如荠菜，其味甘，性平、凉，入肝、肺、脾经；二月兰，为早春常见野菜，嫩叶和茎均可食用，且营养丰富；蒲公英，性寒，味甘、微苦，具有清热解毒、消肿散结的功效。 这些野菜可生吃、炒食、做汤、焯拌、做馅等。

（四）春分饮食

春分节气总的饮食调养原则是忌大寒大热，力求中和。 吃寒性食物对应佐以温热之品，服益阳之品对应佐以滋阴之物，以保持阴阳平衡。

饮食宜寒热均衡。　春分时大自然阴阳各占一半，饮食上也要"以平为期"，保持寒热均衡。　可根据个人体质情况进行饮食搭配，如吃鸭肉、兔肉、河蟹等寒性食物时，最好佐以温热散寒的葱、姜、酒等；食用韭菜、大蒜等助阳之物时，最好配以滋阴的蛋类。　另外，春天肝气旺可伤脾，因此应多食甘味的食物，如大枣、山药、菠菜、荠菜、鸡肉、鸡肝等，少吃酸味的食物，如番茄、柠檬、橘子等。

勿忘健脾祛湿。　春分时肝气旺，加之此时节雨水渐多，空气湿度比较大，易使人脾胃损伤，导致消化不良、腹胀、呕吐、腹泻等症，故饮食上应注意健脾祛湿，可多吃薏苡仁、山药、鲫鱼、赤小豆等食物。

（五）清明饮食

慎食"发物"。　发物是指富于营养或有刺激性，特别容易诱发某些疾病（尤其是旧病、宿疾）或加重已发疾病的食物。　对某些特殊体质以及与其相关的某些疾病会诱使发病。　清明时人体阳气多动，向外疏发，内外阴阳平衡不稳定，气血运行波动较大，稍有不当，就会导致心血管、消化、呼吸等系统的疾病。　患有支气管哮喘、皮肤病、冠心病等疾病的人，吃了不当的"发物"，就可能导致疾病加重。　清明时体内肝气特别旺盛，肝木过旺，乘克脾土，就会影响脾的功能，还可使人情绪失调、气血运行不畅。　发物是动风生痰、发毒助火助邪之品，此时食用易诱发或加重某些疾病，应慎食的发物包括：蚌肉、虾、螃蟹等水产品；公鸡肉、猪头肉、鹅肉、驴肉、獐肉、狗肉等禽畜类。

多食养肝之品。　清明也是养肝的好时机。　如果肝的功能正常，人体气机就会通畅，气血就会调和，各个脏腑的功能也会正常。　因此，清明时应多食枸杞、大枣、豆制品。　动物血、银耳等对肝脏有益，可以滋补肝之不足或预防肝脏功能下降。

（六）谷雨饮食

谷雨节气的气温渐渐升高，雨量也逐渐增多，湿疹皮肤病易发。　在饮食方面应适当多饮清热解毒、养血润燥的汤水。

服用"谷雨养生汤"。　"谷雨养生汤"是清代名医吴鞠通所创。　具体做法是：鸭梨半个，荸荠5个，藕30克（或用甘蔗50克），麦冬15克，鲜芦根15克，一起用锅煎水1000毫升，于谷雨当天上午9～11点和下午5～7点之间各取汁500毫升饮用，可加冰糖调味。上午9～11点服用此汤，可提升阳气；下午5～7点服用此汤，可以滋阴生津。

省酸增甘以养脾。　谷雨虽属暮春，但饮食上仍需注重养脾，宜少食酸味食物、多食甘味食物。　同时，宜多食健脾祛湿的食物，如山药、赤小豆、薏苡仁、扁豆、鲫鱼等。　可用薏苡仁30克，木瓜20克，大米100克一起熬粥喝，尤其适用于风湿患者。　谚语说："谷雨夏未到，冷饮莫先行"。　食用冷饮后，人体受到冷刺激会导致肠胃不适。　另外，还应避免食用油腻、辛辣刺激食物，以保护脾胃。

二、夏季节气饮食

夏季较长，雨水丰沛，天气潮湿闷热，蚊蝇滋生，易引发传染病，多种皮肤病、暑热症、肠胃病等常发。 夏季饮食宜清淡，多食蔬菜水果，少食辛辣、生冷食品。 夏季应养护好心阳之气，注意保护好心脏，养心、养阳，生津止渴、补益气血，润肺、调和脾胃，祛暑补气。 要注意及时补充水分、蛋白质、维生素、无机盐等。 莫暴饮暴食，尤其吃冷饮方面要适度，防止脾胃受损。 不要贪凉，不宜长久待在空调房间。 夏天细菌繁殖速度快，饮食卫生要特别注意，还要注意预防消化道疾病。 大辛、大热、油腻的食物，如牛、羊、鹅、狗肉，辣椒、芥末等应少吃。 可根据身体健康状况，多食黄瓜、番茄、苦瓜、丝瓜、冬瓜、鲫鱼、泥鳅、鸭肉、西瓜、草莓、酸梅、杨梅等。

（一）立夏饮食

常食葱姜以养阳。 俗话说："冬吃萝卜夏吃姜，不劳医生开药方"。 姜性温，属于阳性药物。 生姜不仅含有姜醇、姜烯、柠檬醛等油性的挥发油，还含有姜辣素、树脂、淀粉和纤维等物质，有兴奋提神、排汗降温等作用。 立夏吃姜有助人体阳气生发，符合中医"春夏养阳"的观点。 吃姜可缓解酷暑带来的疲劳乏力、厌食失眠等症状，同时还可开胃健脾、增进食欲，防止肚腹受凉及感冒。 葱的药用价值和生姜类似。 因其含有挥发性葱蒜辣素，由呼吸道、汗腺、泌尿道排出时，能轻微刺激这些管道壁的分泌而起到发汗、祛痰、利尿的作用。

晚饭宜食粥，并可少量饮酒。 立夏后人体阳气渐趋于外，新陈代谢旺盛，汗出较多，气随津散，人体阳气和津液易损。 晚饭时可经常喝点粥，既能生津止渴，又能养护脾胃，可谓一举两得。 另外，还可少饮啤酒、葡萄酒等，畅通气血、消暑解渴。 除此之外，立夏后应适量食鱼、瘦肉、蛋、奶和豆类等，以补充蛋白质；多吃水果蔬菜补充维生素；适当搭配粗粮以均衡营养、促进消化。

（二）小满饮食

多吃清热利湿食物。 小满时变得湿热，易发湿性皮肤病，宜多吃具有清热利湿作用的食物，如薏苡仁、赤小豆、绿豆、冬瓜、丝瓜、黄瓜、西瓜、番茄、水芹、黑木耳、胡萝卜、鲫鱼、草鱼等。 日常饮食以清淡素食为主，少食甘肥滋腻、生湿助热的食物，如动物脂肪、油炸熏烤食物及辣椒、芥末、胡椒、茴香、虾及羊肉、狗肉、海鱼、冷饮等。

吃苦菜正当时。 苦菜，医学上又名"败酱草"，遍布于全国各地。 苦菜是中国人最早食用的野菜之一。《周书》说："小满之日苦菜秀。"小满前后苦菜生长旺盛，正是食用的好时节。《本草纲目》记载："苦菜，久服，安心益气，轻身耐老。"苦菜具有清热解毒、凉血的功效。 据研究，苦菜营养丰富，其中含有人体所需要的多种维生素、矿物质、胆碱、糖类、核黄素和甘露醇等。 苦菜可用于凉拌、做汤、做馅、煮面等。

（三）芒种饮食

芒种，又名"忙种"，是"有芒之谷类作物可种"的意思。 宜晚睡早起，适当晒太阳，饮食以清补为宜，避免过咸过甜。

喝水有讲究。"芒种"时天气炎热，人体出汗较多，应多喝水以补充丢失的水分。 但喝水也有讲究，有些人大汗后喝过量的白开水或糖水，有些人只喝果汁或饮料等，这些都是不可取的。 正确的做法是：可多喝白开水以补充水分，采用少量多次补给的方法，既可使排汗减慢又可防止食欲减退，还可减少水分蒸发；大量出汗以后，宜多喝一些盐开水或盐茶水，以补充体内丢失的盐分。

饮食宜清淡。 孙思邈认为："常宜轻清甜淡之物，大小麦曲，粳米为佳"；元代医家朱丹溪认为："少食肉食，多食谷菽菜果，自然冲和之味。"芒种时饮食须清淡，应多食新鲜蔬菜、水果、豆制品等。 蔬菜、豆类可为人体提供必需的糖类、蛋白质、脂肪和矿物质等营养素及大量的维生素，维生素可预防疾病、延缓衰老。 瓜果蔬菜中的维生素 C，还是体内氧化还原反应的重要物质，它能促进细胞对氧的吸收，在细胞间和一些激素的形成中是不可缺少的成分。 除此之外，维生素 C 还能抑制病变，促进抗体形成，提高机体抗病能力。 少吃坚果，坚果热量非常高，易使体内生热，应尽量避免食用经过烤、炒、煎过的坚果，食用没有处理过或者只是经过轻微烤制的坚果。

（四）夏至饮食

夏至饮食以清淡为宜，多食杂粮以寒其体，冷食瓜果适可而止。

适当多吃酸味和咸味食物。 夏至时节人体出汗较多，相应的盐分损失也多，若心肌缺盐，心脏搏动就会出现失常。 中医认为此时宜多食酸味以固表，多食咸味以补心。 心苦缓，急食酸以收敛，急食咸以软之，用咸补，用甘泻。

忌过食寒凉。 夏至时酷暑难耐，有些人为了贪图一时畅快，大量食用寒凉食物。 而从阴阳学角度讲，夏月伏阴在内，饮食不可过寒，虽大热不宜吃冷淘冰雪、蜜水、凉粉、冷粥。 饱腹受寒，必起霍乱。 此时心旺肾衰，外热内寒，故冷食不宜多吃，少则犹可，贪多定会寒伤脾胃，令人吐泻。 西瓜、绿豆汤、乌梅汤等虽为解渴消暑之佳品，但不宜冰镇食之。

（五）小暑饮食

多食清火之物。 俗话说"热在三伏"，小暑节气恰在初伏前后，因此在饮食上应注意清热祛暑，宜多食用荷叶、土茯苓、扁豆、薏苡仁、猪苓、泽泻等煲成的汤或粥，多食西瓜、黄瓜、丝瓜、冬瓜等蔬菜和水果。 小暑饮食为"三花三叶三豆三果"。 金银花、菊花和百合花；荷叶、淡竹叶和薄荷叶；绿豆、赤小豆和黑豆；西瓜、苦瓜和冬瓜。"苦能清热"，苦瓜性味苦、寒，归脾、胃、心、肝经，具有清热消暑、凉血解毒、滋肝明目的功效，对治疗痢疾、疮肿、中暑发热、痱子过多、结膜炎等病有一定的功效。

多食苦瓜益处多。 苦瓜的维生素 C 含量很高，具有预防坏血病、保护细胞膜、防止动脉粥样硬化、提高机体应激能力、保护心脏等作用。 同时，苦瓜中的有效成分可以抑制正常细胞的癌变和促进突变细胞的复原，具有一定的抗癌作用。 苦瓜中高能清脂素，即苦瓜素，被誉为"脂肪杀手"，它的特效成分能使人体吸收的脂肪和多糖减少 40%～60%，有助于调节体脂。

（六）大暑饮食

大暑在一年之中最为炎热，人的心气容易亏耗，应特别注意防止中暑。 大暑节气暑湿之气较重，易出现食欲不振、脘腹胀满、肢体困重等现象。

多吃燥湿健脾、益气养阴的食物。 橘皮 10 克加适量冰糖，开水冲泡后代茶饮，可起到理气开胃、燥湿化痰的功效。 除了多喝水、常食粥、多吃新鲜蔬菜水果以外，还应多食用益气养阴的食物，如山药、大枣、蜂蜜、莲藕、百合等。 鸭肉也是大暑时节进补的佳品。民间有"大暑老鸭胜补药"的说法。

谨防"因暑贪凉"。 在解暑的同时一定要注意保护体内的阳气。 天气炎热时人体出汗较多，毛孔处于开放状态，此时机体最易受外邪侵袭。 过分贪凉，会因贪图一时舒服而伤及人体阳气，如经常吃冷饮等做法是不可取的。

此外，暑热易动"肝火"，肝火过旺则容易心烦气躁，精神萎靡，食欲不振，在饮食调理的同时还应积极采取"心理暗示"的方法调整情绪。

三、秋季节气饮食

秋季养生宜早睡早起，收敛神气，不宜宣泄太多，不要贪凉，否则易伤肺。 秋季容易引起肺热、咽喉炎、扁桃体炎、腹泻等。 宜少食辛辣热炸食物，多饮水，多喝汤。

立秋前防暑，立秋后既要防暑又要润燥。 处暑之后，天气转凉，燥邪当令，此时应注意顾护人体津液，润燥养肺，加强营养，为过冬储备能量。 还应注意安定神志，收敛神气，适应大自然秋季容平的特征，缓解肃杀之气的伤害。

（一）立秋饮食

宜少辛增酸。《素问·藏气法时论》认为："肺主秋……肺欲收，急食酸以收之，用酸补之，辛泻之。"秋天肺气宜收不宜散，因此要少吃葱、姜、蒜、韭菜、辣椒等辛辣食物，多吃橘子、柠檬、葡萄、苹果、石榴、杨梅、柚子等酸味食物。

多食滋阴润肺食物。 立秋后燥气当令，燥邪易伤肺，故饮食应以滋阴润肺为宜，可适当食用芝麻、百合、蜂蜜、菠萝、乳制品等以滋阴润肺。 另外，暑热之气还未尽消，依然闷热，故仍需适当食用防暑降温之品，如绿豆汤、莲子粥、百合粥、薄荷粥等，此类食物不仅能消暑敛汗，还能健脾开胃，促进食欲。

（二）处暑饮食

处暑天干少雨，空气湿度小，易引发咳嗽少痰、口鼻干燥等"秋燥"症状，还容易复发或加重某些呼吸系统的疾病，如支气管炎、肺结核等。

宜增咸酸减辛辣。 处暑时要重视养肺，在饮食方面应适当多吃咸味、酸味的食物，少吃辛辣、油腻食物。 比如可以多吃些番茄、茄子、葡萄、梨、山楂、乌梅等。 如果早晨口干咽干，可喝点淡盐水。 中医有"朝朝盐水，晚晚蜜汤"的说法。 淡盐水洗肠又解毒，而且有少许消炎作用，可润肠胃通大便；蜂蜜水有助于美容养颜，并可补充各种微量元素。

多食滋阴润肺食物。 处暑时燥邪易灼伤肺津，因此宜多食养阴润肺的食物，最具代表性的是蜂蜜，"清热也，补中也，解毒也，止痛也"。 蜂蜜有养阴润燥、润肺补虚、润肠通便、解药毒、养脾气、悦颜色的功效，被誉为"百花之精"。 蜂蜜中含有与人体血清浓度相近的多种无机盐，还含有丰富的果糖、葡萄糖，多种维生素，多种有机酸和有益人体健康的微量元素，如铁、钙等。 睡前食用蜂蜜，可以改善睡眠，尽快入睡。 银耳亦是养阴润肺佳品。 中医认为银耳味甘淡性平，归肺、胃经，具有润肺清热、养胃生津的功效，可防治干咳少痰或痰中带血丝、口燥咽干、失眠多梦等病症。 除此之外，还可多食用梨、百合、芝麻、牛奶、鸭肉、莲藕、荸荠、甘蔗等滋阴润肺食物。

（三）白露饮食

多食滋阴益气食物。 白露时气候干燥，而燥邪易灼伤津液，使人出现口干、唇干、鼻干、咽干、大便干结、皮肤干裂等症状。 预防燥邪伤人除了要多喝水、多吃新鲜蔬菜水果外，还宜多食百合、芝麻、蜂蜜、莲藕、杏仁、大枣等滋阴益气、生津润燥食物。 可食用养生药膳，如大枣乌梅汤，莲子百合煲，沙参枸杞粥，这些粥均可滋阴润肺、养血明目。

宜减苦增辛。 八月，心脏气微，肺金用事。 减苦增辛，助筋补血，用以养心肝脾胃。

应适当吃些辛味食物，如韭菜、香菜、米酒等；少吃苦味食物，如苦瓜、莴笋等。 适当增加辛味食物可以助肝气，使肝木免受肺金克制。

（四）秋分饮食

秋分时气候干燥，燥邪易伤肺，此时易出现皮肤和口唇干裂，大便干结，咳嗽少痰等症状。

少葱姜等辛散食品，多食酸多饮水。 少吃葱、姜等辛散食品，多吃酸味甘润的果蔬，还要多饮水，多食有润肺生津、滋阴润燥功效的食物，如芝麻、梨、藕、百合、荸荠、甘蔗、柿子、银耳、蜂蜜等。 其中百合因味微苦，性平，具有润肺止咳、清心安神的作用，故特别适合在此节气食用。 但因其性偏凉，故胃肠功能差的人应少吃。

常吃多吃山药。 山药性平，味甘，有固肾益精、健脾益胃、润肺止咳、止源化痰的功效，可治疗肾虚遗精、脾虚泄泻、肺虚咳嗽等症。 此外，山药还具有阴阳兼补、不燥不腻的温补特点，故特别适合在秋分时食用。

（五）寒露饮食

多食养阴润肺食物。 寒露时气候干燥，易出现皮肤干燥、口唇干裂、舌燥咽干、干咳少痰、大便秘结等症状，故此时宜多食用滋阴润燥、养肺润肠食物，如蜂蜜、芝麻、银耳、莲藕、荸荠、百合、番茄、梨、香蕉、核桃等。 还应少吃辛辣食物，如辣椒、花椒、桂皮、生姜、葱及酒等，在用葱、姜、辣椒等作为调味品时也要减少其用量。

多食甘淡补脾食物。 五行中脾胃属土，土生金，肺肠属金。 甘味养脾，脾旺则金（肺）气足。 宜常食甘淡补脾食物，如山药、大枣、粳米、糯米、鲈鱼、鸭肉、莲子等。 因寒露时节人的脾胃尚未完全适应气候的变化，因此不能急于进食肥甘厚味，否则易使脾胃运化失常而生火、生痰、生燥，更伤阴。

白萝卜顺气安中，可缓解腹胀、便秘，预防感冒。 常于寒露节气前后3天服用。 胡萝卜，又称"小人参"，有补益作用。 所含丰富的 β -胡萝卜素和维生素 A，能提高免疫力，尤其是呼吸道免疫力。 所含丰富的果胶，能缓解秋季的眼睛酸胀、皮肤瘙痒等。 还要多吃梨、苹果、香蕉、柿子、荸荠、龙眼肉、柚子等滋阴润燥、润肺生津的果品，同时还可多食用具有去燥降火作用的食品，如鱼类、鸭蛋、牛肉、猪肝、海带、紫菜、莲藕、银耳等。

药补则应以清润温养、不寒不热、不伤阴为原则。

（六）霜降饮食

霜降节气时心脑血管疾病、慢性胃炎、胃和十二指肠溃疡等疾病多发，饮食上切忌暴饮暴食，宜多进补。 民间有谚语说："补冬不如补霜降"，强调霜降进补的重要性。

少吃辛辣的食物。 如姜、葱、蒜、辣椒等，特别是辛辣火锅、烧烤食物要少吃，以防"上火"。

多吃多种水果。 多吃苹果、石榴、葡萄、芒果、杨桃、柚子、柠檬、山楂等。 还适合吃柿子、栗子、萝卜、梨、洋葱等。"霜降吃柿子，冬天不感冒"。 柿子在霜降前后完全成熟，皮薄、肉鲜、味美，营养价值高。 其味甘、涩，性寒，有清热润燥、养肺化痰、止渴生津、软坚、健脾、止血等功效，可以缓解大便干结、痔疮疼痛，或出血、干咳、咽痛、高血压等病症。 因此，柿子是慢性支气管炎、高血压、痔疮等病人的理想保健品。

多吃栗子。 栗子性味甘温，具有养胃健脾、补肾强筋、活血止血、止咳化痰的功效，是霜降后的进补佳品。 食用栗子可防治肾虚引起的腰膝酸软，腰腿不利，小便增多和脾胃虚寒引起的慢性腹泻；可提高人体免疫力，增强御寒能力。

多吃萝卜。 霜降节气后萝卜的味道变得鲜美，山东有农谚说："处暑高粱，白露谷，霜降到了拔萝卜。"萝卜有顺气、宽中、生津、解毒、消积滞、宽胸膈、化痰热、散瘀血之功效，可治疗食积胀满、痰嗽失音、吐血衄血、消渴、咽喉痒痛、痢疾和头痛等，也是霜降时的养生佳品。

四、冬季节气饮食

冬季养生宜早睡晚起，不宜宣泄过度，注意养肾，冬季进补宜选用药食两用的食物，荤素搭配，多饮汤水，保持室内湿润通风，坚持耐寒锻炼。

冬三月，是闭藏的时节，水成冰，地坼烈，不要侵扰阳气，早卧晚起，必待日光，使志若伏若匿，若有私意，去寒就温，无泄皮肤，这就是对冬气的回应，是养藏之道。 违反了则伤肾，春天萎靡不振。"冬令进补"的养生之道是硬道理。 冬季天气寒冷，应注意保暖，尤其是头部、胸部、脚部最容易受到寒邪侵袭。 冬季室内空气较为干燥，应注意补充水分、多吃水果和蔬菜。

（一）立冬饮食

多食养肾食物。 立冬后天气逐渐转寒，寒为阴邪，易伤人体阳气，而阳气根源于肾，故寒邪最易中伤肾阳。 因此立冬后宜多食养肾食物，以提高人体御寒能力。 肾阴虚者，可多食海参、枸杞、银耳等食物；肾阳虚者，宜多食羊肉、狗肉、韭菜、肉桂等。

多食御寒食物。 立冬时气候寒冷，宜多食一些温热补益的食物来御寒，可多食羊肉、牛肉、鸡肉、狗肉、虾、鹌鹑等食物，此类食物中富含蛋白质及脂肪，产热多，可益肾壮阳、温中暖下、补气生血，御寒效果较好。 还可吃一些辣椒，促进血液循环，并增进食欲。 此外，补充富含钙和铁的食物可提高机体的御寒能力。 含钙的食物主要包括牛奶、豆制品、海带、紫菜、贝壳、牡蛎、沙丁鱼、虾等；含铁的食物则主要为动物血、蛋黄、猪肝、黄豆、芝麻、黑木耳和红枣等。海带、紫菜等含碘丰富的食物可促进甲状腺素分泌，产生热量，故立冬时也宜常食。

多吃坚果，如花生、核桃、板栗、榛子、杏仁等。

饮食中增加维生素 A、维生素 C。这样能增强人体对寒冷的适应能力。动物肝脏、胡萝卜、深色蔬菜等富含维生素 A，新鲜水果和蔬菜中维生素 C 含量较高。

（二）小雪饮食

小雪时节时常阴冷晦暗，人的情志容易受到天气的影响，易引发抑郁症或加重患者病情。天气寒冷，寒为阴邪，容易损伤肾阳，宜多晒太阳。

宜多食温补益肾食物。如羊肉、牛肉、腰果、栗子、山药等。

宜多食有益心脑及保护血管的食物。小雪节气时心脑血管病多发，为了预防可常食丹参、山楂、黑木耳、番茄、芹菜、红心萝卜等。也可有针对性地服用一些膏方来防止心脑血管病的发生。膏方是药而不是保健品，应依据个人的身体状况酌情选用，膏方的选配与服用应在专业医师指导下进行。

（三）大雪饮食

饮食宜"进补"。我国民间素有"冬季进补，开春打虎"的俗语，说明了冬季进补的重要。冬季匿藏精气，气候寒冷，人体的生理功能处于低谷，趋于封藏沉静状态，人体的阳气内藏，阴精固守，是机体能量的蓄积阶段，也是人体对能量营养需求较高的阶段。同时人体的消化吸收功能相对较强，因此，适当进补不仅能提高机体的免疫能力，还能使营养物质转化的能量最大限度地贮存于体内，有助于体内阳气的升发，为来年开春乃至全年的健康打下良好的物质基础。进补应顺应自然，注意养阳，以滋补为主。补法主要有两种：一是食补，二是药补。但俗话说得好，"药补不如食补"。因此，食补是冬季进补的主要方法。由于冬季寒冷，人体为了保存一定的热量，就必须增加体内糖类、脂肪和蛋白质的分解，以便产生更多的能量满足机体的需要。因此，冬天应多吃富含蛋白质、糖类、脂肪和维生素的食物，以补充因天寒而消耗的能量。也宜常食羊肉、狗肉、鸡肉、虾仁、桂圆、大枣等食物。

根据身体情况增加补肾的药物进补。身体虚弱的人在食补同时，也可以用补肾的药物进补，宜选择的中药有：紫河车、蛤蚧、杜仲、人参、黄芪、阿胶、冬虫夏草、枸杞等，可和肉类一起做成药膳食用，也可浸泡成药酒，适度饮用，可滋补肾阳，温通血脉，促进血液运行，帮助人体抵御寒气。

（四）冬至饮食

饮食忌辛辣燥热。"气始于冬至"，因此冬至是养生的大好时节。 此时在饮食方面宜多样化，注意谷、肉、蔬、果合理搭配。 饮食宜清淡，不宜过食辛辣燥热、肥腻食物。

可常食坚果。 冬至时节可多食些坚果。 虽然坚果的油脂含量高，但都是以不饱和脂肪为主，因此有降低胆固醇、预防糖尿病及冠心病等作用；坚果中含有大量蛋白质、矿物质、维生素等，并含有大量具有抗皱功效的维生素 E，因此对延缓衰老有帮助；坚果还有御寒作用，可以增强体质，预防疾病。 当然，也要适量，并且因人而异。

（五）小寒饮食

饮食以"补"为主。 饮食养生俗话说："小寒大寒，冷成冰团"，进入小寒节气，也已进入数九寒天，饮食上要以"补"为主。 民谚有"三九补一冬，来年无病痛"之说，说明冬季进补的重要性。 小寒饮食应以温补为主，尤其要重视"补肾防寒"。 中医认为，肾为"先天之本"，肾藏精，主生长、发育和生殖。 肾虚会引起脏腑功能失调，产生疾病。 小寒补肾可提高人体生命原动力，帮助机体适应严冬气候的变化。

羊肉是小寒节气温补的首选食物。《本草经集注》认为羊肉入脾、胃、肾经，其性味甘热，可温中健脾、补肾壮阳、益气养血，主脾胃虚寒、食少反胃、泻痢、肾阳不足、气血亏虚、虚劳羸瘦、腰膝酸软、阳痿、寒疝、产后虚羸少气、缺乳等。

多食补气补血、滋补肝肾的药膳。 还可多食用党参、黄芪、何首乌、当归等补气补血、滋补肝肾的药膳。 当归生姜羊肉汤就是一款补肾的经典药膳，出自《金匮要略》。

小寒节气补肾还应注意时间。 中医认为，中医养生不仅有季节区别，而且还有时辰区别。 酉时，即下午 5 时至 7 时是肾经当令，此时补肾可达到较佳效果。 因此，食用羊肉或其他药膳若选在晚餐时间，应能起到更佳的补肾效果。

（六）大寒饮食

饮食以温热性食物为主。 大寒时阴气渐渐衰落，阳气刚要萌生。 在饮食方面应遵守"保阴潜阳"的养生原则。 常用的补气食品有莲子、大枣、糯米、鸡肉等，补血的食品有猪肝、龙眼肉等，补阴的食品有木耳、芝麻、兔肉、鸭肉等，补阳的食品有羊肉、猪肉、鹿肉等。

适当饮用药酒。 我国古代就有"大寒大寒，防风御寒，早喝人参、黄芪酒，晚服杞菊地黄丸"的说法。 早晨喝补气温阳的人参、黄芪酒，借助早上自然界生发的阳气，有利于身体阳气的生发；晚上服用滋阴补肾的杞菊地黄丸，有利于身体阴液的滋补。

多食滋阴潜阳且热量较高的食物。 如大枣、黑豆、核桃、黑芝麻、桂圆、木耳、银耳等。

　　饮食与小寒节气略有不同。　由于大寒是一年中的最后一个节气，与立春相交接，所以在饮食上与小寒应略有不同。　首先，大寒时的进补量应逐渐减少，以顺应季节的变化。其次，在进补中应适当增添一些具有升散性质的食物，如香菜、洋葱、芥菜、白萝卜、辣椒、生姜、大蒜、茴香等，但不可过量。

　　大寒饮食还应重视补充热量。　植物的根茎是蕴藏能量的仓库，多吃根茎类的蔬菜，如芋头、红薯、山药、马铃薯、南瓜等，它们含有丰富的淀粉和多种维生素、矿物质，可快速提升人体的抗寒能力。　应忌生冷黏腻之品，以免损伤脾胃阳气。

| 思考题 |

　　1. 介绍一个地方的菜系，至少描述 3 种特色菜，阐述其文化艺术特色。

　　2. 从哪些方面鉴赏饮食之美？请举例说明。

　　3. 食疗养生的原则方法主要有哪些？谈谈你对食疗养生的看法。

　　4. 顺应节气饮食养生，通过查阅相关文献、与亲人或朋友交流，谈谈你对节气饮食养生的观点。

无极（弘嵩书法）

第五章 中华饮食文化文献

| 本章导读 |

  饮食文化的来源，同其他学科一样，一个是自己的观察、实践，但是更多的是从书本或博物馆等途径来的。想要了解饮食文化背后的东西，习得科学研究的方法，就有必要学习文献，受到一种搜集文献、使用文献的训练，对于培养思维能力很有好处。对饮食文献的研究方法可以推广到自己所从事的其他学术领域，岂不获"渔"？语言文字是一个民族对历史的记忆，也是民族最高智慧的体现。语言文字中记录传承着博大精深的中华饮食文化。艺术作品丰富了人们的精神生活，丰富了饮食文化。通过绘画、书法、雕塑、音乐、舞蹈、戏剧的创作，用形象来反映现实的饮食生活。人们通过享受艺术作品，培养性情，深刻体味饮食文化。在流传下来的语言文字、词汇、成语典故、谚语、俗语、楹联、诗歌、小说、美术等中都有饮食文化的内容体现。饮食文化与语言文学随着时代的发展变化而变化。当代的文人通过文字记载的饮食之美，即使未动碗筷，读读作品，也是令人期待与回味的。

1. 了解饮食文化文献丰富的内容、饮食文化文献的特点、汉字及语言中的饮食文化、文学作品中的饮食文化等内容。

2. 掌握饮食文化文献的检索、查阅的基本方法，实地或借助互联网去学校或专门的图书馆了解馆藏的饮食文化文献，学会基本的研究饮食文献的方法。

3. 研习饮食文化文献，守正创新，打好学术研究基础，提升学术研究能力。

| 学习内容和重点及难点 |

1. 学习的重点是饮食文化文献的博大精深的内容，文字与饮食文化、文学作品与饮食文化等。

2. 难点是如何习得甄选高质量饮食文化文献的能力。通过教师引导，多阅读、多钻研，不断提升饮食文化文献的研究能力。

3. 运用文献检索的方法，检索当代的饮食文化文献成果，对当代饮食文化文献有所了解。

第一节
中华饮食文化文献概述

一、饮食文化文献内容

所谓"文献"，南宋朱熹《四书章句集注》有一个定义："文，典籍也；献，贤也。"就是文人贤士经过独立的知识创新活动，将历史事实记载下来，总结出来，就成为文献。

文化人喜欢通过饮食进行交流，他们常常参与到饮食文化的总结与推进中来，有关饮食的著作也就源源不断地推出。中国饮食文献是文化发展到一定阶段的产物，并随着中华文明的进步而不断发展。这些饮食文献，有的是关于饮食与政治的，有的是饮食与生活的，如此等等；有的是饮食制作方法的记述与研讨，有的是饮食礼仪的撰作与论列；还有特殊的文献形式，如墓壁画像、实物遗存，以及酒窖、遗址等。

饮食文献作为非常重要的文化遗存，具有重要的研究价值。

第一，成为人们获取知识的重要媒介，饮食文献经过记录、整理、传播、研究，成为人们认识社会与自然界的各种知识的积累、总结、贮存与提高的成果。饮食文献能使人类的知识突破时空的局限而传之久远。

第二，饮食文献的内容，反映了中国人在不同社会历史阶段的知识水平；而饮食文献的存在形式，诸如窖藏、遗址、不同的书写材料与形式，以及传播方式等，又是当时社会科技文化发展水平的直观反映。社会的发展水平决定了饮食文献的内容与形式，而饮食文献的继承、传播与创造性的运用，又反作用于社会，成为社会向前发展的有力因素。

第三，饮食文献是饮食文化研究的基础。饮食文化的研究必须广泛搜集文献资料，在充分占有资料的基础上，分析资料的种种形态，探求其内在的联系，进而做更深入的研究。

饮食文献对中华文明及社会的进步十分重要，在中国文明、文化研究中发挥着越来越重要的作用，日益受到人们的关注，一定会发挥出更大的作用。

饮食文化文献按载体形式主要可以分为以下四类。

1. 出土或遗存的饮食原料、食品、饮食器具等实物

20 世纪以来，特别是新中国成立后，随着我国考古事业的发展，大量文物不断出土或被发现，这当中就有不少的饮食原料、食品、饮食器具等遗物，如浙江余姚河姆渡文化遗址出土的人工栽培稻谷，新疆维吾尔自治区吐鲁番出土的唐代的馕和花式点心，各地出土的原始社会的陶制饮食器具，夏、商、周时期的青铜饮食器具等。现在，这些出土或遗存的饮食原料、食品、饮食器具等遗物已经成为传统的饮食典籍之外研究我国饮食文化的重要资料。

2. 与饮食文化相关的绘画、雕塑、书法等艺术作品

先民在包括诸如陶盆、陶罐、陶壶、陶钵、陶碗等饮食器具在内的陶器上描绘出几何图形、动植物纹样、人面纹等各种装饰图案，其中象生和写实性的动植物纹饰如鱼纹、鸟纹、猪纹、鹿纹、蛙纹、稻穗纹、豆荚纹等，都是原始人类在渔猎、畜牧、采集、农耕生活中经常接触到的食物，正是当时人们渔猎、采集、畜牧、农耕的饮食生活的现实和思想意识的反映，对于了解先民的饮食状况和饮食构成，具有重要的认识价值。

商、周时代的青铜器，主要是青铜饮食器上的纹饰内容也反映了当时的饮食文化生活。如虎、牛、羊、猪、兔、鹿、蛇、龟、鱼、蛙、鸟等取材于现实生活的动物纹饰，或客观再现了当时人们的饮食原料，或暗示了青铜器的性质。出土的战国和秦代的漆画以及西汉的帛画中也发现了狩猎、宴饮、祭祀等饮食文化的内容。

在我国古代的绘画作品中，表现饮食文化生活最多的是画像石、画像砖（主要是汉代的画像石、画像砖）、壁画、国画和版画。汉代的画像石、画像砖无论是在反映饮食文化的广度还是深度上都远远超越了此前所有的绘画样式。画像石、画像砖所表现的内容也主要是地主、贵族阶层宴饮、庖厨、狩猎、歌舞、百戏等日常生活场面，以及渔猎、收获、播种、煮盐等与饮食生活相关的生产劳动场面，其中包含着丰富的饮食文化内容，已成为研

究两汉饮食文化不可或缺的重要文献。

版画是用雕版印刷的方式取得的画稿副本，是一种随着雕版印刷术的发明而出现的绘画样式。版画艺术包括单幅版画、版画集、版刻插图和民间年画。在版画中也有不少反映饮食文化的内容。比如单幅版画和版画集，其内容从宫廷、贵族饮宴到民间饮食风俗，乃至少数民族、域外的饮食生活，以及与饮食生活相关的生产活动等，几乎无所不包。如表现民间婚宴饮食场面的明代版画《与子完姻》，表现贵族家庭庆赏元宵场景的明代版画《庆赏元宵》，再现清代宫廷皇帝寿典和千叟宴盛况的清代版画《万寿盛典图》《乾清宫千叟宴图》，还有版画集《古今谈丛二百图》中的"鹿鸣盛宴""乡饮大宾"，《皇清职贡图》中的满族七姓妇女狩猎、赫哲族妇女揉鱼片、高山族采掘芋头、采薯等图，《申江胜景图》下卷中的东洋茶楼图，《北京民间风俗百图》中的"卖糖锣图""卖吊炉烧饼图""烙煎饼图""过卖图"等。

雕塑艺术同样有大量的饮食文化内容。驯养的家禽、家畜和常见的飞禽走兽等动物形象，庖厨人员及其厨事活动是雕刻艺术中有关饮食文化的最常见的表现内容。从汉代开始，雕塑艺术所描绘的对象中还出现了大量厨俑。这些雕塑除生动刻画了庖厨人员的外貌、穿着打扮，还直接塑造了各种各样的厨事活动，对食物原料、食品、相关炊具、庖厨人员的动作等刻画入微。除最常见的动物雕塑和厨俑外，雕刻中还有诸如饲养、饮宴等有关饮食文化的内容。如四川大足宝顶山南宋石刻中的养鸡女、沽酒男女，辽宁锦西大卧铺金代石筑墓中反映女真族墓主夫妇宴饮生活的石刻浮雕等。

古代书法作品中有部分作品与饮食文化息息相关，这些作品或本为饮食典籍，或其内容与饮食文化相关，又经书法名家手书，因此兼具艺术作品、饮食文献双重价值。如唐代怀素《苦笋帖》、欧阳询《张翰思鲈帖》，北宋蔡襄自书《茶录》书卷、《新茶帖》《精茶帖》，苏轼手书《养生论》《啜茶帖》《黄州寒食帖》《中山松醪赋》《洞庭春色赋》，元代鲜于枢《醉时歌》，明代徐渭手迹《煎茶七类》、祝允明草书《和陶饮酒诗》，清代金农《玉川子嗜茶帖》、郑燮茶联墨迹"墨兰数枝宣德纸，苦茗一杯成化窑"，以及浙江长兴顾渚山唐宋摩崖石刻等。

3. 文字文献

商代的甲骨文记事简单，但因其涉及的饮食文化的内容非常广泛，加之先秦饮食典籍资料的匮乏，因而甲骨文成为研究先秦饮食文化的重要文献之一。甲骨文直接反映了商代人的饮食生活，诸如饮食器具，食品的制作加工，筵宴和聚食，食礼、餐制、饮食官职等。例如商代的饮食器具豆、皿、簋、鬲、鼎、甗等；甲骨文中经常见到"宜牛""宜羊""宜牝"等字眼，其中的"宜"就是一种肉食祭，字象分格陈肉块于俎案上，反映牲肉的割切加工和分类。

铜器铭文，指我国古代的铜器，特别是商周时期的青铜饮食器和礼器上铸或刻的文字，铜器铭文中有些是对这些器具的用途和作器原因所作的注释和说明。

陶器文字，陶制饮食器具上的文字包含了较为丰富的饮食文化内容，如一些陶制饮食器具上书有粮食种类的名称、各种肉类食物的名称、调味品或各种酒类的名称等。

简牍，是以竹、木为载体的文献，主要的饮食文献有湖北云梦睡虎地出土秦墓竹简，居延烽燧遗址出土汉简，湖北荆门包山二号战国楚墓、湖南长沙马王堆一号汉墓、湖北江陵凤凰山一六七号汉墓出土的记载随葬食品和饮食器具的简牍"遣策"等。居延汉简内容绝大部分是汉代边塞上的屯戍档案，其中就有记载当时西北地区人们日常饮食种类及构成的"食簿"等。

以缣帛为载体的帛书饮食文献，较有代表性的有马王堆 3 号汉墓出土的帛书《养生方》《杂疗方》《五十二病方》《却谷食气》等，内容涉及食疗、饮食禁忌、养生等。另外，马王堆汉墓帛书《阴阳五行》记时有"蚤食""莫食""下餔"之称，可以看出此时餐制已由先秦时候的一日两餐制转变为一日三餐制。

纸质文献是最为重要的文字文献。以纸为载体，包括纸质实物和纸质典籍。纸质实物如现存清代茶引（官府发给茶商的茶叶运销凭证）等，纸质典籍又可分为稿本、抄本和刊印本。

4. 无载体饮食文献

无载体饮食文献主要包括与饮食有关的歌谣谚语、传说故事等口头资料；约定俗成的饮食风俗习惯、饮食礼仪。

在我国各个历史时期，不同地区、不同民族都流传着许多有关饮食的歌谣谚语和传说故事，涉及各地饮食特产、饮食风俗、美食、名厨、饮食生活经验等方面的内容。另外，由于民族、地区或宗教信仰的因素，不同民族、不同地区、不同宗教信仰的人们在长期的饮食实践过程中也形成了一些约定俗成的饮食风俗习惯、饮食礼仪，如节令食俗、饮食禁忌等。这些饮食谣谚、传说故事及约定俗成的饮食风俗习惯、饮食礼仪，同前面提到的饮食原料、食品、饮食器具等实物以及以饮食文化为题材的艺术作品、文字文献那些具有固定物质载体的文献不同，它没有固定的物质载体，随着时代的久远，在承传过程中极易消失，但也是重要的饮食文化的组成部分。这当中的大部分已转化为文字文献，有些内容以摄影图片、录像等方式被记录保存下来。当然，也不排除其中的一部分仍将以无载体的形式继续存在下去。

二、饮食文化文献特点

（一）面广量大，与其他学科相互交叉

饮食文化学是一门跨越自然科学和社会科学的综合性学科，它与农学、医学、养生

学、民俗学、史学、文学、地理学、政治学、哲学、法学、文字学、音韵学、美学等其他学科相互交叉。 正因为如此，在浩如烟海的中华文化典籍中，饮食文化文献不仅数量上汗牛充栋，不计其数，分布也极为广泛，其范围大致包括以下方面。

1. 饮食文化专著

此类书主要包括饮食文化综合专著、烹饪文化专著、食疗与养生文化专著、茶文化专著、酒文化专著等。 如唐代陆羽的《茶经》、孟诜《食疗本草》，宋代朱翼中《北山酒经》，明代宋诩《宋氏养生部》，清代袁枚《随园食单》，以及当代徐海荣《中国饮食史》、赵荣光《中国饮食文化史》、朱自振等《中国古代茶书集成》、杨东甫《中国古代茶学全书》、李修余等《中国酒文献诗文集成》《中国酒文献专书集成》《中国酒文献篇卷集成》等。

2. 各种综合性类书

类书是辑录群书中各种资料按类编排而成的我国古代的百科全书式的资料汇编工具书，其中包含丰富的饮食文化文献。 许多类书都明确列有饮食的部类，如《清稗类钞》，再如唐代徐坚《初学记·服食部》、虞世南《北堂书钞·酒食部》、欧阳询等《艺文类聚·食物部》，宋代李昉《太平御览·饮食部》，清代张英、王士祯等《渊鉴类函》"食物部""菜蔬部"，蒋廷锡等《古今图书集成·食货典·饮食部》，陈元龙《格致镜原·饮食类》等。

3. 农书

我国古代以农业立国，农业是古代人们饮食原料的主要来源，因此在农书中包含着丰富的饮食文化资料，举凡粮食、蔬菜、果品、禽畜、鱼类等各种食物原料的栽培、养殖技术，这些食物原料的种类、品质、性味、加工、贮藏和食用价值，以及各种主副食品的加工酿造、烹饪方法，乃至荒年可食野菜的种类等，几乎无所不包。 如北魏贾思勰《齐民要术》，元代司农司撰《农桑辑要》、鲁明善《农桑衣食撮要》、王祯《农书》，明代徐光启《农政全书》、戴羲《养余月令》、黄省曾《理生玉镜稻品》、佚名《便民图纂》、朱橚《救荒本草》、王磐《野菜谱》、鲍山《野菜博录》等。

4. 医书

我国古代药食同源，以食当药这是我国古代医学的一个特色。 在古代不少医书中都有食疗食治、饮食宜忌的内容。 比如成书于战国时期的《黄帝内经》就系统地阐述了膳食平衡理论、营养卫生理论和食疗理论，并提出了"五谷为养，五果为助，五畜为益，五菜为充"的饮食观。 唐代《新修本草》、孟诜《食疗本草》，明代李时珍《本草纲目》，清代姚可成《李东垣食物本草》等本草类医书也有大量关于养生、食疗、营养等方面的记述。 较多涉及食治食养、饮食宜忌的医书还有汉代张机《金匮要略》（"禽兽鱼虫禁忌""果食菜谷禁忌"），唐代孙思邈《千金要方》（食治篇）、《千金翼方》（涉及老年人食疗的内容）、昝殷《食医心鉴》，宋代宋徽宗赵佶《圣济总录》、娄居中《食治通说》、王怀隐《太平圣惠方》（食治门），宋代陈直撰、元代邹铉增补《寿亲养老新书》，清代章穆《调疾饮食辩》等。

5. 史书

在古代史书中同样有着丰富的饮食文化文献。 如我国现存最早的属于经书的史书《尚书》，其中《酒诰》以殷亡为戒谈禁酒，《禹贡》则记述了各地贡品和农作物的名称。 司马迁的《史记》有《平准书》《货殖列传》。 自班固《汉书》开始，我国历代正史都撰有《食货志》。《汉书》谓："食谓农殖嘉谷可食之物，货谓布帛可衣及金刀龟贝所以分财布利通有无者也。"食指食物，货指贸易，食货就是粮食的生产与交换。 除《食货志》外，正史一般还都撰有《礼乐志》或《礼仪志》《礼志》，内容涉及各种祭典及饮宴场合等的祭品、食品和饮食礼仪等。 另外，正史中有关少数民族的传记，往往亦多载其饮食风俗。

我国历代专门记载典章制度的史书中亦颇多饮食文献，如"三礼"（《仪礼》《周礼》《礼记》），历代的《会要》《通典》《会典》《文献通考》等类著作。

6. 地理类著作

地理类著作中也有大量饮食文化文献。 比如地方志中往往都有介绍某一地区物产和饮食习俗的内容，最为集中的是历代书目中归入地理类杂记（或杂志）的一些著作，其中主要是反映某一地区物产、风俗的风土记，以及载有特定地区节日饮食习俗内容的岁时记。前者如反映南宋江南地区饮食文化的周密《武林旧事》、耐得翁《都城纪胜》、吴自牧《梦梁录》、孟元老《东京梦华录》，反映岭南地区饮食文化的唐代刘恂的《岭表录异》，明末清初屈大均《广东新语》，记载荆楚地区民间节日饮食习俗的南朝梁宗懔《荆楚岁时记》，记载清代北京节日饮食的清代潘荣陛《帝京岁时纪胜》、富察敦崇《燕京岁时记》等。

7. 笔记小说

笔记小说就是随笔所记。 魏晋时兴起的历代笔记中亦不乏饮食文化文献。 如唐代段成式《酉阳杂俎》卷七《酒食篇》介绍130余种食品及当时名家制作的名菜，卷16~19"广动植篇"广记各地食品；宋代陶谷《清异录》"百果""蔬菜""酒浆""茗荈""馔羞"等门；《太平广记》卷233"酒"部、卷234"食"部等；明代佚名《墨娥小录·饮膳集珍》等。 此外，如五代王定保《唐摭言》载唐代曲江宴的礼仪、名目、宴名、诗文、典故、逸闻，元代陶宗仪《辍耕录》记元代宫廷饮食礼仪，明代陆容《菽园杂记》记述作者亲历各地区的饮食风情等。

8. 文学作品

在历代的诗、词、曲、赋、散文、小说、戏剧等文学作品中也包含丰富的饮食文化资料，具体内容包括各类饮食原料及其加工制作方法、各地饮食特产、烹调技艺、饮食活动、饮食方法、饮食感受、饮食习俗、饮食观等。

词中的饮食文化文献，如苏轼茶词《行香子》、黄庭坚茶词《品令》描绘烹茶、饮茶情景及饮茶后的感受，明代周履靖辑和《唐宋元明酒词》，清代陈维崧《二郎神·玉兰花饼》等。 散曲中的饮食文化文献，如元代李德载《喜春来·赠茶肆》，全套散曲由十首小令组成，运用众多典故，广泛讲述了煎茶、饮茶的乐趣，写出了茶博士的"妙手"和"风流"，以及茶肆的"声价彻皇都"。

古代小说中的饮食文化文献，如汉代刘歆撰、晋代葛洪辑《西京杂记》载重阳食蓬饵、饮菊花酒的食俗，晋代干宝《搜神记》载松江鲈脍及菊花酒的酿制方法。 文学作品是我国饮食文化文献的一个重要组成部分，一些饮食专著其内容或全部或部分由文学作品构成，如明代喻政《茶集》即选辑唐宋元明各代有关茶的诗词文赋一百数十篇编成，田艺蘅《煮泉小品》系汇集历代论茶与水的诗文，清代刘源长《茶史》"古今名家茶咏"亦辑录自唐代至宋代、金代大量茶诗、茶赋、茶铭、茶词，陈世元《金薯传习录》下卷也是收集有关甘薯的诗歌。

9. 哲学、政治类著作

我国古代主要是先秦两汉时期的一些哲学、政治类著作，如《周易》《老子》《墨子》《论语》《吕氏春秋》《淮南子》等也包含有较为丰富的饮食文化文献。

10. 宗教典籍

佛教典籍中有关饮食的文献并不是很多，主要涉及佛家禁食酒肉、提倡素食、嗜茶等内容，如《楞伽经》《楞严经》《涅槃经·四相品》等经籍中的"戒杀放生""素食清净"等思想，《广弘明集》卷26周颙《与何胤论止杀书》等。 伊斯兰教典籍，如清代刘智《天方典礼择要解·饮食》反映伊斯兰教以清净为本的饮食观。 相比而言，道教典籍中饮食文化文献要丰富得多，如晋葛洪《抱朴子》论道家服食与"酒诫"；《云笈七签》卷32~36"杂修摄"谈饮食养生、饮食禁忌；《道藏》中有关食疗、养生文献，如《太清经断谷法》之药膳方，《太上肘后玉经方》述服食药方，《神仙服食灵草菖蒲丸方传》谈服食菖蒲养生法，《修真秘录》《保生要录》《混俗颐生录》《太上保真养生录》论饮食养生、食疗等。

11. 字书、辞书、韵书等工具书

在古代的字书、辞书、韵书等工具书中也有不少饮食文化资料，如西汉以前的辞书《尔雅》卷下有《释草》《释木》《释虫》《释鱼》《释鸟》《释兽》《释畜》，其中就有大量饮食原料的名称；东汉许慎《说文解字》也收有大量饮食类的文字，并解释其起源、做法等。此外，如西汉扬雄《方言》、三国魏时张揖《广雅》、唐代初释玄应《一切经音义》、北宋陈彭年等修订《广韵》

《说文解字》书影

等字书、辞书、韵书中也都有不少饮食类文字及其释义。一些字书、辞书还设有收录、解释饮食词汇的专章，或即是集录训释饮食字词的专书，如我国最早的语源学词典东汉刘熙《释名》卷四《释饮食》专门阐释饮食方面的名词有 77 个，蒲松龄《日用俗字》也有"饮食章""菜蔬章"，宋代何剡《酒尔雅》更是一部汇集训释有关酒的文字、语词的专书。

在少数民族的字书、辞书、韵书等工具书中也有一些饮食文化文献。例如西夏文《三才杂字》、西夏汉文本《杂字》、西夏文韵书《文海宝韵》、西夏骨勒茂才编著的西夏文和汉文双解通俗语汇辞书《番汉合时掌中珠》中都收有大量与饮食相关的词语及其释义，包括粮食种类、食品、蔬菜、水果、调味品、饮料、粮食及肉食加工、食品制作、饮食器具、畜牧业等。

（二）内容上的广泛性，涵盖了中华饮食文化的各个方面

我国的饮食文化文献涵盖了中华饮食文化的方方面面，诸如饮食资源、饮食制作、饮食消费、饮食器具、饮食方式、饮食卫生、饮食礼俗、饮食思想、饮食掌故、饮食文艺、饮食文化交流、中外饮食文化比较、饮食文献等，无所不包；从文献的类别来看，则包括酒文献、茶文献、烹饪文献、食疗与养生文献、综合文献等。

一方面是内容上的广泛性，另一方面也不难发现，其内容又大多停留于物态文化、制度文化的层面，而行为文化层面和心态文化层面特别是后一层面的饮食文化文献并不多。这也决定了我国饮食文化文献内容上的又一个特点：偏于实用性。

（三）延承性与创新性的结合，多采辑汇编及续撰补正之作

我国饮食文化文献非常重视对前人成果的承继和资料的收集，这一特点，时代越后越明显。如现存茶文化专著，以明清两代为例，明代朱祐槟采辑论茶之作编为《茶谱》，钱椿年收采古今篇什而成《茶谱》，屠本畯摘录唐宋时陆羽《茶经》、蔡襄《茶录》等十余种

茶书资料编成《茗笈》，夏树芳杂录南北朝至宋金茶事而成《茶董》，陈继儒摘录笔记、杂考及其他书籍和诗文成《茶董补》，徐㶿从 20 多种书上辑录有关蔡襄和建茶的文字，汇编成《蔡端明别记》，喻政辑古人及时人所写有关茶的诗文编成《茶集》等。 酒文献、烹饪文献、食疗与养生文献中同样多采辑汇编之作，兹不赘述。

我国饮食文化文献创新性的特点还表现在多续撰补正之作。 许多饮食文化文献从书名上就可看出其续撰补正的性质，如宋代李保《续北山酒经》(续朱肱《北山酒经》)、明代赵之履《茶谱续编》(续钱椿年《茶谱》)、清代陆廷灿《续茶经》(续陆羽《茶经》)，宋代刘异《北苑拾遗》(补丁谓《北苑茶录》)、赵汝砺《北苑别录》(补熊蕃《宣和北苑贡茶录》)、周绛《补茶经》(补陆羽《茶经》、丁谓《北苑茶录》)、明代陈继儒《茶董补》(补夏树芳《茶董》)、《酒颠补》(补夏树芳《酒颠》)、清代余怀《茶史补》(补刘源长《茶史》)等。

三、文献介绍《古今图书集成》

（一）《古今图书集成》的重要地位

将《古今图书集成》特别提出，是因为它是清代饮食文化最为丰富的文献资料，又可以把它的《食货典》当作清代以前饮食文献的索引和摘要来看。

《古今图书集成》，原名《古今图书汇编》，是清朝康熙时期陈梦雷（1650—1741 年）所编辑，大型类书。 采撷广博，内容丰富，按照部类编排，上自天文、下至地理，中有人类、禽兽、昆虫等，乃至文学、乐律等，包罗万象，集清朝以前图书之大成。 全书共10000 卷，共分 6 编 32 典，分为六千一百零九部，每部下设汇考、总论、图、表、列传、艺文、造句、纪事、杂录、外编等。 是现存规模最大、资料最丰富的类书。

该书与饮食关系最为密切的是第 6 编经济汇编。 所谓"经济"，此处取法古义，指经世济民，涉及经济基础及上层建筑诸方面。 其中有"食货典"，指食物与财货，涉及国家经济命脉以及个人生活用品。

"食货典"中"米、酒、茶、油、糖"自然都是吃的，与饮食文化直接相关。 而"饮食部"下有汇考一，选有重要的饮食文献，如《礼记》，介绍《曲礼》《礼运》《礼器》《郊特牲》《内则》等。 又有《仪礼》。"饮食部"再下有汇考二，介绍《周礼》等。 所引用的每一句话之下，都有注释。 选有《仪礼》，下有《聘礼》《释名》引《释饮食》，有饮食类名词的解释，又引《齐民要术》，有"作酱食"。

（二）介绍饮食书目

《古今图书集成》"饮食部"的汇考三，详细介绍饮食文献，如唐代韦巨源《食谱》，谢枫《食经》，段成式《酉阳杂俎》，宋虞悰《食珍录》，郑望《膳夫录》《司膳内人玉食批》，黄庭坚《食时五观》《吴氏中馈录》，陈达叟《蔬食谱》《山家清供》《市肆记》《云林遗事》《遵生八笺》共十三家饮食著作。

《饮食部》还有"艺文"部分。学习《汉书·艺文志》，"艺文"一部，不仅罗列名目，而且留存文章。这些文章都是从文集、史书等中摘录出来，节省后人拣选之劳，尤其难得的是那些会被疏忽的文章杂语也尽皆收入，实在有益后人。

《饮食部》还有《杂录》，选取《周易》《诗经》《山海经》等典籍中有关饮食的只言片语，也有不少故事杂谈。还有《外编》，大概是编外的意思，收录《山海经》《酒谱》《神仙传》《幽明录》等典籍中的有关记载。

（三）其他

此外，《古今图书集成》第四类《博物汇编》，"博物"，此指各种技艺、方术、宗教、动物、植物。其中"艺术典"，此取广义，指各行技艺。其中农、渔、牧、猎、医、庖宰等部与饮食有关。

综上可知，《古今图书集成》是饮食文化资料的渊薮，它对于饮食思想的研究意义重大，首先是从来还没有人这样详细地收列饮食方面的资料，收集资料之丰富是前无古人的，包括了人们可能疏失的文献，当然还有一些人们不容易找到的文献资料，几乎检索了可能的范围。第二，将资料分门别类，有利于按类索求。是饮食文化研究资料的索引。其三，附列的外编等内容，可以扩展视野；如文学类资料，是饮食的形象化表述，扩展了人们的想象，也丰富了人物形象。

四、海外有关中华饮食文化文献的整理与研究情况简介

海外对中国食品文献的整理与研究，以日本学者用力最勤，取得的成就也最大。

（一）饮食文献目录的考订

这方面，有筱田统所著《中世食经考》《近世食经考》①，天野元之助所撰《明代救荒作物著述考》②，分别对我国中古、近代的饮食著作和明代的救荒作物著作作了系统的考述；铃木博编《中国饮食文化文献解说》则详细介绍了从先秦《诗经》到民国薛宝辰《素食说略》共 128 种现存文献，内容包括作者情况、卷数、书的性质、书籍内容、评价，是否收入筱田统、田中静一所编《中国食经丛书》，有否日人译本等。

---

① 筱田统 . 中国食物史研究 ［M］. 北京：中国商业出版社，1987.
② 天野元之助 . 明代における救荒作物著述考 ［J］. 东洋学报，1961.

（二）饮食文献的翻译、注释、汇编、刊刻

如篠田统、田中静一主编的《中国食经丛书》①，该丛书从中国自古迄清约 150 余部与饮食史有关书籍中精心挑选出 40 种，分成上下两卷，上卷收录《南方草木状》《食经》《食疗本草》《茶经》《膳夫经》《酒谱》等 26 种著作，下卷收录有《齐民要术》《馔史》《遵生八笺》《粥谱》等 14 种著作。

（三）饮食文献的辑佚

如多纪莒庭从朝鲜《医方类聚》中辑出唐人咎殷《食医心鉴》一卷，田泽温叔从多种古书中辑出崔禹锡《食经》二卷，青木正儿《中华茶书》据宋子安《东溪试茶录》辑佚毛文锡《茶谱》。 此外，如小岛知足《新修本草》（唐人李勣等撰）辑补本②，森立之《神农本草经》辑本③，山本敬太郎 1961 年则发现了（唐）韩鹗《四时纂要》1590 年的朝鲜刊本，澄清了此前此书长期被认为是虚构之书的说法。

除日本外，其他国家在中国饮食文献的整理与研究上也作出了一定的成绩，如韩国金明培有《茶经》译本④；美国威廉·乌克斯编《茶叶全书》⑤也收录了部分中国古代茶书。

第二节
汉字、语言中的饮食文化

汉字是中华饮食文化的记录者和传承者。

语言文字是人类重要的交际辅助工具。 没有语言，社会不能存在，而文字是在已存在语言的基础上产生并发展起来的。 语言文字是民族对历史的记忆，也是民族最高智慧的体现。

中国的汉字是世界上最古老的文字之一，已有六千多年的历史。 中国的饮食文化主要是依靠汉字记录和传承下来的。 世界上最古老的文字甲骨文、金文、小篆，这些中国的最初阶段的古文字中已较系统地反映出中国人对食物的认识，对烹饪的了解，对原料的来源与食物的制作过程的记载，反映出饮食文化的发展历程，以及在享用饮食过程中的各种心理，汉字是中国饮食文化的一个宝库。 汉字的信息量十分丰富，有时一个汉字

---

① 篠田统，田中静一辑．中国食经丛书［M］．东京书籍文物流通会，昭和四十七年（1972）．
② 傅云龙辑《籑喜庐丛书》收录，清光绪十五年（1889）德清傅氏刊本．
③ 范行准．中国古典医学丛刊：神农本草经［M］．上海：群联出版社，1955.
④ 傅树勤，欧阳勋．陆羽茶经译注［M］．武汉：湖北人民出版社，1983.
⑤ 威廉·乌克斯．茶叶全书［M］．侬佳，刘涛，姜海蒂译．北京：东方出版社，2011.

便能进入中华饮食文化的深层次。

一、饮食

"饮"字，甲骨文本作"歙"，像人俯首伸舌在酒樽之上，表示饮酒。段玉裁《说文解字注》说，"水流入口为饮，引申之可饮之物谓之饮。"这样一来水、酒等液体食物称为饮料，而吃食的动作便是"饮"。"饮食"又组成中国饮食文化中的一个重要范畴。

又如"食"字食，是个象形字，甲骨文中上部为三角形，像个食器的盖子，下部像一件盛放食品的器皿。金文及以后的字形则加以简化、简单化、规整化，就体现不出象形来了，人们也不知道食字本来结构的含义了。选择盛食物的容器来表示食品，这是一种"借代"的思维方法。有一容器在此，而万种食品均可纳其中，从而以一概全，而不是以一漏万，这是十分出色的造字智慧。

"品味"的"品"字是个象形字品，由三个口字会意而成，古代常用"三"表示多，如众字、森字、淼字等。中国人将"食"与"品"组成"食品"一词就十分有意思了。品表示多，如"品物"就是指万物，故知"食品"乃是千千万万可食之物。品又表示事物的品性、品格、特点，故知"食品"有千种万类，其特性并也不同一，各有各的品性，如鱼肉不同于羊肉，羊肉又异于猪肉，如此等，不可枚举。品又表示众口，故食品滋养众口，也由众口对食品作出过历史的选择，故中国人的饮食与西洋人不同，我国南方人与北方人的饮食习俗也不同。品又表示辨尝味道，故有"品茶""品酒"之说，而食品细加品尝，辨滋辨味便可由充饥的生理需要，上升为精神的审美境界。这"食品"由"食"与"品"两字组合起来，具有非常丰富的内涵。

在古代社会中，祭祀是饮食文化中的一件要事，《说文》："祭，祭祀也。从示，以手持肉。"甲骨文、金文中均有祭字。甲骨文中祭字变体甚多，大抵是以手持肉，献于神前，神用"示"表示。

"牺""牲"二字的意义与今人所谓的"牺牲"不同。牺就是指供宗庙祭祀用的牲畜；牲，是指供祭祀用的完整的牛，均指敬献给神灵的祭祀食品，其中"牛"为最大，故其字均以"牛"为偏旁，作为典型之符号喻指。后世"牺牲"二字联用，则表示为了正义的目的舍弃自己的生命，泛指放弃或损害一方的利益，与古义已形成一定的隔阂。

二、粮食与汉字

《说文》："年，谷孰（熟）也。从禾，千声。"其实在甲骨文中"年"字，上面是禾，下面是人。禾成熟收割后，先民在头上顶着大捆的禾归去。董作宾《卜辞中所见之殷历》：“到了周代，才把禾谷成孰（熟）一次称为一年。”因此今天所说的“年”表示时间，而最早是指人们的收成，因一年一收成，所以后来表示了时间的一年。今人大都只知年的时间概念，已不知与粮食有关了。

看到秦字，我们一般只知道秦国，但不知道这字与粮食有关。秦是伯益的后裔被封的国名。相传尧时有伯翳，为皋陶之子，佐禹治水，水土既平，舜命其作虞官，赐姓为嬴。周孝王使其末孙非子养马于汧渭之间。秦孝王封非子为附庸，封地在陇西秦谷，而此地适宜禾谷的生长，因此“秦”字中含有“禾”，即从禾结构。当然还有一种说法，即秦是一种禾谷的名称。又徐中舒《耒耜考》：“秦象抱杵舂禾之形。”总之，秦的名称是与禾有关的。

再说稻字，甲骨文、金文中已有稻字，从古文字的形体上可以解读稻字在臼中舂米的情况。朱骏声《说文通训定声》：“今苏俗，凡黏者，不黏者统谓之稻。古则以黏者曰稻，不黏者曰秔。又苏人凡未离秆去糠曰稻，既离秆曰谷，既去糠曰米，北人谓之南米、大米。古则谷米亦皆曰稻。”从文字学家以苏州地方的民俗去解读则又知道稻这一范畴的多种文化信息。

从禾的字，有些是常见常用的字，但是现代人已很多不知道与粮食的关系了。比如：秒，今人都只知道此字表示时间，而先民最早是指“禾芒”，即禾谷的芒刺。颖字，今人都知道“聪颖”“脱颖而出”的意思，而先民最早是指“禾末”，是禾穗的末端。秀字，今人大都只知道秀丽之义，但先民是指“禾实”、开花等意义。私字，先民是指“禾名”，后借用为公、厶（私）之字。稀、稠字，本指禾的稀疏、稠密。积，本指禾谷的积聚。稿字，本指禾秆，今人只知稿子、草稿等意义。兼字，本指手中握着两把禾，这一本义也为今人所不用。如此等等。这些字中均含有“禾”旁，表示该字的意义范畴与禾有关，但这些信息到后来已被人们渐渐淡忘了。

三、副食与汉字

鱼字鱼，本身是象形字。《说文》有“鱼”部首，一直到今天各种中文字典中这一部首均一直保留着，绵延了数千年。从鱼的字，有不少是鱼的名称。如鳟，是赤目鱼。魴，是赤尾鱼。鱳，是出自乐浪郡潘国的鱼。鲷，是出自乐浪郡东暆的鱼。鲍是海鱼。鱣，是海里的大鱼。如此等等，《说文》中有许多鱼名的专字。另外又有鲠字，是指鱼骨。鳞，是指鱼甲。鲑，是指鱼的气味。鮨，是指出产于蜀郡中的一种鱼肉酱。鱻，是指“新鱼精也。从三鱼。不变鱼。”这是说，鱻是用活鲜煎烧的杂烩，由三个鱼字会意，表示不改变鱼的活生生的新鲜颜色。段注《说文》：“凡鲜明、鲜新字皆当作鱻，自汉人始以鲜代鱻”，“今则‘鲜行’，而‘鱻’废矣”。今天我们都用“鲜”字，并以“鱼”与

"羊"之肉来表示鲜美之味。照《说文》之说，鲜本是一种鱼名，出于貉国，即北方国。

关于鲜字，钱穆有论："中国人又称'有鲜味'。北方陆地，人喜食羊。南方多水，人喜食鱼。合此羊字鱼字，成一鲜字。然鱼与羊，人所共嗜，未能餐餐皆备，于是鲜字又引申为鲜少义。但美字养字善字，则皆从羊，不从鱼。此或造字始于北方，此不详论 *。说明了"鲜"字的由来。

再看羊字，在甲金文中是个象形字。《说文》："羊，祥也。"古代常借"羊"来表示"祥"。"美"即由"羊"而来。正因为既吉祥，又因为羊为"膳主"，还因为羊肉之味美，羊字又作为形旁结构出一批与食品有关的字。如羞字，是手（即丑）持着羊进献之意，故从羊，从丑。

四、词汇与饮食文化

中华饮食文化的博大精深在语言中也有相应的反映。语言的后面是有东西的，语言不能离开文化而存在，另外饮食文化在语言中留下了极其丰富的历史沉积，语言的历史和文化的历史是相辅而行的，中国饮食文化是一个复杂的总合，有知识、艺术、习俗等，这些在语言中都有充分的反映。从语言学角度去研究中国的饮食文化是一个新课题，也是从另一个视野去窥测中国饮食文化深层奥秘的重要路径，这方面有待研究的问题很多，涉及的方面很广，这里仅作概述。

汉语词汇中与饮食文化密切相关的数不胜数，而且内容丰富，涉及极广，所至极深，牵连极复杂，这可以说是研究中国饮食文化的一个宝库。词汇是一种抽象、概括的反映，然而最能反映社会的面貌，在一定的社会历史阶段中的饮食文化必然会相应地反映到词汇中来。比如一些饮食文化已被淘汰，那么一些词汇就会被淡忘以至于不再使用，而后来者已不能解读，然而另一些词汇则随着饮食文化的发展而产生。因此研究历史上各个时期饮食文化的词汇，对于深入地了解当时社会、历史下的饮食文化是极有价值的。

1. 词语含义因时代而变化

汉语中有许多关于饮食文化的词语当用历史的眼光去解读，否则以今人之意去会古人之意，缺乏历史观，则往往风马牛不相及，产生许多误会，下面举例阐述。

菜，今人都知道菜是兼指鸡鱼蛋等荤腥，《现代汉语词典》："菜，经过烹饪调供下饭下酒的蔬菜、蛋品、鱼、肉等。"但是古代的意义跟今天有很大的不同。《说文·艸部》："菜，草之可食者。"菜就是指可供日用的草，因此，古代菜专指蔬菜，不包括肉类、蛋类。《礼记·学记》："大学始教，皮弁祭菜，示敬道也。"这是说，古代大学开学时，官吏

---

* 钱穆. 中国思想通俗讲话［M］. 北京：三联书店，2002.

穿上礼服，备好芹藻一类的蔬菜来祭礼先圣先师，表示尊师重道。 注释说："菜，谓芹藻之属。"又如《荀子·富国》："然后荤菜百疏以泽量。"杨倞注："荤，辛菜也。"辛菜，就是指葱蒜之类。 郝懿行注："荤菜，亦蔬耳。"直到宋代，"菜"还是不包括肉类等副食品。 罗大经在《鹤林玉露》中记载了这样一则故事，仇泰然对一幕僚说："某为太守，居常不敢食肉，只是吃菜；公为小官，乃敢食肉，定非廉士。"可见这里的"肉"和"菜"区分得非常清楚。

汤，《说文》："汤，热水也。"《论语·季氏》："见善如不及，见不善如探汤。"是说：看见善良，努力追求，好像赶不上似的；遇见邪恶，努力避开，好像将伸手到沸水里。《论语·正义》（清刘宝楠撰）："探汤者，以手探热。"《孟子·告子上》："冬日则饮汤，夏日则饮水。"这是说，冬天饮热水，夏天饮凉水。《九歌·云中君》："浴兰汤兮沐芳。"这是说，沐浴着热腾腾芳香四溢的兰汤。《史记·廉颇蔺相如列传》："臣知欺大王之罪当诛，臣请就汤镬，唯大王与群臣孰计议之。"汤镬，即是开水锅，成语中"固若金汤""金城汤池"等，"汤"均指热水。 汤的今义是菜汤、米汤等，作为"热水"的意义在普通话中已经不存在了，只有在"赴汤蹈火"等成语中还保存着。

羹，今天是指用蒸煮等方法做成的糊状食品，如豆腐羹、鸡蛋羹等，古义则不同，《尔雅·释器》："肉谓之羹"。 这是指一种带汁的肉食，再如《左传·郑伯克段于鄢》："公赐之食。 食舍肉。 公问之，对曰：'小人有母，皆尝小人之食矣，未尝君之羹，请以遗之。"前面说"肉"，后边说"羹"，指的是一回事。《太平御览》在这段话下面引旧注说："肉有汁曰羹。"又《诗经·商颂·烈祖》："亦有和羹。"郑笺说："和羹者，五味调。"这是说，上古的羹都要加上五种配料，便是梅、盐、醢（醋）、醢（肉酱）和菜，其中菜是主要的，不同的肉羹用不同的菜。 不加菜的羹，叫"臛"，不加调五味的叫"大（太）羹"。 上古祭祀时一般用"大羹"。 另外，穷苦人吃不起肉，只能吃菜羹。 菜羹也不是菜汤，而是煮熟了的野菜或蔬菜。 孔子被困在陈蔡时，"藜羹不糁"，吃的是野菜，连点米粒也没有。《韩非子·五蠹》中"粝粢之食，藜藿之羹"，是指藜和藿做的野菜羹，不能解释为野菜汤。 因此在上古时羹是一种带汁的肉食，不同于唐宋以后的羹汤。

饭，《说文·食部》："饭，食也。 从食，反声。"饭的本义说是"食"，即吃（饭），是动词。《论语·述而》："子曰：饭疏食。"即是吃粗粮的意思。《孟子·尽心下》："舜之饭糗茹草也。"这是说舜吃干粮（糗）啃野菜。《史记·淮阴侯列传》："有一漂母见信饥，饭信。"这是说，有一漂丝之妇女见韩信饥饿，给韩信饭吃。 这是"饭"由吃饭引申为给人饭吃，也可以指给牲口喂料。 如邹阳《狱中上梁王书》："宁戚饭牛车下。"这是宁戚在车下给牛喂饲料。 后来"饭"字由动词转化为名词。 引申为谷类熟食。《礼记·曲礼上》："毋抟饭。"这是说，吃饭时不要把饭弄为饭团。 因此当我们去解读古代的"饭"字，要注意"饭"本是动词，上古一般也用作动词，然而表示吃的意思又只限于吃饭，吃其他食物如肉、鱼、水果等，叫"食"不叫"饭"。 另外"饭"用于名词，起初只指谷类熟食，泛指饮食是后起义。

"吃"字是百姓使用频率极高的一个字，它组成了一个词组群，吃字所现成的词语也十分丰富。

"吃饭"是具体的，但又引申为各个方面，如谋生的手段，称"吃饭本领""吃饭家生""吃饭家伙"。 无所事事，便称为"吃闲饭"，又称为"吃白饭"，方言有"吃白相饭"，鲁迅在《准风月谈》还专门写了一篇杂文为《吃白相饭》。 过太平日子，被称为"吃白相饭"。 不会赚钱，靠旧有的家产过日子；或者是靠替他人操办丧事谋生，被称为"吃死饭"。 古代又将包揽官司或敲诈勒索为生的，称为"吃荤饭"。 替外国人做事谋生的，称为"吃洋饭"。 不劳而获，坐享其成的，称为"吃现成饭"。 不明事理，黑心眼的，称为"吃黑饭，护漆柱。"现代人都知道的"吃大锅饭"，便是指不分劳动的情况却均享劳动果实。

汉语中"吃饭"这一词语内涵如此广泛，而"吃"的文化博大精深又表现在"吃"构成的其他词中。 吃其他的东西，词语也是生动活泼。 醋可吃，但"吃醋"却指产生嫉妒，"吃白醋""吃飞醋"都是指没有来由的凭空妒忌。 鸭蛋可以吃，但"吃鸭蛋"是今人比喻考试或比赛的成绩得零分。 谷物可以吃，但"吃青"是指粮食不够而吃尚未成熟的谷物；"吃到五谷想六谷"指贪得无厌。 茶可以吃，但"吃茶"，还可以指受聘礼，明代郎瑛《七修类稿》："种茶下子，不可移植，移植则不复生也。 故女子受聘，谓之'吃茶'。"所以女孩子到该婚配之时，却尚未许给人家称尚未"吃茶"。"吃讲茶""吃碗茶"则指发生争执的双方到茶馆里请公众评判是非。

有趣的是，本来不可以吃的东西，也变成可"吃"的对象。 汉语词汇中有许多看来不通情理而实是有情趣的词语，"力"本不可以吃，但"吃力"则无人不知；管交通的红灯本不可以吃，但今人说汽车一路上连吃几个红灯，人们也知道"吃红灯"的意思。 其余如：吃钉子、吃拳头、吃板子、吃空、吃利、吃惊、吃闷……都是生动而形象的词语，传播在民众中。"不吃那一套"之吃也与吃的本意毫不相干。

"吃"字组成许多俗语，谓语。 如贪吃被说成是"吃一箱二看三""吃着碗里看着锅里"。 特别小气称"吃个鸭子百只脚"。 贪婪凶恶称"吃不了兜着走"。 受一次挫折，长一分见识，称"吃一堑，长一智"。 接受温柔、拒绝强硬，称为"吃软不吃硬"。 受一方好处，却暗为另一方效劳，则称"吃里扒外"。"吃饱了撑的"，是说闲得没事干或干了些不受欢迎的事。"吃香的喝辣的"是指吃的是鱼肉鸡等的美食，喝的是美酒，过着好日子。"吃人家的嘴软"，指吃人家的东西，只好为人家说话，而不能说公道话了。

"味"的构词能力十分强，如五味、七味、趣味、情味、韵味、意味、够味、无味、对味、乏味、腻味、兴味、回味、品味、有味、味道、滋味、味精、味觉等。 这些词语从饮食中的"味"出发，又巧妙地引申，广泛地渗透到社会生活的许多方面。

再说"馒头"一词，原名"蛮头"。 唐时馒头又有称为笼饼的，宋时有称为"包子"

的，明代有将"馒头"写成"馒饺"的，至清代称"馒头"的如《红楼梦》中就有诨号"馒头庵"，就是因为馒头做得好。 又有称"馒首"的，清代潘荣陛《帝京岁时纪胜·元旦》就谈到猪肉馒首、江米糕、黄黍糕等。 至现在，北方称无馅的为馒头，有馅的为包子，而吴语区有馅、无馅的统称为馒头。 不过因地区不同名称实在很复杂，陕西、山东、河南都把馒头称为馍馍。 浙江温州人将无馅的又称为实心包，有馅的称馒头，河北蠡县、博野县把馒头叫卷子。 从"馒头"名称的演变中可以看到中华饮食文化中的食物名称十分复杂。一是名称有其一定的缘由，二是在漫长的历史流变中有复杂的历史变化，三是由于中国地域广大，共时之变也相当复杂，四是文化之称义不同。

当然还有一种名称是由于语言不同，如"萨其马"人们大都吃过，但很少知道其得名之来历。 原来萨其马是清朝宫廷糕点，是满式饽饽，"以冰糖奶油合面而为之，形如糯米，用木炭烘炉烤熟，遂成方块，甜腻可食。"（《燕京岁时记》）萨其马的取名，是由满语缩写而成的。 这种糕点，制作过程的最后两道工序中，是切成方块，再一块块码起来。满语"萨其非"是指切的意思，满语"马拉木壁"指码起来，这两个满语加在一起并加以缩写就成了"萨其马"。 清代自乾隆以来，大臣们常以得到皇帝赏赐的糕点引为莫大荣耀，萨其马由此也渐渐流传到民间，不但受满人欢迎，也深得汉人喜爱。 清代中叶后，满汉杂居一起，习俗渐融合，于是汉族糕点铺也制作起萨其马来，并起名为"金丝糕""糖缠"。 然而因以满名先入为主，故"金丝糕"等名称，不如"萨其马"名响亮，所以一直到现在称萨其马。

每个行业都有行业语，中国的餐饮业历史悠久，文化积淀极其深厚，其行业用语丰富。 厨师的专业术语，词汇则是一个内涵极其丰富的"场"。 比如我们一般人称猪肉，或再细称几种，如猪头肉、蹄髈等。 厨师词汇则大约分为14个部位，每个部位各有名称，各有适宜的烹调方法。

比如小吃。 中国的小吃实在多得不可胜数，其取名也极有技巧。 比如最为普通的油条，江南一带就称之为"油炸桧"，这是因为秦桧害死了岳飞之后，百姓痛恨奸臣，便有了这种油炸果来发泄其痛其恨。 原先是做成背对背的两个面人，下油锅烹之，不过这样做花的时间比较多，太费事，后来渐加简化，变成了现在的样子，但还保留了由两部分构成，表示秦桧夫妇。

饭馆、菜馆中名店的命名也有着深厚的文化底蕴。

店名有名藏雅意的，许多地方有"大三元酒家"，乃以解元、会元、状元的"三元"，祝宾客连中三元，吉祥如意。 上海有"梅龙镇酒家"，此出自京剧《梅龙镇》，描述明正德皇帝微服出游，在山西大同梅龙镇酒坊巧遇李凤姐的事。 此酒家于1938年春开办，当时由上海戏剧、电影界和作家中部分人士集资，这种特殊的"遇合"，又是艺术人士的特殊"遇合"，便有了这京剧的名称。 名店有大俗的，如"麻婆豆腐"店之类的。 又如重庆有叫"丘三馆"的，极有趣味。 "丘三馆"的老板原本当兵，故是"丘八"，因退伍后开了此店，故八减五当为三，于是戏称为"丘三馆"了。 更有趣的又有"丘二馆"，这是因为开此馆的一帮人曾给"丘三馆"的老板当过雇佣工人，四川俗称当雇佣的人为"丘二"，于是有了"丘二馆"之名称。

名店有时直接从诗句中化出，如成都曾有"带江草堂"店，用杜甫诗"每日江头带醉归"句；有"盘飧市"为店名者，取杜诗《客至》诗句："盘飧市远无兼味，樽酒家贫只旧醅。"名店有时从经典中反出，如广州的"大同酒家"，出自《礼记·礼运》中的"大同"。 重庆的"颐之时"餐厅，出自《易经·颐》："颐者，养也"。 咀嚼饮食，乃动颐之事，故谓养曰颐。 颐之时，养颐身体，此其时也。 这些店名让人们感到典雅，体味到传统文化的厚重，踏进这样的名店进餐，自有另一番文化的享受。

2. 成语典故与食品

成语典故与食品的关系真是至亲至密。 从先秦至当代不知多少成语典故是说的美妙的饮之事、食之事，这方面可以系统地认真梳理一番。 这里限于篇幅不可能作大视野的展开，仅举其几端说之。

成语是历史的产物，诸多的有关饮食文化的成语使后人重温历史，体味艰难。 如"煮海为盐"，让人体味到先民发明盐的艰难。"象箸玉杯"，可以想见商纣王饮食上的奢侈，也连类而及必至于政治上的腐败，必至于国之覆灭。"肉山脯林"则是夏王桀的糜烂生活写照。 同样"酒池肉林"，如出一辙，帝王们饮食的豪华骄奢，必走向灭亡，这已成为历史的反面教训。 另外孔子有"食不厌精"之说，孟子有"膏粱之味"之言，让后人亲切地感到这些圣人们无一不谈饮食，且不乏要理。 又如"借酒浇愁"出自唐朝，"觥筹交错"出自宋人，历朝历代都有大量的成语典故生成，而且不乏与饮食文化紧密相连的。

饮食的两个极端，一是贫困至饮食的极度匮乏，一是富裕至极度的奢靡。 这在汉语成语中也有生动的反映。 如食不果腹、饥寒交迫、饭糗茹草、饿殍遍野、饥不择食、饔飧不继、面如菜色、并日而食、僧多粥少、风餐露宿等，均是穷极少食之情况。 相反如日食万钱、一饭千金、钟鸣鼎食、食前方丈（方丈：一丈见方的地方。《孟子》："食前方丈，侍妾数百人，我得志，弗为也"）、炮凤烹龙、炊金馔玉、羊羔美酒、山珍海错、食玉炊桂、琼厨金穴、酒绿灯红、米珠薪桂等，均是说的饮食豪华至极。 当然汉语成语中又反映出另种的两极：一是因学习、工作的勤奋忘记饮食忍受饥饿，如发愤忘食、宵衣旰食、枵腹从公等；一是终日吃饱了无所事事，如好吃懒做、饱食终日等。

饮食的整个过程在成语中也有生动的描述。 比如未进食之前，则有垂涎欲滴、垂涎三尺、食指大动等，表示对美食的极强食欲。 举案齐眉等表示饮食前的礼仪。 既食，则有浅斟低唱、大快朵颐、含英咀华、挑肥拣瘦、酒酣耳热、饮醇自醉、饭来张口、看菜吃饭、因噎废食等。 食后，则有余香满口、茶余饭后、酒足饭饱、食毕横箸、冷炙残羹、杯盘狼藉、残食余羹等。

饮食审美重于味，"味同鸡肋"（又作"食之无味，弃之可惜。"），即是乏味，食之无甚味道，抛弃又觉得可惜，这是曹操的饮食故事。 这一成语非常有意趣地说出品味中的"两难"之境，在取与舍之间的徘徊与选择。 再比如：味同嚼蜡、耐人寻味、余味无穷、臭味相投、兴味索然、枯燥无味、索然无味、津津有味等。

　　美食永远令人陶醉，"脍炙人口"即是两种美食为人传颂至今。 一是脍，便是细切的肉，可以是猪、牛、羊等肉，也常指鱼肉，所以"脍"字又有写成"鲙"的。 这种鱼丝之鲙，甚至还可生吃。 传说春秋吴王阖闾，就喜爱鱼脍，生切鱼肉成丝，蘸上盐、梅（指咸、酸味调料）等，直接进食。 今天中国已不流行，而日本至今风行生食鱼肉丝片。 二是炙，这是烤肉，在汉画像上还可以看到"串烤"的情况。 可以多种，如猪、羊、牛、鸡、鸭等。 如羊肉串烤味美，今天的新疆维吾尔自治区烤羊肉串，人人皆知；北京烤鸭则中外闻名，炙确实美味，回味无穷，因此这成语也就很自然地由此及彼地移用了。

　　美食也有虚拟空间，这在成语中也十分有意趣地被保留着。"黄粱美梦"，让人在小米饭的烧煮间进入了邯郸卢生的荣华富贵的梦乡中，道士吕翁所给的枕头固然神奇，但到头来还是一场空。 这成语出自唐代沈既济的《枕中记》，又演化出"一枕黄粱""黄粱梦"等。"画饼充饥"也是一种虚拟，但结果是天上始终没有掉下馅饼来。

　　美食可食，非食者亦可"食"、可"饮"、可"餐"。 言可食，则有"食言而肥"，出自《左传·哀公二十五年》，鲁哀公用此话来讥刺鲁大夫孟武伯食言，说话不算数。 恨可饮，则有"饮恨终生"。 姿色可以餐，则有"秀色可餐"。 汉语中有"饮食男女"，表示食欲、性欲是人的两大本性。 人们对秀色的欣赏，其实亦是"男女"中的自然本性，而用"餐"来表述，则又至审美之境，臻体味之道，即像体味美食一样来体味"秀色"之味道。晋代陆机《日出东南隅行》："鲜肤一何润，秀色若可餐。"说的就是人的秀美异常。 但是"秀色"并不限于人，亦可能他物之秀美异常，宋代陆游《山行》诗："山光秀可餐，溪水清可啜。"宋代王特起《梅花引》词："山之麓，河之曲，一湾秀色盘虚谷。"这种山河之秀色当然亦可美餐一番了。 另外古代汉语中"堪"即是"可"的意思，因此这一成语又说成"秀色堪餐"。

　　成语中反映饮食文化的面相当广泛，如"一言九鼎"反映了我们先民鼎食文化及其言重如鼎来比喻说话算数。 而"调和鼎鼐"，是用伊尹以"至味"说商汤的故事来指任用贤相。 又用"折冲尊俎"用以表示外交谈判，因周旋于宴席之间一似谈判活动。 有关饮食的成语中确实还透露出人民的智慧。 读一些饮食成语，寻思其中的深层次心智与哲理，其如"醍醐灌顶"便是佛教比喻以智慧灌输于人，使人茅塞顿开。 醍醐，作酪时上面一层重凝者为酥，酥上如油者即为醍醐，熬之即出，不可多得，极甘美。 佛教用此来比喻一乘教义，这酥酪上凝聚的纯油浇到头上，清凉舒适，佛教使用来比喻智慧的灌输。

　　"釜底抽薪""扬汤止沸"两个成语一正一反说出解决问题的两种不同的方法，生动形象，极富哲理，而这又是从炊事的实际经验中抽取出来的。 前者可以彻底解决问题，后者则徒费精力仍不能从根本上来解决。这启示人们寻找解决问题的方法是何等重要。

"弱肉强食"则告诉人们一则生存的现象、教训或规律。"饮水思源"则提醒人在生存中不要忘记过去给自己带来好处的人与事物。"望梅止渴"是一个十分有心理学价值的故事，曹操能充分利用虚拟的饮食空间让士兵个个口中生津，这是他的智慧。"越俎代庖"给人以处事的智慧，"狡兔死，走狗烹"深刻地告诉人们一个处世之警言。"添兵减灶"出于孙膑与庞涓斗智的故事，具有魅力十足的军事智慧。

3. 谚语、俗语与饮食文化

谚语是流传在民间的一种俗语。英国哲人培根说："一个民族的天才、机智和精神，都可以从这个民族的谚语中找到。"中华民族深厚博大的饮食文化，与我们民族的谚语中对应，凸显出智慧、习俗、特点、感情。这些俗语虽俗，但言简意深，是从长期的生活经验中提炼出来的语句，趣味津津，意味深长。

关于饮食的谚语至今生命力不衰，如 "一口吃个胖子""少吃一口，香甜一宿""火到猪头烂""饥不择食，寒不择衣""生米做成熟饭""头醋不酸，二醋不辣""吃饭别忘了种谷人""张公吃酒李公醉""画饼不可充饥""荤油蒙了心""挂羊头，卖狗肉""姜是老的辣""酒不醉人，人自醉""酒逢知己千杯少""曾叫卖糖君子哄，如今不信口甜人""寅年吃了卯年的粮"等俗语。揭示了人们饮食现象给人的提示，给一代代人有益启迪，所以活力不衰，代代传递。

4. 楹联与饮食文化

楹联，就是挂或贴在堂屋前面柱子上的对联，又叫楹帖、对联、对子。楹，指堂屋前面的柱子。形式上，分为上下两联，字数相等，音律和谐，上下对称，符合中国传统的审美标准。内容上，内涵丰富，外延广阔，从写景状物、寄意抒怀、述志自警、赠答劝勉、庆贺吊挽，到戏谑嘲讽、自我解嘲，主旨无所不可。因而上至宫廷、宗庙，下到胜迹、书斋、茶楼、酒肆，随处可见。

楹联作为一种固定、独立的文化形式确立下来，至少始于五代。是结合了诗歌艺术与民俗文化，而推陈出新的一种新的文化样式。较为广泛运用，则在宋代。鼎盛时期，在明清两代。在林林总总的上百万副楹联中，与饮食相关的占了很大的比重。

楹联并非诞生于饮食，却鲜脱生动于饮食。楹联增加了饮食文化的丰富性，饮食文化的鼎盛，又促进了楹联的发展、发达。

楹联脱胎于诗歌骈切，其一大特点就是无一联无寄托，正如袁枚联语说："柴米油盐酱醋茶烟，除却神仙少不得；孝悌忠信礼义廉耻，无须铜钱可做来。"清代乾清宫永祥门有联语云："蟠桃千岁果，温树四时花。"养性殿茶膳房云："五色云英滋秀草，千年露实熟蟠桃。"食用了千年仙果，一是期盼多寿，二是祈求社稷江山千年永固，国泰民安。

庙宇中的楹联，纪念有功有德之人的，旨在报功崇德，祈求他们泽被万代，使子孙后代丰足。 清江浦麟见亭楹联云："洪水想当年，幸怪锁洪湖，十万户饭美鱼香，如依夏屋；清时思俭德，祝神来清浦，千百载泳勤沐泽，共乐春台。"此联歌颂大禹治水的功绩。

书院斋堂是文人读书修身之所。 中国的传统文化精神中，崇尚一种苦行僧式的成才道路。 于是，追求精神至上，主张简朴饮食的"孔颜之乐"遂为读书人尊崇。 如阳明书院的种桂堂有楹联道："闻木樨香，何隐乎尔；知菜根味，无求于人。"另相传清代于敏中曾经题了一联在自家蔬菜园子的门上："今日正宜知此味，当年曾自咬其根。"可见，这种"菜根"情结不是个别现象，而是中国文人的集体意识和集体认同，也是中华民族的优良传统之一。

大多数酒联都带有浪漫主义的风格，杭州西湖仙乐酒家联："翘首仰仙踪，白也仙，林也仙，苏也仙，我今买醉湖山里，非仙亦仙；及时行乐地，春亦乐，夏亦乐，秋亦乐，冬来寻许风雪中，不乐亦乐"这一联运用反复的手法，强调"仙"和"乐"二字，巧妙地将酒家名"仙乐"二字缀于对联中，似有隐士的飘逸之感。 这类楹联数不胜数，代表了中国饮食文化大气豪放的一面。

茶联中则更多的体现闲情禅味。 如清代郑板桥在镇江焦山别峰庵有茶联："汲来江水烹新茗，买尽青山当画屏"。 苏轼临别寺庙住持和尚："坐，请坐，请上坐！ 茶，敬茶，敬香茶！"如广州羊城著名茶楼"陶陶居"楹联："陶潜善饮，易牙善烹，饮烹有度；陶侃惜分，夏禹惜寸，分寸无遗。"此联用了四个人名，四个典故，不但把"陶"字嵌入每句之首，而且还巧妙地把茶楼的沏茶技艺和经营特色都恰如其分地表露出来。 四川成都有家茶馆，兼营酒铺，生意清淡，店主为招揽生意，特请当地才子书写了一副茶酒联："为名忙，为利忙，忙里偷闲，且喝一杯茶去；劳心苦，劳力苦，苦中作乐，再倒一杯酒来。"这副茶酒联，既奇特，又贴切，雅俗共赏，茶人、酒客纷至，茶馆生意转危为安。

俗与雅的结合——食品店楹联，从侧面反映了不同层次群体不同的饮食文化取向，或俗或雅，创造出了一些宜俗宜雅的联语，妙趣横生。 比如某豆腐店有联云："味超玉液琼浆外，巧在燃箕煮豆中"，夸赞了豆腐的口感，又点明了原料，并指出技巧不一般，巧妙而典雅。 鱼行联："但作临渊羡，何须结网求"，化用古语"与其临渊羡鱼，不如退而结网"，未提一"鱼"字，却一目了然。 冰店一联尤佳："到来尽是热心客，此去均为快意人。"仿佛打谜，读着品着思着，别有趣味。

横批也是楹联的一部分，是饮食楹联内容的扩展与总结。 横批，指同对联相配的横幅，有时可写在牌匾之上，称作"横额"。 横批对对联的作用至关重要，配得好，如画龙点睛孔雀开屏，反之，则会降低对联的表达效果。 它是对上下两联的概括和提炼，不仅在内容上与对联相匹配，从外观上看也可以增加对联的美感。 中国近代有一出名噪京华的话剧——《天下第一楼》，以这样一副对联谢幕："好一座危楼，谁是主人谁是客；只有三间老屋，时宜明月时宜风。"横批是："没有不散的筵席"。 广东兴宁县有一家卖凉粉的小店，生意兴隆达几十年，据说与门前的一副妙联有关："为己忙，为人忙，忙里偷闲，喝杯香茶消消汗；劳心苦，劳力苦，苦中作乐，吃碗凉粉清清心"，横批："常来坐坐"。 对联和横批淡雅通俗，道出了百姓的心声。

中国楹联文化，是极富民族特色的。 与独特的饮食文化相融，以文字的形态、半诗歌的形式、民俗的方式记录下来，其文化含量甚是丰厚。 不仅如此，饮食楹联还蕴含了丰富的饮食文化精神，有政治的、历史的、风俗的、道德的、审美的、心态的，无一不有所寄托。 正因为如此，楹联文化吸引了古今多少文人雅士的关注，如梁章钜、梁启超、朱熹、俞樾、杜召棠等。

第三节
文学作品与饮食文化

一、记载美食的文人

美食是烹饪大家创造出来的，但是没有美食的记录者美食则不能传远，不能流于后代。 当代的美食记录者众多，颇有奇作。

文化人的好处是，不仅仅懂得品尝美食，而且能说出行道来，并且可以把它记载下来，流传下去。 美食既是享受也是人生，其中蕴含着对美好的向往，对社会的深思。 他们有的是学术名家如俞平伯，有的是散文家如梁实秋，有的是历史学家如王世襄，有的是翻译家如戈宝权，有的是表演艺术家如新凤霞……他们术业专攻虽各有不同，但是都著有有品位的饮食之作。 饮食在他们笔下含情蕴意，或寄托理想，或叙写知遇，都深刻地反映了不同历史时期的社会风貌、人情世故，使人知其境遇，同其命运，读来令人感叹，使人唏嘘，不由馋涎欲滴，称羡不已。 文如其人，其人如美食般流芳余韵。

这些名人和他们记载美食的部分作品有：林语堂《中国人的饮食》，夏丏尊《谈吃》，朱自清《吃的》，文载道《食味小记》，鲁彦《食味杂记》，季镇淮《诗味与口味》，周汝昌《红楼饮馔谈》，吴百匋《谈鲜》，吴祖光《无知者谈吃》，陆文夫《吃喝之外》，新凤霞《节日的吃》，郁达夫《饮食男女在福州》，梁实秋《莲子》《溜黄菜》《酱菜》《豆腐》《饺子》《薄饼》《烙饼》《满汉细点》《煎馄饨》《北平的零食小贩》《酸梅汤与糖葫芦》《核桃酥》《锅巴》《粥》《八宝饭》《栗子》，廖仲安《野蔬充膳甘藜藿》，蔡义江《江南嘉蔬话莼羹》，王世襄《春菰秋蕈总关情》，艾煊《野蔬之癖》，洪丕谟《难忘扬州煮干丝》，张友鸾《北京菜》，俞平伯《略谈杭州北京的饮食》《夏令冬瓜第一蔬》，黄苗子《豆腐》，汪曾祺《豆腐》《干丝》《萝卜》《五味》《葵·薤》《食豆饮水斋闲笔》《黄油烙饼》《晚饭花》《故乡的食物》，郭风《关于豆腐》《稀饭和西瓜》，叶灵凤《家乡食品》，孙伏园《绍兴东西》，俞明《苏帮菜》，曹聚仁《扬州庖厨》，端木蕻良《东北风味》，戈宝权《回忆家乡味》，蔡澜《花生颂》，丰子恺《吃瓜子》，王稼句《蜜饯》，邓友梅《喝碗豆汁儿》。

当代的文化名人亦无不参与了饮食文化的创造活动。"民以食为天"，说的是吃饱肚子，免于饥饿。到了文人笔下，饮食成了雅事，进而上升到饮食文化层次。孙中山、林语堂的大论人人耳熟能详，陆文夫有专写美食家的小说《美食家》，王旭烽有专写茶史与茶文化《茶人四部曲》。此外，总论吃的有钱锺书《吃饭》，沈宏非《写食主义》，符士中《吃的自由》；谈天下四方的有汪曾祺《四方食事》；谈文人与饮食的有汪朗《胡嚼文人》；谈一地之食品的有朱自清《话说扬州的吃》；谈一味食品的有林斤澜《家常豆腐》，张爱玲《草炉饼》，叶圣陶《白果歌》，姚雪垠《一鱼两吃》，冰心《腊八粥》，王蒙《我的喝酒》等。

周芬娜的《品味传奇——名人与美食的前世今生》将古今名人与美食连接起来，使我们知晓，原来，那些社会名流无一不有美好的饮食故事。名人饮食的书有汪曾祺《知味集》，袁鹰《清风集》，吴祖光《解忧集》，范用《文人饮食谭》，韦君《学人谈吃》，唐大斌《名家论饮》等。

文人善于写作，记录美食留下了饮食文化之作，带给人启迪。但何谓美食家，这个概念无法统一。美食家这个概念，似应从"饕餮"一词开始。古语的"饕"，词义之一乃是"贪嗜饮食"，《说文解字》《韵会》都有此说。"饕餮"则指恶兽名，若到博物馆参观，就会发现古代钟鼎彝器琢饰的饕餮形纹，以商至西周时的青铜器物最多。饕餮只是一种想象的动物，谁也没有见过。中国人会吃，爱吃，在吃上下了最大的功夫，用饕餮来自我画像，算是内心希望一直有缘能品尝到美食的永恒的期待吧。宋代苏轼写下著名的《老饕赋》，"老饕"一词从此则成了美食家的称呼。魏文帝曹丕《典论》说："一世长者知居处，三世长者知服食。"意思说，一代为官的富贵人家方才知道什么是好房子，富有三代的人家才懂得什么是好服饰，什么是美食，这么说来要做美食家，需要三代富豪家庭的支撑呢。

"美食家"一词首见于文字所载，当是作家陆文夫的小说《美食家》，这本书描绘了一个叫朱自冶的美食家的饮食活动。小说出版后，又拍成了电影，"美食家"这个词就逐渐成为人们常用的口语了，"老饕"一词也就渐渐消退了。

陆文夫《美食家》一书第一次给"美食家"下了一个定义："一是要有相应的财富和机遇，吃得到，吃得起；二是要有十分灵敏的味觉，食而能知其味；三是要懂得一点烹调的原理；四是要会营造吃的环境、心情和氛围。美食家和饮食是两个概念，饮食是解渴与充饥，美食是以嘴巴为主的艺术欣赏——品味。美食家并非天生，也需要学习，最好还要能得到名师的指点。"这个概念既有对美食家经济基础的要求，又有烹饪角度的要求，并且要求他善于对饮食环境的营造。

法国美食家协会曾提出：美食是一门需要加以确切定义的艺术。作为 20 世纪的美食家的首要标准，就是饮食有度，同时，只食用质佳而烹饪得当的食物，饮用高质量的饮料，这些饮食既可满足人们的味蕾的需要，又具有美好的味觉。

当然，美食家对于美食的创造是一种加工和升华，他们是根据具体操作者的描述，加之自己的观察、体味、尝试等来完成的。当然，也不排除他们之中有人能够亲自下厨，能够亲手做出丰盛的宴席。同时，一生以美食的品尝为职业的人如凤毛麟角，这些理论的创造者大多是业余的，如陆文夫《美食家》中所描述的专门的美食家毕竟是很少的，也是历史的偶然的机遇成就了这位美食家。

对于当代的中国人而言，要成为美食家并不是一件难事，极大的物质财富的积累为每一个人提供了这种可能。饮食生活的丰富，使得人们通过一日三餐享受饮食所带来的审美愉悦和精神的满足，体味事物的哲理，认知中华饮食文化的内在本质，感受"饮德食和，万邦同乐"的融融之乐，从而为构建和谐社会添砖加瓦。

二、饮食文化与笔记小说

（一）笔记小说概要

古代文人随笔所记，往往篇幅短，格调松闲、安雅，简练，记录了历代文人参与饮食文化创造的工作。

1. 元代《饮膳正要》的饮食思想

元代我国疆土横跨欧亚大陆，为世界性的饮食文化交流提供了动力和机会。而《饮膳正要》正好提供了一个观察点。《饮膳正要》为元代饮膳太医忽思慧所撰，既吸纳了蒙古人、汉人的医学知识，又有融会贯通，因之这部书在元代的饮食思想研究中具有特殊的地位。

首先，《饮膳正要》一书的作者忽思慧（一译和斯辉），蒙古族（一说为元代的回族人），约为13、14世纪间人。忽思慧被选任饮膳太医，入侍元仁宗之母兴圣太后答己。为皇太后做保健医生，他必然是当时国内的一流医生，具有最好的医学修养。其次，由于服务对象的原因，该书着力点在养生、保健。再次，忽思慧的医学总结很有特点，不是就病论病，而是在哲学的层次、世界观的层次来讨论。将人定位为天气地气"合气"所生，人是天之所生，地之所养，要知人必须知天地，将天地打通。这和张载《西铭》的观点正相呼应。

忽思慧在哲学层次谈养生，第一步，指出养生关键在心："心为一身之主宰，万事之根本，故身安则心能应万变，主宰万事，非保养何以能安其身。"忽思慧这里所说的"心"，既是生理上的心脏，又是精神上的主宰，所以他所说的养生包括心理健康，包括如何统摄精神。 这一观点为现代医学所支持，美国南佛罗里达大学健康科学研究中心威斯利教授的研究结果证明，心脏可以分泌救人一命的激素，杀死癌细胞。

第二步，忽思慧进一步阐明保养的哲学基础是"守中"，"守中"就是"守心"，守心其实就是守正，无过不及谓之正，忽思慧正是把孔子"过犹不及"的思想运用到养生学上："保养之法，莫若守中，守中则无过与不及之病。"

第三步，忽思慧指出饮食在养生中的重要性，认为"调顺四时，节慎饮食，起居不妄"是顺应天地的行为，而节俭饮食是顺应天地的具体作为。 饮食如何养生，就是"使以五味调和五脏"。 五味指五味均匀，又指五味适应五脏，不可只凭个人性味偏食。 以上都做到了，养生的目的就达到了："五脏和平则血气资荣，精神健爽，心志安定，诸邪自不能入，寒暑不能袭，人乃怡安。"

第四步，忽思慧继承孙思邈的观点，强调"上古圣人治未病不治已病"，这与现在的"防病胜于治病"的思路是完全一致的。 "治未病"指身体在无病情况下，重视预防，以防疾病的发生，同时强调患病之后，应当积极扶正祛邪，防止病情加剧以致恶化，早日康复。 忽思慧并且指出要做到这一点，最重要的是饮食的配合，将问题的讨论再次回到饮食上来，指出圣人也有口腹之欲，但是他们能够用饮食养气养体，不使其伤害到气和体。 如果食气相恶则伤害精，如果食味不调则损伤形。 形受五味以成体，所以圣人先用食禁以保存性，然后制药来防病。 饮食百味，要其精粹，审核其适宜补益助养，了解新陈的差异，知晓温凉寒热的本性，审定五味偏走的伤病。 这才是摄生之法。 忽思慧强调了饮食和养生的关系。

2. 明代袁宏道与《觞政》

明代袁宏道所撰《觞政》，总结了当时的酒俗、酒规、酒礼等，是明代最具代表性的酒文化著作*。 袁宏道（1568—1610 年），明代文学家，字中郎，又字无学，号石公，又号六休。 荆州公安（今属湖北公安）人。 "觞"就是酒，"政"就是政令、法令。

《觞政》前言说：我的酒量不到一个芭蕉叶酒杯的容量。 然而每当听到酒台上搬动的声响，马上就会跳跃起来。 遇到酒友在一起便流连忘返，不饮通宵不罢休。 不是长期和我密切交往的人，不知道我是没有多少酒量的。 袁宏道写作《觞政》的目的是对那些不遵守酒仪、酒礼之人的警戒，觉得应该有一个酒场中共同遵守的规矩，建立酒场的法令或条例，进而从饮酒中获得生活的情趣和审美的享受。

《觞政》全文共 16 条，对饮酒的器具、品第、饮饰、掌故、典刑、姿容、佐酒的物事，以及适宜的景色与品酒取乐的方式等方面都做了简短却精辟的评论。

"一之吏"，提出饮酒时要建立纠察制度并且选定执行人：凡饮酒时，任命一个人为

---

* 袁宏道，郎廷极编著，徐兴海注解．觞政·胜饮篇［M］．郑州：中州古籍出版社，2017.

"明府"，主持斟酒、饮酒等诸般事宜。"二之徒"，讲酒徒的选择，有十二个标准，不但有言辞、气态的要求，而且须有一定的文化素质，听到酒令即刻解悟不再发问，分到诗题即能吟诗作赋。"三之容"，讲饮酒者的仪态，但是核心是自我节制：饮酒饮至酣畅处应有所节制。"四之宜"，认为醉酒应有醉酒的环境，比如时节、地点、方式、酒伴。"五之遇"，"遇"者所遇场合，有五种适宜的情形或场合，同时也有十种不适宜的情形或场合。既有时令，又有气氛，中心强调尽兴而罢并不是一件容易的事情，需要主人、客人等各方面的条件的整合。"六之候"，"候"者征候、预兆，其中饮酒的欢乐有十三种征候，而饮酒不欢快的征候又有十六种。 礼仪、规矩必不可少，非得要清除那些害群之马。"七之战"，将饮酒比喻成战争，酒量大者凭实力，凭勇气、豪气，还有"趣饮""才饮""神饮"。 但是他最欣赏的是"百战百胜，不如不战"，这是指的以智谋而取胜无所牵累。"八之祭"，指出凡饮酒，必须先祭祀始祖，这是礼的基本要求。 需要祭祀的有四等人选：第一，以孔子为"酒圣"；第二，四个配享的是阮籍、陶渊明、王绩、邵雍；第三，另有"十哲"是历代饮酒名人；第四，山涛等人以下，则分别于主堂两侧的廊下祭祀；不在其列，姑且在门墙处设祠祭祀的是仪狄等酿酒之人。"九之典刑"，"典刑"就是"典型"，列举了欢乐场上的楷模，饮者所应遵从的准绳，共 18 类。"十之掌故"，认为凡"六经"、《论语》《孟子》所说有关饮酒的规式，都可以视作酒的经典。"十一之刑书"，设计出酒场上的各种刑罚，其中最重者是借发酒疯，以虐待驱使他人来逞能，又迫使其他的醉鬼来仿效者，要处以大辟的极刑。"十二之品第"，给酒的等第做出划分，以颜色、清澈、味道为标准可列为圣人、贤人、愚人三等；以酿造的原料和方式为标准则可划分为君子、中人、小人三类。"十三之杯杓"，评价酒器的优劣，以古玉制成及古代窑烧制的酒具为最好，其他的等而下之。"十四之饮储"，排列佐酒食品，一清品，如鲜蛤、糟蚶、酒蟹之类；二异品，三腻品，四果品，五蔬品。 同时强调，贫穷之士只用备下瓦盆、蔬菜，同样可以享有高雅的兴致呢！"十五之饮饰"，对饮酒的环境和装饰提出要求，比如窗明几净，应时开放的鲜花和美好的林木等。"十六之欢具"，开列了一个饮酒娱乐所需相关物品和器具的清单。 附录的"酒评"记一次与朋友的欢宴，评定各人饮酒的神态，文字夸张，幽默，极具风趣。

3.《胜饮编》的饮食思想

《胜饮编》的作者郎廷极（1663—1715 年），字紫衡，一字紫垣，号北轩，家世显赫，清代隶汉军镶黄旗，奉天广宁（今辽宁北镇）人。 湖南布政使、山东巡抚郎永清的儿子。

书中杂采经史中凡是以酒为比喻的文字，汇集而成。"胜饮"二字正是该书所要表达的中心意思，以不饮为胜，不饮或者少饮。

《胜饮编》共 18 卷。 每卷内各有子目。 全书搜罗整理了历代与酒有关的人物、故事、物品、习俗、著作等，虽然仅约 5 万字，但涉及面非常广泛，可以说几乎涉及了酒文化的各个方面，内容颇为丰富。

卷一《良时》劝诫趁着吉日良辰，参加有酒的聚会，能够增进饮酒的情趣。 卷二《胜地》推崇风景名胜之处，是人们相聚饮酒的极佳之地。 卷三《名人》说明了名人的标准："古来酒人多矣，第取其深得杯中趣而无爽德者。"卷四《韵事》谓饮酒必须与酒境相合，才称得上是高雅之事。 卷五《德量》告诫饮酒要自我节制。 卷六《功效》强调酒能益人娱人，也能伤人害人，关键是要适度。 卷七《著撰》列举酒文献，只是列举全篇的著作，标其题目，意在使饮酒的人了解酒中之人，没有不能撰文。 卷八《政令》讨论的同样是觞政，指出古人饮酒时，多设监史、觥使、军法行酒，行酒令以助饮。 卷九《制造》载酒的酿造。 记载酒的制作者，制酒的原料。 卷十《出产》记产酒的名地，如中山、鄳渌、苍梧、宜城、关中、荆南、豫北、乌程、桂阳、兰陵等五十条，既有国内，也有国外，并且以文献为证，或者附录有名人诗词以为佐证。 卷十一《名号》记载酒的别号，计有黄流、从事、督邮、欢伯、曲秀才、曲道士、曲居士、椒花雨、流香、花露、荔枝绿、状元红、碧香、酥酒、般若汤等。 卷十二《器具》记载常用的酒器，提出一个观点，不必太在意酒器：与其玉杯无底，反不如田野人家的老瓦盆显得真率可喜。 卷十三《箴规》说的仍然是酒的戒律，呼吁要牢记"甘酒嗜音的警告"，警惕酒与味色的可怕。 卷十四《疵累》指正饮酒中的缺点或过失，强调的仍然是礼仪、礼节和自我节制，和顺而有礼仪才是人们所尊重的。 卷十五《雅言》认为酒中意趣，难以用言语传达。 卷十六《杂记》记载琐事闲谈，可以作为酒席中的谈资。 卷十七《正喻》，以最直观的比喻激起读者的畅想，引导读者发现酒文化，欣赏酒文化。 卷十八《借喻》，先说借喻的概念，以喻体代替本体，直接把被比喻的事物说成比喻的事物，不出现本体和喻词。

4. 李渔《闲情偶寄》的饮食思想

李渔（1611—1680 年），初名仙侣，后改名渔，字谪凡，号笠翁，浙江兰溪人，即今浙江兰溪市孟湖乡夏李村。 一生涉及诸多领域，并取得很高的成就，文学家、戏曲家、出版家等集于一身，著述无数。 康熙十年（1671 年），《笠翁秘书第一种》即《闲情偶寄》（又称《笠翁偶集》）问世，这是李渔一生艺术、生活经验的结晶。《闲情偶寄》分为词曲、演习、声容、居室、器玩、饮馔、种植、颐养 8 部，共有 234 个小题，堪称生活艺术大全、休闲百科全书，是中国第一部倡导休闲文化的专著。 内容较为驳杂，戏曲理论、养生之道、园林建筑尽收其内。 所撰《闲情偶寄》中《饮馔》《种植》《颐养》三部分表达饮食思想。

卷六《饮馔部》与饮食的关系最为直接。 饮馔部所述几乎全是他自己的见识，而不同于一般的食谱类烹饪著作。 分为蔬菜、谷食、肉食三节，蔬食放在卷前，而将肉食放在卷后，表达了提倡清淡饮食的主张。

李渔认为养生的第一点是"行乐"，因为生命有限。 知足常乐，"善行乐者必先知足。"穷苦的人也有自己的快乐。 退一步，正是退这一步海阔天空，开出一片新天地，于是有了好心情，有了闲情逸致，看一切都是美的，便有所得。

大闹天宫之大闹蟠桃园（邮票）

（二）明清小说名作

明清时期完成的小说，已经与先前的笔记小说不同，已经成为文学艺术作品，以刻画人物形象为中心，通过故事情节和环境描写来反映社会生活。 明代小说，是在宋元时期的说话艺术的基础上发展起来的。 明代文人创作的白话短篇小说称为"拟话本"，就是直接摹拟学习宋元话本的产物，长篇小说如《三国演义》《水浒传》《西游记》等，亦多由宋元说话中的讲史、说经演化发展而来。 明代嘉靖以后，文人独立创作的反映现实的长篇小说如《金瓶梅》，亦取资于讲唱文学的写作经验。 明清时期的小说开始走上了文人独立创作之路，这一时期，小说作家主体意识增强。《红楼梦》的出现，把中国古代小说发展推向了高峰，达到前所未有的成就。 在明清这一段时间内涌现了无数的经典之作流传于世。 如明代四大奇书（《西游记》《水浒传》《三国演义》《金瓶梅》），三言二拍（《醒世恒言》《警世通言》《喻世明言》《初刻拍案惊奇》《二刻拍案惊奇》），清代的《红楼梦》《儒林外史》《老残游记》《聊斋志异》等。

明代小说的出现，标志着文艺作品对下层人民生活的关注，开拓了人们的视野；而小说随着对普通人的更多关注，对饮食的描写也把关注对象扩展到普通民众，他们的吃成为被记录者。 同时，原来的饮食文化记载在诗词、笔记小说等，有典故有格律，对阅读者的要求很高，原本是在社会上层流传，而小说就不同，有人物有故事有情节，易于理解，容易流传，散布在市井民间、说书场，通过说书者的白话表达，更多的人了解，现在通过小说，流散到民间，更多的民众参与到整理、创作中来。 同时，小说这种文体的容纳量空前增加，也使得饮食文化的记载容量成倍地增加。 从《诗经》到汉赋，再到唐诗宋词，区区数十字、几百字，想要将饮食生活的丰富铺张记录下来确是难事，而有了小说则不同。 小说就可以对饮食的具体情状予以详尽描绘，对餐饮的情节的尽情渲染，当然对饮食制作的过程也得到详细描绘，使得食品更具形象性，更加醉人迷人，无疑，小说体裁的出现，对饮食文化的传播起到了推动作用。

小说的人物描写离不了对饮食的描写。 饮食可以反映时代的特点，不同时代有不同的饮食；饮食可以反映地域的特点，不同地域有不同的饮食；饮食可以反映人物性格的不同，不同的人对待饮食有不同的态度，不同的习惯，而这些又归结于人物的个性、生长环境等的不同。 饮食往往是小说中人物交流的平台，是背景，又是情节发展的推动力。

小说对饮食文化的描写受制于两个方面，一是作家本人对于饮食的经历、记忆，这取决于他的家庭、世族的经济条件，另外还有他对饮食的理解、描摹的能力。 二是作家所处时代饮食的发展程度，所处地域的发展程度，这直接影响到作品中的饮食展现的规模、水平等。 从这个意义上说，一部小说中饮食文化的描写首先受制于作家本人的家庭经济条件，及所可能提供的体验。

一部小说的成功与否往往决定于饮食文化的描写的广度与深度，其场面的描写，饮食品种的描写，以及其所反映社会生活的深度与高度。 明代四部小说《金瓶梅》《西游记》《水浒传》《三国演义》都不约而同地将饮食的描写作为作品人物活动的主要内容，人物在饮食活动中的表现成为他们个性的反映，每一个人对待饮食都有着不同的态度，从而凸显出社会地位、兴趣爱好、教养与受教育程度，以及社会环境的影响的不同。 四部小说所反映的饮食思想正好各自有一个方向，各自有一个关注点，将其综合起来，又具有层次性、全面性，其各具特色的饮食思想又互补互证，反映明代饮食思想所达到的广度与深度。

《金瓶梅》以一个县城为背景，以一个富人的生活为中心，是奢华的饮食生活；《水浒传》写造反的人如何聚会到梁山泊的过程，这里边有他们的追求、梦想，表现他们一旦可以实现自己理想的时候所希望的饮食，是最有代表性的农民的饮食生活；《三国演义》不留意普通人的生活，而是突出时代巨变之中英雄人物的活动，这其中也有他们的饮食，饮食成为他们英雄人物表现的形式，是最英雄的饮食生活；《西游记》中心人物是玄奘，他是僧人，吃素，不追求奢华的饮食，是最出世的饮食生活。

（三）当代小说

1. 陆文夫《美食家》

美食是人们的生理需求得到基本满足之后的物质体现，但是美食的发展，往往成为一部触目惊心的血泪史。 陆文夫发表于《收获》（1983 年第 1 期）的《美食家》是中篇小说，描写了一位当代美食家，小说借着美食家的经历浓缩新中国成立前夕到我国改革开放的历史，其间如"反右派斗争""大跃进""文化大革命"等几次重大的政治风云，借朱自治的"吃"来穿针引线。 "'文化大革命'可以毁掉许多文化，这吃的文化却是不绝如流"*。《美食家》，是吃的历史与文化。 写的不是简单的"吃饭"问题，而是借"吃"叙写人物命运，演绎历史变迁。

小说有两位主人公，一个是嗜吃如命的地产资本家朱自治，一个是仇吃成癖的国营饭店经理高小庭。"好吃"与"恨吃"的两人各领一条线索贯穿于作品始终，却又偏偏"不是冤家不聚头"，这两人一生起伏的曲线，循着你起我伏、你伏我起的规律曲折前行，被"吃"这一字扭结着，将这两根本无交集的曲线扭成了一根绳，一根充满了矛盾纠葛的绳。

---

* 陆文夫. 陆文夫集［M］. 福州：海峡文艺出版社，1986.

朱自冶流连于姑苏街巷，寻觅舌间美味的"吃史"：由吃馆子，到吃孔碧霞"高雅"的烹饪，再到将口味的享受转变为一种"艺术"的追求，写食谱，甚至成立学会，一生都在追求"吃"，而且这种追求在不断上升，直至成为人生的自我迷醉，成为名副其实的"美食家"。 这位嗜吃如命的吃客，不管天气如何，每天早起，穿戴整齐，叫上一辆黄包车，为的就是赶去吃一碗朱鸿兴的头汤面。 一个以"吃"为毕生追求的典型被刻画得栩栩如生。在旧社会，美食是奢侈的代名词，它被统治者长期独占享用的同时又给贫穷者带来种种痛苦，久而久之，痛苦变成了仇恨，高小庭把苏州的食文化归为一种"朱门酒肉臭，路有冻死骨"的"罪恶"。 于是他将革命的矛头指向"吃"，还自以为肃穆而又悲壮。

细看朱自冶四十年的"吃史"，从中得以窥见二十世纪中叶中国社会兴衰史的一斑。单只瞧朱自冶那凸了又瘪，瘪了又凸的肚皮，便已是那时"生活的晴雨表"，更是当时社会的一面镜子。 他这吃吃喝喝的一生，他那不安分的肚皮，无一不是随着那历史的风云而起伏。

2. 王旭烽"茶人四部曲"

"茶人四部曲"是王旭烽历时近 30 年写就的史诗长卷，包含《南方有嘉木》《不夜之侯》《望江南》《筑草为城》。 小说从 19 世纪清末开始，一直延续到 20 世纪末，历经多个重要的历史时期。

王旭烽以时代为轴，以杭氏家族为中心，展现在恢宏的历史变局中，杭家人继承与发扬的茶人自强不息的精神。 他们或投身于民主革命，为民族独立和国家富强，九死一生；或为振兴家族茶业殚精竭虑，使杭茶走向世界，蜚声海外。 作品格局宏阔，熔江南文化与家国情怀为一炉，以四部曲的规模见证个人史、家族史、民族史中的百年中国。

3. 莫言和他的作品

莫言 2012 年获得了诺贝尔文学奖，获奖主要由于小说《丰乳肥臀》和《酒国》，另外还被提到的是《蛙》。《丰乳肥臀》主要的是因为写了吃，《酒国》则是因为写了喝，不管是吃还是喝，都是饮食，都是饮食文化。 在饮食描写的背后，莫言寄托了自己的饮食思想，揭露吃人，批判，控诉。

《丰乳肥臀》的时代背景有一段是大饥荒时代，其所描写的饮食生活成为那个时代的人们饮食生活的实证。 小说揭示了食物与生命的关系，描述了食物匮乏到要断送生命的时候人们的反应，血淋淋的直面饥饿的时候生命与尊严、与伦理道德的博弈。 直白的说明，死亡线上的人，获得食物的需求是第一位的。"右派分子"中最为高傲的乔其莎吃嗟来之食，失去了知识分子人格和尊严，为什么会是这样？ 莫言在小说中回答了这些问题，不过是掩藏在对于女人乳房的描写之中，丰满的乳房，肥大的臀部之下深藏着的是批判精神。

食物是充饥的，一旦食物的供应不能满足维持生命的最低量的时候，人就会想尽办法去获得食物，这似乎是天经地义的，是不需要证明的道理。 生命的价值高于尊严、人格，这就是此小说所要说明的。 知识分子本是社会的良心，可是在小说里，他们苟延残喘，为了一口馒头出卖肉体，出卖灵魂。 伟大的母亲，竟然为着一口吃食，沦为小偷。 小说并不是仅仅为了描写这些，而是要刺激读者找寻背后的原因，是谁主宰着食物的分配，为什么每天只给一两多，六两多？ 是谁在对社会负责，是什么原因使得社会扭曲，人格扭曲？作者启示着读者的回答。

《酒国》以酒为线索，更多地写到了吃，然而吃得太残酷，真的是血淋淋的吃人。 汉语中有食其肉、寝其皮，置之死地而后快这样的成语典故，所表达的是极度的愤怒。

如果说《丰乳肥臀》还没有很明显地托出应该诅咒的对象，那《酒国》就要直截了当得多，批判的对象是官僚体制，腐败体系。 明代小说《水浒传》《西游记》中大肆渲染人吃人的情节，反映了中国历史上经常出现的吃人肉的令人恐怖的风俗。 而《丰乳肥臀》揭示此一陋习，在《酒国》里是同样的。 莫言将此一主题更加充分地展示在另一部小说《蛙》中。 在莫言的笔下，吃人肉象征着毫无节制的消费、铺张、垃圾、肉欲和无法描述的欲望。 只有他能够跨越种种禁忌界限试图加以阐释。

《酒国》更加直接的和饮食思想发生了关联。 小说最为震撼人心的是宴席，人肉宴席。

《酒国》的主题思想，就是：酒毁灭着这个国家，吃蚕食着这个国家；吃遍了天上的，吃遍了地上的，就会吃人；某些行为致使社会风气重男轻女，就是吃人；腐败的放任将使得国将不国。

《酒国》所提出的问题看似是借着酒劲，耍着酒疯提出来的，实际却是十分认真的。

| 思考题 |

1. 利用图书馆或数字图书馆，了解饮食文化文献的学术资料情况。

2. 选取一种古代饮食文化论著，了解其基本内涵，与师生作交流。

3. 从博物馆收藏的藏品中，选取你所感兴趣的一件与饮食文化有关的藏品，并与师生交流其特点。

4. 选取几个饮食文化中你特别喜欢的字，通过进一步查阅内涵，向同学们以图文并茂的形式展示这些文字蕴涵的文化。

5. 课下查阅文献，找出 5 首你喜爱的饮食文化内容的诗歌，并了解其内涵。

6. 选一部内容有饮食文化元素的小说，阅读之后，与同学分享感受。

第六章 中华酒文化

| 本章导读 |

　　人类饮食中，酒是一个非常重要且又特殊的品种。不论在中国还是世界其他各国，酒与人类结下了极其深厚又十分繁杂的情缘。这些都滋生出一种独特的文化来，便是"酒文化"。中国的酒已有八千年以上的悠久历史，它作为文化的载体，在政治、经济、军事、农业、商业、历史、文化、艺术等领域都留下了极其深刻的影响。酒文化积淀在制酒的历史中，也蕴藏在饮用酒的历史中，同样流淌在由酒介入到各个领域中所形成的文化中。

1. 了解酒的起源及历史、酒的分类及特色和博大精深的中华酒文化的内涵。
2. 掌握中华酒文化中的宴饮中的酒礼俗、酒令文化、酒诗歌、酒与艺术等内容。
3. 文明饮酒、健康饮酒，倡导文明健康的生活方式，以实际行动推进健康中国建设。

| 学习内容和重点及难点 |

1. 学习的重点是酒的分类及特色，中华酒文化中的酒礼俗、酒诗歌、酒与艺术等，难点是各类酒的品鉴方法，各地宴饮中酒的礼俗文化。
2. 对不同地域的酒礼俗的了解和交流，欣赏酒诗歌，酒与多门艺术的鉴赏方法。

第一节
酒的起源及历史

一、酒的发明与传说

中国的酿酒，传说始于黄帝时代，在《黄帝内经·素问》中记载着黄帝与岐伯讨论酿酒的情况："黄帝问曰：为五谷汤液及醪醴，奈何？岐伯对曰：必以稻米，炊之稻薪，稻米者完，稻薪者坚。黄帝曰：何以然？岐伯曰：此得天地之和，高下之宜，故能至完；伐取得时，故能至坚也。帝曰：上古圣人作汤液醪醴，为而不用，何也？岐伯曰：自古圣人之作汤液醪醴者，以为备耳，夫上古作汤液，故为而弗服也。中古之世，道德稍衰，邪气时至，服之万全……"由此可见，黄帝时代的酿酒属于大医术治病范畴，酒在当时也有着重要的地位。

仪狄是夏禹之臣，也是传说中的造酒者。《战国策·魏策一》记载："昔者，帝女令仪狄作酒而美。进之禹，禹饮而甘之，遂疏仪狄，绝旨酒。"不过《文选·曹植（七启）》及张协《七命》注引《战国策》，均作"昔帝女仪狄作酒而美，进之于禹"，那么又有"帝女仪狄"作酒之说。

另外还有夏代杜康造酒之说。《说文》："杜康作秫酒"。杜康酿酒上的贡献是发明了秫酒，就是用粮食来造酒。而晋人江统《酒诰》持酒乃自然发生的说法，认为远古时候，"有饭不尽，委以空桑，郁积成味，久蓄气芳。本出于此，不由奇方"。其实专家们认为，最早产生的大约是自然果酒。远古时期一些能酿酒的水果熟透落地，在遇到适当的气候后，野果会发酵而成天然酒。1977 年江苏泗洪县双沟出土了古猿人化石，经中科院专家考证，被命名为"双沟醉猿"，并推断在一百多万年前这里是原始森林，古猿人因吞食了经自然发酵的野果液而醉倒未醒，成为化石。 此论断已被收入《中国大百科全书》。 现代科技研究发现，我国酿酒可能起源于公元前 7000 年。 中美学者合作研究发现，通过对河南省贾湖遗址新时期早期陶坛研究发现，陶土上残留有酒的痕迹。 当时的酒可能是大米、蜂蜜和水果（山楂或葡萄）混合发酵而成。 但也有学者提出质疑，认为仅凭这一点确定中国古酒的起源时限太过草率。

人类学家认为，酒的发明可能是人类在采集活动中把剩余的果实保存起来，经过日晒、发酵而积水为酒。 酒的发明与妇女的生活实践有密切的联系*。 这些材料与论断，都可以看到酒文化在最初阶段的积淀。

我国在远古已发明用曲酿酒，1979 年在山东莒县陵阴河大汶口文化墓葬中发现了距今五千年的成套酿酒器具，为了解当时酿酒技术提供了极有价值的资料。 20 世纪 70 年代和 80 年代在河北藁城台西商代遗址发现了一处完整的商代中期的酿酒作坊，专家们推测该酒坊酿酒方式为曲法酿酒，这后来也成了我国酿酒的主要方式之一。"曲蘖"也成为酒文化中重要的一部分。

二、酒与文字

1."酒"的字形与含义

下图为"酒"字的不同字体，从左到右依次为骨刻文-甲骨文-金文-小篆-隶书。

"酒"字的不同字体

骨刻文在甲骨文之前，是指在兽骨上刻画的符号——象形文字或图形文字，那时就已经有了"酒"字，说明了中国酿造酒的历史源远流长。 这五种字体，都有象形的成分，或者像流动的酒，或者像盛酒的器具。

2."酒"家族的字

部首为"酉"的汉字，《新华字典》收录有 125 个，字数之多说明与酒相关的部族十分庞大。 这些字除去酮、酰、酯、醛、酞、酐、醌这些新造字以外基本上都与酒有关。 酉：

---

* 宋兆麟等．中国原始社会史［M］．北京：文物出版社，1983.

本义指"加料加时酿制的醇酒",即"劲酒",引申为"强有力",也是"酒熟"的意思,此外还是古代对造酒的女奴的称谓。 配:本义是用不同的酒配制而成的颜色,《说文》:"配,酒色也",指不同的酒。 酏:既指酿酒所用的原料清粥,也指酿制成的米酒、甜酒、黍酒。 酎(zhòu):指经过两次或多次复酿的重酿酒。 酦(pō):未滤过的再酿酒。 酤:一夜酿成的酒。 酡:苦酒。 酨(zài):古代一种酒。 酷:酒味浓;香气浓。 酸:可指白酒,也可指两次酿酒。 醴:白酒。 醁:美酒。 醋:称之为"苦酒",说明"醋"是起源于"酒"。 醀(wéi):肉酒。 醹:酒名。 醽:美酒名。 醾(mí):酒名。 醿:古同"醾",酒名。

三、酒器文化

中国的酒史悠久,酒器文化也是异常丰富,这方面的内容也是酒文化殿堂中极具魅力的长廊。

1. 原始时期陶制酒器文化

考古发现,酒器的出现可以追溯至五六千年前,当时是用陶来制造的,而且在每种文化中各呈现其不同的特点。

先民用红陶、灰陶、黑陶、白陶制造酒器,根据实用和审美的要求设计出各种形状,如船形陶彩陶壶(北首岭遗址出土)、猪形陶鬶(大汶口遗址出土)、人首灰陶瓶(嘉兴大坟遗址出土)、人头型器口彩陶瓶(大地湾遗址出土)、鸮形陶壶(内蒙古自治区大南沟出土)、白陶鸡型鬶(潍坊姚官庄遗址出土)等。 又常在陶制酒器上进行彩绘或美化,画上花纹、鱼兽等。 先民发明了陶鬶,又发明了陶盉,造型美观,设计合理,而盉又有盖,从而比鬶更加卫生清洁。

这一历史时段的一些精品酒器往往令人叹为观止,且如何制造出来的还不能破解,被考古学家称为"蛋壳高柄杯"的即是如此。 这是山东龙山文化罕见的精品,用黑陶制成,由杯身、高柄、底座三部分组成,由一根细管上下连接起来。 陶质极细,光泽极亮,器壁极薄,造型极美,当时的东夷人如何制作出来的,至今还是一个谜。 有些专家指出,蛋壳高柄杯已是一种专门的酒礼器。 龙山时代的人已不再是纯粹地为娱乐而饮酒,而创造出了一套酒礼,饮酒已变成与政治有关的重要活动之一*。 酒器成为不仅是实用的,而且是礼文化的符号了。

2. 商周与春秋战国时期青铜酒器文化

辉煌的青铜文化也造就了这一时期青铜酒器文化的辉煌。

---

* 杜金鹏等. 中国古代酒具 [M]. 上海:上海文化出版社,1995.

爵，为最早出现的青铜礼器，饮酒器。 角，饮酒器。 觚（gū），饮酒器。 觯（zhì），饮酒之杯。 饮壶，饮酒之杯，其器名因有自铭而成为一类。 斝（jiǎ），盛酒行裸礼之器，或云兼可温酒。 樽，高体的大型或中型的容酒器。 壶，此指盛酒之壶，另有盛水之壶。 卣（yǒu），盛酒器。 方彝，盛酒器。 觥（gōng），用兽角做的盛酒器。 罍（léi），盛酒器。 瓮、瓿（biān），常称为瓿（bù），容酒器。 盉（hé），用来温酒的铜器。 罇（zūn），盛酒器，另有盛水的盥缶。 甔（dān），盛酒器。 枓（dǒu），挹（yì）酒器。 勺，取酒浆之器。 禁，承酒尊的器座*。 从以上可以感知青铜酒器琳琅满目，亦可感悟到先民的聪明才智与审美情趣。

（清代）陈鸣远款爵（宜兴紫砂材质）

这些酒器按照一定的理念进行组合使用，充分体现出尊卑贵贱的不同身份与等级，在酒器中体现出礼制，这是酒器文化的一个重要内容。 另外，青铜酒器制造工艺考究，其或典雅、或雄健、或洒脱、或凝重的造型与纹饰，往往令中外人士赞不绝口，给后人提供了取之不尽的艺术灵感。 青铜酒器上的铭文是史学研究的珍贵材料，而其铭文的书写是中国书法艺术的瑰宝。 北京故宫博物院藏有春秋时代的莲鹤方壶，造型极其精妙。 其上莲花盛开，仙鹤亭亭玉立于花蕊，昂首振翅，似鸣似舞；壶腹四隅各有神兽；圈足下压两只怪虎。 郭沫若曾赞美：此鹤"突破上古时代之鸿蒙，正踌躇满志，睥睨一切"，莲鹤方壶"乃时代之象征"。

3. 秦汉漆制酒器文化

青铜酒器由于受到铁制与漆制酒器的直接冲击，终于没落，在秦汉，漆制酒器兴旺而至鼎盛。

汉代常见漆制酒器有樽、盅、壶、钫、卮、勺、耳杯等。 樽，是承铜器樽而来，漆樽之画精美。 枋，也作钫，方形的。 卮，是汉代常见饮酒器，直筒状，有把手。 耳杯，饮酒器。 长沙马王堆一号汉墓共出土漆耳杯90件，均为椭圆形，侈口，浅腹，月牙状双耳上翘，平底。 其中有40件题写了"君幸酒"，有50件题写了"君幸食"。 勺，也即是斗，斗是挹酒之器。 马王堆一号汉墓中出土龙纹漆斗一件，竹木胎体。 斗内髹红

"君幸食"云纹漆耳杯
（汉代辛追墓出土）

---

　*　马承源. 中国青铜器［M］. 上海：上海古籍出版社，1988.

漆，外壁与底部则在黑漆地上绘朱色几何纹和柿蒂纹。斗柄上分三段装饰，柄端一段浮雕怪龙，十分精美。

这些是汉代常用的酒器，其文化特点有几点可述：一是汉代酒器由先秦那种凝重的礼文化氛围中走出来，更趋向于日用、自由、活泼。二是酒器文化中的审美也发生变化，质地、器型、色彩、纹饰都有了新的时代的审美视野与审美标准。三是这些漆制酒器的造型、造材、制作、髹漆、彩绘，使赋予了新内涵的汉代酒器又积淀到中华酒器文化中去。当然秦汉酒器还有铜制的、玉制的、玻璃制的、陶制的，但其主流是漆制酒器。

4. 三国两晋南北朝的青瓷酒器文化

汉以后漆制酒器渐衰落，三国两晋南北朝时期是青瓷的发展期，于是青瓷酒器走上历史舞台。

（东晋）青瓷褐彩鸡首壶

两晋时有最为常见的青瓷鸡首壶，又有用鹰、鼠等动物来装饰的青瓷壶，如出土有鹰饰青瓷盘口壶、鼠耳青瓷扁壶等。这种酒器质地不同于青铜、漆木，但胎质致密坚硬、釉层青亮，而其式样既吸收了商周铜器中鸟兽樽的特点，又融进了日常可见的禽兽姿态，便生发出一种新的时代美感与意趣出来。其他如青瓷樽、青瓷罐、青瓷耳杯等亦如此，既继承前代的酒器文化，又不同于前代的酒器文化。再如东汉有耳杯与托盘一起使用的，而东晋以来出现了盏托，盏托在南北朝时期普遍生产使用。

从这一历史时期可以清楚地看到，青瓷酒器以其更简的工艺、更省的成本、更广的普及取代了漆制酒器，丰富了中国的整个酒器文化。

5. 隋唐五代的酒器文化

唐代是我国酒器文化发展的一个重要阶段。国力的鼎盛，文化的繁荣，生活的富足，品茶饮酒成了生活的必需，也是文化的必需。

唐代酒器中出现了许多金银制作的酒杯、酒壶等。1970年在西安市南郊何家村，出土了一千二百多年前唐邠王李守礼埋于地下的两口大陶瓮，出土文物一千多件，其金银器270多件，属于酒器的有金杯、金碗、金铛、银杯、银碗、银铛、银盘、银壶、银羽觞等。隋代瓷器已出现了"乳白釉""茶叶末釉"，唐时瓷制酒器也是精彩纷呈。如扬州曾出土唐时黄釉绿彩龙首壶，或说是彩瓷，或说是唐三彩，但其精美珍贵却是共同认定的。连云港出土牡丹三彩扁壶、扬州出土过绿釉执壶、宁波出土过绿彩鹿纹瓷壶、如此等等，瓷制酒器文化有了极大的发展。 唐代还有许多极其珍贵材料制成的酒器，1970 年西安何家村出土了唐代玛瑙角形杯，采用淡青、鹅黄双色润纹的深红色玛瑙来制成的。 唐代用玉来制酒器也是美不胜收，如西安何家村出的八瓣莲花白玉盏，真可谓白玉之精，洁白晶莹。 在唐代用玉雕制成酒杯十分盛行，出土文物中也多见之。

五代时期青瓷酒器在制胎、胎面设计、造型方面也有时代特点。 如 1979 年 3 月苏州七子山五代墓葬出土了青釉金扣边碗，通体呈橄榄青色釉，晶莹如碧玉，是国内少见的越窑珍品。

隋唐五代酒器文化随中外文化的交流而融合，随生活方式的改变而改变。 特别是唐代的富强繁荣在酒器中得到了充分的反映，其时代的辉煌也在酒器文化中射出耀人的光芒。 同时，唐代酒器在唐诗中也得到了充分的展现，是诗与酒器、酒器文化最为灿烂的结缘篇章。 李白有"莫使金樽空对月"，王翰有"葡萄美酒夜光杯"，韩愈有"我有双饮盏，其银得朱提"，白居易有"就花枝，移酒海，今朝不醉明朝悔"等。

6. 宋元明清时期的酒器文化

酒业的发展使酒器又出现了新的局面。 宋代河南宝丰之汝窑、朝廷之官窑、浙江龙泉之哥窑、河南禹州市之钧窑、河北曲阳之定窑，制造出各具特色的精美瓷制酒器。 宋代各式酒注起码在 15 种以上。 另外就金银酒器而言，宋较唐有了较大变化，追求雅致、工巧、新颖。

辽代瓷制的鸡冠壶为其代表性的酒器，金代磁州窑生产的酒器承宋代而来，元代瓷酒器釉彩明亮，且有描金，还有了"青花"瓷器，工艺水平相当高。 宋代以后，蒸馏酒已普及，一般不需要加温饮用，酒器发生了变化，酒注和注碗后来逐渐淘汰，酒器日趋简单。

明清时期交通和商业发达，酒业得到进一步发展，酒器也发展得更为迅速。

明代常用酒器虽还是樽、壶、瓶、盅、杯、盏等，但每一类有几十个甚至上百个品种。 当时景德镇官窑，历朝都有发展，如永乐窑的鲜花釉、甜白釉和青花瓷，宣德窑的青花瓷，成化窑的"糊米底"、斗彩，弘治窑的黄釉彩，正德窑的孔雀绿釉，嘉靖窑以花捧字的装饰，隆庆窑的提梁壶，万历窑的五彩器等，展示了一个五光十色、精品林立的瓷制酒器世界。 明代金银酒器也很发达，象牙杯和景泰蓝酒器也在上层社会流行。

清代官窑康熙窑的青花、单色釉及彩器都有很高成就，雍正窑珐琅彩器达到顶峰，乾隆窑的

[清嘉庆二年（1797）]
金嵌珠宝金瓯永固杯

古铜釉尤为出名。 另外清代景泰蓝酒器、金银酒器都有了新的发展。 如现藏于故宫博物院的"金瓯永固"金杯，是清皇帝每年正月初一举行元旦开笔仪式时的专用酒杯。 杯为斗形，两侧以夔龙为杯耳，龙头各有珍珠一颗，三个卷鼻象头为杯足，用象牙围抱足两边，杯身饰有宝相花，并花中嵌珍珠、宝石为花心，点翠地。 杯上刻有"金瓯永固"等字，此为极其珍美珍贵之国宝。 此可谓清代酒器文化之杰出代表。

7. 现当代酒器文化

随着不断的开放交融，中式的与西式的酒器并存，传统的与新潮的酒器互见。 现当代人更重兼收并蓄，并又不断创新，就盛酒器的器型、包装就令人目不暇接，即如"易拉罐"一经流入，风靡中国，而中国设计精美的酒罐、酒坛也为外国人喜爱。

如今人们更注重酒器文化，比如郁金香的白兰地杯，杯肚大而杯口小，能让饮用者充分闻到白兰地的香醇气味。 威士忌古典杯，杯体坚实厚重，适宜加入冰块，手持杯子亦显得稳重典雅。 有柄的啤酒杯更能让饮用者便于持杯，手指的热度又不会影响啤酒的温度。因此饮酒要选合适的酒杯，饮葡萄酒则用葡萄酒杯，香槟酒和起泡葡萄酒用香槟杯，白兰地或干邑用白兰地杯，威士忌加冰用古典杯，饮威士忌、中国白酒用烈性酒杯或利口酒杯，啤酒可采用容量较大的各式啤酒杯。 另外，所有玻璃杯具应选用无色透明、质地良好、规格容量适宜的杯子，这样才能使品饮者饮得高兴*。 虽是简单的酒杯选择，实质上却含有饮酒的科学、饮酒的审美、饮酒的风度。

不同的时空中有不同的酒器及酒器文化，即使是同一酒器在不同的历史时空也有不一样的文化。 酒器文化随社会、经济、文化、科技的发展而发展，而制酒业的发展则是直接的动力。 酒器文化内涵极广，反映酒的文化、历史与社会的诸多方面，如工艺、民俗、美术、文学、心理、中外交流等，酒器虽是人们生活中的非重器，但却能折射出许多重大的内涵。 酒器文化是酒文化中一个很重要的构成部分。

第二节
酒 的 分 类 与 特 色

纵观世界各国用谷物原料酿酒的历史，一类是以谷物发芽的方式，利用谷物发芽时产生的酶将原料本身糖化成糖，再用酵母菌将糖转变成酒精；另一类是用发霉的谷物等，制成酒曲，用酒曲中所含的酶制剂将谷物原料糖化发酵成酒。

凡含有酒精（乙醇）的饮料和饮品，均称为"酒"。 酒饮料中酒精的百分含量称作

---

* 徐少华. 中国酒与传统文化［M］. 北京：中国轻工业出版社，2003.

"酒度"。 我国的酒按照酿造方法和酒的特性进行基本分类，即划分为发酵酒、蒸馏酒、配制酒和露酒四大酒种。

根据 GB/T 17204—2021《饮料酒术语和分类》，对饮料酒及四大酒种进行了定义。

饮料酒是酒精度在 0.5％vol 以上的酒精饮料。 既包括各种发酵酒、蒸馏酒和配制酒，也包括无醇啤酒和无醇葡萄酒。

发酵酒是以粮谷、水果、乳类为主要原料，经发酵或部分发酵酿制而成的饮料酒。

蒸馏酒是以粮谷、薯类、水果、乳类为主要原料，经发酵、蒸馏、经或不经勾调而成的饮料酒。

配制酒是以发酵酒、蒸馏酒、食用酒精等为酒基，加入可食用的原辅料和/或食品添加剂，进行调配和/或再加工制成的饮料酒。

露酒是以黄酒、白酒为酒基，加入按照传统既是食品又是中药材或特定食品原辅料或符合相关规定的物质，经浸提和/或复蒸馏等工艺或直接加入从食品中提取的特定成分，制成的具有特定风格的饮料酒。 酒基不包括调香白酒。 酒基中可加入少量以粮谷为原料制成的其他发酵酒。

现代科学技术的进步，为酒的分析提供了许多精密准确的方法。 然而直到如今人们还不能单靠鉴定酒中的成分来给它的质量以恰如其分的评价。 现代技术只能辅助感官分析而不能代替感官分析。 一般来讲，可以从色、香、味、格四个方面对酒进行感官分析。

一、发酵酒

发酵酒是指酿酒原料被微生物糖化发酵或直接发酵后，利用压榨或过滤的方式获取酒液，经储存调配后所制得的饮料酒。 发酵酒的酒精度数相对较低，一般为 3％ ~18％vol 左右，其中除酒精之外，还富含糖、氨基酸、多肽、有机酸、维生素、核酸和矿物质等营养物质。

（一）葡萄酒

葡萄酒是以葡萄或葡萄汁为原料，经全部或部分酒精发酵酿制而成的，含有一定酒精度的发酵酒。 中国 2000 年以前就有了葡萄与葡萄酒。 古代称葡萄为"蒲桃""葡桃"等，葡萄酒则相应地称作"蒲桃酒"等。 此外，在古汉语中，"葡萄"也可以指"葡萄酒"。

关于葡萄两个字的来历，李时珍在《本草纲目》中写道："葡萄，《汉书》作蒲桃，可造酒，人醋饮之，则醄然而醉，故有是名"。"醋"是聚饮的意思，"醄"是大醉的样子。 按李时珍的说法，葡萄之所以称为葡萄，是因为这种水果酿成的酒能使人饮后醄然而醉，故借"醋"与"醄"两字，称作葡萄。

中国葡萄酒的历史源远流长。古代即有各种原生葡萄，周朝已有蒲桃的记载。但中国种植葡萄及生产葡萄酒的历史是从2000多年前的汉武帝时期开始的，若以此作为我国葡萄酒产业的起点，至清末民国初，可大致分为以下五个主要阶段：即汉武帝时期，葡萄酒业开始和发展，张骞出使西域带回葡萄，引进酿酒艺人，开始有了葡萄酒；魏晋南北朝时期，葡萄酒业的恢复、发展与葡萄酒文化的兴起；唐朝盛朝时期，葡萄酒业有较大的发展，葡萄酒的饮用也日趋广泛，产生了灿烂的葡萄酒文化；元朝时期，葡萄酒业和葡萄酒文化的鼎盛时期，葡萄酒已经是一个重要商品；清末民国初期，葡萄酒业的转折期。1949年中华人民共和国成立以后，特别是1978年之后的四十多年来，我国的葡萄和葡萄酒事业得以蓬勃发展。

葡萄酒的品种繁多，因葡萄的栽培条件、葡萄酒生产工艺等的不同，产品风格各不相同。一般按酒的颜色、含二氧化碳压力、含糖量等标准来分类。

（1）按酒的颜色分类　可分为白葡萄酒（外观色泽近似无色或呈现微黄带绿、浅黄、禾秆黄、金黄色等颜色的葡萄酒）、桃红葡萄酒（外观色泽近似桃红或呈现淡玫瑰红、浅红色等颜色的葡萄酒）、红葡萄酒（外观色泽近似紫红或呈现深红、宝石红、红微带棕色、棕红色等颜色的葡萄酒）等。

（2）按含二氧化碳压力分类　可分为平静葡萄酒和含气葡萄酒。平静葡萄酒也称静止葡萄酒或静酒，是指不含二氧化碳或很少含二氧化碳（在20℃时二氧化碳的压力小于0.05MPa）的葡萄酒。含气葡萄酒又分为起泡葡萄酒〔在20℃时，全部由发酵产生的二氧化碳压力大于0.35MPa（对于容量小于250mL的瓶子二氧化碳压力等于或大于0.3MPa）的含气葡萄酒〕、低泡葡萄酒〔在20℃时，全部由发酵产生的二氧化碳压力在0.05~0.34MPa（对于容量小于250mL的瓶子二氧化碳压力在0.05~0.29MPa）的含气葡萄酒〕和葡萄气酒（酒中所含二氧化碳是部分或全部由人工添加的，具有同起泡葡萄酒类似物理特性的含气葡萄酒）。

（3）按含糖量分类　分为干葡萄酒（总糖小于或等于4.0g/L的葡萄酒，或者总酸与总糖的差值小于或等于2.0g/L时，总糖最高为9.0g/L的葡萄酒）、半干葡萄酒（总糖大于干葡萄酒，最高为12.0g/L的葡萄酒，或者当总糖与总酸的差值小于或等于10.0g/L时，总糖最高为18.0g/L的葡萄酒）、半甜葡萄酒（总糖大于半干葡萄酒，最高为45.0g/L的葡萄酒）、甜葡萄酒（总糖大于45.0g/L的葡萄酒，当甜葡萄酒中的糖完全来源于葡萄原料时，可称为天然甜葡萄酒）、自然起泡葡萄酒（总糖小于或等于3.0g/L的起泡葡萄酒）、超天然起泡葡萄酒（总糖为3.1~6.0g/L的起泡葡萄酒）、天然起泡葡萄酒（总糖为6.1~12.0g/L的起泡葡萄酒）、绝干起泡葡萄酒（总糖为12.1~17.0g/L的起泡葡萄酒）、干起泡葡萄酒（总糖为17.1~32.0g/L的起泡葡萄酒）、半干起泡葡萄酒（总糖为32.1~50.0g/L的起泡葡萄酒）、甜起泡葡萄酒（总糖大于50.0g/L的起泡葡萄酒）等。

（4）按酒精度分类　分为葡萄酒、低度葡萄酒（经中止发酵，获得酒精度小于7.0%vol

的葡萄酒）。

（5）按产品特性分类　分为天然葡萄酒、特种葡萄酒。特种葡萄酒又分为含气葡萄酒、冰葡萄酒［气温低于−7℃时，使葡萄在树枝上保持一定时间后采收，在结冰状态下压榨，发酵酿制而成的葡萄酒（在生产过程中不允许外加糖源）］、低度葡萄酒（经中止发酵，获得酒精度小于7.0%vol的葡萄酒）、贵腐葡萄酒［在葡萄的成熟后期，葡萄果实感染了灰绿葡萄孢霉菌，使果实的成分发生了明显的变化，用这种葡萄酿制而成的葡萄酒（在生产过程中不允许外加糖源）］、产膜葡萄酒（葡萄汁经过全部酒精发酵，在酒的自由表面产生一层典型的酵母膜后，加入葡萄白兰地、葡萄蒸馏酒或食用酒精，所含酒精度为15.0%~22.0%vol的葡萄酒）、利口葡萄酒（在葡萄酒中，加入葡萄蒸馏酒、白兰地或食用酒精以及葡萄汁、浓缩葡萄汁、焦糖化葡萄汁、白砂糖而制成的，所含酒精度为15.0%~22.0%vol的葡萄酒）、加香葡萄酒（以葡萄酒为酒基，经浸泡芳香植物或加入芳香植物的提取物而制成，具有浸泡植物或植物提取物特征的葡萄酒）、脱醇葡萄酒（采用葡萄或葡萄汁经全部或部分酒精发酵，生成酒精度不低于7.0%vol的原酒，然后采用特种工艺降低酒精度的葡萄酒）、原生葡萄酒（采用中国原生葡萄种，包括野生或人工种植的山葡萄、毛葡萄、刺葡萄、秋葡萄等中国起源的种及其杂交品种的葡萄或葡萄汁经过全部或部分酒精发酵酿制而成的葡萄酒）、其他特种葡萄酒。

（6）按饮用方式分类　分为餐前饮用的开胃葡萄酒；同正餐一起饮用的佐餐葡萄酒；在餐后饮用的待散葡萄酒（加强的浓甜葡萄酒）。

（二）啤酒

啤酒是人类最古老的酒精饮料之一，以麦芽、水为主要原料，加啤酒花（包括啤酒花制品），经酵母发酵酿制而成的，含有二氧化碳并可形成泡沫的发酵酒。

1. 世界啤酒工业

啤酒历史悠久，大约起源于9000多年前的中东和古埃及地区，6000年前美索不达米亚地区已有用大麦、小麦、蜂蜜制作的16种啤酒。后跨越地中海，传入欧洲。19世纪末，随着欧洲列强向东方侵略，传入亚洲。啤酒传播路线：埃及—希腊—西欧—美洲、东欧—亚洲。

公元前3000年起开始使用苦味剂。公元前18世纪，汉谟拉比法典已有关于啤酒的详细记载。公元前1300年左右，埃及的啤酒作为国家管理下的优秀产业得到高度发展。首次明确使用酒花作为苦味剂是在公元768年。

发展轨迹：家庭酿制—修道院、作坊生产—同业公会—使用酒花—下面发酵法—酵母纯培养—蒸汽机、冷冻机的应用—工业化大生产。

啤酒是世界性饮料酒，现在除了伊斯兰国家由于宗教原因不生产和不饮用酒外，啤酒生产几乎遍及世界各国，是世界产量最大的饮料酒。 2022年全球啤酒产量达1.89亿千升，啤酒生产增长快的是发展中国家。 中国目前已经是全球最大啤酒生产和消费国，近20年来，中国全球啤酒产量及消费量连年都位居世界前列。

2. 中国啤酒工业发展简况

中国在四五千年前，就有古代啤酒。 周朝《尚书·说命篇》记载"若作酒醴，尔惟曲蘖"。 "蘖"就是发芽的谷物，"醴"就是由蘖糖化后发酵的"古代啤酒"。 中国西安市米家崖考古遗址发现的陶器中保存着大约5000年前的啤酒成分，考古学家在陶制漏斗和广口陶罐中发现的黄色残留物表明，在一起发酵的多种成分，包括黍米、大麦、薏米和块茎作物。 但是汉朝以后，用蘖酿造的醴，慢慢被曲酿造的酒代替了。

中国近代啤酒是从欧洲传入的，"啤酒"是一个外来词，对应英文中的beer，德语中的Bier，法语中的bière，或者其他语种中类似的词。 根据语言学者的考证，英国传教士马礼逊（Robert Morrison）1828年在澳门出版的《广东省土话字汇》书中有"啤酒"一词。 这本口语教材中对啤酒有两个称呼：卑酒和啤酒。 且还区分了低度啤酒和高度啤酒波特，前者称为"细卑"，后者为"大卑"。 同时，马礼逊指出，啤酒是个舶来品。 1900年，俄国人在哈尔滨建立第一座中国境内的啤酒厂——乌卢布列夫斯基啤酒厂。 1903年，英国和德国商人在青岛开办英德酿酒有限公司（青岛啤酒厂前身）。 1904年，由中国人自己在哈尔滨开办啤酒厂——东北三省啤酒厂。 1915年在北京，由中国人出资建立了双合盛啤酒厂。这期间是啤酒生产的萌芽期，生产技术基本掌握在外国人手中，发展缓慢，分布不广，产量不大，原料靠进口。 1949年以前，只有8家啤酒厂维持生产，总产量不足万吨。 新中国成立后，大量建厂，尤其是20世纪80年代后期，到处开花。 2002年我国啤酒产量达到2386万千升，首次超过美国成为世界第一啤酒生产大国，发展速度举世瞩目。 2019年全年中国啤酒产量达到了3765.3万千升。 2020年，中国规模以上啤酒企业累计产量达3000万千升以上。 近年来，中国啤酒市场竞争激烈，超高端啤酒先后诞生。 中国啤酒品牌企业汲取古代酒文化创意开发成功的高度啤酒，兼具历史文化及艺术元素，是啤酒品牌赋予产品中华文化内涵的创新探索之举。

3. 啤酒的分类

（1）按色度划分 分为淡色啤酒（色度在2~14EBC的啤酒）、浓色啤酒（色度在15~60EBC的啤酒）、黑色啤酒（色度大于或等于61EBC的啤酒）。

（2）按浊度分类 分为清亮啤酒（浊度小于或等于2.0EBC的啤酒）、浑浊啤酒（浊度大于2.0EBC的啤酒）。

（3）按杀菌工艺分类 分为熟啤酒（经过巴氏灭菌或瞬时高温灭菌的啤酒）、生啤酒（不经过巴氏灭菌或瞬时高温灭菌，达到一定生物稳定性的啤酒，包括鲜啤酒）。

（4）按酵母类型分类　分为上面发酵啤酒/艾尔啤酒、下面发酵啤酒/拉格啤酒、混合发酵啤酒（在酿造过程中，使用一种以上微生物混合发酵生产的啤酒）。

（5）按产品特性分类　分为干啤酒（口味干爽的啤酒，其实际发酵度不低于72%）、冰啤酒（经冰晶化工艺处理的啤酒，其浊度小于或等于0.8EBC）、白啤酒（使用小麦芽和/或小麦作为原料之一，经上面啤酒酵母发酵的具有丁香、酯香等风味的浑浊啤酒）、司陶特（世涛）啤酒（使用烘烤麦芽或烘烤大麦作原料之一，经上面啤酒酵母发酵的酒精度较高的深色啤酒，其酒精度不低于4.0%vol）、皮尔森（比尔森）啤酒（使用下面啤酒酵母发酵，具有特殊风味的啤酒，其酒精度不低于4.0%vol，苦味值不低于20BU，色度为4～20EBC）、酸啤酒（通常经乳酸菌发酵或自然发酵等酸化工艺处理的酸感明显的啤酒，其pH不高于3.8）、黑啤酒（色度大于或等于61EBC的啤酒）、低醇啤酒（酒精度为0.5～2.5%vol的啤酒）、无醇啤酒（啤酒度小于或等于0.5%vol的啤酒）、小麦啤酒（添加一定量的小麦芽和/或小麦酿制的啤酒，小麦芽和小麦占麦芽量不小于30%）、果蔬汁型啤酒（添加一定量的果蔬汁，具有其特征性理化指标和风味，并保持啤酒基本口味的啤酒）、果蔬味型啤酒（在保持啤酒基本口味的基础上，添加少量食用香精，具有相应的果蔬风味的啤酒）、工坊啤酒（由小型啤酒生产线生产，且在酿造过程中，不添加与调整啤酒风味无关的物质，风味特点突出的啤酒）和其他特种啤酒。

（三）黄酒

黄酒是中华民族独创的民族特产和传统食品，也是世界上最古老的酒类之一，在世界三大酿造酒（黄酒、葡萄酒和啤酒）中占有重要的一席之地。

黄酒，顾名思义是黄颜色的酒。但黄酒的颜色并不总是黄色的。在古代，酒的过滤技术不成熟，酒是呈混浊状态的，当时称为"白酒"或浊酒；在现代，黄酒的颜色也有呈黑色、红色的。黄酒的实质应是由谷物酿成的，而人们常常用"米"代表谷物粮食，故黄酒曾经被称为"米酒"也是较为恰当的。

黄酒生产的发展历史是我们整个中华民族文明史的一个佐证。由于其酿造技术独树一帜，成为东方酿造界的典型代表和楷模。其中浙派黄酒以浙江绍兴黄酒、阿拉老酒为代表；徽派黄酒以青草湖黄酒、古南丰黄酒、海神黄酒等为代表；苏派黄酒以吴江区桃源黄酒和张家港市沙洲优黄、江苏白蒲黄酒（水明楼黄酒）、无锡锡山黄酒为代表；海派黄酒以和酒、石库门为代表；北派黄酒以山东即墨老酒为北方粟米黄酒的典型代表；闽派黄酒以福建龙岩沉缸酒、闽安老酒和福建老酒为南方红曲稻米黄酒的典型代表。我国黄酒用曲制酒、复式发酵的酿造方法，堪称世界一绝。

在当代，黄酒是谷物发酵酒的统称，以粮食为原料的发酵酒都可归于黄酒类。尽管如此，民间有些地区对本地酿造且局限于本地销售的粮谷类发酵酒仍保留了一些传统的称谓，如江西的水酒、陕西的稠酒、西藏自治区的青稞酒等。

黄酒可按产品风格、含糖量、酿造方法、原材料等方式分类。

（1）按产品风格分类　可分为传统型黄酒、清爽型黄酒、特型黄酒三大类。

传统型黄酒是以稻米、黍米、玉米、小米、小麦等为主要原料，经蒸煮、加酒曲、糖化、发酵、压榨、过滤、煎酒（除菌）、贮存、勾兑而成的黄酒。

清爽型黄酒是以稻米、黍米、玉米、小米、小麦等为主要原料，加入酒曲（或部分酶制剂和酵母）为糖化发酵剂，经蒸煮、糖化、发酵、压榨、过滤、煎酒（除菌）、贮存、勾兑而成的口味清爽的黄酒。

特型黄酒是由于原辅料和工艺有所改变（如加入药食同源等物质），具有特殊风味且不改变黄酒风格的酒。

（2）按含糖量分类　可分为干黄酒、半干黄酒、半甜黄酒、甜黄酒和浓甜黄酒五大类。

干黄酒以"绍兴元红酒"为典型代表，含糖小于或等于 10.0g/L。

半干黄酒以"花雕酒"为典型代表，包括各种"加饭酒"等，含糖 15.1 ~40.0g/L。

半甜黄酒以"善酿酒"为典型代表，含糖 40.1 ~100.0g/L。

甜黄酒以"香雪酒"为典型代表，含糖 100.0 ~200.0g/L。

浓甜黄酒含糖大于或等于 200.0g/L。

（3）按酿造方法的分类　可将黄酒分成三类：淋饭酒，是指蒸熟的米饭用冷水淋凉后，拌入酒药粉末，搭窝，糖化，最后加水发酵成酒。口味较淡薄。这样酿成的酒，有的工厂是用来作为酒母的，即所谓的"淋饭酒母"；摊饭酒，是指将蒸熟的米饭摊在竹箅上，使米饭在空气中冷却，然后再加入麦曲、酒母（淋饭酒母）、浸米浆水等，混合后直接发酵成酒。摊饭酒口味醇厚、风味好、深受消费者青睐；喂饭酒，将酿酒原料分成几批，第一批先做成酒母，然后再分批添加新原料，使发酵继续进行。黄酒中采用喂饭法生产的比较多，嘉兴黄酒就是代表。日本清酒也是用喂饭法生产的。

（4）按原材料的分类　分为稻米黄酒、非稻米黄酒等。

二、蒸馏酒

蒸馏酒是指酿酒原料被微生物糖化发酵或直接发酵后，利用蒸馏的方式获取酒液，经储存勾兑后所制得的饮料酒，酒精度相对较高，最高为 62%vol 左右，低度白酒为 28% ~38%vol。酒中除酒精之外，其他成分为易挥发的醇、醛、酸、酯等呈香、呈味组分，几乎不含人体必需的营养成分。

中国白酒、伏特加、威士忌、白兰地、金酒（杜松子酒）、朗姆酒号称世界六大蒸馏酒。现主要介绍中国白酒。

白酒是指以粮谷为主要原料，用大曲、小曲或麸曲及酒母等为糖化发酵剂，经蒸煮、糖化、发酵、蒸馏、陈酿、勾兑而制成的饮料酒。包括大曲酒、小曲酒、麸曲酒等传统发酵法生产白酒以及各类新工艺白酒。

由于中国白酒在工艺上比其他蒸馏酒更为复杂，酿酒原料多种多样，酿造方法各有特色，酒的香气特征也各有千秋，因此中国白酒的种类很多。

1. 中国白酒发展简况

关于中国白酒的起始问题，历来皆无定论。李时珍认为，"烧酒非古法也，自元时始创，其法用浓酒和糟入甑，蒸令气上，用器承滴露。"李时珍此说是最为学者所普遍接受的论断。但在当代，学者们先后提出了东汉说、唐代说、宋代说等不同的观点。

元朝时期，已有"烧酒"一词专门指称蒸馏酒和白酒，或称之为火酒、酒露、烧刀等。元代的蒸馏酒以外来语的形式流行于酿酒界，称为"阿剌吉酒"，源自阿拉伯语的 Araq，又译作阿尔奇酒、阿里乞酒、哈剌基酒、轧赖机酒等。

明清时期，蒸馏酒有了进一步的发展，但尚未获得主流地位。在明人徐霞客的游记中，完整保存了他个人的饮酒记录。从他饮酒的场合和种类可以推知，蒸馏酒（时称"火酒"）多是乡野百姓的饮用之物，士大夫之家的宴请仍然是以黄酒为主。

随着时代的变迁及酒文化的发展，白酒及其文化逐渐得到饮酒者及评酒者的广泛认同。清代前期，酿酒业在政府禁酒政策的夹缝中生存，取得了极大的发展。清末，为了充裕税收，筹措赔款及新政经费，政府渐次放开了对烧锅蒸酒的禁令，蒸馏酒的发展更显迅猛。

资料显示，1912 年全国酒类产量约 903 万吨，其中黄酒年产约 87.7 万吨，占总产量的10%；烧酒 460 万吨，占 51%，高粱酒 337 万吨，占 37%。高粱酒和烧酒产量占全国酒产量的 88%，蒸馏酒占据国人酒类消费的绝大部分。白酒开始成为社会各阶层普遍接受和消费的酒品，中国酒类消费发生了根本性的转变，白酒成为绝对的主流和时尚。

1949 年新中国成立以后，许多地区在私人烧酒作坊基础上相继成立了地方国营酒厂，中国白酒产业发展从此掀开了崭新的历史篇章，由私人经营的传统酿酒作坊逐渐向规模化工业企业演变。但在计划经济体制下，白酒产业发展速度缓慢。从 1949 年末到 1985 年的35 年间，白酒产业初步奠定了其后的发展基础。第一，力量准备。在 1945—1950 年期间，全国各地的酿酒作坊相继合并组建成酒厂，这是白酒业初具雏形的阶段。第二，技术准备。20 世纪 50 年代、60 年代，全国开展以总结传统经验为特征的大规模白酒试点研究，包括烟台试点、茅台试点、汾酒试点和泸州老窖试点。20 世纪 70 年代的时候，又展开了酿酒机械化改进，20 世纪 80 年代到 90 年代，气相色谱分析和勾兑调味技术得到推广应用。第三，品牌准备。从 1952 年开始，国家陆续进行了名酒评选，评出"中国名酒"产品，如茅台、五粮液、剑南春、泸州老窖、汾酒、洋河、古井、西凤、郎酒、全兴、双沟、黄鹤楼、董酒等。

改革开放 40 多年来，我国白酒产业取得了重大发展。白酒骨干企业以坚持科技进步支撑产品研发和风格创新；以加强科技人才和专家队伍建设，深化酿酒工艺技术研究；以工业化、自动化和信息化手段，改造和提升传统生产模式，提高生产效率；以发挥产区优势打造产业集群不断提质增量，满足日益增长的消费需求；以健全网络渠道、创新营销理念、塑造品牌文化，努力开拓市场；使一个古老而悠久的民族传统食品产业，实现持续快速发展；白酒香型得以确定和丰富，确定了十余种白酒香型及其感官特征。

2. 中国白酒的种类

（1）按不同糖化发酵剂进行分类　可分为大曲酒、小曲酒、麸曲酒以及混合曲酒等种类。

大曲酒：以大曲为糖化发酵剂酿制而成的白酒。　大曲又称块曲或砖曲，以大麦、小麦、豌豆等为原料，经过粉碎，加水混捏，压成曲醅，形似砖块，大小不等，让自然界各种微生物在上面生长而制成。　大曲有低温大曲、中温大曲、高温大曲和超高温大曲等不同类别，其糖化发酵力不一，对成品风味影响也不一样。　大曲酒酿制一般为固态发酵，成品白酒质量较好，多数名优白酒都是以大曲酿成，茅台、五粮液、泸州老窖等都是大曲酒。

小曲酒：以小曲为糖化发酵剂酿制而成的白酒。　小曲主要是以稻米、高粱为原料制成，酿制时多采用固态、半固态发酵，南方白酒多是小曲酒。　小曲酒用高粱、苞谷、稻谷为原料，出酒率较高。　四川、湖北、云南、贵州等省小曲酒大部分采用固态发酵，在箱内糖化后配醅发酵，蒸馏方式如大曲酒。　广东、广西壮族自治区、福建等省采用半固态发酵，即固态培菌糖化后再进行液态发酵和蒸馏。　所用原料以大米为主，制成的酒有独特的米香，桂林三花酒是这一类型的代表。

麸曲酒：以麸曲为糖化发酵剂，加酒母发酵酿制而成的白酒。　早在20世纪20年代，在中国天津等地就有白酒生产者使用麸皮为制曲原料培养酒曲。　其出酒率高，但成品白酒品质一般，不太受市场欢迎。　新中国成立后，在烟台操作法的基础上有了新的发展，分别以纯培养的曲霉菌及纯培养的酒母作为糖化发酵剂，发酵时间较短，生产成本较低，被白酒厂广为采用，麸曲酒产量最大，以大众为消费对象，主要流行于北方地区。

混合曲酒：以大曲、小曲或麸曲等为糖化发酵剂酿制而成的白酒，或糖化酶为糖化发酵剂，加酿酒酵母等发酵酿制而成的白酒。　董酒就是混合曲酒的典型代表，采用小曲小窖制取酒醅、大曲大窖制取香醅，双醅串香而成。

（2）按不同生产工艺进行分类　可分为固态法白酒、液态法白酒和固液法白酒三大类别，也是中国白酒常用的分类方法之一。

固态法白酒：以粮谷为原料，采用固态（或半固态）糖化、发酵、蒸馏、贮存、勾调、陈酿而成，未添加食用酒精和非白酒发酵产生的呈香呈味物质，具有独特风格特征的白酒。

液态法白酒：以含淀粉、糖类物质为原料，采用液态糖化、发酵、蒸馏所得的基酒（或食用酒精），可调香或串香勾调而成的白酒。

固液法白酒：以固态法白酒（不低于 30%）、液态法白酒、食品添加剂勾调而成的白酒。

（3）按不同生产原料进行分类　可分为粮食白酒和代用原料白酒（非粮食白酒）。 这也是中国白酒常用的分类方法之一，主要用于行业管理及商贸领域。

（4）按酒品牌荣誉的不同进行分类　可分为国家名酒、省部名酒和一般白酒等。

如国家名酒，是指在历次评酒会上获得金质奖章的名酒产品，是国家评定的质量最高的酒。 前后共进行过五次评比，茅台酒、汾酒、西凤酒、五粮液、董酒、泸州老窖等都是"国家名酒"。

（5）按酒精度的不同进行分类　可分为高度白酒、低度白酒。 一般用于行业管理、商贸领域和生产厂家。

酒精度在 41%vol 以上，一般不超过 65%vol 的为高度白酒。 诸多名酒如茅台、五粮液、郎酒、习酒等都是高度白酒。 2020 年初春新冠肺炎暴发，有酒企业根据新型冠状病毒是可以通过 75% 的酒精进行杀灭的信息，而开发出酒精度为 72% 的高度白酒供给市场，以迎合嗜酒者的心理需求。 但饮用如此高度的酒是不可能"治病"的。 如何防疫，还是要听医生指导。

（6）按产品香型的不同进行分类　分为浓香型白酒、清香型白酒、米香型白酒、凤香型白酒、豉香型白酒、芝麻香型白酒、特香型白酒、兼香型白酒（浓酱兼香型及其他兼香型）、老白干香型白酒、酱香型白酒、董香型白酒、馥郁香型白酒、其他香型白酒。 在这些不同的香型中，酱香型、浓香型、清香型、米香型是基本香型，其他几种香型，都是在此基础上，或在不同工艺条件下形成的、带有一种、两种或两种以上香型特征、由基本香型衍生出来的香型。

酱香型白酒：是以粮谷为原料，采用高温大曲为糖化发酵剂，经固态发酵、固态蒸馏、陈酿、勾调而成的，不直接或间接添加食用酒精及非自身发酵产生的呈色呈香呈味物质，具有酱香特征风格的白酒。 以贵州茅台酒为典型代表，故又称为"茅香型"白酒。 贵州习水的习酒、四川古蔺的郎酒亦较出名，而以贵州省仁怀市茅台河谷为中国酱香型白酒最集中的产地。

浓香型白酒：是以粮谷为原料，采用浓香大曲为糖化发酵剂，经泥窖固态发酵，固态蒸馏、陈酿、勾调而成的，不直接或间接添加食用酒精及非自身发酵产生的呈色呈香呈味物质的白酒。 以四川泸州所产泸州老窖最为出名，故又名"泸香型"。 四川宜宾五粮液、江苏洋河、安徽古井贡等均甚有名。

清香型白酒：是指以粮谷为原料，采用大曲、小曲、麸曲及酒母等为糖化发酵剂，经缸、池等容器固态发酵，固态蒸馏、陈酿、勾调而成，不直接或间接添加食用酒精及非自身发酵产生的呈色呈香呈味物质的白酒。 以山西汾酒最为有名。

米香型白酒：是指以大米等为原料，采用小曲为糖化发酵剂，经半固态法发酵、蒸馏、陈酿、勾调而成的，不直接或间接添加食用酒精及非自身发酵产生的呈色呈香呈味物质的白酒。 以广西壮族自治区桂林所产三花酒为典型代表，在南方及西南地区亦较流行。

凤香型白酒：是指以粮谷为原料，采用大曲为糖化发酵剂，经固态发酵、固态蒸馏、酒海陈酿、勾调而成的，不直接或间接添加食用酒精及非自身发酵产生的呈色呈香呈味物质的白酒。 以陕西西凤酒为典型代表，具有醇香秀雅、醇厚丰满、甘润挺爽、诸味谐调、尾净悠长的特点。

豉香型白酒：是以大米或预碎的大米为原料，经蒸煮，用大酒饼作为主要糖化发酵剂，采用边糖化边发酵的工艺，经蒸馏、陈肉酝浸、勾调而成的，不直接或间接添加食用酒精及非自身发酵产生的呈色呈香呈味物质，具有豉香特点的白酒。 以广东佛山九湾玉冰烧、江西九江双蒸酒等为代表。

芝麻香型白酒：是以粮谷为主要原料，或配以麸皮，以大曲、麸曲等为糖化发酵剂，经堆积、固态发酵、固态蒸馏、陈酿、勾调而成的，不直接或间接添加食用酒精及非自身发酵产生的呈色呈香呈味物质，具有芝麻香型风格的白酒。 以山东潍坊的景芝酒为代表。

特香型白酒：是以大米为主要原料，以面粉、麦麸和酒糟培制的大曲为糖化发酵剂，经红褚条石窖池固态发酵，固态蒸馏、陈酿、勾调而成的，不直接或间接添加食用酒精及非自身发酵产生的呈色呈香呈味物质的白酒。 以江西樟树市的四特酒为代表。

兼香型白酒：是以粮谷为原料，采用一种或多种曲为糖化发酵剂，经固态发酵（或分型固态发酵）、固态蒸馏、陈酿、勾调而成的，不直接或间接添加食用酒精及非自身发酵产生的呈色呈香呈味物质，具有兼香风格的白酒。 以湖北荆州白云边酒、安徽濉溪口子窖酒等为代表。

浓酱兼香型白酒：是以粮谷为原料，采用一种或多种曲为糖化发酵剂，经固态发酵（或分型固态发酵）、固态蒸馏、陈酿、勾调而成的，不直接或间接添加食用酒精及非自身发酵产生的呈色呈香呈味物质，具有浓香兼酱香风格的白酒。 以湖北荆州白云边酒为代表。

老白干香型白酒：是以粮谷为原料，采用中温大曲为糖化发酵剂，以地缸等为发酵容器，经固态发酵、固态蒸馏、陈酿、勾调而成的，不直接或间接添加食用酒精及非自身发酵产生的呈色呈香呈味物质的白酒。 以河北衡水老白干为代表。

董香型白酒：是以高粱、小麦大米等为主要原料，按添加中药材的传统工艺制作大曲、小曲，用固态法大窖、小窖发酵，经串香蒸馏，长期储存，勾调而成的，不直接或间接添加食用酒精及非自身发酵产生的呈色呈香呈味物质，具有董香型风格的白酒。 以贵州遵义的董酒为代表。

馥郁香型白酒：是以粮谷为原料，采用小曲和大曲为糖化发酵剂，经泥窖固态发酵、清蒸混入、陈酿、勾调而成的，不直接或间接添加食用酒精及非自身发酵产生的呈色呈香呈味物质，具有前浓中清后酱独特风格的白酒。 以湖南吉首的酒鬼酒为代表。

三、配制酒

配制酒是以发酵酒、蒸馏酒或者食用酒精为酒基，使用不同酒类进行勾兑配制，或以酒与非酒精物质（包括液体、固体和气体）进行勾调配制而成。它的诞生晚于其他单一酒品，但发展却很快。有名的配制酒产地是欧洲产酒国，其中西班牙、葡萄牙、法国、意大利、英国、德国、荷兰等国的产品最为有名。

由于配制酒是一类较为复杂的酒品，分类方法上也不统一。在西方国家，按照饮用时间分类，可分为开胃酒、甜食酒和利口酒三大类别。在中国，配制酒也单独列出，构成中国酒品中的一大类别。

此外，按照国家标准规定，调香白酒也属于配制酒，是以固态法白酒、液态法白酒、固液法白酒或食用酒精为酒基，添加食品添加剂调配而成，具有白酒风格的配制酒。

金酒（配制型）或杜松子酒（配制型），是以粮谷为原料，经糖化、发酵、蒸馏所得的基酒，或直接以食用酒精为酒基，提取和/或添加从包括杜松子在内的植物香源获取的风味物质，可用食品添加剂调配而成的配制酒。

四、露酒

如前所述，国家标准中对露酒的定义是以黄酒或白酒为酒基，加入食品或中药材或从食品中提取的特定成分经过一定的工艺制作而成。又根据 2021 年中国酒业协会发布的 T/CBJ 9101《露酒》标准规定，露酒的基酒需是黄酒、白酒，且白酒不包括调香白酒；加的"料"必须满足"既是食品又是中药材、特定食品原辅料或符合相关规定的物质"的要求；"泡"的手法则限制在浸提和（或）复蒸馏等工艺或直接加入从食品中提取的特定成分。如当代科研工作者研发了以现代高科技生物萃取技术提取茶叶中的精华因子，融入白酒基酒中，同时保留茶叶的芬芳，酿造成功了茗酿茶酒。这种茶香型的茶酒具有"入口柔、吞咽顺、茶味香、醉酒慢、醒酒快"的品质特点，实现了当代茶与酒的科技融合。

竹叶青酒是露酒的代表之一。是以汾酒为底酒，保留了竹叶的特色，再添加砂仁、紫檀、当归、陈皮、公丁香、零香、广木香等十余种名贵中药材以及冰糖、雪花白糖、蛋清等配伍，精制陈酿而成。

五、品酒方式

不同的酒有不同的鉴赏要素。从市场中购买的酒，可以先从酒的包装、酒标及品牌等信息对待品鉴的酒有个初步了解。 真正要感知到酒的品质，还是需要开瓶品鉴。

从现代科学评酒而言，对酒的分析利用仪器有很多精密准确的方法。 分析家可以检测出酒中的几百种成分，不断地认识那些与酒的质量、风格有密切关系的重要因素，加以解释和建立一些科学规律来推动白酒科学的更大进步。 然而直到如今人们还不能单靠鉴定酒中的成分来给它的质量以恰如其分的评价。 一切化学分析尽管很详细，也还是很不够的，只能辅助感官分析而不能代替感官分析。

我们可以从色、香、味、格四个方面对酒进行感官分析。 感官分析也就是人们通常说的品尝。 在品尝中，酒的色、香、味刺激人的视觉、嗅觉、味觉和触觉器官引起感觉，由感觉细胞记录印象，导入神经系统形成知觉。 其中嗅觉和味觉是最重要的。

不同的酒类有不同的品鉴方法。 这在不同的酒类的国家标准中有详细阐述。 下面简要介绍几种常见的酒类品鉴方法。

（一）中国白酒的品评

白酒质量的优劣，主要通过理化检验和感官品评的方法来判断，理化检验要符合国家颁布的安全标准。 白酒的品评也就是人们常说的尝评、鉴评、感官尝评检验，它是利用人的感觉器官——眼、鼻、口、舌来判断酒的色、香、味、格的方法。 白酒的品评主要包括色泽、香气、品味、酒体、风格、个性六个方面。 通过眼观色，鼻嗅香，口尝味，并综合色香味三方面的因素，确定其风格，即"格"。

品鉴白酒的可分为四个步骤：眼观其色；鼻闻其香；口尝其味；综合起来看风格，看酒体，找个性。

在白酒品评中，用眼睛来观察酒的色泽、透明度，有没有悬浮物和沉淀物。 可以端起酒杯，透过灯光仔细观察，看酒体是否晶莹剔透，还可以轻轻转动一下酒杯，来观察酒杯的挂杯情况。 好的白酒因为微量成分更为丰富，饮茶酒体黏稠，酒液悬挂杯壁，缓缓而落。

嗅闻白酒的香气时，酒杯置于鼻下，头略低，杯与鼻保持 1~3 厘米，只能对酒吸气，不能对酒呼气，吸气量要一致，不要忽大忽小，吸气要平稳，可轻晃酒液使香气溢出，以增强嗅感闻香不尝酒，一轮闻完再尝。 注意闻香的间隔，以防止杯与杯的影响。 另外，还可以捻一点酒液在手心或手背上，轻轻旋开，用体温使酒香充分挥发，再来感受它的香味。

白酒口味一般常用香、醇、爽、杂和风格等表示。 香味分为浓香、酱香、清香、香长、香浓、香淡、陈香、回香、特殊香等。 口味鉴别时先将盛酒样的酒杯端起，吸取少量（0.5~1毫升）酒样于口腔内，仔细尝评其味，尝评时要遵循从淡到浓或从低度到高度的原则，尝酒入口时，使酒先接触舌尖，次为两侧，再至舌根部，使酒铺满舌面，再缓缓入喉，进行味觉的全面判断。 了解了味道的基本情况以后，还要注意酒体入喉进食道入胃的感觉是否舒适。 好的白酒，喝下去应该非常柔顺，这也印证了好酒的一个标准"高而不烈，低而不淡"。

综合起来看风格，看酒体，找个性。 风格（即酒体）是香气、香味、醇、爽的综合反映。 即表示本产品的独特之处，白酒中风格的衡量有以下描述形式：风格突出、风格好、有风格、风格差等。 如泸州老窖特曲酒的风格为醇香浓郁、清洌甘爽、回味悠长、饮后尤香。 根据色泽、香气、口味的鉴评情况，综合判定白酒的典型风格。 风格也就是风味，也称酒体，是酒的色泽、香气和口味的综合反映。 各种香型的名优白酒，都有自己的独特风格。 它是酒体中各种微量香味物质达到一定比例及含量后的综合感官反应。 从香型的角度看，根据 GB/T 17204—2021《饮料酒术语和分类》中的香型划分中国白酒有：浓香型、清香型、米香型、凤香型、豉香型、芝麻香型、特香型、兼香型、老白干香型、酱香型、董香型、馥郁香型和其他香型 13 种。 专业的评酒师会根据"色香味"综合判断此酒的风格特点，是属于哪一种香型的酒；作为普通品鉴者，你可以尽情沉浸在酒香中去寻找专属于自己的人生真谛。 世界酒类多姿多彩，在具有一定储藏年份的酒（老酒）的收藏与品鉴中，酒经过岁月的沉淀，品鉴需技艺兼备，方能品味到老酒的魅力。 不同的人，不同的心境，不同的酒，不同的感悟，品味美酒，感悟人生。

（二）葡萄酒的品评

1. 时间

最佳的试酒、品酒时间为上午 10：00 左右。 这个时间不但光线充足，而且人的精神较能集中，味觉判断也较为准确。

2. 杯子

品尝葡萄酒的杯子是有讲究的，理想的酒杯应该是杯身薄、无色透明且杯口内敛的郁金香杯。 而且一定要有 4~5 厘米长的杯脚，这样才能避免用手持拿杯身时，手的温度间接影响到酒温，而且也方便观察酒的颜色。

3. 次序

若同时品尝多款酒时，一般的通则是干白葡萄酒在红葡萄酒之前，甜型酒在干型酒之后，新年份在旧年份之前。 应该避免一次品尝太多的酒，一般人品尝超过 15 个品种就很难再集中精神了。

4. 温度

品尝葡萄酒时，温度是非常重要的一环，若在最适合的温度饮用时，不仅可以让香气完全散发出来，而且在口感的均衡度上，也可以达到最完美的境界。 通常红葡萄酒的适饮温度要比白葡萄酒来得高，因为它的口感比白酒来得厚重，所以，需要比较高的温度才能引出它的香气。 因此，即使只是单纯的红葡萄酒或白葡萄酒，也会因为酒龄、甜度等因素，而有不同的适饮温度。

5. 品酒步骤

（1）看　摇晃酒杯，观察其缓缓流下的酒脚；再将杯子倾斜45°，观察酒的颜色及液面边缘（以在自然光线的状态下最理想），这个步骤可判断出酒的成熟度。 一般而言，新制的白葡萄酒是无色的，但随着陈年时间的增长，颜色会逐渐由浅黄并略带绿色反光；再到成熟的麦秆色、金黄色，最后变成金铜色。 若变成金铜色时，则表示已经太老不适合饮用了。 红葡萄酒则相反，它的颜色会随着时间而逐渐变淡，新制的红葡萄酒是深红带紫，然后会渐渐转为正红或樱桃红，再转为红色偏橙红或砖红色，最后呈红褐色。

（2）闻　第一步：在杯中的酒面静止状态下，把鼻子探到杯内，闻到的香气比较幽雅清淡，是葡萄酒中扩散最强的那一部分香气。 第二步：手捏玻璃杯柱，不停地顺时针摇晃品酒杯，使葡萄酒在杯里做圆周旋转，酒液挂在玻璃杯壁上。 这时，葡萄酒中的芳香物质，大都能挥发出来。 停止摇晃后，第二次闻香，这时闻到的香气更饱满、更充沛、更浓郁，能够比较真实、比较准确地反映葡萄酒的内在质量。

（3）尝　小酌一口，并以半漱口的方式，让酒在嘴中充分与空气混合且接触到口中的所有部位；此时可归纳、分析出单宁、甜度、酸度、圆润度、成熟度。 也可以将酒吞下，以感觉酒的终感及余韵。

（4）吐　当酒液在口腔中充分与味蕾接触，舌头感觉到酸、甜、苦味后，再将酒液吐出，此时要感受的就是酒在口腔中的余香和舌根余味。 余香绵长、丰富，余味悠长，就说明这是一款不错的红葡萄酒。

（三）啤酒品评

1. 看：标签、色泽、透明度，泡沫

看标签：酒度，麦汁浓度，保质期及B字标识。

看酒体色泽：普通浅色啤酒应该是淡黄色或金黄色，黑啤酒为红棕色或淡褐色。

看透明度：酒液应清亮透明，无悬浮物或沉淀物。

看泡沫：啤酒注入无油腻的玻璃杯中时，泡沫应迅速升起，泡沫高度应占杯子的三分之一，当啤酒温度在8~15℃时，5分钟内泡沫不应消失，同时泡沫还应细腻，洁白，散落杯壁后仍然留有泡沫的痕迹（"挂杯"）。

2. 闻：闻香气，包括麦芽香和酒花香

闻香气，在酒杯上方，用鼻子轻轻吸气，应有明显的酒花香气，新鲜，无老化气味及

生酒花气味；黑啤酒还应有焦麦芽的香气。

3. 尝：酸、甜、苦、咸、涩及杀口感

品尝味道，入口纯正，没有酵母味或其他怪味杂味；口感清爽、协调、柔和，苦味愉快而消失迅速，无明显的涩味，有 CO_2 的刺激，使人感到杀口。

（四）黄酒品评

1. 黄酒品评的四个要素

基本上分色泽、香气、滋味、风格四个方面。

（1）色泽　黄酒的色泽因品种而异，其色泽从浅黄色至红褐色甚至黑色。

（2）香气　黄酒中的香气成分有 100 多种，黄酒特有的香气不是某一种香气成分特别突出的结果，而是通常所说的复合香，一般正常的黄酒应有柔和、愉快、优雅的香气感觉。

（3）滋味　甜、酸、苦、辣、鲜、涩六味协调，组成了黄酒特有的口味。甜味主要是糖分。另外，2，3－丁二醇、甘油和丙氨酸等也是甜味成分，同时还赋予黄酒浓厚感。"无酸不成味"是有科学根据的，酸有增强浓厚味及降低甜味的作用。苦味主要是某些氨基酸、肽、酪醇和胺类等物质。炒焦的米或熬焦的糖色也会带来苦味。辣味由酒精、高级醇及乙醛等成分构成，尤以酒精为主。黄酒中的氨基酸有约 18 种，其中谷氨酸具有鲜味。此外，琥珀酸和酵母自溶产生的 5′－核苷酸类等物质也都有鲜味。涩味主要由乳酸和酪氨酸等成分构成。若用石灰浆调酸，也会增加涩味。黄酒的苦、涩味成分含量在允许范围内时，不但不呈明显的苦味或涩味，反而使酒味有浓厚柔和感。

（4）风格　酒的风格即典型性，是色、香、味的综合反映。黄酒酒体的各种组分应该协调、优雅，具有该黄酒产品的特殊风格。

2. 品尝步骤

（1）闻香　首先，拔掉酒瓶的瓶塞，将软木塞拿到鼻前，一手轻轻扇动，感受软木塞积敛的香味。倒入酒杯后，轻轻摇动，闻之前先呼气，再吸气，辨别各种香气的特征，感受酒香是否持久。如果是一瓶好酒，会有很浓郁的香气，哪怕是空瓶，也可留香三年之久。

（2）观色　将酒倒入透明的高脚杯，使杯体倾斜 45°，对光观察酒的外观和颜色。好的陈年老酒，色泽晶莹剔透，泛出琥珀光。

（3）手感　用手指蘸一点酒，用食指和拇指粘合一下来感觉黏度。好酒滑腻黏手，洗净之后留有余香。温酒，将酒壶置于水盅内，用 70～80℃的水淋浴酒壶，隔水温酒，40～45℃的酒温最适合饮用。过高则酒精蒸发，六味失调。

（4）含香　对着酒杯吸一口气，让酒的香气先进入鼻腔，然后让酒的香气就着口腔里的酒味慢慢融合在一起。

（5）润口　轻酌一小口，缓缓从舌尖滚到舌根，让不同味蕾充分感受酒之六味。 然后用纯净水漱口，并休息2分钟。 好的酒，六味醇厚，没有哪一味特别突出。

（6）入喉　让酒顺着喉咙口润至喉部，再使它回溯到舌头下，利用舌头感受酒的味道和刺激度。 好的酒，无刺激无梗塞，入喉滑如触摸上等丝绸带来的心理上的丝滑感觉。

六、健康饮酒

酒和茶一样，并不是生活中的必需品。 但人们的生活中似乎又不能缺了茶和酒。 尤其是茶与酒的社交待客功能，客来敬茶、宴饮敬酒，已经成为中国人待客中的常备之物。饮酒到底对人体有益还是有害，历来争论不休，至今也无法统一思想。《中国居民膳食指南（2022）》中，对于男性、女性的酒精摄入量建议都是不超过15克，以前的版本是25克。 说明从科学研究的角度而言，为了健康应少饮酒为宜。 从酒的成分看，酒中的乙醇由碳、氢和氧元素组成，除乙醇外还含有酸、酯、醛等多种化学成分。 乙醇被人体消化吸收后，可刺激和兴奋神经中枢，扩张血管，加快心率，促进血液循环等。 一时的饮酒能激发才智和胆略，但也能激发人性之恶，使人招致灾祸，过量饮酒还能直接致人死亡。

中医有："酒为百药之长，饮必适量"。 适量饮酒对健康有益，但由于个体差异及每个人身体健康状况的不同，若长期酗酒可能会折寿。 但适量的标准是多少？ 这真是无法统一，应因人而异。 相对而言，适度饮酒对青年人助益健康不明显，还应特别注意若太年轻就开始饮酒的话，还会增加酗酒的概率。 年长者对酒精较为敏感，其对酒的嗜好度明显高于年轻人。《汉书·食货志》有"百药之长"，《黄帝内经》认为酒有："邪气至时，服之万全"的功效。 唐代孙思邈告诫嗜酒者："久饮酒者烂肠胃，溃骨蒸筋，伤神损寿"。 明代李时珍的《本草纲目》有："酒少饮则和血行气，痛饮则伤神耗血，损胃之精，生痰动火……过饮则败胃伤胆，丧心损寿，甚则黑肠腐胃而死"。 酒对"外感风寒""劳伤筋骨"等有治疗及缓解症状之功效。 世界酒种类繁多，不同的酒的营养物质有所差异，根据酒的特点，结合自身健康状况，适量饮用，可消除疲劳、促进睡眠、助治疾病、化食健胃、消暑散热、提高药效、增进健康。

嗜酒酗酒损人健康。 比如，可能会引起视力减退、营养缺乏、引发肝病、引起心血管疾病、引发消化道病变、引发胃病、引起呼吸道病变、诱发中风、引发性机能异常、引起精神失常、诱发癌症、引起酒精中毒甚至死亡等，酗酒还可能会危害社会，尤其是酒后驾驶车辆，不仅害己，还会伤害他人性命，损毁财物等。

每个人的酒量差异较大，要合理控制饮酒的量。 饮酒时的速度也要适宜，不能喝得太快太多，尤其是空腹饮酒对健康的危害更大。 一次性喝大量不同的酒（俗称喝掺酒、喝混酒）容易醉酒，饮酒之后不宜马上洗澡或游泳，在欢乐祥和的气氛中饮酒，酒量会增大，在愁闷压抑盛怒之下饮酒，对健康损害大，在饮冰镇的酒时要注意少量、慢速，以防对肠胃刺激过大，有害健康。 有些药不能与酒一起服用，如安定、降糖药、阿司匹林、降压药、抗生素类的药、精神病患者服用的氯丙嗪、奋乃静等都不能在服药时饮酒。 这方面，应遵循医生的建议，切莫因贪杯而损健康。

经验表明，在饮酒前喝一些牛奶或酸奶，或吃一些面包之类的食品，不空腹饮酒，喝慢一些，会减少或减缓醉酒的可能及程度。 酒后，可食用大量果蔬（如香蕉、梨、西瓜、葡萄、番茄、柚子、黄瓜、冬瓜、苦瓜等）促进新陈代谢，或饮糖水、蜂蜜水、绿豆汤、米汤、芹菜汁等缓解醉酒症状。 在实际生活中，也可以根据自己的习惯来调适。

第三节
中华酒文化内涵

一、酒宴与酒文化

在各类酒宴活动中，酒成为社交活动的重要媒介。 此时的酒已不仅仅是一种饮料，而是被赋予了文化特征，成为一种文化符号、一种文化消费。 中国酒宴中的每一环节都体现出了中国特有的酒文化，而酒文化又使酒宴充满了无限魅力。

宴饮文化是酒文化的重要内容之一。 而宴饮文化又受到"礼"的约束，宴饮文化中的礼仪、礼法和习俗不但由来已久，而且从内涵之丰富、影响之深远来看，堪称是中国宴饮礼文化。

中国人自古以来就十分好客，经常设宴款待客人，上自天子诸侯，下至贩夫走卒，每人都设过宴，也都赴过宴。 宴会的名称更是五花八门、丰富多彩。 与这些宴饮文化活动相伴而生的，则是各种各样的宴饮礼俗。

1. 古代宴饮礼俗

中华饮食文化源远流长，中国被誉为"礼仪之邦""食礼之国"，懂礼、习礼、守礼、重礼的历史非常久远。 饮食礼仪自然成为礼仪文化的一个重要部分。 食礼诞生后，为了使它更好地发挥"经国家、定社稷、序人民、利后嗣"的作用，西周的周公首先对其神学观念加以修正，提出"明德""敬德"的主张，通过"制礼作乐"对皇家和诸侯的礼宴作出了若干具体的规定。 接着，孔子又继续对食礼加以规范、补充，后来其学生又对先师的理论加以阐述、充实，最后形成《周礼》《仪礼》《礼记》三部经典著作。 由于强调"人无礼不生、事无礼不成、国无礼则不宁"的信条，宴饮之礼与其他的礼共同组成了古代社会的道德规范。

（1）君臣酒礼　君臣的定位：在古代酒宴的各种礼制中，酒宴上的座次与方位是非常有讲究的，席置、坐法、席层等无不受到严格的礼制限定，因为它最能反映出宴饮者地位的高下尊卑，如果违反，则视为非礼。

《礼记》规定："诸侯燕礼之义，君立阼阶之东南，南乡（向）尔卿，大夫（臣）皆少进。定位也，君席阼阶之上，居主位也；君独升立席上，西面特立，莫也，与之相匹之作也"。阼，指东面的台阶，即主人迎宾所在的地方。国君居主位，所谓"践阼"，反映出君臣之间的定位是非常讲究的。

酒器的摆放和使用：同样要体现君臣地位的高低，《礼记·王藻》称："凡尊必尚元酒，唯君面尊，唯饷野人皆酒，大夫侧尊用木于士侧尊用禁。"尚元酒，系君专饮之酒。春秋时有国人和野人之分，野人是指普通群众。"饷野人皆酒"，意思是让他们吃一般的饭菜，喝普通的酒。而倒酒时同样也讲究地位的尊卑。倒酒时先给君王倒，然后才是群臣，这象征着让酒从君王面前流出，恩惠赐给群臣。以上礼仪反映出古代君臣之间存在着严格的等级差别。

饮酒之礼：饮酒的礼节包括赐酒、受酒和爵数的有关规定。燕礼规定，君主如欲向大臣们敬酒时，不是自己亲自敬，而是让宰夫代表自己举爵来敬。这是因为君位尊，臣位低，君臣有别，让宰夫代敬来凸显君位。君主如依次劝酒，臣要降阶再拜稽首。接受君王赐酒时，饮酒一爵时要体现出足够的恭敬之态，饮酒二爵后要体现神色和气恭敬，而饮三爵酒后要高高兴兴恭敬地退下。饮酒的爵数也是有明确规定的，最多不得超过三爵，如若超过，甚而开怀畅饮，则是违反礼制的。

（2）尊卑长幼酒礼　一方面酒宴活动的参与者都是独立的个人，每个人都可能有自己的饮食习惯，另一方面酒宴活动又表现出很强的群体意识，它往往是在一定的群体范围内进行的。无论在家庭内，或在某一社会团体内，每个个体的行为都要纳入到"礼"的正轨之中。

中国传统文化中，特别强调尊卑之礼，长幼有序。《礼记·乐记》曰："所以官序贵贱各得其宜也，所以示后世有尊卑长幼之序也"。上级或长辈对下级或晚辈可以实施任何权力，而下级或晚辈只能无条件地听从。理学大师朱熹的《朱子家训》中说道："凡诸卑幼，事无大小，毋得专行，必咨禀于家长。"如果违背了尊卑长幼之礼，就会受到严惩。

《礼记》中明确规定，少者、幼者要陪长者饮酒，进酒时少者、幼者必须起立，对尊者的方位实行拜礼，然后才受酒。少者给老者敬酒时，如长者推辞，少者要回到自己的座位去饮酒。饮酒时，如果长者酒杯未干，少者是不能饮酒的，必须要等到长者把酒杯里的酒喝完之后才能饮。长者给少者赐酒时，少者是不能推辞的，也不能推辞后再接受，否则就是把自己抬到与长者、尊者同等的高度，是越礼的。

《礼记》规定进食之礼，"虚坐尽后，食坐尽前"，即在一般情况下，少者要坐得比尊者、长者靠后一些，以示谦恭，而宴饮进食时要尽量坐得靠前一些，靠近摆放馔品的食案，以免不慎掉落的食物弄脏了座席。 同时《礼记》还规"食至起，上客起，让食不唾。"也就是说酒菜来时、尊者或长者来时，少者必须起立以示尊敬，不得坐着不动，主人让食，客人要热情取用，不可置之不理，否则就是失礼。 "客若降等，执食兴辞。 主人兴辞于客，然后客坐。"如果来宾地位低于主人，必须双手端起食物面向主人道谢，等主人寒暄完毕之后，客人方可入席落座。 此外，《礼记》还规定，少者、贱者与尊者、长者同席，不要与尊者、长者距离太远，必须靠近，以便聆听应对；在尊者、长者面前不得叱责狗、乱吐食物，以免造成不必要的误会。

宴请宾客往往都选择在室内进行，而中国的房屋建筑一般都是背北面南、东西横向的，门通常都开向南方，因此《礼记·典礼》规定："主人入门而右，客人入门而左，主人就在东阶，客人就在西阶。"也就是说主人入门后由右边（即东边）登阶入室，客人则从左边（即西边）登阶入室，然后坐在自己的位置，即主人坐在东面，客人坐在西面。 长幼之间相对时，长者东向，幼者西向。 宾主之间宴席的四面座位，以东向最尊，次为南向，再次为北向，西向为侍坐。 清代学者凌廷堪以及顾炎武分别指出"室中以东向为尊""古人之坐，以东为尊。"

酬献酬酢的规定：坐定后，主人要按照一定顺序给客人斟酒，通常是先长后幼，斟酒时要斟八分满。 宴饮正式开始时，主人先向客人敬酒。 敬酒有两种：满满一杯叫"酌"，八分满则叫"斟"。 一般由主人先酌满一杯酒来敬客人，称为"献礼"，以示主人对客人的欢迎，客人则以"呷酒"的方式来表示已承主人之礼；客人饮后要回敬主人酒，称为"酢酒"，主人接受酒后再答谢客人，称为"酬酒"。 如此三次，即"酒过三巡"，在此期间尝少量菜肴，称"菜过五味"之礼。 当然，不同时代、不同地域也有不同之处。

2. 当代宴席礼俗

现在，宴会已经成为人际交往中较为普遍的一种应酬形式，而饮酒则是其中不可缺少的重要内容。 如果懂得宴会的礼俗，不仅可以在宴会上"挥酒自如"，而且还能达到增进友谊、联络感情的目的。

（1）酒具摆放 在我国，日常家宴所需要的酒器，一般是陶瓷酒器和玻璃酒器。 如果是用陶瓷酒器的话，就要配有陶瓷的酒壶。 一般情况下不必用酒壶，可直接用酒瓶斟酒即可。 在布置餐桌时，要同时把酒器具摆好。 中式宴会一般使用水杯、葡萄酒杯、烈性酒杯组成的三套杯。 葡萄酒杯居中，左侧是水杯，右侧是烈性酒杯。 三杯横向成一条直线，杯与杯之间相距1厘米。

如果是西餐宴会，也要事先摆好酒具。 摆酒具时，要拿酒具的杯托或底部，水杯摆在主刀的上方，杯底中心在主刀的中心线上，杯底距主刀尖2厘米，红葡萄酒杯摆在水杯的右下方，杯底中心与水杯中心的连线与餐台边成45°角，杯壁间距1厘米；白葡萄酒杯摆在红酒杯的右下方。

如果是西餐，餐具的摆法是：正面放食盘或汤盘，左边放叉，右边放刀，汤匙和甜食匙放在食盘上面，再上方放酒杯，右起放烈性酒杯或开胃酒杯、葡萄酒杯、香槟酒杯和啤酒杯等。

（2）就座礼仪　首先若是家宴，席次相对简单，男主人与女主人一般相对或者交叉而坐，主人一般背对厅壁。若家宴纯粹都是家里人，上座一般让给老人，以示尊敬。

宴会的座位安排并非简单的分配座位，而是社会关系的一个缩影。通过分配座位，中国人暗示谁对自己最重要。要注意的是，让主人和客人相对而坐，或让客人坐在主座上都算失礼。如果碰上外宾，翻译一般都安排在主宾右侧。

（3）斟酒的礼仪　作为主人，首先要为来宾斟酒。酒瓶要当场打开，酒杯要大小一致。斟酒是要讲究顺序的：首先，如有年长者、长辈者、远道而来者或职务较高者在座，要先为他们斟酒，以示尊重。其次，一般情况下，可按顺时针方向依次斟酒。在国内，斟酒时，白酒和啤酒要斟满杯子，以示对人尊敬，但不要溢出，其他酒则无此讲究。中国人饮酒习惯为"上酒在左，斟酒在右"，由主人或主人请的陪客或服务员按照宾主的要求斟酒。斟酒时应从宾主的右侧开始，依序而斟。斟酒时应右手持酒壶，中指齐瓶签处，食指朝上抵住瓶颈，徐徐倒出。斟完酒，应把瓶口向上转一下，以免瓶口的余酒滴到桌布或客人的衣服上。当客人在夹菜或吃菜时，不要为他斟酒。作为客人，当主人或陪酒者为自己斟酒，一定要起身或俯身，以手扶杯或做欲扶状，以示敬意。

（4）敬酒的礼仪　敬酒也就是祝酒，是指在正式宴会上，由男主人向来宾提议，提出某个事由而饮酒，敬酒也是有一定文化在里面的。

逐一敬酒，不可厚此薄彼。如果仅是一桌客人，主人应向所有客人逐一敬酒；如是多桌宴请，主人应逐桌敬酒，不可厚此薄彼，有的敬，有的不敬。

如有人提议干杯时，应站起身来，右手端起酒杯，或者用右手拿起酒杯后，再以左手托扶杯底，面带微笑，目视其他人，特别是自己的祝酒对象，嘴里同时说着祝福的话。

敬酒可以随时在饮酒的过程中进行，在敬酒时如果要进行干杯，需要有人率先提议，可以是主人、主宾，也可以是在场的人。

（5）劝酒的礼仪　设宴请客，主人都希望客人多喝几杯，尽兴而归。这样，席间自然少不了劝酒。劝酒之人一般是主人、陪客或主人委托的"代东""酒官"完成。劝酒是渲染宴席气氛的重要工作。劝酒得法，会使席间气氛融洽而热烈。要劝好酒，需掌握以下原则：一是量力而行。事先了解对方的酒力，以把握劝酒的分寸。二是讲究艺术。选择对方关心的话题，采用更能产生共鸣的表达方式，往往更能说动对方。三是适可而止，不可勉为其难。尤其是对方是领导或长辈时，更不可强求对方多喝酒。

（6）碰杯　据说碰杯来自古罗马"角力"竞技。竞技前选手们要先饮酒，在喝酒之前，对方要把自己酒杯中的酒倒给对方一点，以证明里面没有毒药，然后再喝。 后来这一习俗演变成为碰杯礼。 祝酒时，主人先举杯，杯口应与双目齐平，微笑点头示意，其余人举杯。 主人向客人碰杯，要亲自执瓶斟酒，然后与客人碰杯。 客人之间相互碰杯是礼貌、友好的表示。 一般应起立举杯，轻轻相碰，碰杯时目视对方，口念祝酒词。 碰杯时杯口要与对方的齐平，或比对方杯口稍低，以示谦恭。 但晚辈或下级与长辈或上级碰杯时，晚辈或下级一定要将杯口放低。 人多时可举杯示意，不必一定要碰杯。 喝果汁、矿泉水者，不必碰杯，但大家起立举杯相碰时，也应站起来举杯。 碰杯时不宜双手举杯，如果想表达对对方特别尊敬，可右手端杯，左手四指部分托住杯底。

（7）谢酒 谢酒是宴饮中的常事，也就是说在酒桌上由于健康、生活习惯等原因不能过量饮酒，可以采用合乎礼仪的方法谢酒，这属于正常现象，不算失礼。 对于谢酒，也是有多种方式的：一是申明自己不喝酒的原意，如"厚意我领了，但非常遗憾的是肠胃不好，不能再饮了，请多包涵"。 二是当敬酒者向自己杯子里斟酒时，用手轻轻敲击酒杯的边缘，这种做法的含义是"我不喝了，谢谢"。 当别人向自己热情敬酒时，切忌东躲西藏，乱推酒杯、遮掩杯口、偷偷将酒倒掉等，更不要把酒杯倒过来扣在桌上，或把自己已经喝过的酒倒入别人酒杯中。

二、酒令文化

（一）酒令的产生

酒的魅力，其实不完全在于酒本身，还在于酒文化丰富的内涵和附加的娱乐功能。 在宴会上，人们一般不会自顾自独斟独饮，而往往喜欢通过各种游戏来调节宴会的气氛，使宴会的气氛更加高涨。 其中，行酒令就是非常好的一种娱酒手段。

在我国，酒令是对酒礼的变革、丰富和发展。 酒令产生之始，是用来辅助饮酒礼仪的，而非娱酒助兴的。 西周时期，饮酒的礼仪非常具体而严格，"酒以成礼""有礼之会无酒不行"是其真实写照。 为了维护酒席上的礼法，西周还专门设立了监督酒礼仪的官职——"史""监"，无论敬酒、罚酒，都要受到这些官员的节制，不许过度饮酒，不准有失礼仪，违者会受到严惩。 这种以强制手段确立的酒法，是以法行酒礼的开始，也是酒令萌发的一种表现。

饮酒行令，自古至今长盛不衰，是中国人在饮酒时所表现出来的一种独特的文化现象。 它包含着浓厚而广泛的文化娱乐性，是中国酒文化的一种重要表现形式，深受古今各阶层人们的喜爱。 中国有着悠久的酒史，又有着悠久的游戏史。 酒席上把饮酒和游戏二者综合为一形成了酒令，古人又称之为酒戏，它包含着比较宽泛、浓厚的文化娱乐性，旧时在文人儒士之间和乡里市井间广为流传，可谓雅俗共赏。 春秋战国时代的饮酒风俗和酒礼有所谓"当筵歌诗""即席作歌"；秦汉之际，承前代遗风，人们在席间联句名之曰"即席唱和"，用之日久便逐渐丰富，作为游戏的酒令也就产生了。

酒令作为人们发明的一种在宴饮时佐酒助兴的游戏，行令前要先推选同座中一人为令官，其他人听令官发号施令，轮流依照规定方式游戏，违者罚酒，或者按令喝酒。 种类多样，形式灵活，有雅有俗，适合各色人等。

（二）酒令构成要素及分类

1. 酒令构成要素

酒律，是指宴席行令时，每个人都必须遵守的行令规则。 酒律由令官执掌，不遵令者，根据情节轻重设有不同的惩罚手段。 由于古今酒令种类繁多，五花八门，酒律也就各式各样，不尽相同。

令官，是指在宴席上行令时专设的主持行令、维护宴席秩序、监督酒律执行，并对酒席上违规的人进行惩罚的人。 令官不是任何人都能担任的，必须具备懂酒令、善辞令、酒量大的人才能担当。

令具，是行酒令时所需要的游戏工具。 由于酒令不同，令具也不同，如有筹、骰子、扑克牌、瓜子、花生、花朵、火柴等。

南阳汉画馆馆藏的投壶汉画像石拓片

注：南阳汉画馆馆藏的投壶汉画像石拓片。两位官吏模样的人坐在壶两旁，怀中皆抱矢欲投，中间壶内已有投中的矢，壶旁有三足酒樽和舀酒用的勺。画面最右边的是司射（即投壶时的裁判），手执一木质的兽形器，也叫"筹"，用以计算投入壶内矢的数目。

2. 酒令分类

随着历史的发展，酒令从最初较为单一的射箭、投壶等内容，逐渐形成了雅俗共赏、形式多样的酒令形式。 随着社会的发展，酒令也在不断创新，今人麻国钧等又将古今酒令重新划分，共分为射覆猜拳类、口头文字类、骰子类、牌类、筹子类、杂类六类。

常见的酒令有以下几种。

（1）骰子令 以骰子为行令工具的酒令，故名。 骰子令早在两千多年就已经出现在宴会酒席上。 是古人常行的酒令之一。 以骰为行令工具，枚数不定，有时用一枚，有时用多枚，最多不超过六枚，通常依据酒令来限制骰子的数量。 骰子是饮酒行令的娱酒之物，由于其操作简单快速，并带有较大偶然性，无需过多技巧就可以轻松活跃酒宴气氛，因此很受宴饮者欢迎。 考古学家在西汉中山靖王刘胜妻子墓中出土了一枚制作精美的酒令铜骰，这说明在汉代用骰子行酒令已非常流行。 魏晋时期，骰子形状由原来的十八面变为六面。 唐宋时以骰子来祝酒兴的场面已经常见。

（2）拳令 又称猜拳、划拳、猜枚、拇指战，在古今宴席上一直比较流行。 与骰子令的无需太多技巧、偶然性较强不同，拳令的技巧性较强，可以充分调动划拳者的智谋，给划拳的双方留下了斗智斗勇的空间。 而且划拳时欢呼斗胜，举座瞩目，容易调动划拳双方的情绪，同时也非常吸引同桌的"观战者"，极富竞争性。

拳令形式多样，常见的有霸王拳和猜数拳。 霸王拳：两人划拳，甲胜一拳，乙站起来；甲再胜，乙向甲作揖；甲三胜，乙向甲深深鞠躬；甲四胜，乙一膝跪地；甲五胜，乙双膝跪地；甲六胜，乙叩头，饮酒。

猜数拳：猜拳时，以数字零到十为范围，以双方出的手指数为准，双方在喊数字的同时要伸手指，如果双方伸出的手指数合计正好为其中某人口中喊出之数字，则赢，对方要喝酒。 如果两人同时猜中或同时未猜中，再重新开始。

（3）酒牌令 由古代的叶子戏发展演变而来，又称"叶子""叶子酒牌"，是古人饮酒行令以助兴的佳品。 起初是纸牌，明清时叫"马吊"，大概至明清时，牌类酒令的牌具用上了骨牌。《红楼梦》第四十回"金鸳鸯三宣牙牌令"便是用骨牌（今称为"牌九"）行的酒令。 酒牌令是把古代著名的饮酒掌故书写在叶子上而在酒宴上行令。 除了"叶子"酒牌，还有专门用以行令的铜质的酒牌，其形似钱。 牌面上有人物版画、题名和酒令，行令时抽牌按图解意而饮。 其行令方法是将牌扣置席间，从某人开始依次揭牌，然后按照牌中所书行令，以牌中所注方法罚酒。 酒牌令兴起于唐，当时也称"彩笺"。 刘禹锡等《春池泛舟联句》："杯停新令举，诗动彩笺忙"，其中"彩笺"即是叶子，这说明唐代已经开始通过叶子酒牌来行令了。 酒牌令在宋元时期得到快速发展，元代人曹绍的《安雅堂觥律》，是一部比较早的且较为系统的牌类酒令。 至明清时期，酒牌令已经盛极一时，明代《醉酣斋酒牌》、陈洪绶所刻的《水浒叶子》《安雅堂觥令》等酒牌令，颇受时人青睐。 酒牌令的牌具材料不尽相同，可用铜做，亦可用骨作。

（4）酒胡令 是唐代盛行的一种酒令。 "酒胡子"，又称舞胡子，是人们用坚木雕刻成的不倒翁式的胡人玩偶，上身丰满，下身瘦削，有点像陀螺的形状。 胡人善舞，旋转时如风似掣，故有此名。 行令时，加力于酒胡子，使其旋转，待其停息之际，视其手指所指，指谁谁就饮酒。 这是唐代受"胡风"影响的表现。 唐代诗人元稹《指巡胡》一诗："遣闷多凭酒，公心只仰胡。 挺身唯直指，无意独欺愚。"便是对宴会上的指巡胡的刻意描述。

唐代受"胡风"的影响很深，上到皇帝，下至黎民，不仅喜欢胡食，而且喜行胡令，又按西域少数民族的方式劝酒，以歌舞为手段，劝宾客饮酒。 唐时胡旋舞盛行，大概酒令也起了推波助澜的作用。 歌舞令的风俗至今仍在新疆维吾尔自治区西部少数民族中流传，少数民族女子载歌载舞，每唱一首歌，就手捧一杯酒给客人，客人接来饮尽。这是他们至高的礼节。

（5）筹令　筹令是古人常用的酒令之一。　筹，本来是古代的算具，古代人一般用木或竹制成筹来进行运算，但到唐朝，筹开始被运用到饮酒行令上。　作为行令的工具，筹此时有两种用法。　其一是用来计数，即根据酒筹的多少，来计算喝多少酒，唐代诗人白居易《同李十一醉忆元九》诗中："花时同醉破春愁，醉折花枝当酒筹"，指的就是用花枝作为计算饮酒数量的酒筹。　其二，是将筹用作行令的工具。　这类筹需要提前制作，可以选择木、竹、象牙、兽骨等作为材料，在上面刻上各种酒令酒约，行令时令官让参与人按顺序轮流摇筒抽筹，按酒筹上的酒令酒约要求的对象和数量进行饮酒或罚酒。　这类筹令虽然制作复杂，但行令时既不用费太多脑筋，又非常高雅有趣，临席行令时只需要依次轮流抽取酒筹，按酒令、酒约饮酒即可。　筹令不但全席都有参与的机会，也使饮酒的机会基本等同，能使人人尽兴，个个举杯，酒宴气氛轻松活跃。

（6）雅令　亦称文人酒令，指具有较高文化素养的文人学者在酒宴上爱行的酒令。在唐代的酒令中，这种酒令多是从律令转换而来的，最为深奥，这是饮酒者较量文墨、显示才学的酒令游戏。　这种酒令主要以文字为主、即席而作，其内容包括经史百家、诗文辞赋、民俗典故等，属酒令中品位最高，难度最大的酒令。

雅令的行令方法是：先推一人为令官来作首令，该首令可为诗句、对子、成语等，其他人按照首令的形式和意思续令，如不符合，则被罚酒。　行该酒令时，通常需要引经据典、博通古今，而且要当席构思，即席应对，这就对行令者的才学、智慧、反应力等提出了足够高的要求，因此，它是酒令中最能展示参与者才思的项目。

雅令的形式很多，如诗令：文人们在饮酒时，借诗句为酒令便成为重要形式。　由于诗令内容可以由令官随意规定，因此，诗令的种类也非常多，如："天"字头古诗令：要求每人吟诗一首，第一句的第一个字必须是"天"字，合席参与者依次而作，不能吟者或违背要求者，皆罚酒一杯。　如"天风吹我上南楼，为报姮娥得旧游。　宝镜荧光开玉匣，桂花沉影入金瓯"；"天为罗帐地为毡，日月星辰伴我眠。　看来气象真喧赫，创业鸿基万万年。"

雅令中还有字令，也称口令。　该令不需要行令工具，只需要口头吟诗、作对、猜谜等。　该令源于春秋时的"当筵歌诗""投壶赋诗""即席作歌"，后逐渐发展为古代知识分子在宴饮时用来争奇斗巧、显示才华、娱酒行令的一种游戏，极受文人雅士推崇。

另外还有口语类，如唐太宗与李君羡将军宴饮时，曾行过的"言小名令"；猜谜令；填字令等。

文字令对行令的文化修养要求较高，所以也是较受文人欢迎的一种酒令。

雅令既是文字游戏，也是刁难人的手段，有些酒令故意出的刁钻古怪，很难应对，有些酒令则用来挖苦对方，借以增添戏谑成分。　当然，饮酒行雅令，既讲究精神享受，又追求兴奋程度，历来被视为风流韵事，历代文人乐此不疲。　酒令的不断推陈出新，同时又把文学艺术融入到杯盏之间，已经使其变成多彩智慧的艺术形式，成为中国所特有的酒文化。

（7）猜枚令　古时叫藏钩，得名于汉武帝的钩弋夫人。《汉书》记载，汉武帝巡狩过河间，望气者言此处有奇女，天子急速派遣使者搜寻并召之。来到时，少女两手皆紧握拳，"上自披之，手即时伸。由是得幸，号曰拳夫人"，此女即是后来的钩弋夫人。后人说钩弋夫人双手藏钩，便有一种藏钩游戏，源头于此。游戏的方法是：人分为猜、藏两拨，参与藏的一拨人将钩藏于某人的一只手中，让另一拨人猜，猜中一藏者得一筹，连得三筹者胜。

猜枚，《红楼梦》中也多次提到。行酒令的人取些小物件，如棋子、钱币、瓜子、莲子等物，握在手心里，让其他人猜，可猜单双数目、颜色，未猜中者罚酒。

猜枚到晋代才形成，取分曹射覆形式。参加游戏的人数是偶数，正好分为两曹；如果是奇数，则剩下的一个人可属上曹，也可属下曹，叫游附。以猜枚令为题材的诗歌，古今为数不少，最著名的如李商隐的《无题》："隔座送钩春酒暖，分曹射覆腊灯红。"

中国酒令之多世所无敌，而各种酒令基本都是对参加者智力、知识、反应力和修养的一种考验，尤其是文人行的酒令更是如此。在此类酒令中，诸子百家、诗词歌赋、文字典故、曲牌词牌、时令药物等均会囊括到酒令中去，酒宴始终都充溢着浓浓的书卷气和文化味，因此，行酒令可以陶冶人的情操。另外，一令一出，往往要求参与者几乎不假思索、对答如流，而要达到这种水平，往往需要人们有深厚底蕴、博闻强识的能力以及广阔的知识背景。为了不使自己在酒令实施的过程中"出丑"，这就促使人们不断深入学习各方面的知识，不断增加自己的文化底蕴，以便在下次酒令中一鸣惊人。因此，好的酒令既丰富了饮酒的乐趣、远离了粗俗，更使参与者陶冶了情操、增长了知识。

三、酒与诗歌

（一）酒诗见证历史

酒具有麻醉神经之效能，能刺激人的味觉，作用到大脑神经，使饮者进入一个特殊的境界。诗的意境与饮者进入的境界较为相近，诗人进入醉乡可至纯真之境。若此时挥毫写诗，其境界之真善可为至境，难怪古人喜欢把酒与美好的人生联系起来。

诗酒交融产生的酒诗具有强烈的时代气息，它深刻而全面地反映了当时社会面貌，再现了时人的广阔生活和风土人情。每一历史时期的酒诗的主旋律与其时代的主旋律基本上是吻合的。酒，以神功妙用使古代知识分子把现实与理想的矛盾统一起来。在政治清明之时，他们以酒抒写大济苍生之志，不乏进取之心；而在政治腐败的浊世，他们以诗言志，不与昏君佞臣同流合污。"自得酒中趣，岂问头上冠。"以酒表明洁身自好，独善其身，或酣饮沉醉以争得一时自由。在他们看来，官场黑暗污浊，远不如"采菊东篱下，悠然见南山。"的恬淡幽静。于是东晋末年的陶渊明毅然归隐田园，寄酒为迹；唐代诗人孟浩然弃官醉卧，陶然忘机。在这些人的心目中，理想就是一首诗，酒是理想与现实矛盾的调节物，诗酒交融，以柔克刚，此乃古代诗人的人生哲学。

中国士人是一个具有高度文化修养的阶层。他们浸淫于诗歌，将其发展到至精至微的地步。《诗经》所收集的是西周初年至春秋中叶之间500多年的305篇诗歌，其中有许多关于"饮食宴乐"的诗篇，或记载宗教祭祀过后的宴饮，如《天保》《楚茨》《信南山》《行苇》《既醉》《丰年》《载芟》《良耜》等。如《既醉》描述祭祀完毕后周王和诸侯尽情宴饮："既醉以酒，既饱以德。君子万年，介尔景福。既醉以酒，尔肴既将。君子万年，介尔昭明。"《鹿鸣》诗句"呦呦鹿鸣，食野之苹。我有嘉宾，鼓瑟吹笙。"轻松活泼的宴饮场面，还有音乐的伴奏。这些诗歌的主人公通过宴饮，与天地交通，和朋友交融，诱发出天性，如《诗经·唐风·有杕之杜》："彼君子兮，噬肯适我？中心好之，曷饮食之？"

《诗经》的饮食描写对后世产生了重大影响。《诗经·豳风·七月》有"八月剥枣，十月获稻，为此春酒，以介眉寿。"的诗句，后世便多以"春"来命酒。如唐代之"土窟春""石冻春""剑南烧春""玉壶春""曲米春""松醪春""罗浮春""竹叶春""梨花春""瓮头春""金陵春""抛青春""若下春""老春"等，宋代的"千日春""锦江春""绿萼春""万里春""留都春""蓬莱春""秦淮春""万象皆春""洞庭春""软脚春""玉露春""风光春""锦波春""松花春"等。

《楚辞》亦然，其中描述的佳酿与香草、美人，与诗人人格之魅力、诗的瑰丽一起深沁后人心脾。魏晋山水田园派代表诗人陶渊明，现存诗文174篇，与酒结缘的达56篇；他还专写《饮酒》诗20首，成为这一诗歌题材的发起者，后人更评论其诗"篇篇有酒"。

中国文人艺术向来不追求体物象形，而是强调主体的自由意志，强调直觉顿悟的非逻辑思维，强调得意忘言的恍惚陶醉。而饮酒则在所创造的心醉神迷的意境中，启动了写意感性，强化了艺术灵性，畅发胸臆，挥洒激情，借由酒的激发灵感而创造出不可复现的艺术珍品。美酒中有诗歌荡漾，诗歌中有美酒流淌。酒与诗歌的结合，既是中国美酒的灵魂，亦是中国诗歌的灵魂，"形同槁木因诗苦，眉锁愁山得酒开"。

对于文人来说，酒后能产生异常的创作冲动和丰富的联想，使灵感如泉奔涌，一发而不可收，这是许多文人的共同体验。李白就是杰出的代表。《将进酒》有："人生得意须尽欢，莫使金樽空对月。天生我材必有用，千金散尽还复来。"张旭行草书也是醉中出奇，《新唐书·张旭传》载："旭，苏州吴人，嗜酒，每大醉，呼叫狂走，乃下笔，或以头濡墨而书。既醒自视，以为神，不可复得也。"

隐身于醉，一方面中国士人超越了现实中的苦难和忧愁，得到精神上的解脱，隐身于酒中，中国文人远离了现实，消却忧愁，获得心灵的片刻宁静。另一方面，文人士大夫往往于微醺中进入一种恬淡深邃的审美境界。酒隐中的士人，有一种"酒杯轻宇宙，天马难羁縶"的气概，将灵魂隐于酒中，长醉不愿醒。

（二）酒刺激诗歌的创作

唐代的许多著名诗人，将饮酒作为人生一大乐事和情趣，作品中时有表现。酒诗里有着多种场景和心态，不仅有一般的自斟自酌、自我陶醉，也有亲朋好友间的把盏别情、节日欢娱，还有百无聊赖、醉生梦死，甚至还有沙场畅饮、抒发决一死战的胸怀，几乎人生和社会的各种情景场合和精神心境，诗人们都能借助饮酒与醉意表达和表现出来。如，王维《少年行》："新丰美酒斗十千，咸阳游侠多少年"；韩愈《八月十五日夜赠张功曹》："一年明月今宵多，人生由命非由他，有酒不饮奈明何"陈子昂有《春夜别友人》："银烛吐青烟，金樽对绮筵"；孟浩然期待着与故人把酒闲叙，《秋登万山寄张五》："何当载酒来，共醉重阳节"；《过故人庄》："开轩面场圃，把酒话桑麻"；李颀《送陈章甫》写醉酒竟不知夜晚的到来："醉卧不知白日暮，有时空望孤山高"；王翰则有战场上的醉饮，《凉州词》："醉卧沙场君莫笑，古来征战几人回。"

北宋诗人的酒诗引人入胜。如，苏轼《和陶渊明（饮酒）诗》说："俯仰各有态，得酒诗自成"；唐庚《与舍弟饮》："温酒浇枯肠，戢戢生小诗。诗中何等语，酒后那复知"；范成大《明日分弓亭按阅再用西楼韵》云："老去读书随忘却，醉中得句若飞来"；陆游《凌云醉归作》曰："饮如长鲸渴赴海，诗成放笔千觞空"，都赞同诗和酒的密切关系。杨万里在《留萧伯和仲和小饮二首》说："三杯未必通大道，一斗真能出百篇"，《重九后二日同徐克章登万花川谷月下传觞》："酒入诗肠风火发，月入诗肠冰雪泼。一杯未尽诗已成，诵诗向天天亦惊"。罗愿《和汪伯虞求酒》："明朝秀句传满城，笑指空樽卧墙壁"，极写"秀句"与"空樽"之间的关系，酒中诗意浓，诗中藏着酒意，吟诵酒诗，令人感怀万千。范仲淹的《苏幕遮·怀旧》："黯乡魂，追旅思，夜夜除非，好梦留人睡。明月楼高休独倚，酒入愁肠，化作相思泪。"通过诗来体现乡愁，也为酒找到了依附的载体。明代唐寅《把酒对月歌》："我学李白对明月，白与明月安能知！李白能诗复能酒，我今百杯复千首。我愧虽无李白才，料应月不嫌我丑……"清代李清照的《声声慢》："三杯两盏淡酒，怎敌他，晚来风急？雁过也，正伤心，却是旧时相识……"。

诗意与酒情并存。诗人借着一壶酒，往往超脱了现实世界，酣醉之中，诗兴勃发，浮想联翩，平添了许多真情与童心，以至能与自然界的万事万物把酒言欢，创作出想象丰富、意象活泼的作品，无论是写唯美的小品，还是作豪迈的长歌；无论是倾诉离愁别绪言，还是抒发兴亡感慨，无数精彩篇章，因酒而生。李白的《金陵酒肆留别》："风吹柳花满店香，吴姬压酒唤客尝……请君试问东流水，别意与之谁短长"，王维的《送元二使安西》："劝君更尽一杯酒，西出阳关无故人"，都表达了诗人与友人之间的依依惜别之情。王绩嗜酒，能饮五斗，自作《五斗先生传》，撰《酒经》《酒谱》，自称"以酒德游于乡里"，家中的"酒瓮多于步兵"。陆游《江楼吹笛饮酒大醉中作》："世言九州外，复有大九州。 此言果不虚，仅可容吾愁。 许愁亦当有许酒，吾酒酿尽银河流。 酌之万斛玻璃舟，酣宴五城十二楼。 天为碧罗幕，月作白玉钩；织女织庆云，裁成五色裘。 披裘对酒难为客，长揖北辰相献酬。 一饮五百年，一醉三千秋。 却驾白风骖斑虬，下与麻姑戏玄洲。 锦江吹笛余一念，再过剑南应小留。"这诗想象力之丰富，艺术手法夸张，酒后恣意纵狂，神游万里，宛若仙人。

古代诗人以酒酿诗，以诗饮酒，每个诗人酿出来的诗，亦同我国名目繁多的美酒那样有千家风味，万种情调，令人叹为观止。 故晋代陶渊明的"田园诗酒"，闲适而恬淡；又不乏酒的清芬；以岑参为代表的"边塞诗酒"，是大漠里悲壮的豪情与欢歌；李白的"浪漫诗酒"，融旷达与豪迈于一炉，映照出一个"醉魂归八极""啸傲御座侧"的自由、奔放的不屈性格；与李白同为"唐诗双璧"的杜甫，酿的大多是"民间诗酒"，与绍兴花雕一般，醉香中略带苦涩之味，大多都是因为渗透了他上悯国难、下痛民穷的一片苦心之故。

醒与醉，酒激发了诗人的情愫，酒诗中万千滋味，虽越千百年，仍能共情与斯。 南宋人彭龟年《酒醒》："世间颠倒事，一切自酒出。 醒时清明心，醉后不可觅。 醉时颠倒苗，或发醒时实。 酒能醉人形，不能醉人心。 心倪有主宰，万变不可淫。 大禹恶旨酒，拜善功最深。"尤喜其"酒能醉人形，不能醉人心"一句。 俗语云"酒醉心明白"，此之谓也。 酒醉酒醒之间，确实有诸多人世颠倒之处。 多少悲情，借酒而发；多少凄苦，借酒道出；多少悲怆，借酒以倾泻；多少情愫，借酒以描摹。 万般情感，无论昂扬奔放，还是柔情万种，都浸透在一杯酒中。

四、酒与艺术

1. 酒与绘画

自古以来，酒与书画不分家。 中国绘画史上的书画名家，好酒者不乏其人。 大多画家都会借助酒来激发灵感。 他们或以名山大川陶冶性情，或在花前酌酒对月高歌，往往就是在"醉时吐出胸中墨"，酒酣之后，"解衣盘薄须肩掀"，酒宴文化，从而使"破祖秃颖放光彩"，酒成了他们创作的催化剂。 纵观历代中国画杰出作品有不少有关酒文化的题材，可以说绘画和酒有着千丝万缕的联系，它们之间结下了不解之缘，有了酒，书法才会洒脱，绘画才会显得大气。

中国古代画家往往以酒壮胆，在酒后纵情涂抹，这时会有意想不到的效果。 因为中国绘画是写形表意的艺术，它既不能脱离形似，又必须传达画家的思想情绪；中国画的全部技艺，只凭一支毛笔。 因此，酒引发创作热情，使画家处于宣泄感情的最佳状态，将平生积聚的技巧上升到喷发状态，从而借助酒力，增加胆识，为平日所不敢为，破夺障碍，"得意忘形"，意得微醉里，形忘豪饮后，创造出最佳作品。 从古至今，文人骚客总是离不开酒，诗坛书苑如此，那些在画界占尽风流的名家们更是"雅好山泽嗜杯酒"。他们或以名山大川陶冶性情，或花前酌酒对月高歌，往往就是在"醉时吐出胸中墨"。酒成了他们创作时必不可少的重要条件。酒可品可饮，可歌可颂，亦可入画图中。

中国绘画史上被誉为"画圣"的唐人吴道子（约686—760年前后），名道玄，画道释人物笔势圆转，所画衣带如被风吹拂，后人以"吴带当风"称赞其高超画技与飘逸的风格。唐明皇命他画嘉陵江三百里山水的风景，他能一日而就。《历代名画记》说他"每欲挥毫，必须酣饮"，嘉陵江山水入画的疾速，表明了他思绪活跃的程度，这就是酒刺激的结果。吴道子在学画之前先学书于草圣张旭，其豪饮之习大概也与乃师不无关系。又如王洽（？—825年），以善画泼墨山水被人称之为"王墨"，其人疯癫酒狂，放纵江湖之间，每欲画必先饮到醺酣之际，先以墨泼洒在绢素之上，墨色或淡或浓，随其自然形状，为山为石，为云为烟，变化万千，非一般画工所能企及。

五代时期的厉归真，平时身穿一袭布裹，入酒肆如同出入自己的家门。有人问为什么如此好喝酒，回答："我衣裳单薄，所以爱酒，以酒御寒，用我的画偿还酒钱。除此之外，我别无所长。"传说南昌果信观的塑像是唐明皇时期所作，常有鸟雀栖止，人们常为鸟粪污秽塑像而犯愁。厉归真知道后，在墙壁上画了一支鹞子，从此雀鸽绝迹，塑像得到了妥善的保护。

绘画中有一种界画，与其他画种相比，有一个明显的特点，就是要求准确、细致和工整。五代至宋初的郭忠恕是著名的界画大师，他所作的楼台殿阁完全依照建筑物的规矩按比例缩小描绘，他从不轻易动笔作画，谁要拿着绘绢求他作画，他必然大怒而去。可是酒后兴发，就要自己动笔。一次，安陆郡守求他作画，被郭忠恕毫不客气地顶撞回去。这位郡守并不甘心，又让一位和郭忠恕熟悉的和尚拿上等绢，乘郭酒酣之后赚得一幅佳作。大将郭从义就要比这位郡守聪明多了，他镇守岐地时，常宴请郭忠恕，宴会厅里就摆放着笔墨。郭从义也从不开口索画。如此数月。一日，郭忠恕乘醉画了一幅作品，被郭从义视为珍宝。

宋代的苏轼是一位集诗人、书画家、美食家于一身的艺术大师，黄山谷题苏轼竹石诗说："东坡老人翰林公，醉时吐出胸中墨。"他还说：苏东坡"恢诡诵怪，滑稽于秋毫之颖，尤以酒为神，故其筋次滴沥，醉余频呻，取诸造化以炉钟，尽用文章之斧斤。"看来，酒对苏东坡的艺术创作起着巨大的作用，连他自己也承认"枯肠得酒芒角出，肺肝搓牙生竹石，森然欲作不可留，写向君家雪色壁。"

元朝画家中喜欢饮酒的人很多，著名的元四家"黄公望、吴镇、王蒙、倪瓒"除黄公望外其余三人善饮。无锡人倪瓒（1301—1374年）字元镇，号云林。于元末社会动荡不安之际，卖去田庐，散尽家资，浪迹于五湖三柳间，寄居村舍、寺观，一生隐居不仕，常与友人诗酒流连。"云林遁世士，诗酒日陶情""露浮磐叶熟春酒，水落桃花炊鲸鱼"且须快意饮美酒，醉拂石坛秋月明""百壶千日酝，双桨五湖船"，这些诗句就是其快意美酒生活的写照。元初的著名画家高克恭（1248—1310 年），官至刑部尚书。甚能饮酒，"我识房山紫篸蔓，雅好山泽嗜杯酒"。仕于南方时，酷爱钱塘山水，余暇则呼僮携酒，杖履登山，流连尽日。画以山水、墨竹著称，兼及兰惠梅菊。平时不轻于作画，而喜于酒酣兴发之际，好友在侧，为之铺纸研墨，乘快为之："国朝名笔谁第一，尚书醉后妙无敌。"

明朝画家中最喜欢饮酒的莫过于吴伟。吴伟（1459—1508 年）字士英、次翁，号小仙。江夏（今武昌）人。《江宁府志》说："伟好剧饮，或经旬不饭，在南都，诸豪客时召会伟酣饮。"詹景凤《詹氏小辩》说他"为人负气傲兀嗜酒"。吴伟待诏仁智殿时，经常喝得烂醉如泥。一次，成化皇帝召他去画画，吴伟已经喝醉了。他蓬头垢面，被人扶着来到皇帝面前。皇帝见他这副模样，也不禁笑了，于是命他作松风图。他跟跟跄跄碰翻了墨汁，信手就在纸上涂抹起来，片刻，就画完了一幅笔简意赅，水墨淋漓的《松风图》，在场的人们都看呆了，皇帝也夸他真仙人之笔也。

著名的书画家、戏剧家、诗人徐渭（1521—1593 年）经常与一些文人雅士到酒肆饮酒。一次，总督胡宗宪找他商议军情，找他不见，直至夜深，仍开大门等他归来。一个知道他下落的人告诉胡宗宪："徐秀才方大醉嚎嚣，不可致也。"明代画家中另一位以尚酒出名的就是陈洪绶（1597—1652 年），字章侯，号老莲。他曾在一幅书法扇面上写："看宋元人画，便大醉大书，回想去年那得有今日事。"张岱《陶庵梦忆》记载与陈洪绶西湖夜饮，携家酿斗许，"呼一小划船再到断桥，章侯独饮，不觉沉醉"。陈洪绶醉酒之后会洋相百出，"清酒三升后，闻予所未闻"。每当醉后作画，他"急命绢素，或拈黄叶菜佐绍兴深黑酿，或令萧数青倚槛歌，然不数声，辄令止。或以一手爬头垢，或以双指搔脚爪，或瞪目不语，或手持不聿，口戏顽童，率无半刻定静。"陈洪绶酒后的举止正是他思绪骚动、狂热和活力喷薄欲出的反映。

"扬州八怪"是清代画坛上的重要流派。"八怪"中有好几位画家都好饮酒。郑板桥（1693—1766 年），原名郑燮。他在自传性的《七歌》中说自己"郑生三十无一营，学书学剑皆不成，市楼饮酒拉年少，终日击鼓吹竽笙。"可见其青年时代就有饮酒的嗜好了。郑板桥喝酒有自己熟悉的酒家并和酒家结下了深厚的友谊，"河桥尚欠年时酒，店壁还留醉时诗"。清末，海派画家蒲华可以称得上是位嗜酒不顾命的人，最后竟醉死过去。

当代画家傅抱石善饮，酒激发了他的创作灵感，得意之作常因酒而成。喜欢喝酒的还有齐白石的关门弟子许麟庐。上海画家唐云也喜欢喝酒，北京某部请唐云去北京作画，问他有什么要求，唐云说：我每天是要喝一点人头马的。唐云嗜烟嗜酒，喝茶淡了，会将茶叶捞起，浇上麻油酱油，当凉菜吃。

酒的题材往往是画的主题。可绘人，可画酒，可涂抹酒席，可渲染酒宴。北宋宣和（1119—1125 年）年间由官方主持编撰的宫廷所藏绘画作品的著录著作《宣和画谱》就记载有：黄荃《醉仙图》，张妖寿《醉真图》《醉道图》，韩滉《醉学士图》，顾闳中《韩熙载夜宴图》，顾大中《韩熙载纵乐图》等。 传说南朝梁武帝时的名画家张僧繇就画过《醉僧图》壁画，唐朝大书法家怀素写诗称赞《醉僧图》："人人送酒不曾沽，终日松间系一壶。 草圣欲成狂便发，真堪画入醉僧图。"后来，僧道不睦，道士每每用《醉僧图》讥讽和嘲笑和尚。 和尚们气恼万分，于是聚钱数十万，请阎立本画《醉道士图》来回敬道士。 阎立本把《醉道士图》画得十分生动，道士们酒醉之后洋相百出，滑稽之态，令人捧腹。

与酒有关可入画的内容还很多，如以酒喻寿，所谓寿酒就是以酒作为礼品向人表示祝寿。 中国画就常以石、桃、酒来表示祝寿。 八仙中的李铁拐、吕洞宾也以善饮著称。 他们也常常在中国画里出现，明代扬州八怪之一的黄慎就喜欢画李铁拐。《醉眠图》是黄慎写意人物中的代表作：李铁拐背倚酒坛，香甜地伏在一个大葫芦上，作醉眠态。 葫芦的口里冒着白烟，与淡墨烘染的天地交织在一起，给人以茫茫仙境之感，把李铁拐这个无拘无束四海为家的"神仙"的醉态刻画得独具特色。 画面上部草书题："谁道铁拐，形肢长年，芒鞋何处，醉倒华颠"十六个字，再一次突出了作品的主题。 齐白石画过一幅吕纯阳像，并题了一首诗："两袖清风不卖钱，缸酒常作枕头眠。 神仙也有难平事，醉负青蛇（指剑）到老年。"这件作品诗画交融，极富哲理的语言，令人深思。

《春夜宴桃李园》也是画家们喜欢的题材。 这个题目取材于李白的《春夜宴桃李园序》，描绘李白等四人在百花盛开的春天，聚会于桃李之芳园，叙天伦之乐事。 时值夜阑，红烛高照，杯觥交错，表现了文人雅士的生活情景。

宋徽宗赵佶所绘《文会图》描绘宴饮的地方面临一泓清池，三面竹树丛生，环境幽雅。 中间设一巨榻，榻上菜肴丰盛，还摆放着插花，给人以富贵华丽之感。 他们使用的执壶、耳杯、盖碗等也都是当时的高级工艺品，再次显示了与会者的身份。 在座的文人雅士神形各异，或持重，或潇洒，或举杯欲饮，或高谈阔论，侍者往来端杯捧盏，展示了宋代贵族们宴饮的豪华场面。

《卓歇图》是辽代画家胡瓌的作品。 胡瓌擅画北方契丹族人民牧马驰骋的生活。 卓歇，是指牧人搭立帐篷歇驻。 此图中描绘契丹部落酋长狩猎过程中休息的一个场面：主人席地用餐，捧杯酣饮，其身后侍立四个身佩雕弓和豹皮箭束的随从，席前有人举盘跪进，有人执壶斟酒，还有一男子作歌舞状，表现了契丹贵族的围猎生活和饮食习俗。

《韩熙载夜宴图》是描绘五代时南唐大官僚韩熙载骄奢淫逸夜生活的一个场面。 韩熙载（902—970年），字叔言，北海（今山东潍坊）人。 其父韩光嗣被后唐李嗣源所杀，韩熙载被迫投奔南唐，官至史馆修撰兼太常博士。 韩熙载雄才大略，屡陈良策，希望统一中国，但频遭冷遇，使其对南唐政权失去信心。 不久，北宋雄

（五代）顾闳中画《韩熙载夜宴图》（局部）

兵压境，南唐后主李煜任用韩熙载为军相，妄图挽回败局，韩熙载自知无回天之力却又不敢违抗君命，于是采取消极抵抗的方式，沉溺于酒色。 李煜得知韩熙载的情况，派画院待诏顾闳中、周文矩等人潜入韩府。 他们目识心记，根据回忆绘成多幅《韩熙载夜宴图》。 该图为手卷形式，以韩熙载为中心，描绘了官员韩熙载家设夜宴载歌行乐的场面。 绘就的是一次完整的韩府夜宴过程，即琵琶演奏、观舞、宴间休息、清吹、欢送宾客五段场景。 揭示了古代豪门贵族"多好声色，专为夜宴"的生活情景。 图中的注子、注碗的形制是研究酒具发展变化的重要资料。

《月下把杯图》是马远的作品。 马远字遥父。 南宋画院待诏。 画院待诏，画院，官署名。 待诏，官职名，意谓等待皇帝诏命的官员。 画院待诏的职责是在宫廷中掌管绘画。 除为皇家绘制各种图画外，还承担皇家藏画的鉴定和整理及绘画生徒的培养。 两宋是中国画院的极盛时代，在画院的组织形式上是最为完备的。 在艺术教育上，无论学科与考试诸方面，都有健全的体制，它随着两宋经济的发展，取得了较大的成就，成为历代画院的典范。

马远画山水以偏概全，往往只画一角或半边，打破了以往全景山水的构图方法，被称为"马一角"，是南宋四大家之一。《月下把杯图》描绘一对相别已久的好友在中秋的夜晚相遇的情景，中秋是团圆的佳节，好友重逢，痛饮三五杯，以示庆贺。 正如画上宋宁宗的皇后杨妹子写的那样"相逢幸遇佳时节，月下花前且把杯。"

《蕉林酌酒图》是明末清初陈洪绶的人物画中的代表作。 此图描绘一个隐居的高士摘完菊花之后，在蕉林独自饮酒的情景。 图中主人举杯欲饮，一个童子兜着满满一衣襟的落花，正向一个盛落花的盘子里倒去，另一书童正高捧着酒壶款款而行，这情景描绘的正是孤傲的文人雅士们所向往的"和露摘黄花，煮酒烧红叶"的隐逸生活。

2. 酒与书法

中国是酒的大国，也是书法艺术的大国。 书法是我国传统的艺术瑰宝之一。 嗜酒者不一定是书法家，但书法家大都嗜酒。 酒给人以刺激，给人以快感，使人的情绪在最短时间内调节至最佳状态引起人强烈的创作冲动。 酒可以使人平添许多豪情，狂放不羁，不拘成法，创作出许多艺术价值极高的书法佳作。

书法史上最著名的张旭、怀素、李白、陆游等，他们以书法名世，以文章名世，以诗歌名世，同样也以善酒名世。 他们以书、文、诗、酒写下了辉煌壮丽的一生，为中国文化史做出卓越的贡献，使后人景仰不已。 苏轼对"醉墨"（醉后的书法作品）颇为欣赏，将其作为新建屋堂之名："近者作堂名'醉墨'，如饮美酒消百忧。"

中国书法有六种书体：篆书体（包含大篆、小篆）、隶书体（包含古隶、今隶）、楷书体（包含魏碑、正楷），行书体（包含行楷、行草），燕书体（包含燕隶）、草书体（包含章草、小草、大草、标准草书）。 据说《兰亭序》就是王羲之酒醉之后写成的，这一写便成就了天下第一行书。 说来也怪，等王羲之酒醒之后再来把这个草稿正式誊抄时，发现写出来的效果怎么也比不过这幅草稿。 别看草稿上的文字间距不齐，甚至还时不时地出现错字涂抹的印迹，但正是这样一种自然的状态才流露出了行书的真谛，这也许就是酒与书法家微妙结合的产物。 唐代的书法家张旭则写的是草书，他"嗜酒，每大醉，呼叫狂走，乃下笔，或以头濡墨而书，既醒自视，以为神，不可复得也，世呼'张癫'。"

（唐代）张旭《草书古诗四首》（局部）

醇酒之嗜，激活了 2000 余年不少书法艺术家的灵感，为后人留下无数艺术精品。 他们酒后兴奋地引发绝妙的柔毫，于不经意处倾泻胸中真臆，令后学击节赞叹，甚而顶礼膜拜。 这种异常亢奋支持艺术不断求索，使无绪趋于缜密，使平淡显奇崛，逮若神助。 不少大书法家并不满足于细品助兴，小盏频频，于琼浆玉液乃是海量，放胆开怀畅饮，越是激昂腾奋，愈加笔走龙蛇，异趣横生，非纸尽墨干不肯止。

明代祝允明（1460—1526 年），字希哲，因右手六指，自号"枝指生"。 嗜酒无拘束，玩世自放，下笔即天真纵逸，不可端倪。 与书画家唐寅、文徵明、诗人徐模卿并称"吴中四才子"。

3. 酒与篆刻

篆刻的起源由古代的盛酒器刻画符号而肇始，所以和酒有密切的关系。 在犹大王国（Kindom of Judah）内的一个内陆城市，考古学家发现了刻有铭文的罐子，上面刻着"由红葡萄干酿制而成葡萄酒"。 酿酒师可能让葡萄在树上风干或在垫子上晒干，使葡萄的风味浓缩，酿成非常甜且厚重的葡萄酒。 在这个地区以外的其他地方，考古学家也找到一些罐子，上面刻着类似"烟熏味葡萄酒"和"颜色非常深的葡萄酒"这样的铭文。

在我国出土的距今约 6000 年的半坡陶器中，同样的有酒器，印章的始祖——刻画符号，便是刻画在半坡的陶器上的。 在距今 3600 年的商周青铜器中，已经有大量的酒器如爵、角、瓠、觯、卣、盉等，都有刻画印痕，其铸造技术和艺术价值都是极高的，也足以见当时的饮酒水平已达到相当的水平。

在新石器时代后期，人们发明了用陶泥制作器皿，形状可随心所欲，可大量制作，因之发展很快。 随着古文字的萌生，为了区分大量制作的陶器的制作者或拥有者，以查其数量，工匠们在制陶时就在器皿上刻画自己的符号，这便是《礼记·月令篇》所记的"物勒工名"。 为了方便，到后来，工匠们便用硬质材料刻制成印范，直接印制于陶器泥坯上，加以烧制，类似封泥。 这说明印章的起源与酒有密切的关系。

在西汉末年新莽时期的官印中，发现了当时的文化教育界最高长官"祭酒"的官印"新城左祭酒"，这是"酒"字第一次出现在篆刻里。

（明代）苏宣《深得酒仙三昧》印

明清文人印的兴起，给印章文字内容拓宽了天地。 明清篆刻家中一大批嗜酒者，便在自己的印章中，表现了对酒的喜爱和对酒的寄托。 著名的有何震的"沽酒听渔歌"、林皋的"案有黄庭尊有酒"、苏宣的"深得酒仙三昧"、黄士陵的"酒国功名淡书城岁月闲"等。 这些印章丰富了篆刻艺术的表现内容，也丰富了酒文化的内涵，使原本实用的印章艺术与诗情、画意、酒香融为一体，使篆刻艺术放射出更加灿烂的光芒。

篆刻家在印章中刻酒，在印章中表现他们的思想。 由于酒与文化人介入印章（元以前印章是由书法家写篆，工匠刻制），印章的发展和印人的涌现在明清时代都走出了划时代的一步。明清流派印中关于酒的印章，成为我国篆刻艺术中最富有特点的精品，在印坛闪现出耀眼的光芒。

4. 酒与音乐

音乐与酒，表面看来好像关系不大。 但是实则关系甚密，凡稍有讲究的酒宴，哪有不辅伴乐舞之理呢？ 大型饮宴，如果没有乐舞辅伴，既不隆重，也无气氛。 个中少数人闷饮，沉沉闷闷，生气殆尽。 所以然者何？ 感情无以释放也。

我国古代，人们对于音乐早有深刻的认识。《毛诗》序曰："诗者，志之所之也，在心为志，发言为诗。 情动于中，而行于言；言之不足，故嗟叹之；嗟叹之不足，故咏歌之；咏歌之不足，不知手之舞之、足之蹈之也。""情发于声，声成文谓之音。"这就道出了音乐的基本特点：抒发感情、愉悦性情。 它也道出了人们运用音乐的不同层次：首先，情动于中，而行于言。 这就是赋诗；第二层，言之不足，故嗟叹之。 这就是诵诗；再进一层，嗟叹之不足，故咏歌之。 这就是歌唱；最终，咏歌之不足，不知手之舞之、足之蹈之也。 这就是歌舞。 既助兴又抒情，兴尽情尽，尽善尽美。

有了音乐，可以使欢者更欢，悲者更悲，尽情抒发。 对于乐者饮酒，其好自不必说。对于戚者，则可以释积散郁，调理性情。

饮酒有两面性，优者，激发感情，活跃思想；劣者，麻木思想，消沉意志。 音乐则可以扬其长而避其短。 正如孔子所言："乐而不淫，哀而不伤。"音乐在渲染气氛上，更是高其创始艺术形式一筹，在大庭广众之下，音乐一响，则群情激奋，真是"移风易俗，莫胜于乐。"

饮酒时用乐不同，功效也不同：歌舞饮宴，可以渲染气氛，助兴愉情，还有审美作用；但是，饮者自身不动，难以尽兴；饮酒吟诵，言志抒情。饮者自饮自娱，这当然比自己不动要好多了；但是只吟诵而不歌唱，抒情未能尽；饮酒歌唱，言志抒情。尽情尽兴，尽善尽美。

只饮闷酒是不好的，保证有将饮酒与音乐相结合，才是人们美好的享受。酒与音乐的不解之缘，关键即在于此。

唐宋时期的酒店中就有歌舞女，以音乐助酒。唐宪宗元和年间，在首都长安的大酒楼中就有一位歌女红红，她每晚走到预定好的酒肆和茶楼中，调弦演唱，从不与客人调笑戏狎，只凭着歌喉和唱技挣得赏钱。许多风流倜傥的公子都追逐着她，每天随着她进出酒肆茶楼，为她捧场。在红红的众多粉丝中，有一个人是大诗人元稹。在唐宪宗暴崩后，李恒继位而为唐穆宗，元稹做了宰相。仗着自己是宰相，元稹很想把红红收入自家府第，然而未能得逞。

5. 酒与舞蹈

千百年来，宴饮、歌舞常常连在一起，酒与舞的关系就像酒与音乐一样如影随形、水乳交融。

在原始的祭祀活动"巫"借助饮酒而舞蹈，在人类社会发展的图腾崇拜和整个原始宗教泛灵崇拜时期，酒与舞蹈是敬神、通神、娱神的礼品和手段，是人与神相沟通的载体。

战国时期的诗人屈原创作的诗篇《九歌》，记述了楚国巫觋祭祀歌舞时的祝词和盛况，为我们留下了酒舞娱神的有力佐证。"瑶席兮玉瑱，盍将把兮琼芳。蕙肴蒸兮兰藉，奠桂酒兮椒浆。扬枹兮拊鼓，疏缓节兮安歌，陈竽瑟兮浩倡。灵偃蹇兮姣服，芳菲菲兮满堂。五音纷兮繁会，君欣欣兮乐康。"神坛上铺着椒、兰等香草，散发着阵阵的幽香；镇国的宝器中盛着满满的桂花美酒；巫觋们身穿缀满饰物的华丽服装，他们轻锤鼓面，含笑弹瑟，将"神尸"——"东皇太一"拥簇在中间，拉开了神前祭祀，欢乐歌舞的序幕。

在现存的、鲜为人见的巫舞形式如"东巴舞"和纳西族东巴祭祀活动中，我们仍然不难发现酒与舞蹈是同时并重的祭祀内容。在我国现存的、唯一还活着的古象形文字纳西族"东巴舞谱"和"东巴经"中，随处可见酒与舞蹈在祭祀活动过程中相互融合的内容和形式。纳西族人民的祭祀活动可以看作是原始先民敬神、娱神质朴形式的缩影，从中可以看出酒与舞在原始人类社会生活中的重要作用和地位以及他们之间的亲密关系。

酒与舞除了在原始的巫舞活动中结合外，在生活中它们的结合又构成了最主要的社交礼仪内容，特别是在秦汉时期。在士大夫阶层中，酒席宴上"以舞相属"，表示宾客互相敬重友好，并且含有沟通情谊的意思。

中国是一个多民族的国家，一些少数民族在礼仪交往中，酒与舞往往被视作最隆重的仪式和最热诚的接待，是最恰当、最美好的祝福和祝愿。 在日常生活中，酒与舞蹈是人们生活必不可少的一部分。 苗族人民居住的山寨往往被人称作"歌山"或"花山"，这正是苗家人喜爱歌舞的形象的比喻。 我们从苗家婚礼酒歌中的"楼板舞"中就能领略到酒与舞的完美结合。 当某家的儿子通过自由恋爱的形式，娶到了一位称心如意的好媳妇时，村寨里的青年男女就要会集到新郎家中讨喜酒吃。 新人将朋友们邀请上小楼，打圈围坐在一起，这时朋友们唱起酒礼歌，新人赶紧捧出美酒，供大家品尝。 当酒酣歌兴之际，姑娘们走进圈内，小伙子们围在四周，拍手跺脚，旋转跳跃，掌声啪啪，楼板咚咚，歌声琅琅，跳起了"楼板舞"。 彝族也有类似的礼仪。

酒与舞的结合还体现在酒令中，酒令中有一种叫"打令"，又称为歌舞令。 歌舞令中的舞是被简化和被象征化的舞蹈动作。 说它是舞蹈，因它具备舞蹈的特征，首先我们看到它有被修饰过的装饰性的动作、姿态；其次，和着令词的音韵、节奏（可能还有音乐）而舞；再次，要求情绪、令词、动作相一致，错了就要罚酒。

酒与舞的结合还表现在舞台上，许多表现醉酒的事件都通过舞台上的"舞"展示出来。 如昆曲《太白醉写》、京剧《武松打虎》《醉打蒋门神》，无不是突出一个醉字，而又立足一个舞字来刻画，使人在欣赏之后，加倍感受到那种酒与舞的偶合带给人的畅快，使人在那艺术的醉态舞中感悟到一种人的本质和人生的真谛。

总而言之，无论是历史的真实，还是艺术的演绎，酒与舞蹈都极大地美化着人类的社会生活，丰富着人类文化与文明的内涵。

6. 酒与戏剧

酒与戏剧有密切的关系，没有酒，没有饮酒的场景，没有醉酒，戏份就会减去不少，甚而无法烘托人物性格，难以推进情节的演进。

以中国的京剧为例，京剧与酒就如影随形。

其一，剧名中往往有酒，以"酒"字吸引看客。 比如《青梅煮酒论英雄》《贵妃醉酒》《宝蟾送酒》《监酒令》《酒丐》，剧名中都有个酒字。

其二，还有很多戏，戏名虽不带"酒"字，而剧中却有与酒有关的情节。 常见戏中有演员念"酒宴摆下"，这就是请客吃饭，而侍者只端一个盘子，内放一把酒壶，几只酒杯，不用筷子，也没有菜，这就是中国戏曲的虚拟、写意、简练之处。

其三，名家名角常常以酒戏出名。 饮酒、斗酒、酒宴，人们司空见惯，要演化在舞台上十分困难，然而名家名角恰恰是下足功夫，以酒戏见长。

梅兰芳的名作《贵妃醉酒》，表现杨玉环在深宫内院失宠后的内心苦闷。 梅兰芳用优美的戏曲程式，来表演角色的心情，以"卧鱼"表现趴在地上闻花香，"下腰衔杯"表现躺在地上喝酒，这些生动的表演，艺术地再现了生活中的醉态。

《龙凤呈祥》是一出三国戏，讲述了吴国太在甘露寺设宴相亲，后来选中了刘备为婿。 这出戏是借酒选婿，由于剧名吉利，内容喜庆，行当齐全，生旦净丑都上场，因此成为名伶荟萃大合作戏的代表作。

武戏《伐子都》的故事出自《左传》隐公十一年郑伯伐许的记载，剧中人物庄公、考叔、子都、素盈、祭仲也确有其人。 这出戏说的是：子都出征时暗中害死副帅考叔，回朝冒功。 国君设宴庆功时，子都由于心虚，在宴前半醒半醉，似乎见到考叔显魂索命，子都突发精神病，后来成疯病，死亡了。 扮作子都的演员，扎靠披蟒，头戴插翎帅盔，脚穿高底长靴，足有十来斤重，要表演一连串的惊吓疯癫的动作。 戏中饰演子都的武生演员有高难度的武技，先是从酒桌上窜出去，在场上跌滚翻扑，边唱边做，自述子都自己暗害主帅的经过。 后来上了有四张桌子高的龙书案，武生演员像跳水运动员那样来个"云里翻"跳下来，紧接着便是甩发，最后咯血而亡。 这是一出借酒显魂的戏。

梅兰芳《贵妃醉酒》剧照

《武松打虎》剧中，武松在景阳冈上开怀畅饮，之后打死了猛虎；《醉打蒋门神》里武松借酒"寻衅"，为民除害。 这两出戏是著名的"江南活武松"盖叫天的盖派名剧。

《霸王别姬》中的项羽以酒解闷，《群英会》中周瑜以酒示威，《红楼二尤》中尤三姐泼酒反抗，《斩华雄》中关羽温酒斩将，这些戏都在"酒"字上做文章。 另外，《十八罗汉斗悟空》里的醉罗汉能将水壶般的大酒壶变成大拇指般的小酒壶；《黑旋风李逵》是讲疾恶如仇的梁山英雄李逵路见不平，破戒饮酒，除掉恶霸的故事；《醉打山门》演鲁智深身入佛门而下山饮

关良画《霸王别姬》图

酒，醉后打坏山门，刻画了他豪爽不羁的性格。 至于京昆大师俞振飞的《太白醉写》，更是以剧中醉态的精彩表演，成功地塑造了藐视权贵的诗人李白的形象。

另外，酗酒过度、因酒误事的戏也有不少，这就是借酒劝导人们戒酒了。 京剧名演员马连良在《四进士》中饰宋士杰，剧中有很多醉酒的场景。 剧情是河南上蔡县人氏姚廷

梅，被他的嫂子田氏（田伦之姊）用毒酒害死；宋士杰出门饮酒，遇见一群流氓在途中欺侮杨素贞，宋士杰惊呼"三杯酒把我的大事误了"。《望江亭》是京剧名演员张君秋的名戏，剧中谭记儿扮作渔妇，在望江亭上灌醉杨衙内，窃走势剑金牌，杨衙内贪恋酒色，失去了钦差的尚方剑，最后丢了性命；京剧名角谭富英、裘盛戎主演的《除三害》，剧中的周处自白道："终日饮酒，消愁解闷。且喜这义兴各业行商，不敢轻慢于我，茶楼酒馆，任俺潇洒，倒也十分快乐。"周处虽然纵酒闹事，但是后来改邪归正了。至于《斩黄袍》中的宋朝皇帝赵匡胤醉酒后错斩了义弟郑子明，差点被弟妇陶三春的人马夺去了江山，后果就严重了；《打金砖》中的后汉君主刘秀答应戒酒百日以作警惕，而西宫郭妃怀恨姚家杀父，在后宫用计破了刘秀的酒戒，趁刘秀酒醉传唤姚期前来加以陷害，刘秀也因酒醉错斩了包括岑彭等总共廿八位开国功臣，最后刘秀自己也因精神分裂而死于太庙，这已经是因酒而误了国家大事了。

戏剧中因为了有酒，有了饮酒的场景，有了醉酒，更加有情节，有冲突，烘托了人物性格，不断推进着情节的演进。

7. 酒与武术

提起酒与武术的关系，人们自然就能联想起"醉拳""武松打虎"等人们较为熟知的故事。文人雅士好酒，饮酒催生了诗词歌赋的创作。武人也好酒，上古的夏育、孟贲、传说中黄帝的大将力牧，以及春秋时代薛炽、养由基等都是好酒的武士。西楚霸王项羽和刘邦的大将樊哙的海量，更是尽人皆知的。武人的好酒，是因酒而表现出他们的豪爽气概和尚武精神，借酒寄托他们的情怀。然而，更重要的是酒还成为他们创造超绝武功的"灵浆"。

中国武术是独特的东方人体文化之一，东方人体文化的核心是身心一元论，要求内外五关俱要相合，外五关即"手、眼、身、步、劲"，内五关即"精、气、神、力、功"。扶醉上冈打虎的武松，在这一场人兽博斗中，充分显示了他内外五关的功夫。武术是中华民族独特的人体文化，被视为国粹。中华武术是经过千百年文化陶冶的一种独特的人体文化，它是以中国传统哲理和论理为思想基础，以传统兵学和医学为科学基础，以内外兼修，术道并重为鲜明特点的一项内容极为丰富的运动。武术的灵魂本质还是"气"。"气聚而生，气散而死"。武术讲究的是"内练一口气，外练筋骨皮"。气势的获得才是武术的追求，这一点与酒所给人的胆气、豪气是一致的。自卫本能的升华和攻防技术的积累，是武术产生的自然基础。武术不只是格斗技术、健身体育，而且影响到民族文化的方方面面，诸如医药保健、戏剧文学、方术宗教等。酒，作为人类文明的产物，同样深入到民族生活的方方面面，与武术也有着紧密的联系。

武者好酒，酒助武力，醉拳、醉剑和醉棍的创造都得益于酒。"醉拳"是现代表演性武术的重要拳种，又称"醉酒拳""醉八仙拳"，其拳术招式和步态如醉者形姿，故名。考其醉意醉形曾借鉴于古代之"醉舞"（见《今壁事类》卷十二）。其醉打技法则吸收了各种拳法的攻打捷要，以柔中有刚，声东击西，顿挫多变为特色。 作为成熟的套路传承，大约在明清时代。 张孔昭《拳经拳法备要》即载《醉八仙歌》。 醉拳由于模拟醉者形态，把地趟拳中的滚翻技法融于拳法和腿法。 至今其流行地区极广，四川、陕西、山东、河北、北京、上海和江淮一带均有流传。 关于醉拳，有一个歌诀："颠倾吞吐浮不倒，跟跄跌撞翻滚巧。 滚进为高滚出妙，

《少林寺醉拳武术套路》封面

随势跌扑人难逃。"这个歌诀对醉拳的特点进行了准确而生动的概括。 醉拳中的关键在一个"醉"字，而这种"醉"仅是一种醉态而非真醉，在攻防中，跟跟跄跄，似乎醉得站都站不稳，然而在跌撞翻滚之中，随势进招，使人防不胜防。 这就是醉拳的精妙之处。 正因为醉拳在形态动作中一副醉态，所以就把地趟拳法一些技巧很自然地融合进来，以跌扑滚翻动作的运用较多，主要动作有扑虎、栽碑、扑地蹦、金绞剪、盘腿跌、乌龙绞柱、鹞子翻身、鲤鱼打挺、剪腿跌、拔浪子、折腰提、跌叉、窜毛、磕子、小翻、单提等。

除了醉拳之外，还有醉剑。 剑术在中国有着悠久的历史，而且附丽着丰厚的文化内涵。 它被奉为百兵之君，它曾经被尊为帝王权威的象征，神佛仙家修炼的法器，更成为文人墨客抒情明志的寄托，也是艺术家在舞台上表现人物，以舞动人的舞具。 醉剑风格独特，深受人们欢迎，尤其适于表演，多为戏曲、舞蹈艺术所吸收。 它的运动特点是：奔放如醉，乍徐还疾，往复奇变，忽纵忽收，形如醉酒毫无规律可循，但招招式式却讲究东倒西歪中暗藏杀机，扑跌滚翻中透出狠手。

除醉拳与醉剑之外，还有醉棍。 醉棍是棍术的一种，它是把醉拳的佯攻巧跌与棍术的弓、马、仆、虚、歇、旋的步法与劈、崩、抢、扫、戳、绕、点、撩、拨、提、云、挑，醉舞花、醉踢、醉蹬连棍法相结合，而形成的一种极为实用的套路。 传统醉棍流传于江苏、河南的《少林醉棍》，每套36式。

醉拳醉剑以及醉棍，作为极富表演性的拳种，它产生的机制，鲜明地表现了东方人体象形取意的包容性和化腐朽为神奇的特点。

8. 酒与杂技

中国杂技以它无与伦比的精湛技艺，独特鲜明的民族风格，博得了国内外广大观众的赞赏和喜爱。 人们从这项传承数千载，历万劫而不衰的形体表演艺术中，看到了中华民族勤劳、勇敢、智慧、乐观和不断追求超越自身与客观束缚的向上的民族性格。 中国的酒文化源远流长，中国的杂技从形成之时即与酒结缘甚深。 从杂技最辉煌的汉代，至20世纪东方人体文化最古老的、堪称"活化石"的杂技艺术的复兴、灿烂，及其走向世界的当代，一些历史悠久的传统优秀杂技节目，就与酒和酒器有着密切的关系，散发着酒文化的

耍酒坛杂技（邮票）

醇香美韵，闪射着酒文化的流光溢彩，可谓艺术史上的趣事逸闻。 杂技艺术作为一种古老的原始艺术，与舞蹈一样，它产生的文化机制是多方面的。 劳动技能的艺术化，自然是杂技产生的重要源泉之一。 中国传统杂技中，有不少节目就是直接来源于劳动或生产、生活用具的要弄，例如有许多不同形状的酒器、酒具，被历代民间艺人，以其高超的技艺和智慧成功地运用到人们喜闻乐见的表演节目中。"耍酒坛"这个节目就极其古老，一直流传到今天。 中国自古有用陶制瓦坛酿酒和保存谷物的传统，美酒酿成或谷物丰收之后，先民们情不自禁地将这些陶制的坛子、盆等抛向空中，再以手承接，进而头顶肩传，形成一种高难技巧，变为"要坛子"的杂技艺术节目。

明、清时代绍兴黄酒驰名全国，而盛酒的瓷坛上也彩绘各种龙凤花纹，成为极有欣赏价值的工艺品，也成为一些杂技节目的艺术道具。《清稗类钞》中记载了一位清代要酒坛的杂技艺人，那五彩金龙瓷酒坛在艺人手里像活了一般。 高超的技艺，前代未有。

轻重并举，通灵入化、软硬功夫的相辅相成，是中国杂技的重要艺术特点，而表现最典型的节目就是"蹬技"。 蹬技多数是女演员表演，演员躺在特制的台上，以双足来蹬。至于蹬何物体，可以说包罗万象，但最多的是绍兴酒坛和酒缸。 宋代的"踢弄"杂技中，就有"踢酒缸"的节目。 明代的蹬技形式多样，风俗画中有双足蹬酒缸，双手敲钱，边唱边蹬，两边二人，一持流星，一舞大刀的形象。 明《宪宗行乐图》中，也画有三组蹬技，极为精彩。 清人诸联的《明斋小识》中描绘了一位民间女艺人蹬酒瓮的精彩表演："……遂仰卧于地，伸足弄瓮，旋转如丸。 少焉左足掷瓮，高约二丈，将坠，以右足接交；右足掷，左足接之。 更置一瓮，两足运两瓮，往来替换，若梭之投，若球之滚，若鸟之飞翔，忽倚忽侧，而不离于足。"

| 思考题 |

1. 了解一种地域或民族的酒俗文化，以图文并茂的形式，向师生介绍其特点。

2. 找一种与酒文化相关的艺术品，或实物或图文并茂的形式，与师生交流。

3. 黄酒和白酒是中国酒类中富有文化特色的酒，请查阅相关文献，选取黄酒及白酒中的3个知名品牌，探讨该酒的品牌文化内涵。

4. 适量饮酒有益健康，与家人或有饮酒习惯的朋友交流对健康饮酒的看法，以及他们醉酒前后采取了哪些措施。

5. 查阅相关资料，与老师同学讨论交流有关禁止酒驾主题的广告作品。

第七章

中华茶文化

| **本章导读** |

　　中国是茶的故乡。中国人对茶有一种特殊的感情，虽然茶叶不是人人生活的必需品，但数千年以来，生活中的茶给中国人带来了健康与智慧。中华茶文化既包括有形的物质文化、行为文化内容，也包括无形的制度文化、心态文化内容。茶叶种类繁多，饮茶方式多元，饮茶习俗多姿多彩，与茶有关的文学艺术值得人们品味钻研。2020年5月21日全球茶人纷纷品茶共同庆祝首个国际饮茶日。2022年11月29日晚，我国申报的"中国传统制茶技艺及其相关习俗"在摩洛哥拉巴特召开的联合国教科文组织的保护非物质文化遗产政府间委员会第17届常务会上通过评审，列入联合国教科文组织人类非物质文化遗产代表作名录。2023年9月17日，中国的"普洱景迈山古茶林文化景观"列入世界遗产名录，成为全球唯一茶主题世界文化遗产。如今，茶已经成为中国文化对外交流的重要文化符号。

1. 了解茶的起源及历史、中华茶文化的内涵、茶的分类与茶具等内容。

2. 掌握中华茶文化中的当代茶艺基本泡茶茶艺技能、初步学会如何泡好一杯茶。

3. 了解茶产业发展状况，充分发挥中华茶文化在乡村振兴中的创造力。

│ 学习内容和重点及难点 │

1. 学习的重点是茶的演变历史、中华茶文化的内涵，难点是泡茶技能的掌握，学会选择茶具、挑选茶叶、选择水，以及用合适的方法泡好一杯茶。

2. 中华茶文化内涵中的茶诗歌、茶具的鉴别、健康饮茶、紫砂壶的选择与鉴赏等，具有一定的难度。

第一节
茶的起源及历史

一、茶史

中国是茶叶的故乡，西南地区是茶树的原产地*，这一点已被世界茶学界所公认。

（一）茶树的起源

茶树是多年生、木本、常绿植物，分类上属于被子植物门，双子叶植物纲，原始花被亚纲，山茶亚目，山茶科，山茶属，茶种。学名为 *Camellia sinensis*（*L.*）O. Kuntze。全世界山茶科植物共有23属380多种，我国有15属260多种，多分布在云南、贵州、四川一带。据不完全统计，

茶树上的茶叶　云南昌宁县古茶园

全国已有10个省区近200处发现有野生大茶树。主要有四个集中分布区：一是滇南、滇西南，二是滇、桂、黔毗邻地区，三是滇、川、黔毗邻地区，四是粤、赣、湘毗邻地区，少数散见于福建、台湾和海南省。中国西南地区是茶树的原产地，以云南省的南部和西部的野

---

* 相关内容可登录国家高等教育智慧教育平台，搜索《中国茶道与茶艺》（https://www.chinaooc.com.cn/course/6312856f325d39c27c4184c4）进行学习。

生大茶树为最多，其次是四川省的南部和贵州省，这些地区的茶树多属高大乔木型，具有较典型的原始形态特征。 茶的传播是以中国的四川、云南为中心，向南推移，由缅甸到阿萨姆，向乔木化、大叶形发展；往北推移，则向灌木化、小叶形发展。

江南茶区的茶园（江苏宜兴）

茶树品种众多，树型可分为乔木型、半乔木型和灌木型三种。 生长在多雨炎热地带的野生茶树多为树冠高大、叶子厚大的乔木型大叶种；在一些比较寒冷的地区，灌木型的中小叶种茶树比较常见，它耐寒冷、干旱、耐阴、树冠矮小、树叶较小；在长三角地区常见的是介于这两者之间的茶树，主要是灌木型中、小叶种茶树。 也有少部分小乔木中叶种和大叶种种植。 茶树最适宜生长的气候条件是 18～25℃的温度范围，年降水量在 1500 毫米左右，海拔 300～2130 米。 海拔与湿度结合能促进必要的缓慢生长，茶树种植的海拔越高，味道越醇，品质越高，而且高山茶比平地茶多耐泡，营养物质也丰富。 世界上很多著名的茶叶都来自海拔 1200 米的灌木种植地，如海拔很高的斯里兰卡、中国的武夷山、印度大吉岭等。 茶树性喜温暖、湿润，高山多雾出名茶，名优品种出名茶。 茶树喜欢酸性土壤环境，适宜在土质疏松、土层深厚、排水、透气性良好的微酸性土壤中生长，以酸碱度 pH 在 4.5～5.5 为佳。

据研究，地球上高等被子植物起源在白垩纪和第三纪时期，历经几千万年的时间演化而成，但它从何种植物演化而来，至今难以定论。 从形态结构来看，茶是从山茶科山茶属里分化而来的，山茶属又是一个比较原始的种，据此推算，茶树起源已有六千万年至七千万年的历史了。 中国茶叶的历史十分悠久，在新石器时代的仰韶文化的遗迹中，已有野生茶树的发现，并且可探知先民已将其作为药物食用，当时茶主要用于食用，用茶充饥，最早食用的方式便是"生煮羹饮"——煮茶。 在各种茶树的起源假说中，以中国起源说最为有力。 中国西南地区的云南、贵州、四川一带是茶树原产地的中心地带，至今仍有超过千年树龄的茶树，且每年都能产出茶叶供人们饮用。

（二）多种多样的茶字

"茶"是茶叶最早的代名，茶树具有良好的适应环境的能力，我国是茶叶品种资源最丰富的国家。 随着茶树品种的增加和饮茶之道的广泛传播，茶的名称也渐渐增多，由于产地、方言、习惯的不同，从古至今，见诸文字的名称就有十几种之多。 中国人在饮茶之道上，有茶和"非茶之茶"的区别。 非茶之茶是指除了以茶树嫩叶作饮料之外，用其他植物的叶为基本组分，也用沸水冲泡后饮用的饮料，但不包括咖啡和可可，因它们的饮用部位

陆羽塑像

是籽实或籽浆*，如常见的苦丁茶、菊花茶、大麦茶、莲心茶、绞股蓝茶、银杏茶等。 至唐代陆羽著《茶经》，对种种名称加以考察分辨，去其含义不明者，择其通称，归结为五种：一曰茶，二曰槚（jiǎ），三曰蔎（shè），四曰茗，五曰荈（chuǎn）。 另外，史料中代表茶名的还有诧、苦荼、皋芦、瓜芦木等。 在汉代以前茶字的字形已经出现，但作为一个完整的茶字，字形、字音、字义三者被同时确定下来，乃是中唐及以后的事。 唐代国事兴盛，全国普遍饮茶，所谓"开门七件事，柴米油盐酱醋茶"，于是"茶"就成了更为普遍的通称。

文字作为一种抽象的语言虽然已定下来，但由于中国的民族众多性、方言差异性，同样一个茶字，发音仍有差异，一直到现代茶之发音也有其多样性。 如汉民族中，广州发音为"chá"，福建发音为"tá"，厦门、汕头发音为"dèi"，长江流域及华北各地发音为"chái""zhou""chà"，云南傣族人发音为"la"，贵州苗族人发音为"chu ta"等。

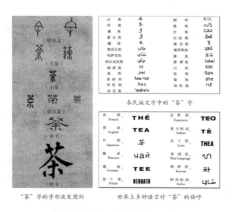

"茶"字的字形流变图例　　各民族文字中的"茶"字

茶字的字形流变及称呼

世界上多种语言对"茶"的称呼

国外对茶的称呼和发音也受到我国的巨大影响，学者普遍认为历史上茶叶由我国海路传播出至世界各地，如英国、美国、法国、荷兰、德国、西班牙、意大利、丹麦、挪威、捷克、拉脱维亚、斯里兰卡等国家，茶一词的发音，多近似于我国福建等地的"te"和"ti"音。 由我国陆路向北，向西传播去的西亚、东欧等国家，如日本、俄罗斯、印度、土耳其、蒙古、朝鲜、希腊、阿拉伯等国家的人们对茶的发音，近似于我国华北的"cha"音。

从世界各国的茶读音，也证明了茶的故乡在中国，世界上各国种植饮用的茶叶都是直接或间接地由中国传播出去的。 茶叶从中国传播出去的物流通道，如今以"茶路"称之，成为研究课题。 如茶马古道、两汉之后的南北丝绸之路、宋元之后的海上丝绸之路、汉代至元末的万里茶路等。

（三）饮茶方式的变化

茶最初是作食用和药用的，饮茶是后来的事。 茶从被发现可以饮用之后，到发展成为像现在一样丰富多彩的茶类及茶饮料，经过了一个漫长的过程。 从茶叶的制法及外观性状

---

* 季鸿崑. 十九世纪中叶英国人论茶［J］. 饮食文化研究，2006.

来看，主要可以划分为七个历程：从生煮羹饮到晒干收藏；从蒸青造型到龙团凤饼；从团饼茶到散叶茶；从蒸青到炒青；从绿茶发展至其他茶，如黄茶、黑茶、白茶、红茶、乌龙茶等；从素茶到花香茶；茶叶饮料的发展等。 从茶文化的传播来看，饮茶作为饮食文化的重要组成部分，具有鲜明的时代烙印。 秦灭蜀的公元前 316 年以前，茶是以四川为中心的地方性饮料，发展到魏晋南北朝的时候，茶是立足于长江流域向北方普及的中国饮料；到唐宋元明清时代，茶是立足于长江、黄河流域向周边少数民族地区以及东亚普及的中华饮料；清代时候的茶已经是立足于中国向全球普及的世界性饮料。

1. 汉魏六朝时期

茶的史前期，至今没有确凿的文献史料可供研究，只能通过其后时代的饮茶发展状况进行推测，或者根据文化人类学的田野调查结果演绎，此时期当为茶文化的酝酿时期。

顾炎武根据饮茶史料在秦代以后集中出现于四川的文献特征，推论"自秦人取蜀而后，始有茗饮之事"。 巴蜀地区，向来为疾疫多发的"烟瘴"之地，"番民以茶为生，缺之必病"，巴蜀人日常饮食喜好辛辣，正是这种地域自然条件和由此决定的人们的饮食习俗，使得巴蜀人首先"煎茶"服用以除瘴气，解热毒。 久服成习，药用之旨逐渐隐没，茶于是成了一种日常饮料。 秦人入巴蜀时，见到的可能就是这种作为日常饮料的饮用习俗。 但直到汉代为止，仍没有足量的文献史料供研究，饮茶之事，还很难上升到精神享受的层次。

在汉魏六朝时期的饮茶方法，采用的是煮茶法。 即是把茶投入鼎或釜中煮沸后，盛到碗中饮用。 比如，晋代郭璞《尔雅注》记载："树小似栀子，冬生，叶可煮羹饮。 今呼早取为茶，晚取为茗。"

东汉华佗《食经》："苦荼久食，益意思"记录了茶的医学价值，此时就已经注意到饮茶有醒脑提神的作用。 西汉已将茶的产地县命名为"茶陵"，即湖南的茶陵，证明此时茶叶的生产已具规模。

（东汉）青瓷四系罍（局部）

注：我国目前发现最早刻有"茶"字铭文的贮茶瓮（1990 年出土于浙江省湖州市弁南乡罗家浜村窑墩头一砖室墓中）

三国魏人张揖《广雅》："荆巴间采叶作饼，叶老者，饼成，以米膏出之"，这是我国最早有关制茶的记载，也表明了三国及以前，我国所制茶叶为饼茶。

晋代、南北朝时期，茶叶生产有了较大的发展，此时茶的文化性得以体现。 此时是各种文化思想交融碰撞的时期，出现了儒道佛玄等合流的趋势，文人名士，玄学、儒、道、佛、神怪故事等都与茶联系起来，茶已进入宗教领域。 茶的文化、社会功能已远远超出了它的自然功能，其精神内涵在物质形态上已日渐显现，茶文化已初见端倪*。 晋代的茶文化的内容，特别是与三国时吴国的饮茶文化有着直接的承续关系。 著名的以茶当酒的典故，至少已经说明了在三国后期，在统治阶层中已经流行着饮茶。 到了南北朝时期以后，茶饮进一步普及，饮茶已经成为一种待客的方式，也是清廉俭朴的标志，茶也用在了祭祀中，随着文人饮茶之兴起，有关茶的诗词歌赋日渐问世，茶在文学中也得以体现。 茶已经脱离作为一般形态的饮食走入文化圈，起着一定的社会作用。

2. 隋唐时期

在隋唐时期饮茶方法除继续沿袭汉魏南北朝时期的煮茶法之外，又有泡茶法和煎茶法，而以煎茶法为主流。 这一时期，在川东鄂西交界一带的地方，采集茶叶制成饼茶。 饮时先烤茶饼使颜色变至赤色，再捣成末投入瓷器之中，加入葱、姜、橘子皮等作料，加入沸水浇泡，并加以搅动，三沸时则可取出放入碗内饮用，饮此茶可解酒，提神。

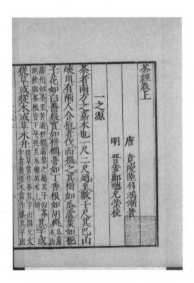

（唐代）陆羽《茶经》书影

唐代对茶叶生产十分重视，饮茶活动也广泛盛行，公元 780 年间陆羽著《茶经》，是唐代茶文化形成的标志。 陆羽，字鸿渐，一名疾，字季疵。 自称桑苎翁，又号竟陵子、东冈子、东园先生、茶山御史，世称陆文学。 湖北天门人，被人们誉为"茶圣"。 所作《茶经》是我国第一本论述茶叶的著作，记载了中唐及唐代以前茶树起源、栽培、制作、名品、茶具、煮饮等各方面的成果，将儒、释、道的思想融入饮茶艺术，首次创立了中国茶道，提出了"精行俭德"的茶道精神。 陆羽的《茶经》是对唐代和唐代以前的茶叶科学和文化的系统总结，建立了茶学的基本框架结构，并直接促进了茶叶生产和茶饮的发展。

《茶经》之后又出现大量茶书，有《茶述》《煎茶水记》《采茶记》《十六汤品》等。 唐代茶文化的形成与禅教的兴起有关，因茶有提神益思，生津止渴功效，故寺庙崇尚饮茶，在寺院周围植茶树，制定茶礼、设茶堂、选茶头，专司茶事活动。 在唐代形成的中国茶道分宫廷茶道、寺院茶礼、文人茶道等。

3. 五代宋代时期

五代宋代时期饮茶方法除先前的煎茶法、煮茶法之外，又兴起了点茶法，以点茶法为

---

* 董尚胜，王建荣. 茶史 ［M］. 杭州：浙江大学出版社，2003.

主流。 从茶类来说，五代时以团饼茶为主，且制作比唐代精致，散茶质量也佳。 宋代以片茶为主（即是团饼茶），宋末时期散茶取代片茶成为主流。

宋代茶业已有很大发展，栽培茶叶的面积比唐朝时增加了 2~3 倍，同时出现了专业户和官营茶园。 制茶技术更加精细，出现了龙团凤饼（凤饼茶，作贡茶用）和适于民间饮用的散茶、花茶。 消费层次普及至民间，"君子小人靡不嗜之，富贵贫贱靡不用也"。 点茶法的兴起，使大众斗茶成为一种时尚，宋初宋辽互市中，茶马交易是边贸的主要内容，"茶兴于唐而盛于宋"，此说不虚也。

在文人中出现了专业品茶社团，有官员组成的"汤社"、佛教徒的"千人社"等。 宋太祖赵匡胤是位嗜茶之士，在宫廷设立茶事机关，宫廷用茶已分等级。

茶仪已成礼制，赐茶已成皇帝笼络大臣、眷怀亲族的重要手段，还赐给国外使节。 至于下层社会，茶文化更是生机勃勃：有人迁徙，邻里要"献茶"；有客人来，要敬"元宝茶"；订婚时要"下茶"，结婚时要"定茶"，同房时要"合茶"。 民间斗茶风起，带来了采制烹点的一系列变化。

4. 元明清时期

元明清时期饮茶法除继承五代宋时期的煮茶法、点茶法之外，又兴起了泡茶法，且以泡茶法为主流（点茶法本质上属泡茶法，其最大的区别是点茶须调膏击拂，而泡茶不用）。当时已出现蒸青、炒青、烘青等各类茶，适合"撮泡"（用杯、盏泡茶）。 泡茶法起始于隋唐，但在当时并不流行，到了明清时期，泡茶法继承了宋代点茶的清饮，不加任何作料，包括撮泡、壶泡、工夫茶（用小容量的茶壶泡茶）三种形式。 而煮茶法主要是在少数民族地区流行，以紧压茶、粗茶为主，通常加奶、盐巴、酥油、花椒等煮沸后饮用。

元代茶文化的发展，除了民间"散茶"的发展，贡茶也还是"团饼茶"外，烹茶的方式和作料带有蒙古游牧民族的特征，而且和汉族的清饮方式也有新的交融。 明清时期，茶文化已有较大发展，形成了具有艺术性的泡茶方式。 明代不少文人雅士留有传世绘画之作，如唐伯虎的《烹茶画卷》《品茶图》，文徵明的《惠山茶会记》《陆羽烹茶图》《品茶图》等。 茶类的增多，泡茶的技艺有别，茶具的款式、质地、花纹千姿百态。 到清朝茶叶出口，茶行业已成一种正式行业，茶书、茶事、茶诗不计其数。

考察中国的饮茶历史，饮茶法有煮、煎、点、泡四类，形成茶艺的有煎茶法、点茶法、泡茶法。 依茶艺而言，中国茶道先后产生了煎茶道、点茶道、泡茶道三种形式。 中国的煎茶道亡于南宋中期，点茶道亡于明朝后期，唯有形成于明朝中期的泡茶道流传至今，无论是煎茶道还是点茶道，都未曾形成支派。 晚明以来的中华茶道唯以泡茶道的形式流传，中华茶道在当代走上复兴之路，呈现百茶齐盛的局面*。

＊ 丁以寿. 中国饮茶法源流考［J］. 农业考古，1999.

1949 年新中国成立后，茶叶生产的大发展为我国茶文化的发展提供了坚实的基础，1982 年，在杭州成立了第一个以弘扬茶文化为宗旨的社会团体——"茶人之家"，1983 年湖北成立"陆羽茶文化研究会"，1990 年"中国茶人联谊会"在北京成立，1993 年"中国国际茶文化研究会"在湖州成立，1991 年中国茶叶博物馆在杭州西湖乡正式开放，1998 年中国国际和平茶文化交流馆建成。

随着茶文化的兴盛，各地茶艺馆越办越多。国际茶文化研讨会吸引了日本、韩国、美国、斯里兰卡及港台地区等参加。各省各市及主产茶县纷纷主办"茶叶节"，如中国（杭州）茶叶博览会、中国（北京）国际茶业暨茶文化博览会、中国（上海）国际茶业暨茶文化博览会、中国（深圳）国际茶业茶文化博览会、中国（广州）茶业博览会、中华茶奥会（杭州）、福建武夷山市的岩茶节、中国（云南普洱市）普洱茶节、安徽祁门的祁红国际茶文化节、河南信阳的茶叶节等，不胜枚举。这些都以茶为载体，促进全面的经济贸易、旅游、文化的发展。

第二节
中华茶文化内涵

一、茶道、茶艺与茶俗

中华茶文化是一个原生的、自然生成的文化，其饮食与药用价值又与儒释道有密切的关系，具有极其深厚强大的物质文化背景。它继承和发展了古人的自然观、宇宙观，强调身心协调，以"廉、美、和、敬"为茶人的茶德精神。

中华茶文化一般是指在饮茶、品茶、制茶中所蕴含的某种观念、程式和理论形态的总和，涉及中国哲学、史学、文学、美学、艺术学、民俗学、商品学等诸多领域，体现了中国传统文化的积淀和民族特征的某些方面，其内容博大精深、内涵丰富。从文化的内部结构来看，文化可包括物态的、制度的、行为的、心态的等几个层面。具体而言，茶文化主要包括以下内容。

物态文化：人们从事茶叶生产活动方式和产品的总和，即有关茶叶的栽培、制造、加工、保存、化学成分及保健疗效等研究，也包括品茶时所使用的茶叶、水、茶具以及桌椅、茶室、挂画、插花等可视物品和建筑。

制度文化：人们在从事茶叶生产和消费过程中所形成的社会行为规范。如随着茶叶的发展，历代统治者不断加强其管理措施，称之为"茶政"，包括纳贡、税收、专卖、内销、国际贸易等。

行为文化：人们在茶叶生产和消费过程中约定俗成的行为模式，通过茶俗、茶礼以及茶艺的形式表现出来。

心态文化：人们在应用茶叶的过程中所孕育出来的价值观念、审美情趣、思维方式等主观因素。如人们在品饮茶汤时所追求的审美情趣，在茶艺操作过程中所追求的意境和韵味，以及由此生发的丰富的联想；反映茶叶生产、茶区生活、饮茶情趣的文艺作品；将饮茶与人生处世哲学相结合，上升到哲理的高度，形成所谓的茶德、茶道等。通过品茶活动、茶艺实践、欣赏"茶艺术"作品等表现出来，这是茶文化的最高层次，也是茶文化的核心部分。

1. 茶道的内涵

目前茶学界对茶道、茶艺等的认识还多有争鸣。历代茶人学者对何为茶道多有探索，但古代茶人提出的茶道却含义广博，而无定论。如最早提出"茶道"的皎然、封演、茶圣陆羽，以及涉及茶道概念的裴汶、卢仝、刘贞亮等都未能确切"茶道"的含义。也许正是由于"茶道"一词的语意模糊，在唐之后的时代，茶道一词几近沉寂，直到近代才被大量使用。在古代，茶德的含义主要是指对饮茶的道德要求，饮茶人的品德要求。大多数学者认为"茶德"是我国茶道发展早期的含义。如唐代刘贞亮在《茶十德》中将饮茶的功德归纳为十项：以茶散郁气，以茶驱睡气，以茶养生气，以茶除病气，以茶利礼仁，以茶表敬意，以茶尝滋味，以茶养身体，以茶可行道，以茶可雅志。

中国茶道是中华茶文化的核心，属中华茶文化的精神层面，它更多地体现了中华民族传统的思想观念。中国人的民族特性是崇尚自然，朴实谦和，不重形式。中国茶道是母体，是源。自唐代陆羽开创之后，融儒释道于一体，博大精深，流派众多，既具有宗教色彩（如禅茶道、道家仙茶道等），又具有活泼自然的生活茶道特色。日本茶道是分支，是流。它是自宋代开始，在学习了中国茶艺茶道的基础上，以禅宗茶文化为基础所创立的茶文化流派，结合日本文化不断吸收中华茶文化的精华，发展很快，产生了较大的影响。

中国茶道不仅在哲学上受到儒释道三家的深刻影响，在美学上表现形式上受三家的影响也很大，并能兼收并蓄，博取众家之长，形成自己的特点。中国茶道的美学通过茶人们"以艺示道"，通过茶艺来表现茶道美学。主要特点是：具有神韵；对称与和谐统一；注重节奏；自然朴素；对比协调；主次分明；强调意境等。而日本茶道的美学上，主要有"不均齐"之美；简素之美；枯高之美；自然之美；幽玄之美；脱俗之美；静寂之美等*。

对中国茶道而言，道家表现在源头，儒家体现在核心，佛家主要表现在茶文化的兴盛和发展方面。中华茶文化，它是最大限度地包容了儒释道三家的思想精华。道家的自然境界，儒家的人生境界，佛家的禅悟境界，融汇成了中国茶道的基本格调和风貌，也表现了中国茶道的和谐与宁静，淡泊与旷达，注重礼仪教化与养生，注重清思养性的特色。

---

* 林治. 中国茶道［M］. 北京：中华工商联合出版社，2000.

在东方茶文化中，中国、日本、韩国茶文化各具特色，在当代又交流不断。韩国茶道精神主要体现为"敬、礼、和、静、清、玄、禅、中正"，受我国儒家思想的影响最大，日本茶道受佛教影响最大，故重"禅茶一味"和"清寂"；中国茶道受道家思想影响最大，故重"自然""虚静"和"率真"。

茶道是指导饮茶的思想核心，茶艺活动等一切茶文化活动都要在茶道的思想指导下进行。台湾中华茶艺协会第二届大会通过的茶艺基本精神是"清、敬、怡、真"。台湾吴振铎教授解释："清"是指"清洁""清廉""清静""清寂"。茶艺的真谛不仅要求事物外表之清，更需要心境清寂、宁静、明廉、知耻。"敬"是万物之本，敬乃尊重他人，对己谨慎。"怡"是快乐怡悦。"真"是真理之真，真知之真。饮茶的真谛，在于启发智慧与良知，使人在生活中淡泊明志、俭德行事，臻于真、善、美的境界。我国大陆学者对茶道的基本精神有不同的理解，其中最具代表性的是茶业界泰斗庄晚芳教授提出的"廉、美、和、敬"。庄老解释为："廉俭育德，美真康乐，和诚处世，敬爱为人。""武夷山茶痴"林治先生认为"和、静、怡、真"应作为中国茶道的四谛。因为，"和"是中国茶道哲学思想的核心，是茶道的灵魂；"静"是中国茶道修习的不二法门；"怡"是中国茶道修习实践中的心灵感受；"真"是中国茶道终极追求。

中国茶道精神的特点要能够体现中国饮食文化的精神，中国茶人的心态文化，要能够体现出茶道精神的时代性以及可发展性。茶道精神是茶文化的核心，是茶文化的灵魂，是指导茶文化活动的最高原则，我们在茶道精神的指引下来进行茶艺、茶具创作、茶事等茶文化活动，使中国茶文化事业向着健康向上的方向前进，与时俱进。

笔者认为，中国茶道的精神是"和谐、宁静、圆融、朴真"的相互统一。"和谐"意为以"和"为核心的和而不同，和谐一致；"宁静"是茶能够使茶人涤烦去燥，心灵归于宁静；"圆融"是中华阴阳调和运动思想的体现，圆满而有机的融合；"朴真"是茶的质朴真性与人际关系追求素朴、真诚。通过茶事的举行而体现茶道的精神。

2. 雅致的茶艺

中华茶艺的涵义是：以中国茶道精神为指导，通过茶艺的过程、品茶的实践（也包括了解茶，欣赏茶，泡好茶，品好茶等），配合当时营造的环境（包括音乐、空气的质量等无形的环境），加上内心的思悟而完成的茶事活动。

茶艺师泡茶

中华茶艺内涵丰富，表现形式多样。比如从主体不同来看，有宫廷茶艺、文士茶艺、民俗茶艺和宗教茶艺等；从茶类的角度来看，各种名优绿茶茶艺、红茶茶艺、乌龙茶茶艺、黄茶茶艺、白茶茶艺、黑茶茶艺、花茶茶艺、紧压茶茶艺等；生活型茶艺、表演型茶艺等。而且在不同的地域，茶艺的表现程式也是不大相同的。但都是以中国茶道为指导思想，是学问与艺术的结合。只要能够真正体现中国茶道内涵的都是好的茶艺，千万不要机械地按照某些程式来约束茶艺，参与茶事活动者在观看或者参与茶艺活动的时候，保持一颗宽容和欣赏的心是十分重要的。做好茶艺，概括起来要求做到"四要七会"。即：要精茶、真水、活火、妙器；会选择茶、选择水、选择茶具、选择环境、会煮水、泡茶、品茶。总体上说，就是要使茶艺的主要因素——茶、水、器、环境、技艺、心灵等达到完美的统一。

中华茶艺的最高境界是人与景，人与物，人与天地，人与大自然的形神结合，达到人、境、物、情、景的交融和统一。达到这种境界是要以文化的深厚素养为基础的，也不是一蹴而就的，是需要不断地研习和了悟的。

从内涵上看，中华茶艺讲究文质并重，尤重意境；从形式上看，百花齐放，不拘一格；从审美上看，强调自然，崇尚静俭；从目的上看，追求怡真，注重修心养性。多数人一提到茶艺或者茶道，大多会用手提茶壶倒茶的"凤凰三点头"的动作来表示，无论是否看过或亲身小试茶艺，大家对茶艺都有着或深或浅的认识。那茶艺是如何进行的呢？一般而言，它包括了取茶、赏茶、投茶、冲泡（温润泡、开汤）、闻香、品饮、谢茶、续水冲泡等程序。而且不同的茶类其流程或复杂或简约，解说词或优美或简单，直到用心体悟，沉默不语，这其中的内涵还要大家深入其中才能感受到茶艺的魅力。

欣赏茶艺的美，要注意几个方面：一是要保持开放宽容的心态和享受一杯茶的快乐心情。不要用以"挑剔"的心态来对待茶艺表演者，要用心体会充分享受茶艺之美。

对茶艺表演者而言，要了解茶性，泡茶时选用适当的茶具，用水得法，茶艺师的服饰、仪表神态、心境要与环境相统一，背景音乐要选配恰当，既注意茶艺流程中的细节动作，又能体现茶艺中的神韵，充分展示中华茶艺之美。

习茶，学会以茶养生，追求内心的修养为宗旨，端坐于茶桌前，以一定的主题选择好茶具、茶叶、铺垫等，精心布设好茶席，充分享受从准备茶到泡好并品饮一壶茶的每一个细节，和茶、茶具、茶友相互沟通，与茶友交流思想的过程。在茶艺的过程中，以"朴讷有容"的心态，以"泡好一杯茶"为核心，尊重友人，看重每一个器物、茶叶，注重以茶所引发的哲思。

茶艺的举行，需选择宜茶的环境，茶艺师布设好茶席，与茶友共享茶事。一般而言，举行茶会，超过 5 人（1 位茶艺师泡茶， 4 位茶客），则另外布设茶席。茶席最早可追溯到唐代，至宋代时，以"焚香、挂画、插花、点茶"的生活四艺常在茶席中出现。在 20 世纪 90 年代末，杭州出现了茶席设计的活动，在 2000 年初，茶席设计一词才被明确提出来，后被茶艺爱好者大家广泛使用。

茶席是表现茶艺之美或茶道精神而规划设计的一个场所。茶席表达了设计者对茶文化的理解，诠释了茶道精神，构建了和谐茶境，展现了茶艺美学，探索了茶艺发展方向。通过选择环境、器具、茶品及完成茶事活动的相关要素，按照一定的主旨而设计茶席，茶艺师通过操控茶席上的茶具器物等，调制好一杯茶汤，共享茶中乐趣。茶席展现的是时空关系，具有文化性、时代性、地域性、民族性等特点。

从概念上看，茶席是设计者为满足人们对用茶行为的不同需求，以茶为灵魂、按照一定的规则，以茶具为主体，选定诸关联要素，以明确的主题，在特定的时空环境中精心布设的具有茶元素的时空体系。因此，茶席不仅包括茶桌上的一系列的可视物件，还应包括茶艺活动中的背景音乐、茶事活动举办的场所、地点及时间等要素。精心布设茶席，艺术与功能兼具，以主题突出、具有意境美为佳。

从职业及专业技能角度看，2020 年政府取消了茶艺师和评茶员两种职业资格证书的认定，改为技能水平认定。2021 年新增了调饮师职业资格。

1994 年起，政府开始建立职业资格制度，包括准入制和水平评价制两类。茶行业的四个工种（茶园园艺工、茶叶加工工、茶艺师、评茶员）均为水平评价类，茶行业职业对持证上岗没有强制性要求。1995 年，政府正式把"茶艺师"列入《中华人民共和国职业分类大典》；2001 年，全国首次茶艺师技能鉴定考试在江西南昌举行，8 人取得了国家首批高级茶艺师职业资格证书；2001 年，评茶员被列入《中华人民共和国职业分类大典》；2004 年，全国首次评茶员鉴定考试开启。

近年来，国务院坚持简政放权、促进就业的原则，先后分 7 个批次取消了 70% 以上的职业资格证书。2021 年，评茶员、茶艺师的"职业资格证书"转变为了"技能等级证书"。2021 年，评茶员、茶艺师尽管退出了职业资格目录清单，但并不意味着这两个职业取消了，只是职业技能等级认定和颁发职业技能等级证书机构发生了变化。由原来国家机构变成了用人单位或第三方机构，认证主体从政府向用人单位转变，实现"谁用人、谁评价，真正让企业说了算"，充分发挥用人单位的主体作用，使评价与培养、使用与激励相结合，拓展了技能人才成长通道，对推动技能提升行动，弘扬劳模精神和工匠精神，建设知识型、技能型、创新型劳动者具有重要意义。2021 年 3 月 18 日，人社部等三部门发布了 18 个新职业。其中，制作奶茶的店员有了正式职业名称："调饮师"，茶行业新增调饮师职业资格证书。2022 年版《中华人民共和国职业分类大典》中涉及茶行业的职业（工种）既有原有职业（工种）的保留，如茶叶加工工、茶树栽培工、茶艺师；又有新增的职业（工种），如农业技术员（茶园管理工）、调饮师；还有更名的职业，如评茶员更名为评茶师，并在评茶师目录下新设茶叶拼配师工种。评茶师职业，从评茶员更名为评茶师后，其职业等级证书名称也将更改为评茶师。

在当代的茶艺中，中华茶艺基本上是泡茶茶艺，注重茶的品饮和冲泡的艺术；韩国茶艺以泡茶为主，点茶、煎茶为次，非常重视礼仪；日本茶艺以抹茶（点茶）为主流，煎茶（泡茶）为支流，非常重视礼仪、重禅味。

3. 多彩的茶俗

茶之为饮，上下五千余年，在中国渗透到祖国各地，无论城市乡间，可以说只要有人居，就会有茶的饮用；从中国传播到国外，饮茶风俗习惯又与国外的当地饮食习惯等风俗相碰撞融合，又有其异域风情。

中国幅员辽阔，历史悠久，民族众多，现有56个民族，分布在祖国各地。其中各民族除聚居生活外，也有部分杂居在其他民族生活区。因此饮茶的风俗也多姿多彩，丰富并发展着中华茶文化。

独具特色的少数民族饮茶习俗以及中国各区域民俗的差异，即使是同一个民族，由于地域的差异，饮茶习俗也相差很大。 这些多样的饮茶方式，与众多的民俗节日和人生礼仪共同交织形成了丰富多彩的茶俗茶礼。 少数民族茶俗中，比较闻名的如：藏族的酥油茶；维吾尔族的奶茶与香茶；蒙古族的咸奶茶；白族的三道茶和响雷茶；基诺族的凉拌茶和煮茶；布朗族的酸茶和青竹茶；傈僳族的雷响茶；傣族、拉祜族的竹筒香茶；德昂族的水茶；哈尼族的土锅茶；纳西族的盐巴茶与"龙虎斗"茶；景颇族、拉祜族、彝族的烤茶、腌茶；土家族的擂茶；苗族的虫屎茶；羌族的罐罐茶；苗族、侗族的油茶（也称打油茶）；裕固族的摆头茶；佤族的铁板烧茶（苦茶）；布依族的"姑娘茶"；回族的罐罐茶、三炮台盖碗茶；撒拉族的三炮台碗子茶等。

打酥油茶（无锡艺人惠山泥人作品）

在汉族茶俗中，如主要流行于福建、台湾、广东等地的工夫茶（乌龙茶）；江南等地的细品龙井茶；江南水乡的豆子茶（湖南洞庭湖畔姜盐豆子茶，江浙一带的橙皮芝麻烘豆茶，苏州水乡周庄阿婆茶和吃讲茶，湘西侗族的豆子茶等）；四川的盖碗茶；北方的大碗茶；云南昆明九道普洱茶等。

白瓷盖碗泡龙井茶

另外，各地的与茶相关的人生礼俗更有诸多体现。 如庆祝小孩出生后三朝茶、满月茶、百日茶、一岁茶、生日茶等各地民俗表现不同；男女青年谈婚论嫁礼俗中，茶几乎贯穿了从相识、相爱、结婚的整个过程；茶在祭祀中也常常被用来作为沟通先人与慰藉今人的媒介；从庆祝新年开始到整个一年的诸多节日中，茶在沟通气氛，和谐人际关系中起到了不可或缺的作用。

早在公元 9 世纪初茶叶就先后传入不同的国家。 茶或在异国他乡被种植、制作、消费，或只被作为消费品。 它已经与本地文化相结合，形成了各具特色的饮茶风俗与文化。比较有名的如：日本的茶道；韩国的茶礼；英国的下午茶；美国的冰红茶；马来西亚的肉骨茶；印度的拉茶等。

"有朋自远方来，不亦乐乎"。 陌路人相逢，一杯暖暖的热茶相迎，就拉近了彼此的距离，"客来敬茶"，茶不仅丰富了我们的生活，更是和谐了人与人之间的关系，茶风带动世风，带来了饮茶人心灵的宁静和人间的和平。

二、茶与文学艺术

茶自被文人雅士喜爱后，自然而然地与文学艺术结下了不解之缘。 以茶益思，诗词歌赋自是广为流传。 以茶入诗词，以茶入画，以茶入戏，以茶为歌等，茶与艺术的交融，从古至今而广为流传。

1. 茶与诗词

以茶入诗词，从最早出现于左思的《娇女诗》，至今已有 1700 多年的历史，闻名于世的至少有 2000 多首。 茶叶诗词，不仅具有历史的意义，而且在当时的现实生活中，对茶业的传播和发展也起到积极的作用。 历史的上茶叶诗词的作者，多为名士官员，他们对茶的推崇喜好，对茶文化的提炼升华，推动了茶文化的发展。 如西晋左思《娇女诗》（部分）："吾家有娇女，皎皎颇白皙。 小字为纨素，口齿自清历。 鬓发覆广额，双耳似连璧。 明朝弄梳台，黛眉类扫迹。 浓朱衍丹唇，黄吻烂漫赤。 娇语若连琐，忿速乃明集。握笔利彤管，篆刻未期益。 执书爱绨素，诵习矜所获。 其姊字惠芳，面目粲如画……贪华风雨中，眗忽数百适。 务蹑霜雪戏，重綦常累积。 并心注肴馔，端坐理盘鬲。 翰墨戢闲案，相与数离逖。 动为垆钲屈，屐履任之适。 止为荼荈剧*，吹嘘对鼎𬭚……"西晋杜毓《荈赋》："灵山惟岳，奇产所钟。 瞻彼卷阿，实曰夕阳。 厥生荈草，弥谷被岗。 承丰壤之滋润，受甘露之霄降。 月惟初秋，农功少休；结偶同旅，是采是求。 水则岷方之注，挹彼清流；器择陶拣，出自东瓯；酌之以匏，取式公刘。 惟兹初成，沫沈华浮。 焕如积雪，晔若春敷。 若乃淳染真辰，色绩青霜，氤氲馨香，白黄若虚，调神和内，倦解慵除。"

唐代，我国的茶叶生产有了较大发展，饮茶风尚也广为普及。 文人墨客著述颇多。如李白、杜甫、白居易（写了 50 多首）、卢仝、皎然、钱起、杜牧、袁高、李郢、刘禹锡、柳宗元、韦应物、孟郊、陆羽、颜真卿、岑参、元稹等都写了茶诗。 在茶词的表现形式

---

* 丁福保根据《太平御览》改为"心为茶荈剧"。按《太平御览》作"茶荈"，可能即"茶荍"之别写。茶：苦菜。荍：豆类。这两种东西大概是古人所煮食的饮料。

上，也出现了多种形式如：古诗、律诗、绝句、宫词、宝塔诗、联句等。 在咏茶的具体对象上也有具体细分。 如有咏名茶、煎茶、采茶、造茶、茶功、茶园，饮茶之诗，咏名泉、茶具之诗等。 唐代卢仝《走笔谢孟谏议寄新茶》（部分）："一碗喉吻润，两碗破孤闷。 三碗搜枯肠，唯有文字五千卷。 四碗发轻汗，平生不平事，尽向毛孔散。 五碗肌骨清，六碗通仙灵。 七碗吃不得也，唯觉两腋习习清风生。 蓬莱山，在何处？ 玉川子，乘此清风欲归去。"唐代皎然《饮茶歌诮崔石使君》："越人遗我剡溪茗，采得金牙爨金鼎。 素瓷雪色缥沫香，何似诸仙琼蕊浆。 一饮涤昏寐，情思朗爽满天地。 再饮清我神，忽如飞雨洒轻尘。 三饮便得道，何须苦心破烦恼。 此物清高世莫知，世人饮酒多自欺。 愁看毕卓瓮间夜，笑向陶潜篱下时。 崔侯啜之意不已，狂歌一曲惊人耳。 孰知茶道全尔真，唯有丹丘得如此。"

唐代元稹《一字至七字诗·茶》："茶。 香叶，嫩芽。 慕诗客，爱僧家。 碾雕白玉，罗织红纱。 铫煎黄蕊色，碗转曲尘花。 夜后邀陪明月，晨前命对朝霞。 洗尽古今人不倦，将知醉后岂堪夸。" 唐代陆羽《六羡歌》："不羡黄金罍，不羡白玉杯；不羡朝入省，不羡暮入台；千羡万羡西江水，曾向竟陵城下来。" 唐代温庭筠《西陵道士茶歌》："乳窦溅溅通石脉，绿尘愁草春江色。 涧花入井水味香，山月当人松影直。 仙翁白扇霜鸟翎，拂坛夜读黄庭经。 疏香皓齿有余味，更觉鹤心通杳冥。"

宋代的诗人，非常重视对传统的继承，饮茶之风盛行，诗人们都嗜茶、爱茶，所以茶诗在许多诗人的作品中，往往也有很大比例。 著名的诗人有：王禹偁、梅尧臣、欧阳修、王安石、苏轼、黄庭坚、陆游、范成大、杨万里、蔡襄、鲁巩、周必大、丁谓、苏辙、文同、朱熹、秦观、朱芾、赵佶、陈襄、方岳、杜耒、熊蕃等，只是从这一长串鼎鼎大名人物的知名度，就可以知道茶文化的影响何等之大了。 宋代杜耒《寒夜》："寒夜客来茶当酒，竹炉汤沸火初红。 寻常一样窗前月，才有梅花便不同。"宋代苏东坡《望江南·超然台作》："春未老，风细柳斜斜。 试上超然台上看，半壕春水一城花。 烟雨暗千家。 寒食后，酒醒却咨嗟。 休对故人思故国，且将新火试新茶。 诗酒趁年华。"宋代黄庭坚《满庭芳·北苑龙团》："北苑龙团，江南鹰爪，万里名动京关。 碾深罗细，琼蕊暖生烟。 一种风流气味，如甘露、不染尘凡。 纤纤捧，冰瓷莹玉，金缕鹧鸪斑。 相如，方病酒，银瓶蟹眼，波怒涛翻。 为扶起，樽前醉玉颓山。 饮罢风生两腋，醒魂到、明月轮边。 归来晚，文君未寝，相对小窗前。"宋末元初张可久《人月圆·山中书事》："兴亡千古繁华梦，诗眼倦天涯。 孔林乔木，吴宫蔓草，楚庙寒鸦。 数间茅舍，藏书万卷，投老村家。 山中何事？ 松花酿酒，春水煎茶。"

元、明、清时代，除有茶诗、茶词外，还出现了以茶为题材的曲，尤其是元曲，最为盛行。

近代，我国的茶叶生产，在清代后期，逐渐衰落，20 世纪 50 年代以来，茶叶生产有了较快的发展，因此，茶叶诗歌的创作也出现了新的局面，特别是 20 世纪 80 年代以来，随着茶文化活动的兴起，茶叶诗词创作更呈现一派繁荣兴旺的景象，为人们留下了许多韵味盎然的新作。

2. 茶与楹联

楹联，也叫对联，相传最早始于五代后蜀主孟昶在寝门桃符板上的题词。至宋时遂推广用在楹柱上，后来随着时代的变迁，又普遍地用于装饰或交际之用。茶联的出现，最迟应在宋代，但目前有记载的及广为流传的，多在清代。现代的名山大川、茶楼、茶馆、茶社和茶亭等处都可见到意味深远、妙趣横生的茶联，给茶客以美的享受。如清代郑板桥的茶联："汲来江水烹新茗，买尽青山当画屏"，此联将名茶好水、青山美景融入茶联之中。又如，北京前门大茶馆门楼的茶联："大碗茶广交九州宾客，老二分奉献一片丹心"，此联不仅刻画了店家以茶联谊的初心，还进一步阐明了茶馆的经营宗旨。含有名茶、茶具、泉水等的对联也非常生动，如"龙井云雾毛尖瓜片碧螺春，银针毛峰猴魁甘露紫笋茶""扬子江心水，蒙山顶上茶""兰芽雀舌今之贵，凤饼龙团古所珍""瑞草抽芽分雀舌，名花采蕊结龙团""茗外风清移月影，壶边夜静听松涛""香分花上露，水汲石中泉""竹雨松风琴韵，茶烟梧月书声""美酒千杯难知己，清茶一盏也醉人""甘泉天际流，香茗雾中飘"等。

3. 茶与歌舞、戏曲

从茶史资料上看，茶叶成为歌咏的对象，最早出现于西晋孙楚的《出歌》中，其称"姜桂茶荈出巴蜀"。此后，唐代陆羽创作的茶歌、卢仝的《走笔谢孟谏议寄新茶》、皎然的《饮茶歌诮崔石使君》等也广为流传。《韩诗章句》："有章曲日歌"，认为诗词只要配以章曲，声之琴瑟，则其诗也歌了。熊蕃在《御苑采茶歌》序中称采茶歌"传在人口"，说明了茶歌传唱在民间。以上的茶歌，是由文人雅士的茶诗而演变来的，另外还有从民间由民谣流传而来的。茶歌另一个来源是由茶农和茶工创作的民歌或山歌，歌曲的内容也丰富多彩。有反映社会状况的，有茶民生活的，也有各类茶事的。如清代流传在江西武夷山采茶工人中的歌："清明过了谷雨边，背起包袱走福建。想起福建无走头，三更半夜爬上楼。三捆稻草搭张铺，两根杉木做枕头。想起崇安真可怜，半碗腌菜半碗盐。茶叶下山出江西，吃碗青茶赛过鸡。采茶可怜真可怜，三夜没有两夜眠。茶树底下冷饭吃，灯火旁边算工钱。武夷山上九条龙，十个包头九个穷。年轻穷了靠双手，老来穷了背竹筒。"充分反映了采茶人悲惨的命运。

随着茶歌的创作传唱与发展，曲调逐渐统一，后来形成了专门的采茶调。采茶调、山歌、盘歌、五更调、川江号子等并列，发展成为南方的一种传统的民歌形式，歌唱内容也扩大了。

在西南少数民族中，汉族的"采茶调"也被演化成"打茶调""敬茶调""献茶调"等广为传唱。如藏族同胞中流传的"格奶调"（挤奶劳动时唱）"结婚调""敬酒调""打茶调""爱情调"等。

在当代，社会发生的巨大变化，茶农生活改善和不断提高，茶歌的内容也多为歌唱美好生活和茶事方面了。如周大风在浙江泰顺采风创作词曲的《采茶舞曲》，不但被单独演奏、演唱，还以舞蹈相伴。相配的舞蹈多从茶农劳动动作中提炼加以艺术化。茶舞主要分为采茶舞、采茶灯两类，音乐以"采茶调"为主。

随着茶歌与茶舞的成熟发展和民间戏曲的发展，后来出现了流行于江西、湖北、湖南、安徽、福建、广东、广西壮族自治区等省区的"采茶戏"。采茶戏最早的曲律是"采茶歌"，采茶戏的人物表演，又与民间的"采茶灯"极其相近，在演唱形式上也保持了一些过去民间采茶歌、采茶舞的一些传统。它和花灯戏、花鼓戏的风格十分相近，也相互有影响。形成的时间大多在清代中期至清代末年这一阶段。主要曲调和唱腔有"茶灯调""茶调""茶插"。曲牌有"九龙山摘茶"等。采茶戏一般在曲调上婉转欢快，在舞蹈动作上节奏鲜明。

早期戏曲是通过茶馆进入城镇的。茶馆出现于唐代，宋代后已相当发达，当时京城的茶馆已成为茶客休闲之地及艺人卖艺的场所。在明清时，凡是营业性的戏剧演出场所，一般都统称为"茶园"或"茶楼"。以卖茶点为主，演出为辅，茶客一边品茶，一边听曲，看戏是附带的，演员的演出收入也是由茶馆支付的。所以有人说："戏曲是用茶汁浇灌起来的一门艺术"。

戏曲的创作者、演员、观众大多好饮茶，茶文化浸染在人们的各个方面。明代戏剧剧本创作中的"玉茗堂派"，就是因为剧作家汤显祖嗜茶，将其临川的住处命名"玉茗堂"而得名。另外，还有不少戏曲剧目都与茶有关。如元代大戏曲家王实甫《苏小卿月夜贩茶船》杂剧，明代朱权《卢仝七碗茶》杂剧，佚名《三生记》杂剧，清代大戏曲家洪昇《李易安斗茗话幽情》，王文治《龙井茶歌》杂剧，孔尚任《桃花扇》中的"访翠"等。有的剧目以茶事为背景，比如我国传统的剧目《西园记》的开场词中，就有"买到兰陵美酒，烹来阳羡新茶"的语句，把观众引入到特定的乡土风情之中。在当代，话剧《茶馆》在国内外不断演出，受到了中外观众的好评。

4. 茶与美术

美术是通过构图、造型、施色等手段来创造可视形象的一种艺术，它包括书法、绘画、雕塑、建筑等内容。茶文化中的雕塑技艺，主要集中在壶、碗、杯、盏等茶具、团茶、饼茶的形制及饰面上，另外还有茶桌、茶椅等相关饮茶设备方面。建筑方面，主要有茶馆、茶室、茶亭等。绘画是对自然景物、社会生活的一种描摹或再现。

书法艺术经历了从实用到艺术的发展过程，书法家通过笔墨线条的变化，表达出对生命的感悟和审美情趣，在对文字进行创思美化书写的过程中，提升书写者的审美品格。在流传下来的中国历代书法作品中，有很多有关茶文化内容的作品。尤其是唐宋以来，茶产业及书法艺术大发展，文人雅士参与茶事，撰写了与茶相关的文章及书籍，他们聚会之

（唐代）怀素的茶书法《苦笋帖》（局部）

（明代）文徵明《惠山茶会图》（局部）

（明代）陈洪绶《停琴品茗图》（局部）

时，谈文论艺，品茗相伴，客观上也提升了茶文化的内涵。较为有名的，如三国皇象《急就章》、唐代怀素《苦笋帖》、北宋蔡襄《思咏帖》、北宋苏轼《啜茶帖》、明代徐渭《煎茶七类》、清代金农《玉川子嗜茶帖》、清代郑板桥《溢江江口是奴家》等。

绘画起源甚早，早在旧石器时代人类居住的山洞中，洞壁就留有早期人类的画作。但是，关于饮茶和茶的有关画卷，据现有史料看，湖南长沙马王堆汉墓出土的数件"汉代帛画"中的一幅《敬茶仕女帛画》应当是最早的，描绘的是汉代皇家贵族烹煮茶饮的情景，据考证距今已有 2100 多年。

唐代茶画较多，在画卷和墓葬壁画中均有茶事活动的描绘。如唐代画家阎立本的《萧翼赚兰亭图》，其中就有寺院煮茶的场面。晚唐佚名《宫乐图》描绘宫中边弹琴赏乐边煮茶品茗的场景，真切而生动。

宋代民间饮茶之风盛行，茶画渐多。皇帝徽宗赵佶不仅著《大观茶论》，且画有《文会图》描绘了饮茶情景。从上到下，茶事活动丰富。尤其斗茶活动日益高涨。茶画中就有许多反映民间饮茶习俗的茶画传世。

元明清时期以茶事入画的更多，一时间蔚然成风。如文徵明《惠山茶会图》《品茶图》《林榭煎茶图》等都是极佳的艺术珍品。扬州八怪之一的汪士慎《煎茶图》，李芳膺《梅兰竹石》等。这些茶画作品中也多体现了诗、书、画、印于一体的中国书画艺术特色。

从茶画所反映的内容上看，唐代是茶画的开拓时期，对茶事活动中的烹茶、饮茶场景的描绘具体生动，但茶画反映的茶道精神内涵不够深刻；五代至宋，茶画内容较为丰富，题材广泛，如有反映宫廷、士大夫大型茶宴的，有描绘士人书斋饮茶的，有表现民间斗茶、品茗的。这些茶画多是名家的书画艺术珍品；元明画家更注重茶画的思想内涵，多从书画艺术作品中看到茶之味外之味来；明末之后，封建社会的矛盾日渐加深，这一时期的茶画也向更深邃的方向发展，注重与自然相和，反映社会各阶层的茶事状况；清代茶画注重茶壶茶杯与场景的描绘，常以茶画反映社会生活，多以和谐、自然之茶思创作茶画。

5. 茶与音乐

音乐是人类心灵的栖息地，是涵养人们道德品性的灵池。 品茗喝茶，若有音乐相伴，则可排遣躁忧，心灵得以抚慰。 在生活中，人们几乎离不开音乐。 茶与音乐自古以来就相伴而行。 早在春秋时代，孔子就有欣赏高雅音乐"三月不知肉味"之说。 写茶的音乐和佐茶的音乐既有区别又有联系。 写茶的音乐，主要以茶及与茶有密切关系的因素作为创作对象进行音乐的阐释；佐茶的音乐，只要能够使品茶者心情舒畅，几乎任何音乐都无不可，当下的各类主题的茶馆中所选配的音乐题材多样，有真人现场演奏的，也有 CD 电声音乐的，十分丰富。 如台湾风潮有声出版有限公司出版过一套"听茶"系列音乐，其中直接写茶的有《清香满山月》《香飘水云间》《桂花龙井——花薰茶十友》《铁观音》等。

茶乐大致可分为五类。 即是描写茶叶的音乐，如写中国各类的名优茶，通过音乐来展现该茶的茶香、茶味、茶境等；与茶有密切关系的音乐，如泡茶用水（多为名泉）、茶具、吃茶环境、茶道、茶俗等；写非茶之茶的音乐，如写花的音乐、竹子和青松等的音乐；宗教、哲学、音乐人思想中表现茶道的音乐；茶与养生的音乐等。 音乐都会把自然美渗透到饮茶人的思想深处，引发饮者心中的和美，为品茶创造了一个美好的气氛，同时，通过边饮茶边欣赏音乐也促使饮者问心求悟，思悟中国"天人合一"的思想及中国茶道的真谛，以茶修养身心，践行"内圣外王"之道。

第三节
茶的分类与茶具

一、茶类及品鉴

1. 茶的分类

人们日常饮用的茶叶主要是采摘茶树的芽叶制成的，有些是连同叶梗采摘制成，如茯砖茶。 由于茶树芽叶内的各种成分含量的差异，适宜制成不同的茶类。 如乔木型和半乔木型的适合制作红茶，灌木型的适合制作绿茶，也有的茶树品种红茶、绿茶都适制。 有些树种如福建武夷水仙、安溪铁观音等适合制作半发酵的乌龙茶。 实际上，各种茶树的芽叶都可以制成红茶、绿茶、乌龙茶、黑茶等，只是品质优次有差别。 我国历史上一些著名的名优茶产区出产的某些名茶名品，其实也是经过多年来茶树品种和茶类适制反复实践以及茶叶消费市场选择的结果。 所以，茶类品种的不同，是由于茶叶加工

刚采摘的茶叶鲜叶

工艺的差异造成的，并不是红茶用红茶树的叶子制成的，绿茶用绿茶树叶制成，乌龙茶是用乌龙茶树叶采制的。

中国茶叶在长期的自然选择和人工选择下，经历了漫长的演化，形成了许多种类，仅就我国已知的栽培种类就有 500 多个，目前常用的国家级优良品种有 77 个。据不完全统计，目前，我国各地生产的名优茶逾千种，仅《中国茶叶大辞典》所载的就达 970 多种，其中绿茶 689 品，红茶 60 品，乌龙茶 87 品，白茶 15 品，普洱茶 6 品，花茶 46 品，紧压茶 55 品。

茶叶商品的分类较为复杂。从商品学的角度看，不同的划分方法，得出的结果就不同。陈椽先生从制法和品质角度把初制茶分为绿茶、黄茶、黑茶、青茶（乌龙茶）、白茶、红茶六大类；从制造加工的角度，程启坤先生提出的基本茶类和再加工茶类两分法；国际贸易上，茶叶出口分为绿茶、红茶、乌龙茶、白茶、花茶、紧压茶和速溶茶七大类；刘勤晋先生提出按照茶叶用途、制法和品质三位一体的分类法。而国外，茶叶分类则比较简单，欧洲从商品的特性的角度分为红茶、乌龙茶和绿茶三类；日本普遍按茶叶发酵程度把茶分为不发酵茶、半发酵茶、全发酵茶和后发酵茶等。

GB/T 30766—2014《茶叶分类》，依据生产工艺、产品特性、茶树品种、鲜叶原料和生产地域等几个因素将中国茶叶进行分类，主要分为：绿茶、红茶、黄茶、白茶、乌龙茶、黑茶、花茶、紧压茶、袋泡茶、粉茶和其他茶等。

GB/T 30766—2014《茶叶分类》国家标准–以生产工艺、产品特性、
茶树品种、鲜叶原料和生产地域进行分类

GB/T 30766—2014《茶叶分类》国家标准自2014年10月27日正式实施	中国茶叶分为10大类	1 绿茶分类 Green Tea	1]以杀青工艺和产品特性进行分类-2	1) 炒热杀青绿茶	2) 蒸汽杀青绿茶	
			2]以干燥工艺和产品特性进行分类-3	1) 炒青绿茶	2) 烘青绿茶	3) 晒青绿茶
			3]以茶树品种和产品特性进行分类-2	1) 大叶种绿茶	2) 中小叶种绿茶	
		2 红茶分类 Black Tea	1]以生产工艺和产品特性进行分类-3	1) 红碎茶	2) 工夫红茶	3) 小种红茶
			2]以茶树品种和产品特性进行分类-2	1) 大叶工夫红茶	2) 中小叶种工夫红茶	

续表

GB/T 30766—2014《茶叶分类》国家标准自2014年10月27日正式实施	中国茶叶分为10大类	3 黄茶分类 Yellow Tea	3〕以鲜叶原料和产品特性进行分类-3	1) 芽型	2) 芽叶型	3) 大叶型		
		4 白茶分类 White Tea	以鲜叶原料和产品特性进行分类-3	1) 白毫银针	2) 白牡丹	3) 贡眉		
		5 乌龙茶分类 Oolong Tea	1〕以生产地域、茶树品种和产品特性分类-4	1) 闽南乌龙茶	2) 闽北乌龙茶	3) 广东乌龙茶	4) 台式（湾）乌龙茶	
			2〕以茶树品种和产品特性分类-7	1) 铁观音	2) 黄金桂	3) 色种	4) 大红袍	
				5) 肉桂	6) 水仙	7) 单枞		
		6 黑茶分类 Dark Tea	以生产地域和产品特性分类-4	1) 湖南黑茶	2) 四川黑茶	3) 广西黑茶	4) 普洱茶	
		7 花茶分类 Flower Tea	以生产工艺和产品特性分类-5	1) 茉莉花茶	2) 白兰花茶	3) 珠兰花茶	4) 桂花茶	5) 玫瑰花茶
		8 紧压茶分类 Brick Tea	以加工特点及产品特性分类-10	1) 黑砖茶	2) 花砖茶	3) 茯砖茶	4) 沱茶	5) 紧茶
				6) 七子饼茶	7) 八康砖茶	8) 金尖茶	9) 青砖茶	10) 米砖茶
		9 袋泡茶分类 Tea bag	以产品特性分类-5	1) 袋泡绿茶	2) 袋泡红茶	3) 袋泡乌龙茶	4) 袋泡花茶	5) 袋泡黑茶
				6) 袋泡白茶	7) 袋泡黄茶			
		10 粉茶分类 Dust Tea	以产品特性分类	1) 抹茶	2) 茶粉			
		11 其他 Other						

注：本标准依据 GB/T1.1—2009《标准化工作导则第 1 部分：标准的结构和编写》给出的规则编制。本标准由中华全国供销合作总社提出。

本标准由全国茶叶标准化技术委员会归口。

2. 茶的成分

从茶树上采摘的鲜叶经过不同制茶工艺的加工之后，所制成的茶叶类别、品质各有差异。已发现茶叶中所含的化合物成分很复杂，茶叶中经分离、鉴定的已知化合物有 700 多种。其中有机化合物约有 450 种，无机矿物营养元素也在 15 种左右。茶叶主要成分有：多酚类化合物（以儿茶素为代表）、生物碱（以咖啡碱为代表）、蛋白质、芳香物质等、果胶质、糖类等，是茶叶中可溶物质的主要成分。 另外，还有微量的矿物质、色素等也溶于茶汤中。

茶叶主要成分可分为营养成分和药效成分两类。 营养成分包括：蛋白质、氨基酸、维生素类、糖类、矿物质、脂类化合物等；药效成分包括：生物碱、茶多酚及其氧化物、茶叶多糖、茶氨酸、茶叶皂素、芳香物质等。 不同的加工工艺使六大茶类中所含的化学物质的种类和数量有所不同。 茶叶中水浸出物含量越高，冲泡率就越好，品质越优。 绿茶和红茶的水浸出物最多，黑茶最低。 是因为黑茶的原料粗老，可溶物质少，在加工过程中渥堆工序又消耗了水溶性化合物。

3. 健康饮茶

茶所具有的令人愉悦的香气和滋味以及提神醒脑的效果，是很多人喜欢品茶的直接原因。 茶既是物质的，又是精神的。 饮茶可以带来身心方面的保健，可以和谐人与人之间的关系，促进社会和谐与进步。 茶饮料是21世纪的最佳饮料，已经成为大家的共识。 茶叶是保健饮品，非药品，对茶的保健功能上不能过分盲从和夸大。

民间流传的一些茶疗方剂能发挥较为明显的药效，是因为配伍中多种原料综合作用的结果。 综合古代及今人的对茶叶保健的总结，主要包括：止渴生津、涤齿坚齿、安神除烦、清脑明目、提神醒睡、清肺去痰、下气消食、去腻减脂、清热解毒、祛风解表、疗疮治瘘、醒酒解酒、利尿通便、治痢止泻、抵抗辐射、疗饥益气、养生益寿等。

具体而言，可总结为十大保健功效：有助于调节血脂；有助于预防心血管疾病；有助于预防高血压；有助于调节血糖、预防糖尿病；有助于预防龋齿；有助于杀菌、抗病毒；有助于抗细胞突变、抗癌；茶水漱口可预防流感；有助于对抗胃溃疡；有助于缓解头痛；有助于抗氧化、延缓衰老等。 另外，因不同茶类的保健效果也有所差异，在选用茶叶方面，要选择适合自己的茶，适时适量饮用，才能发挥茶叶对人体保健的最大效用。

明代许次纾《茶疏》载："茶亦能作疾。 过度饮茶损伤脾胃，也会造成心理郁结，以茶除烦，烦虽可去，却促愁生。 茶宜常饮，不宜多饮。 常饮则心肺清凉，烦忧顿释。 多饮则微伤脾肾，或泄或寒。 盖脾土原润，肾又水乡，宜燥宜温，多或非利也。 古人饮水饮汤，后人始易以茶，即饮汤之意……茶叶过多，易损脾肾，与过饮同病。"茶叶健康研究表明，长期、经常性的饮茶，茶叶的抗氧化活性能对人体进行全方位、全身心的保护。 每天饮用3~4杯绿茶或600~900毫克茶叶中的儿茶素，有助于降低体重和预防慢性疾病。 从动物饮茶实验结果看，饮茶对动物的抗癌效果显著，但在人体的流行病学研究中仅是有效，未达到显著水平，尚未得到准确结论。

从中医角度来看，每个人的体质不同，一个人的体质也会因生活和工作的压力劳累等发生变化。 而了解自己的身体状况，选择合适的茶叶品类来保健养生，则非常重要。 若是选择错误，不但不能体现茶叶所具有的良好的保健功能，还有可能加重身体疾病状况，令人遗憾。 每种茶叶，无论何种体质，少量品尝都可以，但因体质关系，有的茶就不宜长期饮用了。 而且，因长期饮用不适宜的茶，也会引起体质的变化，对健康反而不利。 茶对人体的保健效果较好，总体看，养成饮茶习惯，对健康来说，总是利大于弊。

有抽烟饮酒习惯、容易上火、体型较胖者（燥热性体质者）宜喝凉性茶。 肠胃虚寒者，平时吃点苦瓜、西瓜就感觉腹胀不悦者或体质较虚弱者（虚寒型体质者），宜喝中性茶或温性茶。 老年人适合饮用红茶及普洱茶。 身体虚弱者、神经衰弱者、缺铁性贫血者、心动过速者等应少饮或不饮茶为好。 初次饮茶或偶尔饮茶者，最好选用高级绿茶，如西湖龙井、碧螺春、黄山毛峰等。 对容易因饮茶而造成失眠者，可选用低咖啡碱茶或脱咖啡碱茶。

按照九种体质建议饮茶。 具体来说：

正常体质（平和质），饮各种茶类都可以。

气虚体质，建议饮普洱熟茶、乌龙茶，富含氨基酸的茶（如绿茶类中的安吉白茶、溧阳白茶、太湖白茶）、低咖啡碱茶等。

阴虚体质，适量饮绿茶、黄茶、白茶、苦丁茶、轻发酵度的乌龙茶，饮时可与枸杞、菊花、决明子搭配，慎喝红茶、黑茶、重发酵度的乌龙茶等。

阳虚体质，可以喝黑茶、红茶、重发酵度乌龙茶（如武夷岩茶系列），少饮绿茶、黄茶、花茶，不饮苦丁茶。

特禀体质，可以喝低咖啡碱茶，不饮浓茶。

痰湿体质，适量喝各类茶，橘皮茶，茶多酚片等。

湿热体质，适量饮绿茶、黄茶、白茶、苦丁茶、轻发酵度的乌龙茶，饮时可与枸杞、菊花、决明子搭配，慎喝红茶、黑茶、重发酵度的乌龙茶等。

血瘀体质，适量饮各类浓茶，山楂茶、玫瑰花茶、红糖茶等，茶多酚片也可。

气郁体质，适量饮富含氨基酸的茶、低咖啡碱茶、山楂茶、玫瑰花茶、菊花茶、佛手茶、金银花茶、山楂茶、葛根茶等。

从气候和季节上看，春饮花茶、绿茶和前一年秋季的铁观音乌龙茶（有花香较平和），夏饮绿茶、白茶，秋饮乌龙茶，冬饮红茶。

一般而言，成年人每天饮茶的量以每天泡饮干茶 5～15 克为宜。 泡茶用水量应控制在400～1500 毫升。 当然，具体饮茶的量和补充水分的量还应根据年龄、饮茶习惯、生活环境、气候状况和饮茶者的健康状况来定。 比如，运动量大、消耗多、进食量大或是以肉类为主食者，每天饮茶可多些。 对长期生活在缺乏蔬菜、瓜果的海岛、高山、边疆等地区者饮茶量应多一些，以弥补维生素摄入不足。

总之，饮茶因人而异，要健康饮茶，选择安全优质的茶叶作为日常饮品，适量饮茶，饮茶时不宜过浓、过烫，应根据自己的身体情况灵活掌握，才能真正地达到饮茶养生保健的功效。

4. 茶的品鉴

对茶叶进行鉴赏是具有科学判断与审美艺术特点的活动。又分"鉴"与"赏"两个课题。"鉴"是鉴别茶叶的真伪、优劣，需要鉴别者对茶叶商品有一定的了解，熟悉茶叶工艺、品质特点等，需要具有较为丰富的鉴识实践经验。"赏"是对茶叶的色、香、味、形等进行感官的品位，是从审美角度对茶叶艺术性的感受。

当代品茶

无论是"评茶"还是"品茶"，首先要确定是真茶叶的前提下，才能作进一步的品评。一般而言，凡是以茶树上采下的鲜叶为原料，经过加工而成的毛茶、精茶和再加工茶类等，都称为真茶。用非茶树的芽叶为原料，按茶叶加工的方法制成的茶，如柳叶茶、榆叶茶等，称为假茶。假茶可分全假茶和掺假茶两种。掺假茶较难鉴别。在假茶中，有"非茶之茶"的对人体健康有利的假茶具有商品价值。如菊花茶、苦丁茶、枸杞茶、甜菊茶、榆叶茶、柳叶茶等。而恶意地用非可饮用的树叶、植物叶等制成的对人体无益而冒充茶叶来牟取暴利的则更需要鉴别。无论是有益或有害的假茶，都不能冒充真茶销售。若发现茶叶品质异常，可放在漂盘内仔细观察有无茶叶植物学的特征，真茶应具有以下特征：有羽状网脉；有锯齿状的叶缘（一般锯齿为16～32对）；叶背有茸毛；叶片在茎上呈螺旋状互生；芽及嫩叶背后有银白色茸毛；叶组织内有草酸钙星状结晶体；有石细胞；叶内含有咖啡碱、儿茶素和茶氨酸。

我国对茶叶品质的感官审评，主要有干评和湿评两个项目。干评主要是外形因素，湿评是茶叶冲泡后观茶汤颜色、嗅茶叶香气、尝茶汤滋味和看叶底。五个因素分别评审：外形、香气、汤色、滋味和叶底。世界各国相差不大，如印度审评红茶，分干评项目（包括花色等级、干茶色泽、做工和形状、净度、干香、身骨）和湿评项目（包括看茶汤汤色、尝滋味、看叶底色泽、嗅叶底香气）等；日本评茶分外形、香气、汤色和滋味四个项目。

在我国各类茶叶审评鉴别中，香气和滋味占据的分数最多。五项审评中，审评各因素的侧重点不同。外形审评，审评试样的形态、大小、嫩度、色泽、匀度和净度等；汤色审评，审评茶汤的颜色、深浅、明暗及清浊程度等；香气审评，审评香气的类型、纯异、浓淡、高低及鲜灵度等；滋味审评，审评茶汤的纯异、鲜陈、浓淡、醇涩等；叶底审评，审评茶渣的老嫩、色泽、明暗及匀杂程度等。

作为国家鉴别茶叶的审评工作，主要采用实验室感官评审和理化检验相结合的方法进行鉴别品质的优次。 国家审评茶叶品质是在专门的茶叶审评实验室内进行。 对审评人员、审评室的方位、光线、通风及审评设施均有严格的要求。 对每种茶叶，其审评项目分外形、香气、汤色、滋味、叶底五个项目。 外形审评包括条索（或条形）、色

评茶（茶叶感官审评）

泽、嫩度、净度四项因子，结合嗅干茶香气，手测干茶水分。 湿评内质包括评汤色、香气、滋味、叶底四项因子。 在感官审评时，先干评审评，后开汤湿评。 干评主要看茶叶外形的老嫩、条索、色泽、净度四个因子，与标准对照，结合嗅干茶香气，手测干茶水分，初步确定品质的好坏；湿评看内质的汤色、香气、滋味、叶底四个因子，与标准对照，确定茶叶品质的高低；最后根据外形、内质各因子的评分和评语（有专用国家评茶术语，不能随意描述），确定茶叶的等级，评审茶叶时必须内外干湿兼评，并对照标准样，分析比较，以求审评结果的正确。 各类茶叶审评的方法可参看 2018 年 6 月 1 日实施的 GB/T 23776—2018《茶叶感官审评方法》中的内容。

5. 茶叶的收藏

当年生产的茶叶称为"新茶"，尤其春天出产的茶叶，香气张扬、滋味鲜爽，具有明显的鲜灵特色。 作为一种食品嗜好品，也有人喜欢品鉴老茶。 存放一年以上的一般称为"陈茶"或"老茶"。 老白茶、普洱、乌龙茶、安化黑茶等很多爱好者都会收藏。 各类茶在储藏时都有细微的区分。 一般而言，绿茶、细嫩芽叶制成的红茶、轻发酵度的乌龙茶储藏以密闭包装、低温、干燥为宜，家庭存茶常放在冰箱中冷藏或冷冻都可，关键是要密封严密，否则容易吸收冰箱中的异味和水汽。 其他半发酵或发酵类的茶叶，在室温干燥避光的条件下收藏，但要注意环境空气质量，尤其是湿度大的江南梅雨季节，要特别注意防止吸收空气中的水汽。 企业存储茶叶常有专用库房，可随时调控温湿度，以确保大宗茶叶的质量品质安全。 家庭存茶，一般密封包装后装在无异味的纸箱用胶带纸密封收藏即可。 随着时间的延长，茶叶品质会有变化，但茶叶并不是储藏越长越好，这方面要理性认知。

二、茶 具

我国茶具种类繁多，各类材质、各式造型的茶具驰名世界。 古今中外，从古至今的各国权贵富豪无不以拥有中国茶具为荣，而茶具中的江苏宜兴紫砂壶、江西景德镇瓷茶具更为爱茶人士所追捧。 茶具也叫茶器，最初都称为茶具。 西汉王褒《僮约》中的"烹茶尽具"，指烹茶前要将各种茶具洗净备用。 到晋代以后则称茶器。 到唐代，陆羽《茶经》中

采制所用的工具称为茶具，把烧水泡茶的器具称茶器，以区别其用途。 宋代，又合二为一，把茶具、茶器合称为茶具。 一般而言，狭义的茶具，主要指茶杯、茶碗、茶壶、茶盏、茶碟、托盘等饮茶用具。 广义来说，是指与饮茶有关的所有器具。

1. 茶具演变

我国茶具发展最早，在原始社会，人们生活简朴，饮食文化不发达，还没有专门的茶具，饮食器具多为土罐、木碗等，且一器多用。 进入阶级社会，食器有了发展，开始出现陶碗，逐渐演变才出现了专门用于贮茶、煮茶和饮茶的茶具。 茶具的发展是中华民族饮食文化发展的集中反映，也是陶瓷工业、制壶技艺和茶道茶艺有机结合的象征。

古代的茶具演变是一个漫长的过程，从无到有，从共用到专一，从粗糙到精致。 发展到后来，依其用途不同，主要可以分为八类：一是生火用具，二是煮茶用具，三是烤、碾、量茶具，四是水具，五是盐具，六是饮茶用具，七是洁茶用具，八是藏陈用具等。 根据质地的不同，又有陶土、瓷器、玻璃、搪瓷、漆器、玛瑙、金属、竹木茶具等。 陶土茶具出现于新石器时代晚期，由硬陶发展成釉陶，直到晋朝才较多采用瓷茶具，唐朝时瓷壶（也叫注子）、瓷碗、白瓷为主要的茶具，宋代时黑瓷、青瓷、白瓷等较为流行，茶具的型制方面出现了茶盏（茶盅）、茶壶，也由常见的莲花瓣形发展成瓜棱形；元朝时景德镇青花瓷最为鼎盛，闻名于世；明朝时宜兴的紫砂陶茶具又与瓷器争奇斗艳，名噪一时，此时的景德镇在青花瓷的基础上又创烧了"斗彩""五彩""填彩"等。 到清朝时，陶瓷茶具的生产到达了空前鼎盛时期，形成了以瓷器和玻璃器为主的局面，朝廷内外多以瓷器为佳品。

2. 宜兴紫砂壶 *

紫砂茶具属于炻器的一种，其胎质密度是介于陶与瓷之间，以其特殊的材质与茶结合的历史，享誉世界。 具有七千年制陶历史的江苏宜兴被世人赞誉为"世界陶都"，宜兴紫砂器和江西的景德镇瓷器并称为"景瓷宜陶"，外国人常常称宜兴紫砂壶为"红色瓷器"。紫砂壶初创于北宋，而作为艺术性的壶，紫砂壶始于明代中晚期明武宗正德年间，紫砂壶的兴盛与茶叶的制作和饮用由蒸团、碎碾、沸煮，改为散叶、炒青、冲泡等有直接的关系。 紫砂壶和一般陶器茶具不同，其里外都不敷釉，被人们誉为"素面素心"。 制壶原料选用宜兴特有的紫砂矿，制备成紫砂泥，主要分为紫泥、绿泥和红泥三大类。 每种泥料又可细分，而且可以按一定比例混合成不同质感及色彩的泥料。 每种泥料在不同的温度下烧成后色彩各异，因此，紫砂壶可制成褐、紫、红、黄、灰、黑等多种色彩和不同

---

* 相关内容所登录国家高等教育智慧教育平台，搜索《紫砂文化与壶艺审美》（https://www.chinaooc.com.cn/course/6312856f325d39c27c4184c3）进行学习。

肌理的茶壶，制壶的紫砂泥也被人称为"五色土"，也体现了制壶艺人以抟土为生的爱恋之情。"人间珠玉安足取，岂如阳羡溪头一丸土""与金玉等价""壶以字贵，字随壶传"，这都是对紫砂壶艺术的赞誉。

明代以后，人们所饮茶类中流行发酵、半发酵茶，这类茶要求浓泡、重滋味和香气；明代新儒学的出现，将佛家的禅宗思想和道家思想糅合于儒学之中，提倡儒家的中庸、尚礼、尚简；佛家的内敛、喜平、求定；道家的自然、平朴、虚无等，讲究茶道审美，紫砂壶的裸胎素朴之美正好顺应了这一时代潮流，素朴、古雅、精巧、宜茶的特色被好茶之文人雅士视若珍宝。明代周高起《阳羡茗壶系》："以本山土砂，能发真茶之色香味"，紫砂壶因其具有双气孔结构，透气不透水的特性，耐储存茶汤，激发茶性，适宜泡茶，其造型多样，具美学特色，成为泡茶择器的首选。具体来说具有五个特点：宜茶性；紫砂泥制器精密；紫砂壶具有突出的触觉和视觉之美；紫砂壶适合把玩，有妙趣；紫砂壶还是情感和文化的载体。紫砂壶长久使用会有黯然"宝光"，使人赏心悦目。由于朝夕相处，用心呵护，使用者也会对此器物产生特殊的感情。

紫砂壶艺术美学内涵丰富，难以用文字描绘表达清楚。笔者观壶数载，提炼壶艺美学关键词二十四个：素朴、古拙、文心、禅意、清妙、儒雅、谦逊、闲逸、雅趣、爽净、壮硕、厚重、迂直、刚正、粗犷、严谨、精巧、细腻、繁复、秀美、冷峻、华丽、绚彩、童趣*。如此种种，各种壶艺之美学特色，令观者心与器相应和，激发出或温暖、或安泰、或喜悦、或清凉、或热烈、或冷静等心理抚慰之情。

紫砂壶的美，主要可以从三个方面来概括：一是紫砂壶的功能之美；二是紫砂壶的艺术设计之美（表现在质地美，造型美和装饰美等）；三是紫砂壶的技术之美，三者的相互统一，才能完整地实现紫砂壶的美学价值。

泡不同的茶需要选用相配的茶具，一方面是充分激发茶性的需要，另一方面也是充分享受茶的美学精神需要。一般而言，泡绿茶、黄茶、白茶和花茶多选用身矮的透明玻璃杯、瓷壶、瓷杯、瓷盖碗，也可以选用高密度、阔口矮身筒的紫砂壶等。

紫砂壶受到人们的喜爱。无论是茶人还是古董爱好者对收藏紫砂壶多有兴趣。这种既具有泡茶实用功能，又有赏玩审美之趣味的器物，成为日常伴随之物。从收藏的角度来看，名人名作、原矿精工、完整无暇、稀缺少有、流传有序、养护得当的紫砂壶是收藏家争相追求的对象。从泡茶实用的角度来看，容量适度、泥料安全、烧制火候恰当、泡茶储汤表现好、称手合度、出汤流畅、断水利落的实用功能强的壶，更容易被茶人所钟爱。

---

* 胡付照．触目润心——宜兴紫砂商品美学［M］．北京：中国财富出版社，2017．

南瓜壶（清代梅调鼎铭，何心舟制）

荸荠壶（蒋蓉制）

提璧壶（高庄设计，顾景舟制）

曲壶（张守智设计，汪寅仙制）

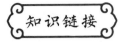

习近平的"茶之道"

（2021 年 05 月 21 日 19：53　来源：新华网）

茶，源自中国，盛行世界，既是全球同享的健康饮品，也是承载历史和文化的"中国名片"。习近平曾殷殷叮嘱，要统筹做好茶文化、茶产业、茶科技这篇大文章。5 月 21 日是"国际茶日"，新华社《学习进行时》原创品牌栏目"讲习所"推出文章，与您一同体悟习近平的"茶之道"。

"茶之为饮，发乎神农氏，闻于鲁周公。"中国是茶的故乡、茶文化发祥地。中华民族五千年文明画卷，每一卷都飘着清幽茶香。

小小茶叶，在习近平总书记心中有着不轻的分量。习近平高度重视茶产业发展和茶文化交流，对"中国茶"的发展有许多精彩论述。

2021 年 3 月 22 日至 25 日，中共中央总书记、国家主席、中央军委主席习近平在福建考察。这是 22 日下午，习近平在南平武夷山市星村镇燕子窠生态茶园，察看春茶长势，了解当地茶产业发展情况。

小叶子可成大产业

2021 年 3 月 22 日，正在福建考察调研的习近平总书记来到武夷山市星村镇燕子窠生态茶园，察看春茶长势，了解当地茶产业发展情况。

"茶者，南方之嘉木也。"习近平提到了唐代陆羽的《茶经》。他对乡亲们说，"过去茶产业是你们这里脱贫攻坚的支柱产业，今后要成为乡村振兴的支柱产业。"他叮嘱，要统筹做好茶文化、茶产业、茶科技这篇大文章。

这一片片鲜嫩绿叶曾经不过是偏僻山村的普通作物，而在习近平眼中，却是能使群众脱贫致富的"金叶子"。

20世纪在宁德工作期间，习近平曾先后四次来到福安社口镇坦洋村这个古老茶村调研，要求当地因地制宜给茶叶分级，要成片、成规模地种植，科学管理，打出品牌，还亲自指导推进茶种改良，提升茶叶质量。

在浙江工作时，习近平曾沿着泥巴路走进安吉县溪龙乡黄杜村的茶园，询问白茶是怎么引进的，怎么扦插、采集、加工，销售情况如何，对茶产业发展作出指导。

……

如今，茶产业已成为坦洋村农民脱贫致富的重要依托，全村八成以上人口涉茶，2020年人均可支配收入超过2万元。黄杜村白茶种植面积也已从5000余亩扩大到1.2万亩，昔日荒山变身"茶海"。

正如习近平曾称赞的，一片叶子富了一方百姓。茶产业的发展，是对"绿水青山就是金山银山"这一理念的绝佳阐释。

人不负青山，青山定不负人。绿水青山既是自然财富，又是经济财富。2020年4月，在陕西考察时，习近平步入茶园，沿途察看春茶长势。当从茶农口中得知茶园的收成不错时，习近平高兴地说："希望乡亲们因茶致富、因茶兴业，脱贫奔小康！"

发展特色产业是脱贫良策，脱贫攻坚取得胜利后，守住脱贫攻坚成果，全面推进乡村振兴，同样离不开特色产业的发展。茶产业的发展让一座座荒山变成了金山银山。一棵棵茶树，一个个茶园，也正铺就一条前景广阔的乡村振兴之路。

2021年3月22日至25日，中共中央总书记、国家主席、中央军委主席习近平在福建考察。这是22日下午，习近平在南平武夷山市星村镇燕子窠生态茶园，同科技特派员、茶农亲切交流，了解当地茶产业发展情况。

小叶子蕴含新科技

2018年4月，浙江省安吉县黄杜村20名农民党员给习近平写信，汇报村里种植白茶致富的情况，提出捐赠1500万株茶苗帮助贫困地区群众脱贫。

收到信后，习近平对信中提出向贫困地区捐赠白茶苗一事作出重要指示强调，"吃水不忘挖井人，致富不忘党的恩"，这句话讲得很好。增强饮水思源、不忘党恩的意识，弘扬为党分忧、先富帮后富的精神，对于打赢脱贫攻坚战很有意义。

这封信中提到的茶苗"白叶一号"，大有来头。1982年，安吉县科研人员利用无性扦插繁殖技术，培育了"白叶一号"茶苗，通过推广种植，由此诞生了安吉白茶。

白茶产业的发展，带动了一方百姓的"先富"。而"白叶一号"在被捐往各个贫困地区，由技术指导人员精心种植后，也带动当地百姓走上了致富道路。"先富帮后富"，来自"吃水不忘挖井人"的精神，也离不开科技的强大助力。

茶科技涉及全产业链，不仅涉及种植环节，还涉及粗制、精制及精深加工环节，以及流通环节等。正如习近平所说，茶科技是一篇大文章。而这篇大文章的"作者"之一，就是科技特派员。

2021 年 3 月，在福建武夷山考察时，听说近年来在科技特派员团队指导下，茶园突出生态种植，提高了茶叶品质，带动了茶农增收，习近平十分高兴。他指出，要很好总结科技特派员制度经验，继续加以完善、巩固、坚持。

科技特派员制度发源于福建省南平市。20 年前，这一制度就在习近平的指导下在南平扎下了根。"星星之火可以燎原，现在全中国都有'科特派'。农业是有生机活力的，乡村振兴要靠科技深度发展。"

不仅乡村振兴要靠科技深度发展，茶产业也厚植于科技的沃土中。要坚持农业科技自立自强，加快推进农业关键核心技术攻关，让科技为茶产业等更多特色产业赋能。

小叶子承载"和"之道

2019 年 12 月，联合国大会宣布将每年 5 月 21 日确定为"国际茶日"，以肯定茶叶的经济、社会和文化价值，促进全球农业的可持续发展。

2020 年 5 月 21 日，在首个"国际茶日"，习近平向"国际茶日"系列活动致信表示热烈祝贺。他指出，联合国设立"国际茶日"，体现了国际社会对茶叶价值的认可与重视，对振兴茶产业、弘扬茶文化很有意义。

茶叶的价值，不仅体现在脱贫致富、经济发展上。作为中国传统文化的重要组成部分，茶文化的交流，对于文化的交流互鉴也起到了重要作用。

作为"中国名片"之一，茶对于中国的象征意义不言而喻。2014 年，习近平主席在比利时布鲁日欧洲学院发表演讲。在谈到中欧两大文明时，他特意提到了茶和酒。

"正如中国人喜欢茶而比利时人喜爱啤酒一样，茶的含蓄内敛和酒的热烈奔放代表了品味生命、解读世界的两种不同方式。但是，茶和酒并不是不可兼容的，既可以酒逢知己千杯少，也可以品茶品味品人生。"

由此，习近平指出，中国主张"和而不同"，而欧盟强调"多元一体"。中欧要共同努力，促进人类各种文明之花竞相绽放。茶之道，折射出中国与世界的相处之道。

作为中国传统待客之道和标志性文化符号，在多个外交场合，习近平都"以茶会友"。

2017 年新年伊始，越共中央总书记阮富仲来华访问时，习近平向阮富仲介绍中国传统茶艺，并在品茶时叙谈茶文化和中越两国人民友好。悠扬古乐，氤氲茶香，体现中越文化相通。

"'茶'字拆开，就是'人在草木间'。"习近平的妙解，道出了中华文化中"道法自然"的真谛。

中国是茶的故乡，从古代丝绸之路、茶马古道、茶船古道，到今天丝绸之路经济带、21 世纪海上丝绸之路，茶穿越历史、跨越国界，深受世界各国人民喜爱。

以茶论道，以茶交友，茶中传达出的"和而不同"理念，开放合作的信号，相信全世界都能体会到。

中国茶产业具有哪些特点？存在哪些发展中的问题？请结合阅读材料和课下文献检索学习，与同学们展开讨论。

| 思考题 |

1. 中华茶文化内涵丰富，请了解你所在地域或你所欣赏的一种茶俗，并以图文并茂的形式和师生交流。

2. 向师生介绍一种你所喜爱的茶具，并简要说明你喜爱的理由，该茶具有何特点。

3. 学习一种泡茶法，感受其中的特点。如盖碗式泡法、茶壶式泡法等。

4. 与茶有关的诗词挑一首，吟诵，查阅相关文献，感受其文化内涵。

5. 寻找一种与茶有关的艺术品，向师生介绍其文化内涵。

听茶观音（弘嵩书法）

第八章 其他独成体系的饮食文化

| 本章导读 |

饮食文化以饮食为载体，中国的饮食文化体现在丰富多彩的饮食上，本章选择汤、面食、小吃等特色饮食以及调味料、香辛料等来说明饮食与中国人的哲学理念、价值观念、精神追求是怎样息息相关的。

1. 了解汤文化、粥文化、豆腐文化、面食文化及点心、小吃、多种调味品等内容。

2. 掌握汤文化内涵，中国面食的特色等。

3. 饮食产业高质量发展离不开产业内外协同创新，探索中华饮食文化创新发展要素。

| 学习内容和重点及难点 |

1. 学习重点是汤文化内涵，粥及豆腐、面食文化的特色，难点是汤文化深邃的内涵的理解，中国各地豆腐文化特色，面食种类及文化内涵等。

2. 对传统调味品与现代制造的食品添加剂中的调味品的科学认知，结合社会热点事件，辨明对食品工业中添加剂的科学认知态度。

第一节
汤文化

平平常常的汤，所蕴含的文化理念与中华文化的核心理念一脉相承，深得中国文化的真谛。汤的烹制需要水，水自天上来；其次是肉与菜肴，肉与菜肴为大地所生，汤自然成为天地的精华所造。汤的烹制过程需要调和五味，春秋时期的思想家、政治家晏子由调和五味推而广之用来说明君臣之间的协调，比喻社会的和谐；进而推广到天人合一、阴阳燮理，使得汤的烹制成为中国古代哲理的最好比喻物。因此，汤便有了文化的意义，便有了汤文化。汤文化因为有了"和"这一理念因此成为中华饮食文化的核心，汤文化又通过"和"这一理念与中华文化的精髓相通，体现了中国哲学的最高境界。

1. 汤与汤文化

中华饮食文化的一个特色就是"药食同源"，古代的养生学将食物当作药物，形成了食疗这门学问，食物做成的汤，又有药用，比如广东、福建一带就有"汤药"一说，几乎每顿饭都要煲汤，因此，汤也包括药膳。

清代文学家、美食家李渔指出古人所指的"羹"就是后来人所说的"汤"。他在所撰《闲情偶寄·饮馔部·谷食第二》中专列"汤"部，对此作出解释："汤即羹之别名也。羹之为名，雅而近古；不曰羹而曰汤者，虑人古雅其名，而即郑重其事，似专为宴客而设者。然不知羹之为物，与饭相俱者也。有饭即应有羹，无羹则饭不能下，设羹以下饭，乃图省俭之法，非尚奢靡之法也……宁可食无馔，不可饭无汤。有汤下饭，即小菜不设，亦可使哺啜如流；无汤下饭，即美味盈前，亦有时食不下咽。"古代的羹就是汤。 但是严格地说起来，最早的羹仅仅指肉汤，后来才包括菜汤。 例如《仪礼·乡饮酒礼》有这样一句话："羹定，主人速宾。"什么是羹呢？ 东汉的大学问家郑玄注："肉谓之羹。 定，犹孰也。"意谓用肉做的汤称作"羹"。 孙希旦《集解》："煮肉必沸；既熟，则止火而沸者定，故曰羹定。"

2. "和"的概念

东汉许慎撰写的《说文解字》："羹，五味盉羹也。"是说"羹"这个字是由"羔"和"美"两个字组合而成的，所以它同时具有"羔"和"美"两个字的意义，都表达的是十分美好的意思。 古人以羊为美味，"羔"是小羊，"美"是大羊，都有美味。

"和"这一概念经常被思想家所引用，思想家往往用羹的调和说明政治道理，因此"和"又具有了和谐的意思，成为表达治理国家的政治学的概念，成为中国传统文化核心的概念之一。 春秋时期的晏子最早将汤羹与"和"的概念结合，《左传·昭公·昭公二十年》记载晏子的话说："和如羹焉，水火醯醢盐梅以烹鱼肉，燀之以薪。 宰夫和之，齐之以味，济其不及，以泄其过。 君子食之，以平其心。"鲁昭公二十年是公元前 422 年。

这里有两个哲学概念，一个是"和"，就是我们现在说的"和谐"；一个是"同"，就是"相同"。 晏子认为臣子一味迎合君主，那就是"同"；君臣之间意见有不同，有争论，这就是"和谐"。

对于汤文化的重要意义是，晏子用做汤为例说明"和"的概念。 做汤的时候就要加以调和，使味道适中，味道太淡就增加调料，味道太浓就加水冲淡。 有的时候要增加，有的时候要减少，这才叫和谐。 从哲学上讲，这就是矛盾斗争的展开，最后实现和谐。

晏子关于"和"的论述，是我国最早关于这一概念的论述之一。 "和"是中华五千年文明最核心的价值观，它包括人与自然的和谐，国家之间的和平共处，国内各阶级、阶层的共存，家庭的和睦，以及个人的心态平和，一共五个层次的内容。 古代的思想家，认为"和"是最高妙的境界，古代哲学上讲的"和"，就是矛盾充分展开之后所达到的对立统一；治理国家也要做到"和"，就是上下谐调，社会的和谐。"和谐社会"的口号古已有之。 和与同，表面上看起来很相似，它们的表现有一致性，但在实质上，它们完全不同。同，是绝对的一致，没有变动，没有多样性，因此，它代表了单调、沉闷、死寂，它也没有内在的活力和动力，不是一个具有生命力的东西，也不符合宇宙万事万物起源、构成、发展的规律性。

和的观念被付诸实践，就形成了中国人独特的行为方式。 国家兴盛的理想状态是和谐：国与国之间、君臣之间、官民之间、朝野之间，相互理解、支持、协调，利益趋于一致；文学艺术的最高境界也是和谐：有限和无限、虚与实、似与不似、刚与柔、抑与扬等因素共存于一个统一体中，相互补充，相互调节；人们处理事务、人际关系也崇尚"和为贵"，用自我克制来消除矛盾、分歧，用相互切磋来发扬各自所长，通过寻找利益的一致之处，把各方的不同之处加以协调。应该注意到，"和"的最终旨归，是人的内心的心性平和，也就是说，它的最后落脚点，还是人自身的生存状态。因此，它是内向的，而不是外向的；是人本的，而不是物质的。

3. 汤与政治的结合

中国的政治学就发轫于汤文化之"和"。《吕氏春秋》第14卷《本味篇》，记述了伊尹以汤的"至味"劝说商汤王的故事："汤得伊尹，被之于庙，爝以火，衅以牺。明日设朝而见之，说汤以至味。汤曰：'可对而为乎？'对曰：'君之国小，不足以具之；为天子然后可具。夫三群之虫，水居者腥，肉者臊，草食者膻。恶臭犹美，皆有所以。凡味之本，水最为始。五味三材，九沸九变，火为之纪。时疾时徐，灭腥去臊除膻，必以其胜，无失其理。调合之事，必以甘、酸、苦、辛、咸。先后多少，其齐甚微，皆有自起。鼎中之变，精妙微纤，口弗能言，志不能喻。若射御之微，阴阳之化，四时之数。故久而不弊，熟而不烂，甘而不哝，酸而不酷，咸而不减，辛而不烈，淡而不薄，肥而不膑。'"

伊尹的这段话就是中国历史上对于汤文化的最早论述，这当中将中国文化的最基本的元素都涉及了，这些元素就是"金木水火土"五行，还有阴阳。伊尹论述的核心就是一个"和"字，调谐阴阳，调谐五行来说明任用贤才，推行仁义之道才可能取得天下的道理，主要说明得天下者才能享用人间所有美味佳肴。它记述了当时推崇的食品和味料，同时也提出了我国，也是世界上最古老的汤的烹饪理论——五味调和之法，直到现在一直被奉为烹饪界的金科玉律。

伊尹并没有说自己讲的就是治理天下的道理，可是聪明的商汤王已经体味到了，治理国家就和烹调汤一样，他重用了伊尹，同时把伊尹所说的烹制汤的道理运用到国家的治理中去，就取得了成功。商汤王的实力大了，就与夏桀决战，灭了夏朝，取得了天下，建立了商。商汤王就是商朝的建立者。

汤文化的理念是"和"，中国文化的理念是"和"，中国文化的理念是从汤文化中吸收而来的，搞清了这一关系，汤文化在中国文化中的地位就毋庸置疑了。

第二节
粥文化、豆腐文化

一、粥文化

中国美食中的粥，简简单单平平常常，却也登得大雅之堂。在中国有文字记载的历史中，粥的踪影伴随始终。 自古以来，粥是人们喜爱的主食形式之一，在我国悠久的餐饮文化中，粥占据不可或缺的历史性地位，这也许与中国历史上每每灾荒相连有关。 先秦文献《逸周书》中就有"黄帝始烹谷为粥"的记载，虽为付托之词，但也表明中国人民食粥的历史十分久远。 随着历史的发展，药食同源的各种粥及其制作方法也在民间广为流传，如与寒食节相关的杏酪粥、佤族喜食的小豆三桠苦粥、广东英德地区盛行的擂茶粥等。

粥，俗称稀饭。 古时凡粳、粟、粱、黍、秫、麦等都可以煮粥，现在一般是以粳米、粟米（小米）、糯米熬粥。 粥有两种类型，一是单纯用米煮的粥，另一种是用中药和米煮的粥。 这两种基本上都是营养粥，后者因加进中药，所以又叫药粥。 粥有稠厚、稀薄之不同，在古代其名称也有别。 三国魏时张揖《广雅》称粥之厚者为"䬫"，唐代经学家孔颖达则认为"稠者曰糜，淖者曰䬫"。 食粥的好处，清代黄云鹄《粥谱》说："一省费，二津润，三味全，四利脑，五易消化。"其实，从更宽广的社会学的角度来看，食粥至少有六方面的意义和作用，即：敬老、节约、救荒、疗疾、养生、美食。

《礼记·月令》载："仲秋之月，养衰老，授几杖，行糜粥饮食。"《汉书·武帝纪》载："民年九十以上，已有受粥法。"表明春秋战国时期到汉代，政府规定供应粥食作为奉养高寿者的一种福利。 然而，后来此种规定未能得到切实贯彻，《汉书·文帝纪》载："诏曰：今闻吏禀，当受䬫者，或易陈粟，岂称养老之意哉！"指出操办煮粥人员作弊，把陈仓米取代新米煮粥供应寿高老人，已失去尊老、养老的原意。

人们长时期以粥代替饭食，其节约意义是不言而喻的。 从另一角度而言，食粥与家贫有密切联系。 宋代秦观"日典春衣非为酒，家贫食粥已多时"的诗句，以及黄云鹄《粥谱·序》中所说的"吾乡人讳食粥，讳贫也"，都是此种社会现实的写照。

历史上，由于旱灾、水灾、虫灾以及战乱频仍，导致粮食歉收的情况屡有发生，施于灾民的慈善措施，首先要解决其饥饿，而供应粥食则是首选的简捷应急办法，对此，我国历代文献曾有记述。《南齐书·刘善明传》：刘善明家有积粟，因青州饥荒，开仓以救乡里，幸获全济。 人名其家田曰"续命田"。 明代耿橘《荒政要览·条议荒政煮粥》提到：荒年煮粥，全在官司处置有法，就村落散设粥厂。 而《明史·王宗沐传》还详细列出"赈粥十事"。 可见，粥食对于荒年灾民赈饥，作用极大。

我国是药食同源的国家，药粥是我国饮食的一大特点。 药粥，是祖国医学宝库中的一部分。 用药粥治疗疾病，最早见之于汉代伟大史学家司马迁所著的《史记·扁鹊仓公列传》说西汉医学家淳于意为齐王治病，诊脉后认为因逆气不能食，即以火齐粥且饮，六日气下；即令更服丸药，六日之后，病就好了。 另外，长沙马王堆汉墓出土的 14 种医学方剂书中，记载有服食青粱米粥治疗蛇伤，用烧热的石块煮米汤治疗肛门瘙痛等治验方。 据考证，这批出土的古医书约成书于春秋战国时期。 这就是说，"火齐粥""青粱米粥"等方，是我国记载最早食用的药粥方。 这两份珍贵的历史资料也可以说是药粥治病最早的文献记载。

药粥是以药治病、以粥扶正的一种食疗方法。远在 2000 多年前，我们的祖先就把它用于防病治病了。进入中古时期，粥的功能更是将"食用""药用"高度融合，进入了带有人文色彩的"养生"层次。宋代以后，药粥疗法有了很大发展，民间普遍都喜欢用药粥来防治疾病，并积累了很多极为宝贵的药粥食疗方法。药粥是养生的重要食品，可以根据使用者的身体状况，将具有不同功效的粥原料精心搭配，专门调制药粥。如宋代大文豪苏东坡在《粥帖》中说："粥能推陈致新，利膈益胃，粥后一觉，妙不可言。"明代名医吴有性《温疫论》力主"……大病之后，客邪新去，胃口方开，宜先与粥食，次糊饮，次糜粥，次稀饭，尤当循序渐进。"清代医家王士雄《随息居饮食谱》："病人、产妇，（粳米）粥养最宜，以其较籼为柔，较糯不黏也。"如将米与不同的药物合煮成各种药粥，则疗病作用更广更大；清代医家章穆《调疾饮食辩》说："粥能滋养，虚实百病固已。若因病所宜，用果、菜、鱼、肉及药物之可入食料者同煮食之，是饮食即药饵也，其功更奇更速。"此为经验之论。食粥不仅能疗疾，而且还可养生，这是中国古人的又一宝贵认识和经验。

腊月初八食用的"腊八粥"，是极为重要的元素符号，具有悠久的历史传统和深厚的人文积淀，其形成、发展和演变受到传统文化众多因素的影响和制约，具有腊日祭祀之供品、驱鬼逐疫之祥物、佛学教义之体现、上行下效之政风、保健养生等五个方面的功效。

中国古人煮粥，食粥，还产生过不少轶闻趣事。北宋范仲淹有一则十分感人的食粥故事。他的青少年时期，是在清贫生活和刻苦攻读中度过的，每日三餐吃的是腌菜粥。每天把粥盛于一器皿内，午餐吃一半，早、晚餐为另一半。菜则是"断虀数茎，入少许盐以啖之，如此者三年"。范仲淹后来的成就和他的"先天下之忧而忧，后天下之乐而乐"传世名言，同他青少年时期清贫生活和刻苦奋斗的磨炼，有着密切的关系。

南北方的粥差别很大，北方人晚饭时食粥，粥要稀烂，配上小菜。而南方则早晚都有粥，作为主食。广东人的肉粥很有名，又有海蛎粥、皮蛋粥等，成为极具特色的美食。

由此可见，我国的粥文化源远流长，粥与中国人的关系，正像粥本身一样，稠黏绵密，相濡以沫；粥作为一种传统食品，从不同的侧面反映出中国粥品与粥文化的丰富多彩，在中国人心中的地位更是超过了世界上任何一个民族。如果说在古代，粥的意义和价值主要针对人们的健康，那么进入现代社会，美食的范畴已大大拓宽，餐饮的概念已日新月异，它的作用正在被人们重新的认识，有待我们更好地挖掘。

二、豆腐文化

豆腐，古时称"黎祁""小宰羊""菽乳""脂酥""刀呱""软玉"等。豆腐既是可直接入口的食品，又是烹饪的主要原料。我国最早记载豆腐的是五代陶谷所撰的《清异录》，书中记述说："时戢为青阳丞，洁己勤民，肉味不给，日市豆腐数个，邑人呼豆腐为小宰羊。"宋代《膳食批》中记有"生豆腐百宜羹"。明代李时珍《本草纲目》记载"豆腐之法，始于前汉淮南王刘安"。 罗欣《物原》也有"前汉刘安做豆腐"之说。 刘安是汉高祖刘邦的孙子，承袭父亲的封爵为淮南王，是一位集思想家、文学家、美食家于一身的才子。 传说，他在淮南八公山上兴建楼阁，养方术之徒烧药炼丹，偶以石膏点豆汁而成豆腐，距今已有 2000 多年的历史。

豆腐是中国食物不可分割的一部分，与猪肉、鸡肉和各种蔬菜同样重要。 豆腐的独特之处在于它能够从肉类和蔬菜中汲取汤汁，并且可以与其他食物几乎完美地融合在一起，还可以用来制作各种菜肴。 豆腐因此成为普通中国人一生享用的食品，并通过数千年的衍化，融入包容万象的哲理，也演绎出源远流长的"豆腐文化"。

麻婆豆腐

古往今来，豆腐深受人们喜爱，古今诗人文豪曾留下了许多题咏豆腐的诗文。 唐诗中有"旋转磨上流琼液，煮月铛中滚雪花"的诗句，南宋爱国诗人陆游在《邻曲》诗中有"拭盘堆连展，洗釜煮黎祁"。 清代诗人李调元《童山诗选》对豆腐及其制品的动人描述，更给人以美的享受，诗云："家用为宜客非用，合家高会命相依；石膏化后浓如酪，水沫挑成皱成衣……近来腐价高于肉，只恐贫人不救饥；不须玉豆与金笾，味比佳肴尽可捐……"

在现当代文学史上，豆腐在许多著名作家、戏剧家的笔下生花，成为小说、散文中的得意之笔。 作家老舍在小说《骆驼祥子》中就有很多祥子吃豆腐的描绘，如"歇了老大半天，他（祥子）到桥头吃了碗老豆腐，醋、酱油、花椒油、韭菜末，被热的雪白的豆腐一烫，发出点顶香美的味儿，香得使祥子要闭住气"。 鲁迅在小说《故乡》中对"豆腐西施"那个女人的出神入化的描写，特别感人的。 作家茅盾在散文《卖豆腐的哨子》中这样描绘："早上醒来的时候，听得卖豆腐的哨子在窗外呜呜地吹"。 梁实秋在散文《忆张自忠将军》中写道"他招待我们一餐永远不能忘的饭食……四碗菜是以青菜豆腐为主，一只火锅是以豆腐青菜为主"。 朱自清的散文《冬天》："说到冬天，忽然想到豆腐。 是'小洋锅'（铝锅）白煮豆腐，热腾腾的水滚着，像好些鱼眼睛，一小块，一小块豆腐养在里面，嫩而滑，仿佛反穿的白狐大衣。"豆腐已俨然成为环境与人物描写的必不可少的凭借物。

豆腐是熟语中最为活跃的词语。 熟语"是伴随着语言史发展的脚步和语用跳动的脉搏，由使用该语言的整个社会力量对语言财富进行创造性劳动的成果，是汉民族语言的精华""蕴含着汉民族人民对客观事物的认识和文化观念"。 在熟语中，豆腐官指不腐败的官员，他们以一类低廉的食品充饥，吃不起昂贵的肉食。 除了饮食领域外，中国的传说和民俗中也流传了不少与"豆腐"有关的佳话，与"豆腐"有关的熟语广为流传，形成了别具特色的文化熟语。 人们常用"刀子嘴，豆腐心"形容那些说话强硬尖刻，但心肠和善慈软的人，其中"豆腐心"是说心像豆腐一样软，进而引申为仁慈之心。"刀子嘴，豆腐心"用对比的手法鲜明地突出了豆腐"软"的特性。"软"是豆腐的最大特性，所以自然而然地将"软"与豆腐等同起来，甚至用它指代具有软性的一切事物，如：豆腐补锅——不牢靠，豆腐垫鞋底——踏就软，豆腐做匕首——软刀子等。豆腐较软，一不小心会被弄碎，又被用来比喻没有坚实基础的东西，比如"豆腐渣工程"。"吃豆腐"则多指调戏，占别人便宜。此外还指开玩笑；旧时丧家准备的饭菜中有豆腐，所以去丧家吊唁吃饭叫吃豆腐，也叫吃豆腐饭。有些人为了填饱自己的肚皮，经常厚着脸皮去蹭饭吃，时间久了，"吃豆腐"便有了占便宜的意思。而把"吃豆腐"用在男人对女人的上面，就有男人占女人便宜的意思了。"小葱拌豆腐——一清二白"一句歇后语的含义丰富，既可以用来表示清楚明白、毫不含混；也可表示清楚不出差错；或指人与人关系明白等。然而，"小葱拌豆腐——一清二白"在中国还有着其他熟语没有的深刻内涵，它不仅被不同文化层次的人使用，而且歇后语所强调的语义内容几乎成了整个中华民族人格的象征。正如《中国娃》中所唱的："最爱吃的菜是那小葱拌豆腐，一清二白，清清白白，做人也像它。""豆腐"熟语是劳动人民在长期的语言活动中反复加工锤炼而成的，它触及人们生活的每一个角落，是人民群众社会生活经验的总结，表现出了非常强烈的民族特性；它涵盖了中华民族的人格精神，对中国文化起到了传承和保存的作用，有着极其突出的效用。

豆腐问世已有两千多年，它的制作工艺不断发展，豆腐制品种类繁多，豆腐菜肴日益丰富。在我国豆腐有南豆腐、北豆腐、老豆腐、嫩豆腐、板豆腐、圆豆腐、水豆腐、冻豆腐、包子豆腐等不同划分，都是豆腐的鲜货制品（包括豆腐干、豆腐皮、豆腐脑等）；豆腐的发酵制品，有臭豆腐、腐乳、长毛豆腐等，这些都是我国人民传统的副食品。豆腐同世间任何一件有价值的商品都蕴含着丰富的文化内涵一样，豆腐品尝的方法和感受，豆腐的精神和品质，构成了独特的"豆腐文化"，在我国文学艺术的历史长河中，留下许多璀璨夺目的美好诗篇和脍炙人口的上乘之作。豆腐文化是美食文化中一朵瑰丽的奇葩，是以豆腐为载体，以豆腐的独特品味、丰富营养、风格品质、蕴含哲理、历史渊源等为基础，由饮食渗透到人类精神领域的一种文化。

第三节
面食文化及点心、小吃文化

一、面食文化

面食是很早就出现的最为常见的食物，尤其对于北方人来说，在饮食中不可或缺，面食文化便成为中华饮食文化的重要组成部分。面食，一般是小麦面粉制作的食品的泛称，分为面饭、面食、面点、面品四大类。小麦是禾科一年生植物，是世界上分布最广，栽培面积最大的粮食作物，加之历史久远，所以有关小麦的原产地众说纷纭。不过，据考古发现，中国是最早种植小麦的国家之一。

面食文化作为中华饮食文化中的一部分，具有非常悠久的历史，从新石器时代以后，面食逐渐被制作并食用，面食的食用率以及多样化已经在中华饮食文化领域占据了一定地位。有关小麦作为文明起源于西亚的历史结论，目前几乎为学界公认，但这并不等于最终排除了多倍体普通小麦栽培分系起源的任何可能性。"考古证据显示，从以前到现在，可被归类为小麦的各种禾本科植物主要集中种植于西南亚……目前已掌握的有关小麦种植的确凿证据，出土于约旦河谷的杰里科（Jericho）和泰尔阿斯瓦德（Tell Aswad）一带，在对应着公元前7世纪或公元前8世纪的地层中，曾种有一粒麦和二粒麦。"[1]中国的考古学发现表明，黄河流域很可能也是一个重要的普通小麦独立驯化栽培起源中心。在河南省陕川区东关庙底沟遗址的烧土中，发现公元前7000年左右的小麦形迹，而在土耳其、伊拉克等地仅发现公元前5000年左右的小麦。在云南省剑川县海门口还发现公元前1000年左右的麦穗。当时正值殷王朝时期，甲骨文中有"麦"字，可以想象当时的人类对小麦的依存性，也说明小麦在人类生活中的作用和小麦在中国的悠久历史。

中国是最早发现小麦粉中的黏性蛋白质，即面筋的国家，所以中国人广泛使用面粉，发明了饺子、馒头、面条等面类食品，丰富了人类的饮食生活，也创造了面食文化。

面食由不同的原料、独特的技巧形成具有鲜明味道、视觉美感的食品体系。在北方，特别是陕西、山西的面食，经过历史的传承演变，在取材、做法、口味、品类、成因、食俗、营养价值等方面体现出显著的地域文化特色，形成别具一格的面食文化。面食品种繁复多样，主要有面条、馒头、花卷、油条、麻什、烧饼、饺子、包子、馄饨、麻花等。面食在人们生活中居于十分重要的地位。在过去的贫瘠时代，能否吃得上面条是一家生活水准衡量的尺度。陕西关中地区农村人自嘲说"一碗燃面喜气洋洋，没有辣椒嘟嘟囔囔"，便是每日生活的写照，如果加上面汤，那就是"吃饱了，喝胀了，咱跟皇上一样了"。农村娶媳妇，最看重的是会不会擀面，能不能擀出"薄净光"的一案子面来，成为很重要的条件。美国学者安德森在其著作《中国食物》中写道：山西、陕西以"勤俭节约、艰苦工作、奋发开拓和密实而又呆笨的膳食为特征，这种膳食几乎不值得在此予以评论。"[2]当人们了解到，在某个时期贫瘠的黄土地每亩地仅仅生长出十斤麦子的时候，恐怕就理解了为什么这里的人们如此看重一碗面，为什么尽了极大的努力提高面食的品种，想尽一切办法使得面食的品种多一些，好吃点再好吃一点。"呆笨的膳食"总是和土地、产量，生活环境紧密地联系在一起的。

面食在漫长的历史文化进程中形成独具特色的文化特征、文化内涵和历史地位。其历

① 菲利普·费尔南多—阿梅斯托著. 吃：食物如何改变我们人类和全球历史［M］. 北京：中信出版社，2020.

② 尤金·N·安德森著. 中国食物［M］. 马嬿，刘东译. 南京：江苏人民出版社，2002.

史发展大致经历三个阶段，即远古产生萌芽至春秋战国时的起步阶段，汉至宋的大发展与丰富阶段，元明清的推进与繁盛阶段。 特殊的自然生态、人文因素、经济因素、历史文化环境等都为它的形成与发展提供了条件，使得面食文化表现出原料丰富、制法多样、品种繁多、食俗独特的总体特征。 体现了与养生、族群性格的密切关系，充分发挥民俗生活的载体作用。 总的来看，山西面食文化为丰富中国饮食文化史、推动饮食文明的进步，促进中国饮食文化圈的形成做出积极的贡献，其历史文化遗产价值值得珍视。 *

1. 馒头文化

馒头，曾用名有"蛮头""蛮首""瞒头""起面饼""笼饼""蒸饼""笼炊""馍馍""包子""实心包""巢馒头"，最后演为今名"馒头"，是一种用面粉发酵蒸成的食品，形圆而隆起。 本有馅，后北方人称无馅的为馒头，有馅的为包子。 据《墨子·耕柱篇》说，我国大约从战国时才开始吃面食，当时的面是用杵臼捣细的。 西汉年间随着磨的出现，面食种类逐渐增多，但当时人们还不懂得面的发酵，都是死面的。 后来人们在长期实践中逐渐掌握酵母菌生化原理，在适当温度下使酵母菌、乳酸菌和醋酸菌等微生物在面团里发酵。这些菌有的使淀粉生成了酸，有的使淀粉生成了糖和酒精；放碱就是为了与酸中和，以消除酸味，并放出二氧化碳，使面团形成气孔，有利于人们的消化和吸收。 东汉刘熙《释名》载："饼，并也，溲面合并也。"溲面，就是发酵面，这说明当时已能利用发酵的技术，这也是有关馒头的最早记载。 但"曼头"一词最早见于西晋《饼赋》中，"三春之初，阴阳交际，寒气既消，温不至热，于时享宴，则曼头宜设。"这说明晋代就有了馒头（曼头）。 其后在唐代徐坚、韦述合撰的《初学记》以及宋代《事物纪原》中，都写作"曼头"。 宋高承《事物纪原·酒醴饮食馒头》说诸葛亮南征孟获，将渡泸水，按当时的风俗，泸水多烟霭，须杀蛮人头以祭神，从而保佑士兵平安涉水而过。 诸葛亮不愿滥杀生灵，用画着人五官的蒸面团代替，故将"蛮头"改称"馒头"。 关于馒头乃是诸葛亮发明创造之说，元末陶宗仪编的笔记丛书《说郛》中收录宋人曾三异撰《因话录》，也有此论。 明代郎瑛所撰《七修类稿》中有"当初书蛮头，自诸葛侯始"之句，可与上文印证。

2. 面条文化

面条起源于中国，古时叫汤饼、煮饼、水溲饼、水引、汤面，简称"面"，它和端午吃粽子，中秋吃月饼一样，原来也是节令食品——伏日吃面。 东汉刘熙《释名·释饮食》说："饼，并

青海喇家遗址出土的四千年前的面条

---

* 王仁湘. 面条的年龄——兼说中国史前时代的面食［J］. 中国文化遗产，2006.

也，溲面使合并也……蒸饼、汤饼……之属，皆随形而名之也。""汤饼"并不是"饼"，实际是一种"片儿汤"，制作时将醒好的面擀成片状，一手托面片团，一手往汤锅里撕片。现在北方有的地方把这种面条称作"揪面片"。 到北魏时，汤饼不再用手托，而是用案板、杖、刀等工具，将面团擀薄后再切成细条，这就是最早的面条。 但面食的大量出现和推广则是在唐代。 当时由于经济繁荣，扩大了小麦的种植面积，而且对小麦制粉的技术进行了革新。 先是用人力或畜力推动石臼加工面粉，后来用水车转动碾磨，从而降低了面粉的价格，使一般人也有了条件食用面食，促进了面食的发展。

待到宋代，各种面条问世，如鸡丝面、三鲜面、鳝鱼面、羊肉面等，均普及整个中国。孟元老《东京梦华录》记北宋末汴京（今河南开封）世俗，卷四"食店"条目有"面"字的面食类即有生软面、桐皮面、插肉面等十多种。 又据吴自牧《梦粱录》卷16"面食店"条目，按调味的浇头等分类，南宋初的杭州，总共有笋洗圆面、盐煎面、素骨头面等不下百余种。 到南宋出现拉面，使面食趋于完善成熟。

面条，遍及全国，南北各异。 论其风味独特者，有起源于宋代有800年历史的四川中江的银丝面，有始传于清朝道光年间湖北云梦县的鱼面，还有福州的线面、山西的刀削面、上海的阳春面、扬州的裙带面、山东的百合面、湖南怀化向矮子的原汤面、河北的杂面、北京的炸酱面、东北的驳面、百林延边的狗肉冷面等，不计其数。 按风俗礼仪，过生日贺诞辰吃长寿面，拜天地入洞房吃鸳鸯面，佛门寺院僧侣尼姑吃素斋面，农历九月九重阳节吃茱萸面等。

"引箸举汤饼，祝词无麒麟。 永怀同年友，追想出谷晨。"箸即筷，麒麟原指四灵之一，这里当杰出讲。 在诗中，诗人用面条送别亲友故旧，恐怕不是由于贫寒或吝啬，想来这或许就是沿袭"接风饺子，送行面"的传统食风，面条洁白纯净，韧若柳丝（留思），寓意含蕴：留怀丝丝，情绵谊长！

2000多年来，面条不但历久不衰，而且其势方兴未艾。 其道理就在于面条的制法随意，吃法多样，省工便捷，老少咸宜，经济实惠，是可口开胃的理想快餐，而且，人们于其身上寄托了无限情思。

二、点心文化

点心之名，始于唐朝，但最早的文字记载，见于南宋文学家吴曾撰著的笔记《能改斋漫录·事始》："世俗例，以早晨小食为点心，自唐时已有此语。 按唐郑参为江淮留守，家人备夫人晨馔。 夫人顾其弟曰：'治妆未毕，我未及餐，尔且可点心。'"意思是，唐代统辖江苏安徽的官宦郑家里，早饭还未开，正在梳妆打扮的郑夫人怕弟弟饿，便叫他吃点"点心"，点其心，以免心慌不宁。 那时候已说点心成为"世俗例"，可见当时不仅较为普遍，而且已具雏形。

点心的形成，有着长远的历史。 远在3000多年前的奴隶社会，劳动人民就学会了种植谷麦，既是主要粮食也是面食的制作原料；相传在春秋战国时期，由于生产发展，谷麦种植面积不断扩大，面食制作处于萌芽阶段。

汉代，面食技术有了进一步的发展，有关面食文字记载中，出现了"饼"的名称。 西汉史游所著《急就篇》载有："饼饵麦饭甘豆羹"，饼饵即饼食，一般指扁圆形的食品。 汉刘熙著的《释名》也已有记载，这说明当时已能利用发酵的技术，对面食制作技术的发展起到了重大的影响。

中国人吃点心已成为其饮食生活中不可缺少的一部分。 点心虽然不是广东人发明，但把点心发扬光大的必定是广东人，更把它传遍世界各地。"点心"这个词语，原意是饿时略微进食，后来演变为"略进食物"的意思。 早于2500年前的《楚辞》中已有记载，从一些诗歌或历代生活记录中得知。 从词义上看，"点心"的"点"字是选用少量东西的意思。而"心"则是指位于身体中心部位的心胸。 所谓"点心"就是在心胸之间"点"入少量的食物。 从历史上看，"小食"一词的使用要早于"点心"。"点心"似乎是从"小食"一词发展演变而来的。 两者都是稍许吃些食物的意思。 即使在今天，一般人也是认为点心和小食是同义词。

今日的点心，大部分是古时的小吃渐渐演变，不断改进而来。 原本并不是一种充当正餐的小吃。 当然，久而久之，"点心"二字的词义发生了变化，成了某些食物的代名词。如现在我们就把糕饼之类的小食品称为"点心"。 在考察中国点心的从古至今的发展过程时，不难发现，构成这一发展核心的是如小麦等谷类的粉碎和加工技术。 能说明这一事实的一个最典型的事例是，早在五千年前的仰韶文化时期中国人就已有了用于粉碎谷物的石臼和杵。 但到唐代，制糖技术也从波斯传入中国。 甘蔗的广泛栽培和砂糖的大量生产，才促进了甜点心的开发和普及。 到清代，汉族的饮食习惯中融进了满族的饮食习惯，饮食习惯的范畴进一步充实和扩大了，从而促使了点心的蓬勃发展。 还有一种说法：据传，宋代女英雄梁红玉击鼓退金兵时，见将士们日夜浴血奋战，英勇杀敌，屡建功勋，很受感动。 于是，命令部属烘制各种民间喜爱的糕饼，送往前线，慰劳将士，以表"点点心意"。 从此，"点心"一词便出现了，并沿袭至今。

三、小吃文化

小吃原本是深蕴于历史文化背景下的一项重要的文化成果。 它的每一个品种的制作方法和食用方式等，都蕴含着深刻的哲理和人类特有的审美意趣。 既是物化的一块"活化石"，又是文化人美学意识的象征。 在中华民族饮食文化的银河里，小吃犹如一颗璀璨的明珠在历史悠久、地域广阔、民族众多的星空中闪烁。 气候条件、饮食习惯的不同和历史文化背景的差异，使小吃在选料、口味、技艺上形成了各自不同的风格和流派。

人们以长江为界限，将小吃分为南北两大风味，具体地又将它们分成京式、苏式、广式 3 大特色。 京式小吃泛指黄河以北的大部分地区制作的小吃，包括华北、东北等地，以北京为代表；苏式小吃是指长江中下游、江浙一带制作的小吃，源于扬州、苏州，发展于江苏、上海，因以江苏省为代表，所以称苏式小吃；广式小吃则是指我国珠江流域及南部沿海一带制作的小吃，以广东省为代表。

京式小吃历史久远，它的形成与北京悠久的历史条件和古老的文化分不开，早在公元前 4 世纪的战国时代，蓟就是燕国的都城，还曾是辽国的陪都和金国的中都，以后它又是元、明、清三个封建王朝的帝京。 在五方杂处的都城，过往的商人和文人是民间小吃的主要食客，王公贵族是御膳名点的享用者。 据明万历年内监刘若愚在《明宫史·饮食好尚》中记载：明人在正月吃年糕、元宵、枣泥卷，二月吃黍面枣糕、煎饼，三月吃江米面凉饼，五月吃粽子，十月吃奶皮、酥糕，十一月吃羊肉泡馍、扁食、馄饨，腊月吃灌肠已成习俗。许多民间小吃还成了御膳的名品，芸豆卷、豌豆黄就是如此。 同时京式小吃继承和发展本地民间小吃和兼收各地、各民族风味及宫廷小吃的优秀品种。 北京的正南面是平坦广阔的华北平原，向西北过南口可上内蒙古高原；东北过古北口可达松辽平原，沿燕山南麓往东过山海关可抵辽河下游平原，东面是渤海海湾。 这独特的地理位置，使北京从很早的时候起便成为汉族、匈奴、女真、回族、满族等多个民族杂居相处的地方，使各民族小吃制作方法相互交融。 如京式小吃"栗子糕"原本就是元明之际高丽和女真食品。 辽、金、元代的统治者建都北京的时候，都曾将北宋汴梁、南宋临安的能工巧匠掠至京城。 明永乐皇帝迁都北京的时候，又将河北、山西和江南的匠人招至京城。 这些迁居北京的糕点师将汴梁、临安和江南的小吃传至北京，使其后来成为京式小吃的重要组成部分。

苏式小吃的形成也有多个原因。 悠久的历史是形成苏式小吃的首要条件。 素有"人间天堂"之称的苏州，是我国的"古今繁华地"，其风味小吃、精细雅洁的刺绣及古色古香的园林被人们称为苏州三绝。 负有盛名的苏州糖年糕，相传起源于吴越，至今民间还流传着伍子胥受命筑城时以糯米粉制城砖，解救百姓脱危的传奇故事。

扬州是我国的历史文化名城，商业繁荣、经济富庶，是商贾大臣、文人墨客、官僚政客会聚的地方。 所以古人有"腰缠十万贯，骑鹤下扬州"的诗句。 在我国历史上，扬州曾以"十里长街市井连"闻名全国。 清代乾隆、嘉庆年间，扬州就有数十家著名的点心店铺，且创出大批的名点。 如油炸茄饼、菊花饼、琥珀糕、葡萄糕、东坡酥、八珍面等，都各具特色、别有风味。

第二，优越的地理位置和丰富的物产资源是苏式小吃形成的物质基础。 如常熟的"莲子血糯饭"与其他地区的白糖八宝饭迥然不同，其所用血糯产于虞山脚下，用泉水灌溉成熟。 此米殷红如血，有补血功效，故名补血糯。

第三，苏式小吃还继承和发扬了本地传统特色。 江苏小吃，源自民间，具有浓厚的乡土风味。 南京夫子庙、苏州玄妙观、无锡崇安寺、常州双桂坊、南通南大街和盐城鱼市口等都是历史悠久、名闻遐迩的小吃群集地，这里名店鳞次栉比，名师荟萃，集当地传统小吃之大成。如闻名全国的黄桥烧饼最早就来自苏北民间。1940年，新四军东进苏北地区，进行了著名的黄桥战役，并取得辉煌的胜利。当时，黄桥人民就是用自己做的美味芝麻烧饼，拥军支前、慰问子弟兵的。"黄桥烧饼黄又黄，黄桥烧饼慰劳忙。烧饼要用热火烤，军队要靠百姓帮。同志们呀吃个饱，多打胜仗多缴枪。"这首优美的苏北民歌，从苏北唱到苏南，响彻华中抗日根据地，黄桥烧饼也随之名扬大江南北。

第四，苏州小吃丰富不仅在于其品种繁盛，制作多样，而且一大批文人学士的总结，给小吃增加了几分文化意蕴。朱自清先生十分喜欢扬州小吃，认为扬州的面"汤味醇厚""和啖熊掌一般"；扬州烫干丝，小笼点心，翡翠烧卖都是"最可口的"，干菜包子"细细地咬嚼，可以嚼出一点橄榄般的回味来"。著名翻译家戈宝权先生在"回忆家乡味"一文中说"对江苏的家乡味和土特产有自己的偏爱"，对扬州名小吃蟹壳黄烧饼和三丁包子、蟹黄包子、生肉包子、翡翠烧卖尤为喜欢。改革开放以后更有苏州作家陆文夫的《美食家》描绘的美食家朱自冶，既有实践经验，又有文化修养，使得苏州菜名扬四海。

广式小吃的形成首先源于民间食品。首先，广东地处亚热带，气候温和，雨量充沛，物产丰富，粮食作物以大米为主，因而民间小吃米制品较多。如100年前发展成名的民间食品娥姐粉果就是用米粉制作的。据说20世纪初，有一水上人家的姑娘叫娥姐，她的粉果做得别有风味，被当时的"杀香宝"黄老板请去做粉果，远近闻名，被人称为娥姐粉果。后来其他名茶楼也争相仿制，最终使之成为广州的传统小吃之一。又如沙河粉也是米粉制品，肠粉则最初只是一些肩挑小贩经营的米粉食品。

其次，广式小吃是在博采众长中形成的。广东地处岭南，自古以来山重水复、交通不便，它与中原一带联系困难。自从汉代建立"驰道"以来，才与中原加强了联系，逐渐使北方的饮食文化与岭南交流，受北方饮食文化的影响，广式小吃中出现了面粉制品。除受内地的影响外，广式小吃还受西点影响较大。唐代广州已成为著名的港口，外贸发达，商业繁盛，与海外各国经济文化交往密切。鸦片战争后，受西方饮食文化的影响，广州的面点师有机会吸取西点制作技术的精华，因而形成中点西做的特色。如广式擘酥类的茶点，就是借鉴了西点清酥的制作方法，而甘露酥则是吸取了西点混酥的制作技术。

再次，广式小吃是在创新和发展中形成的。鸦片战争后各国的传教士和商人纷纷来到广州，使当地人逐渐地习惯接受外来思想，思维开放，富于创新精神。南部沿海的面点师们根据本地人的口味、嗜好、习惯，在民间食品的基础上，创新了许多新的小吃，其中最典型的当数及第粥了。

事实上，我国的小吃除东部的京式、苏式、广式外，有些饮食专家认为西北的秦式、西南的川式也可算是两大风味特色。如西安羊肉泡馍、云南的过桥米线、新疆维吾尔自治区的金丝油塔、山东福山的拉面……数不胜数，也体现了我国小吃文化的博大精深。

第四节
其他特色饮食文化

一、调味料文化

古人云"民以食为天，食以味为先"，可见调味品在中华饮食文化中所居的重要地位。从古籍文献来看，中国人使用调味品的最早史料记载见于《尚书》《周礼》等著作。《尚书·禹贡》中记"海岱惟青州……厥贡盐"。青州的贡品是盐，盐是重要的调味品，并且提到了酸、苦、甘、辛、咸五味，而且还有"若作和羹，尔惟盐梅"的记载，梅也是被当作调料使用的。《周礼·天官》中有"凡和，春多酸，夏多苦，秋多辛，冬多咸，调以滑甘"的记载，说明当时的人已经知道调味品与季节的关系。中国人的饮食调味文化史已有五千多年。

"味"是能引起特殊感觉、客观存在的某种呈味物质，在日常生活中，人们习惯将菜肴之味称为"滋味""口味""味道"。它是食物中的呈味物质溶于唾液或食品汁入口后，经过舌表面味蕾的味孔进入味管，刺激细胞，并经味神经传至大脑中枢神经而产生的一种生理感觉。

中国人的调味之道是"五味调和"。人们不仅认识到五味可饱享口福，而且还领略到调味品对健康的重要作用。在古代称调味为调和，并对此极重视。如《黄帝内经》提到："谨和五味，骨正筋柔，气血以流，腠理以密……谨道如法，长有天命。"为了达到这个目的，在长期的饮食活动中，发现和选择出大量的调味品用以佐餐，如葱、姜、蒜、花椒、醋等。这些调味品不仅鲜香味美，风味独特，而且具有不同的去腥除膻、矫味辟秽的作用，同时还有杀菌解毒、开胃健脾、促进消化的药理功能，在中华饮食文化史上占有一定的位置，丰富和发展了调味品。

二、醋文化

醋是日常生活中不可缺少的调味品，它是以米、麦、高粱、玉米等为原料，经过多种微生物发酵、酿造而成的一种酸性调味品。早期的醋称作"酢"，《广韵》中记载"酢，浆也，醋也。"北魏贾思勰的《齐民要术》有"作酢法"，自注"酢，今醋也"。但又称"醯，醋也"。可见，早期的醋又称"醯"。那么醯和酢有什么区别呢？若仔细考察，我们会发现"酢"字比"醯"字出现得晚。《礼记·内则》记载"脂用葱，膏用韭，三牲用藙萸，和用醯，兽用梅"。事实上，《说文解字》中已有"醋"字："醋，客酌主人也。"这里是酬宾的意思。

关于醋的起源，有许多不同的说法。据说在公元前5000年，巴比伦尼亚有最为古老的有关醋的生产的纪录，那时是用椰枣的果汁和树液以及葡萄干酿酒，再以酒、啤酒生产醋。椰枣是椰子科树木的果实，以椰枣果汁可以生产优质的醋；把椰枣树茎顶端切除，流出的树液可以生产椰子酒。当时的啤酒生产不像现在是以烤得发硬的面包酿成，然后经过再发酵成醋。初期都是家庭生产，用于增强食物风味或是保存酱菜。公元前3000年，啤酒业者开始了醋的销售，巴比伦尼亚人为了丰富家庭的饮食生活，将醋与香辛料、药草一起，用于蔬菜腌渍，制出各种各样的酱菜。

我国古籍记载，醋虽在烹饪史上诞生得晚，但早就被列为调味品中的五味之一。食醋的使用在我国有悠久的历史，醋的酿造稍晚于酒，民间传说醋是由酒之鼻祖杜康发明的。传说杜康是我国最早的酿酒发明家，然而他作为"醋"的创制者，却鲜为人知了。这是民间的一种传说，究竟何人发明醋，现在已经无从考据了。在公元前3世纪才有了醋的文字记载，到春秋战国时就有专门酿醋的作坊了。据《史记》记载："通邑大都，醯酱千瓨。"在2400多年前的《论语》里也有关于醋的记载。但那时的醋还是比较贵重的调料，直到汉代才开始普遍生产。

醋是我国人民所深爱的一种调味佳品，食醋在我国有着悠久的历史。食醋自出现以来，在日常生活中占有重要的位置，是劳动人民开门七件事之一。醋陪伴中华民族跨越千年历史，经久弥醇，已形成了自己的文化体系，它在中国整体文化的浸染下，焕发着更加幽醇、绵长的回味。随时代变迁，制醋工艺不断发展演变，食醋品质愈发酸香郁冽。

在醋未有诞生之前，古人先用梅作为调味之酸。《尚书》中记载"欲作和羹，尔惟盐梅"，梅子捣碎后取其汁，作成梅浆，这也可称为最初的醋。《礼记·内则》记"浆水醷滥"。在制作梅浆以后，发现米也可以制成酸浆，"熟炊粟饭，乘热在冷水中，以缸浸五七日，酸便好用。如夏月，逐日看，才酸便用。"在制成酸浆的基础上，又加上曲，做成苦酒："取黍米一斗，水五斗，煮作粥。曲一斤，烧令黄，槌破，著瓮底。土泥封边，开中央，板盖其上。"这里已经利用曲发酵，实际上已是早期的醋。北魏贾思勰所著的《齐民要术》是世界现存最早的、系统而全面的酿造典籍，书中共收载了22种制醋法，系统地总结了我国劳动人从上古至北魏时期的制醋经验和成就，其中的一些制醋方法一直沿用至今。

山西是醋的故乡，晋人食醋历史悠久，据《尚书》记载，远在公元前12世纪晋人就有了食醋的习俗。北魏贾思勰在《齐民要术·作酢法》中总结了20种酿醋法，他在"称米酢法"注云："八月取清，别瓮贮之，盆合泥头，得停数年。"这正是山西老陈醋的"陈酿"之法。宋代，山西酿醋业遍布城乡，太行、吕梁这些偏僻地区也出现了"家家有醋缸，人人会醋匠"的盛况。 明清时，太原及清徐县一带，酿醋作坊比比皆是。 古人称醋（或作酢）曰"醯"，周朝设有"醯人"，专管酿醋之事。《周礼》中说："食医掌和六食、六饮、六膳、百馐、百酱、八珍之齐。"六饮中有浆，就是一种淡味之醋，"百酱"中明确提到了"醯"。 山西人喜食醋，"醯"与"西"是同音，久之"老醯（西）"就成了山西人名闻遐迩的雅号了。

山西民间百姓爱吃醋的习惯，历史悠久，区域广泛。 这同当地的水土特征、自然气候和多数人以杂粮为主的生活条件有着直接关系。 例如，贫乏的餐桌上，全靠盐、醋来调味；艰苦的劳作之后，身体需要大量盐的补充。 山西民间百姓的饭菜中用醋量很大，这种饮食习惯是众所周知的。 山西地处黄土高原，气候干燥、温差较大，属于少水低温地带，适宜种植高粱、大麦、豌豆等"抗逆性"较强的作物。 当地人们利用这一本土特产，运用独具特色的酿造发酵技艺，酿造出了一方名醋。 我国最早的史书《尚书》中，已有山西人吃醋的记载。 专家认为，山西一些地区"水硬"（即碱性强），居民喜面食或食以杂粮为主，食醋有助于促进消化。 山西人喜欢用醋调和饭食或烹调菜肴，还因为醋具有一定的食疗作用。"中国醋都"山西清徐县自 2007 年以来每年都举办醋文化节，提升清徐"中国醋都"的品牌形象，加强与其他地区醋业的交流合作，探索现代醋业发展方向，推动醋业与醋文化与国际接轨。 清徐县位于山西省中部，历史悠久，文化发达，山川秀丽，物产丰富，素有"醋都、文化城"的美誉，是中国老陈醋的正宗发源地和最大生产基地，有着四千多年的酿醋史。 中国食品行业人士认为，清徐老陈醋以清香浓郁、绵酸淳厚的品质久盛不衰，位列全国四大名醋之首，被誉为"华夏第一醋"。 另有江苏镇江香醋、四川保宁醋、福建永春老醋，与山西老陈醋并列为四大名醋。

新疆维吾尔自治区的醋与中原地区酿法不同，是用果汁酿造而成，其原料主要是葡萄、杏。 醋味香，稍甜酸，营养极为丰富。 在维吾尔族传统饮食中，有些东西不用加工就可以直接充当调味品，如青杏蛋或酸奶，把未黄的青杏蛋放入汤饭里煮，酸味可到家了，倒酸奶子，效果相同，这种取之于自然的传统习惯，至今仍在农村广为流行。 *

醋的疗疾药用，应当是中国醋文化的一大历史特征。 据说，战国时的名医扁鹊就认为醋有协助诸药消毒疗疾的功用。 有关食醋的药用，在古代医书中已有论述，最早的记载是于 1973 年湖南长沙马王堆 3 号墓出土的医学帛书，其中具有很高历史价值的《五十二病方》，是迄今已发现的最古医方。 据考证，此书大约成于公元前 3 世纪秦汉之际。 书中记述治疗癫痫、尿闭、疝气、痔疮、痈、癣、白癜风、烧伤、疯狗咬伤等疾病的处方中有醋的记载，说明当时的医家已认识到醋有清热、解毒、疗疮、利尿等功效了。 李时珍《本草纲目》一书所录用醋的药方就有 30 多种。 李时珍所记载在室内蒸发醋气以消毒的方法至今民间仍在沿用，人们还时常使用此方来防止流感、流脑等传染性疾病。

---

* 奇曼·乃吉米丁·买买提. 维吾尔族饮食文化与生态环境［J］. 西北民族研究，2003.

现实生活中，人们离不了醋，但是在语言世界"吃醋""醋意""醋劲儿""吃干醋"等类词却表示由妒忌心理而表现出来情绪、行为，而且多数情况下是指男女感情之间的排他性。史称唐太宗名相房玄龄妻卢氏嫉妒心甚重，有一次，唐太宗李世民赏了几个美女给房玄龄，但是房玄龄却惧内不敢接受。于是唐太宗就派人给卢氏送去一壶毒酒，同时宣布旨意：妒忌为妇德之大亏，念其为重臣结发之妻，且其夫又恩爱于她，故赐给最后一次选择的机会：同意房玄龄接受皇帝的赏赐，否则饮鸩受死！没想到，刚烈的卢氏竟不假思索地夺过酒壶一饮而尽！在中国封建制时代，一个女人为了把"第三者"关在门外，连付出自己的生命都能够无所顾忌，其对男权至上的厌恶程度可以说是无以复加。然而，卢氏并没有死，因为唐太宗在壶中装的是苦酒——醋，不是毒酒！于是就有了"吃醋"之典，于是吃醋和嫉妒才有了亲缘关系。

总之，醋历尽千年沧桑，它早已超越了调味品的范畴，成为一种文化现象，深深融入中华民族文化之中。

三、卤料文化

酱在中国古代烹饪中占据重要的地位，"酱之为言将也，食之有酱，如军之须将。取其率领进导之也。"（唐代颜师古《急就篇》）古人把它看作是调味的统帅。将，将领，统帅。故孔夫子《论语·乡党》说："不得其酱不食。"充分表明酱在饮食中的重要地位。

酱的名称很多，含义比较广泛，包含动物和植物原料酿造而成的咸、酸味调料。《周礼·天官·膳夫》郑玄注云："酱，谓醯、醢也。"贾公彦疏云："酱是总名，知酱中兼有醯、醢。"由此可见古代的"酱"是"醯"和"醢"的一个总称。同时又有五菹、七醢、酱佐之称。一般是将物料研碎、腌渍而成，大约在西周时期就已出现。酱有肉酱、鱼酱，《左传》昭公二十年："水火醯醢盐梅，以烹鱼肉。"孔颖达疏："醯，酢也；醢，肉酱也。"到后来又出现植物果实豆类酱，到南北朝时期又出现酱清，即我们现在的酱油。酱和酱清的出现在中国烹饪史中占有重要的地位，是很有特色的调味品，讲得夸张一点，它们是世界烹饪文化中的中国特色。

酱是酱油的前身。酱油，是中国人餐桌上不可缺少的调味品之一。已经有了三千多年历史。习惯上被称为"清酱""酱清""豆酱清""豉汁""豉清""酱汁"等。酿造工业对酱油的规范性解释是：以植物或动物蛋白及碳水化合物（主要是淀粉）为主要原料经过微生物酶或其他催化剂的催化水解生成多种氨基酸及各种糖类，并以这些物质为基础，再经过复杂的生物化学变化合成的具有特殊色泽、香气、滋味和体态的调味液。而以历史文化的标准认识"中国酱油"，则应当表述为如下概念：以大豆蛋白为主要原料，按"全料制醅""天然踩黄"工艺酿造而成的咸香型调味液。中国俗谚说："开门七件事，柴米油盐酱醋茶"，指的是人们日常生活的核心部分——"饮食"的基本内容。俗语又说："油盐酱醋"，那是讲中国传统烹饪的基本调料，用以指代厨房或烹饪之事，又引申为不登大雅的琐屑之事。 这种习俗文化所反映的社会意义的普泛性，正足以表明酱油在民间大众日常生活中的重要性。

中国历史上的酱油，或曰传统的"中国酱油"，具有如下耐人寻味的两个明显特征：其一是与中国酱的关系，即它是"酱"或"豉"的"清""汁"，或反过来称之为"清"的"酱"或"清"的"豉"；其二是最初的一些称谓经过三千余年至今几乎仍在沿袭使用。中国酱油的这样两个特征，或是两大文化属性，至少表明了这样的意义：称谓具有很强的寓意合理性及与大众心理认知的亲和力。 当然，除此两点之外的一个重要的经济因素也是不能忽略的，那就是自中国历史上的第一代酱油出现以后，由自给自足小农经济决定的中国人的生活方式几乎一直是"周而复始"的运转，酱油的生产方式长时间里也基本一以贯之是"酱园"作坊模式。 大概正因为如此，中国酱油的传统称谓才能够经受历史时间的颠簸考验，一直保留着，如同酱油本身一样至今浓香依旧，毫不褪色。

用酱油加工的卤制品是中国的传统食品，可以直接食用，口感丰富，风味独特。 卤菜集烹制（加热）与调味二者于一身，特点十分明显，取材方便，可丰可俭；质地适口，味感丰富；香气宜人，润而不腻；携带方便，易于保管；增加食欲，有益健康。

四、香辛料文化

香辛料是指一类具有芳香和辛香等典型风味的天然机物性制品，或从植物（花、叶、茎、根、果实或全草等）中提取的某些香精油。 丁香、迷迭香、鼠尾草、花椒、茴香、葱、姜、辣椒、桂皮等具有很强的抗氧化活性和抑菌防腐的作用。 直接使用丁香、生姜等可使猪油腐败时间大为延缓，对大豆油、米糠油、芝麻油等也表现出相当的抗氧化能力。在饮食、烹饪和食品加工中广泛应用，用于调和滋味和气味并具有去腥、除膻、解腻、增香、增鲜等作用。

早在春秋战国时，人们在生活中就开始用本土的泽兰、蕙草、桂皮等。 有五月采摘兰草，盛行以兰草汤沐浴、除毒的风俗。 如《大戴礼记·夏小正》就有"五月蓄兰为沐浴"的记载。 屈原《九歌》中说"蕙肴蒸兮兰藉，奠桂酒兮椒浆。"西汉时张骞通西域后，域外香药不断传入中国使用，如赵飞燕女弟"杂熏诸香，一坐此席，余香百日不歇"，尚书郎"怀香握兰"。 魏晋南北朝时，政局纷乱，但上层社会用香却普遍奢侈，如《从征记》记载刘表去世："表子捣四方珍香数十斛置棺中，苏合消疫之香毕备。"《晋书·王敦传》记载石崇奢侈，家中厕内"置甲煎粉、沉香汁"等香料。 唐代社会富庶开放，域外传入香药更丰富，孙思邈《千金要方》收载许多香药方剂。 贵族阶层用香更是十分奢侈，范摅《云溪友议》谓宰相元载妻子"排金银炉二十枚，皆焚异香，香亘其服。" 张鷟撰《朝野金载》记载权贵宗楚客造新宅"沉香和红粉以泥壁，开门则香气蓬勃。" 王仁裕《开元天宝遗事》

记载宰辅杨国忠："又用沉香为阁，檀香为栏，以麝香乳香蹄土和为泥饰壁。"可以说，香药在宋代以前就被人们较多地消费使用，但主要局限于上层社会官僚贵族阶层，没有普及于平民百姓生活之中。 进入宋代，随着社会经济发展，海外贸易日益发达，香药大量进口。 随之，香药消费始进入宋代社会生活的方方面面，当时官私宴席、同僚聚会、茶肆酒楼、科举考场、朝堂办公、婚丧礼仪、宗教祭祀等诸多场所都要用香药。 同时，除上层社会官僚贵族奢侈享用消费外，宋代香药也开始大量进入平民百姓日常生活中被消费使用，成为他们生活中不可缺少的消费品。

宋代政府公务活动、医疗保健、佛道宗教生活等都离不开香药消费。 香药消费在宋代社会生活中已成为大众化的消费，社会消费需求巨大，成为宋代社会总消费的一个重要组成部分。 可以说，巨大的香药消费为宋代香药业经济的发展提供了源源不断的动力。 宋代香药业经济是仅次于盐业、茶业、酒业等之外的一大产业经济，是宋代社会经济的一个有机组成部分，在宋代社会经济中占有重要的地位。

1. 葱

小葱

葱原产于中国西部和俄罗斯的西伯利亚，是由野生种在中国驯化选育而成，后经朝鲜、日本传至欧洲。 我国栽培葱的历史已有三千多年了。烹调中大葱多作辅料，选大葱段或片与马、牛、羊肉等动物性原料相烹，有去腥膻气味的功效。葱段，可用于烧菜；葱节，可用炖、焖、煨、焐菜；葱花，多用于爆、炒、熘菜；葱丝多用于清蒸菜。 葱既是蔬菜又是调味佳品，荤菜、素菜的调制都少不了葱，家家必用。 葱可增加菜肴的香味，又能去腥除膻，是烧制各种佳肴的必需之品。 葱可生食，北方人喜食的大葱蘸酱、大饼卷大葱等具有独特的地方风味。

葱作为调味品，炒菜时满锅香气四溢，切碎做汤不仅香气弥散迷人，而且更有通阳暖胃、消食发汗的作用，食之令人神清气爽，是做汤的好原料。 以生葱佐餐，味道尤为鲜美。 就连驰名海内外的北京烤鸭也以生葱为佐料而提味。 同时由于葱具辛香、温散的性质，更为历代医家所重观。 葱作为药物使用，最早的医学史料记载见于马王堆汉墓出土的《五十二病方》医书，其中提到葱和干葱。 对葱的药性及药理进行详尽的说明首见于《神农本草经》。 其称："葱茎白辛、平，叶温，根须平并无毒。 做汤治伤寒寒热、中风、面目浮肿，能出汗。"认为葱辛温通阳，专主发散，可通上下之阳。 历代医家多借葱的这个药理特性，用于治疗阳气不足之手足厥逆或外感风寒病。 如汉代医圣张仲景的白通汤，就有用葱白以治疗少阴病，下利清谷，里寒外热，厥逆脉微者，或以四逆汤加葱白治疗，都是取葱白通阳之意。 晋朝葛洪《肘后方》中的治疗外感风寒头痛、鼻塞流涕的著名方剂葱豉汤，也是以葱白为主药。《类证活人书》的活人葱豉汤，《通俗伤寒论》的葱豉桔梗汤也是以葱白和其他药物组成。 正如李时珍所说："葱乃释家五荤之一，生辛散，熟甘温，外实中空，肺之菜也，肺病宜食之，肺主气，外应皮毛。"所以外感风寒之肺系疾病，皆可用葱白治之。 此外，李时珍还用"葱管吹盐入玉茎内治疗小便不通……"，极类似现代尿潴留的导尿法。 葱具有以上的药理作用，已远远超过其烹调价值，已从蔬菜、调味品进入中医药学。

2. 姜

姜又名生姜，为姜科植物，根茎味辛，性微温，气香特异，入肺、脾、胃经，有发汗解表，温中止呕功效。 药用可分鲜姜、干姜和泡姜。 俗话说："冬吃萝卜夏吃姜，不用医生开药方。"说明姜的药用价值之大，范围之广。 其栽培和食用在我国具有悠久的历史，在《礼记》中就有"植梨姜桂"的记载，《论语·乡党》中也有"不撤姜食，不多食"的说法。《吕氏春秋》对姜的美味尤为赞赏，誉为"和之美者，阳朴之姜"。 王安石《字说》云，姜能强御百邪，故谓之姜。 可见古人对姜是极感兴趣的。

姜

汉代姜的种植已很普遍，并且有种姜可以致富的记载，《史记·货殖列传》称"千畦姜韭，其人与千户侯等"。 此外，《齐民要术》一书中还专有"种姜"一节，说明自古以来我国人民就很重视生姜的栽培，而且食用姜的历史也很悠久。

作为调味品，姜是主要佐料之一，姜辛辣芳香，溶解到菜肴中去，可使原料更加鲜美。 李时珍在《本草纲目》中赞颂姜的美味："辛而不荤，去邪辟恶，生啖熟食，醋、酱、糟、盐、蜜煎调和，无不宜之。 可蔬可和，可果可药，其利博矣。"

作为调料，炖鸡、鸭、鱼、肉时放些姜，可使肉味醇厚。 做糖醋鱼时用姜末调汁，可获得一种特殊的甜酸味。 用醋与姜末相兑，蘸食清蒸螃蟹，不仅可去腥增鲜，而且可借助姜的热性减少螃蟹的腥味及寒凉伤胃作用。 故《红楼梦》中在提到食蟹时说道"性防积冷定须姜"。 生姜，一年四季离不了，人们用之以开胃、消食，故俗语云"上床萝卜下床姜"。

姜不仅是烹饪菜肴的调味佳品，而且药用价值也早有记载，千百年来民间百姓常随手采集用于疗伤治病，价廉效著，显示出中国传统医药文化的宏大博深。《五十二病方》中就有"姜""干姜""枯姜"的记载。《神农本草经》列干姜为中品，并且称其"辛、温、无毒"，主治"胸满，咳逆上气，温中，止血""久服去臭气，通神明"，说明对其药性已经有了相当的认识。《名医别录》认为生姜有"归五脏，除风邪寒热，伤寒头痛鼻塞，咳逆上气，止呕吐，去痰下气"的功能。 至于干姜炮制法，苏颂《图经本草》曰："采（生姜）根于长流水洗过，日晒为干姜。"李时珍《本草纲目》也谓干姜"生用发散，熟用和中，解食野禽中毒"。 历代善用生姜的医家很多，但深得生姜药理，药性的真髓，临床遣方用药之活还当首推汉代医圣张仲景，其所著的《伤寒论》共载方113剂，其中使用生姜和干姜的方剂就有57剂之多，占所有方剂之半。 如温肺化饮，解表散寒的小青龙汤；发汗解表，清热除烦的大青龙汤；温肺清热，疏散水湿的越婢汤；温中祛寒，回阳救逆的四逆汤；温阳利水的真武汤；温中补虚，缓急止痛的小建中汤；温中祛寒，补益脾胃的理中汤；温肝暖肾，降逆止呕的吴茱萸汤；和解少阳的小柴胡汤；和胃降逆，开结除痞的半夏泻心汤等。这些处方中均有生姜或干姜，都是至今临床仍在使用而且非常有效的著名方剂。 医圣张仲景用姜的经验，囊括了姜的温胃、散寒、降逆、止呕、行水气、温肺止咳的药理作用，成为中医药学临床运用姜的法则。

春秋时期五霸之一的齐国，创建始祖是吕国的吕尚。 其子孙世袭齐国国君，历29世。后来齐国在战国时被田和所灭，齐国变为田氏政权，其子孙后代分居各地，多以姜为姓。这样，分迁到各地的姜姓不断繁衍发展，到了汉代已发展成为一大望族。

据史书记载，早在春秋时期，西戎也有以姜为姓的，故称姜戎，原在瓜州（今甘肃敦煌西），后逐渐东迁，约于公元前638年由其首领迁至晋南，属于晋国。 居住在今山东、河南省境内的姜氏，在西汉以前已发展成为关东（今河南灵宝市函谷关以东地区）大族。到西汉初，为充实关中人口，姜氏从关东迁徙至关中，此后世居天水（今属甘肃），故族人便以"天水"为郡号。 到了汉代，姜氏已徙居到今江苏、四川等地。 但是，直到唐代，天水仍是姜氏的发展繁衍中心。 唐、宋时期，姜氏还分布于今河北、河南、浙江、江西、安徽、山东等地方及广东琼山。 到了明、清时期，姜氏有的居住到今山西、陕西、湖南、贵州、湖北等地。 后来姜世良11世孙于清乾隆年间由内地移居台湾。 此后，闽、粤姜氏陆续有人迁至台湾，有的又远播海外。

3. 蒜

蒜

蒜又称大蒜，原产于欧洲南部和中亚。 最早在古埃及、古罗马、古希腊等地中海沿岸国家栽培，汉代由张骞从西域引入中国陕西关中地区，后遍及全国，中国是世界上大蒜栽培面积和产量最多的国家之一。

蒜又名荤菜，是一种味道鲜美的蔬菜和调味品。 大蒜生吃香辣可口，开胃提神，不仅是人们常用的蔬菜之一，也是常用的调味品。 汉代许慎《说文解字》云："蒜，荤菜也，菜之美者，云梦之荤菜。"元代农学家王祯在《农书》中也高度赞赏大蒜："味久不变，可以资生，可以致远，化臭腐为神奇，调鼎俎，代醯酱，携之旅途，则炎风瘴雨不能加，食餲、腊毒不能害……乃食经之上品，日用之多助者也。"以蒜入馔用法颇多，可单用、配用、调味、装饰等。 蒜瓣整用，可配腥味重的动物性原料；蒜瓣拍扁、切片、碎末后多用于炒爆菜的调料。 蒜泥用以调拌成菜，蒜头还可腌渍成醋蒜、糖蒜、泡蒜等。

蒜也可作为药物使用。 汉代即有记载，如《名医别录》中被列为中品，称辛温无毒，功能"归五脏，散痈肿，……除风邪，杀毒气。"《三国志·华佗传》记载：华佗巡医经金乡，遇一患咽喉堵塞病者，进食而咽不下，很痛苦。 华佗让其喝下"蒜泥大醋"即刻吐出一蛇（病虫），病去。 一碗蒜泥即可治愈疑难杂症。《后汉书》云：华佗以蒜和醋共用治疗"吐蛇"病。 苏恭《唐本草》认为其能"下气、消谷化肉"。 寇宗奭谓用大蒜"捣贴足心，止鼻衄不止"。 明李时珍著《本草纲目》称大蒜"其气熏烈，能通五脏，达诸窍，去寒湿，辟邪恶，消肿痛，化症积肉食此其功也"。 古希腊运动员将大蒜作为保健食品，古罗马人用大蒜治疗伤风、哮喘、麻疹、惊厥等疾病，疗效极佳。 公元5世纪，印度人发现吃大蒜能增强智力，嗓音洪亮。 中医研究发现，用大蒜3至5瓣捣烂开水送服或取独头蒜以炭火烧熟，每次服3克，可治痢疾、急性肠炎；每日服数瓣醋浸蒜治心腹冷痛，3日可愈。 大蒜4头切片煎水趁热熏洗外阴，可治阴部瘙痒；生吃大蒜配合温盐水漱口是预防流行性乙型脑炎的好方法。

"蒜"药食同源，自古至今备受各国医学重视。 世界著名营养学家《维生素圣典》作者艾尔·敏德尔博士称：蒜制品将在未来百年，成为全世界优选的长寿保健品，蒜制品对所有现代疾病几乎都具有保健和康复作用。 大蒜除具有以上作用外，近代研究发现大蒜具有很强的杀菌、抗真菌作用，可以治疗痢疾和急性肠炎，以及真菌感染性疾病。 每天吃一些大蒜可以预防感冒。 另外大蒜还有防治高脂血症的功效。 实验证明大蒜还有一定的抗氧化、抗血小板聚集及降低血液黏稠度作用。

大蒜作为食品食用，虽然对人体健康有益，但也不可过量食用，否则会损害人体健康，变利为弊，这是应该注意的。

4. 花椒

中国的菜肴讲究色、香、味。 用花椒做成的菜肴最明显的味道是麻辣，但对嗜辣的国人来说，正是这辣味能融入肺腑，使人难以忘怀，难以舍弃。 花椒在中国已有2000多年的种植与使用历史。

花椒

作为香料，花椒是一种敬神的香物，人们以之作为一种象征物借以表达自己心中的思想情感。 先秦时期，祭祀祖先，敬神迎神，是人们日常生活中的重要活动。 人们每逢祭祀，必"选其馨香，洁其酒醴"，以表达对祖先和神灵的尊敬。　花椒不似五谷和百蔬，可以用来果腹充饥；花椒单独食用口味并不怡人，而且多食还会伤人。　但是花椒果实红艳，气味芳烈，尤其是成熟在绿色的山野中显得格外耀眼引人。　所以在先秦时期花椒最早作为香物出现在祭祀和敬神的活动中，这是先民对花椒最早的利用。　如《楚辞章句》中云："椒，香物，所以降神。"《楚辞》中《离骚》的"苏粪壤以充帏兮，谓申椒其不芳"，《荀子·礼论》的"椒兰芳沁，以善鼻也"等。　许多的资料证明，花椒作为一种香料物质得到了广泛的应用。　梁吴均在《饼说》中罗列了当时一批有名的特产，其中调味品有"洞庭负霜之橘，仇池连蒂之椒，济北之盐"，以之制作的饼食"既闻香而口闷，亦见色而心迷。"南宋林洪的《山家清供》记载："寻鸡洗涤，用麻油、盐、火煮、入椒。"元代忽思慧的《饮膳正要》、明代刘基的《多能鄙事》、清薛宝辰撰写的《素食说略》等都对花椒用于烹饪有一定的文字记载。

　　作为治疗疾病的药物，《诗经·周颂》中曰："有椒其馨，胡考之宁"，意思是花椒香气远闻，能使人们平安长寿。　两汉时期，花椒成为一种济世药物。　作为象征物，先民赋予了花椒许多的含义，借以表达自己心中的美好情感和对幸福生活的美好希望。　因为花椒香气浓郁，硕果累累，故被看作是多子多福的象征。　如《唐风·椒聊》曰："椒聊之实，蕃衍盈升。"便很好地说明了这一意义。　同时，花椒还被人们视为一种高贵的象征，在《荀子·议兵》中云："民之视我，欢若父母，其好我芳若椒兰。"表达了作者的清高和尊贵。到两汉时期，花椒成了宫廷贵族的宠儿，也就在这一时期，皇后居所有了"椒房""椒宫"的称谓，《汉官仪》中载："皇后称椒房，取其实蔓延，外以椒涂，亦取其温。"花椒多子，取其寓意。

　　香药是一种与人们日常生活密切相关的、气味芳香的有机香味物质。　正是因为香药气味芬芳，能给人带来愉悦舒适的感觉，可以辟秽消毒，净化环境，可以用于饮食、医药、保健等，有益于健康，所以才受到人们的喜爱，并成为人们日常生活中不可或缺的香料。根据宋代洪刍《香谱》、陈敬《陈氏香谱》、赵汝适《诸蕃志》、唐慎微《证类本草》等资料记载，当时常见的香药主要有龙涎香、龙脑香、沉香、乳香、檀香、丁香、苏合香、麝香、木香、茴香、藿香、荜澄茄、金颜香、没药、胡椒等数十种。

　　通过香药的使用可以窥见东西方文化的交流。"东方的饮食文化里，通常把香草当做药用植物，只有少数用作烹调。　而近代西方烹饪大量运用香料，则深受波斯、印度以及发现新大陆后的中南美洲印第安与非洲文化的影响。　花草茶与烹饪用的香料，都对促进人体消化、排泄、血液循环代谢有相当的帮助作用，且有舒缓神经的镇定效果，而不轻易有药物副作用。　最重要的是，还增加了用餐时色、香、味的愉悦感。"*

---

　　* 陈念萱. 我的香料之旅 [M]. 上海：上海文化出版社，2013.

1. 了解汤文化的内涵，说说你对"汤文化与政治"关系的理解。

2. 在中国的很多地方及家庭中都有各式各样的粥，试着去了解一种粥的制法，以及这种粥的文化意义。

3. 豆腐世界丰富多彩，找一种豆腐名菜，以图文并茂的形式与师生做交流。

4. 世界各地的面条文化千姿百态，在中国不同地方的面条也各有特色，了解一种面条特色，探索其背后的故事。

5. 爱生活爱美食，很多人外出旅行，每到一地，逛美食街，品味小吃是很多人的最爱。试着向师生介绍一种你喜爱的小吃，以图文并茂的形式与大家分享。

6. 调味料丰富多彩，选取一种调味料，如醋、酱油、大蒜等，了解其中的文化内涵。

7. 以科学态度对待现代工业制造的食品添加剂，结合社会热点事件，谈谈你对食品添加剂及调味品的看法。

达观（弘崇书法）

第九章 世界文化视野下的中华饮食文化

| 本章导读 |

　　基于各异的地理环境、经济发展和文化背景，世界各地的饮食内容、方式、习俗大不相同，形成了丰富的饮食文化。即使在同一个国家，不同地区的饮食文化也大有不同。饮食文化上的差异，归根结底是深层文化上的差异，是社会意识形态的差异。当今多元化社会中饮食文化交流日益频繁，非常有必要对中西方饮食文化从宏观上进行比较研究，从而博采众长，传承创新中华饮食文化。

　　1. 了解中外人士对饮食文化的态度、中外饮食文化的差异、中西方饮食文化的交流等内容。

　　2. 胸怀天下，放眼世界，掌握中外饮食文化的差异、中西方饮食文化的交流内容，思考造成中外饮食文化差异的主要原因有哪些。

| 学习内容和重点及难点 |

　　1. 学习的重点是中外饮食文化的差异、中西方饮食文化的交流等内容，难点是探索中外饮食文化差异形成的原因。

　　2. 通过查阅中外饮食文化文献，了解不同的国家饮食的特色，通过比较研究，提升中华文化自信。

第一节
中国人重视饮食文化

　　事物总是相比较而存在的，只有对比才能够更深刻地把握所要研究的对象。同理，放在世界文化的大背景下看中华饮食文化，就可以发现它有许多独特的地方。

一、中国人看重饮食文化

　　把中国的饮食文化放置于世界饮食文化的大背景之下会是怎样的一种情景？饮食文化在中国文化中的地位又如何？张起钧教授《烹调原理》一书序言说："古语说'饮食男女人之大欲存焉'。若以这个标准来论，西方文化（特别是近代美国式的文化）可说是男女文化，而中国则是一种饮食文化。"将饮食文化作为中国文化的代表。林语堂的《中国人的饮食》一文，对中外饮食文化做了对比研究，他写道："没有一个英国诗人或作家肯屈尊俯就，去写一本有关烹调的书，他们认为这种书不属于文学之列，只配姨妈去尝试一下。然而，伟大的戏曲家和诗人李笠翁却并不以为写一本有关蘑菇或者其他荤素食物烹调方法的书，会有损于自己的尊严。另外一位伟大的诗人和学者袁枚写了厚厚的一本书，来论述烹饪方法，并写有一篇最为精彩的短文描写他的厨师。"林语堂是说中国的思想家比西方的思想家更接受饮食文化，认为饮食文化能够理直气壮地登上大雅之堂。

饮食所反映的其实是文化的不同，西餐尊重个人意志，各自独立地享用食物，而中餐更强调共性。　中国人更多的是把吃饭看作是一种社会活动，通过吃，使自己融入社会，成为社会的一员。　同时，西方人重视营养和吃饱，抱着实用的态度；中国人则不同，讲究色香味俱全。　张光直的看法也许最有代表性，他说道："在世界各民族中，中国人可能是最专注于食物的了……中国人之所以在这方面表现出创造性，原因也许很简单：食物和吃法，是中国人的生活方式的核心之一，也是中国人精神气质的组成部分。"

　　逯耀东在《北魏〈崔氏食经〉的历史与文化意义》一文中提出，在对饮食文化交流进行研究之后发现："在两种不同文化接触过程中，首先相互影响的是生活方式。　在生活方式中最具体的是饮食习惯。　饮食习惯是一种文化的特质。　所谓文化特质，是一种附着在文化类型枝丫上的文化丛中，最小但却是最强固的基本单位，而且是不易被同化或融合的。　即使强制两种不同类型文化接触之初，最先模仿的是饮食习惯。　不过，经过互相模仿与杂糅后，吸收彼此的优点作某程度的改变，但仍然保持其原来的本质。"

　　"民以食为天"，吃饭是人们的第一需要，是人们生存的头等大事。　一个社会的稳定，人民安居乐业，首先要吃饱饭。　如果老百姓没有饭吃了，或者食物短缺，所有的一切都将在食物危机面前轰然倒塌，"吃饭问题"始终是作为治国安邦的头等大事，是世界各国都普遍面临的重大问题。

二、中外的饮食习惯与爱好差异很大

　　不同的文化背景形成不同的饮食习惯，而这些饮食习惯往往被凝固而代代传承下来。有些中国人喜欢吃的食物，往往被外国人视作洪水猛兽，有时简单的饮食习惯会引起不同人群之间的冲突，这在国外的许多报道中都可以看到。　凤爪、猪蹄、动物内脏是中国吃货的心头好，外国人却不爱吃。　对一个外国人来说，第一次看中国人吃鸡爪，可能会是一个令他们感到恶心的经历，在他们看来鸡爪像人手一样，这可能会让他们感到害怕。　在英国，每年有数百万只鸡爪被扔进垃圾处理场。

　　所谓"头"菜，即鸡头、鸭头、鱼头、兔头等一些让中国人欲罢不能的重口味食物，但这些是大多外国人绝对不敢吃的，他们不喜欢带头的东西，一方面觉得脏，另一方面会觉得怕。

　　以卤煮为代表的动物内脏，如猪肝、鸭血、牛肚、大肠、血之类的食物，也是一些外国人欣赏不了的。　他们认为这些都太脏，不能吃。

　　外国人不吃的中国美食原因也多样，跟当地饮食文化、营养健康观念、宗教信仰等密切相关。

　　中国美食享誉世界，广受好评，但由于中西方文化差异，一些国人十分喜爱的食品，却是外国人的噩梦。

很多外国人根本无法理解臭豆腐、豆腐乳这些在我们看来"闻着臭、吃着香"的食物，在他们看来，闻着臭，吃着更臭。 肥肠、鸡心、鸭胗、牛肚、鸭头、鱼头、兔头、猪耳朵、鸭脖……这些在中国是很受欢迎，但在大部分西方人的眼中，这些是无论如何无法接受的。 动物内脏口感太奇特、味道太重、不卫生，而且无法从长相上判断吃的是哪个器官，动物头部更是骨头多、肉少，看着就心慌。 鸡爪在中国会被用各种方式做成脆嫩可口的菜品、零食，西方人却无法理解中国人对凤爪的执念。 在他们看来，动物的脚爪经常与地面"亲密接触"，吃鸡爪像吃人手一样令人恐惧。

中外语言上的障碍也是非常大的，往往影响着对饮食文化的理解。 比如，"宫保鸡丁"的"宫保"是什么意思，该不该翻译？ 又该怎么翻译？ "麻婆豆腐"是"麻婆"做的豆腐吗？ 再比如"红烧狮子头"被直接译成"Red Burned Lion Head"（烧红了的狮子头），谁敢吃？ 如果翻译成像是狮子头一样的猪肉丸子，岂不是特显啰唆？

第二节
外国学者看中华饮食文化

一、中国人被视为有着食物中心倾向的民族

外国人是如何看待中国饮食思想的呢？ 美国学者尤金·N·安德森《中国食物》一书所附弗里德里克·J·西蒙《中国思想与中国文化中的食物》的观点很有代表性，他在文中这样描述他们眼中的中国饮食思想："正如林语堂所观察到的，中国人把进食作为难得的生活乐趣之一，他们对此事的专注超过了对宗教和知识的追求。 ……食物在中国人的生活中扮演一个如此重要的角色，致使许多人把中国人视为有着食物中心倾向的民族。 他们不仅有着宽泛的食物选择范围，而且在所有的社会层面发现对于美食的关注，而这一点也反映在通常的问候语'你吃了没有？'当中。 的确有人注意到，食物不仅是平常的交谈话题，而且经常是支配性话题。 ……对中国人而言，烹调已超出了需求的范围，它是一门要被精通的艺术，人们不懈地试验以求做出更好的菜肴，这包括：菜要有视觉的吸引力，有时要做出不寻常的形状，如飞禽走兽的样子。 中国的文学作品中大量的提到食物，这是因为对学者们来说，做一个美食家是可以骄于人前的事情，菜肴可以因他们而得名，而在英国，'华兹华斯牛排'或'高尔斯华绥炸肉片'则是不可思议的。"

二、国外对中国人对食物追求的评价

中华饮食文化的渗透力是很强的，比如南美国家圭亚那，当地人的饮食中也出现了中式炒饭。 但是，美国某一知名战略咨询公司对中国人饮食思想的评价比较贬低，结论则集中在中国餐饮的负面影响上，因此充满批评与教训，很有以偏概全的味道。 该公司的一份咨询报告说："中国人的生活思想还停留在专注于动物本能对性和食物那点贪婪可怜的欲望上。 中国人对于生活的平衡性和意义性并不感兴趣，相反他们更执迷于对物质的索取，这点上要远远胜于西方人。 大多数中国人发现他们不懂得'精神灵性'、'自由信仰'以及'心智健康'这样的概念，因为他们的思想尚不能达到一个生命（补：即肉体和灵性的并存）存在的更高层次。""中国人追求腐化堕落的生活，满足于自我生理感官需求，他们的文化建立在声色犬马之中：麻将、赌博、色情、吃欲、贪欲、性欲无不渗透在他们生活和文化中。"

这是对中国饮食最负面的评价，可能完全出乎中国人的意外，将饮食上的喜好与世界观、人生观相联系，将中国人的吃苦耐劳、奋进拼搏完全掩盖在对美食的追求之后了。

第三节
中外饮食文化的交流*

一、中外饮食文化的差异

德国哲学家莱布尼茨说："世界上没有两片完全相同的树叶。"由于地理环境、经济发展和文化背景的不同，各国的饮食内容、方式、习俗都大不相同，形成了丰富多彩的饮食文化。 即使在同一个国家，不同地区的饮食文化也大有不同。 饮食文化上的差异，归根结底是深层文化上的差异，是社会意识形态的差异。

中西方饮食文化在求同存异的过程中不断发展，相互融合渗透。 当今多元化社会中，饮食文化的交流日益频繁，要想在现代社会中寻求饮食文化的发展方向，就必须适应开放的大环境，将本民族的传统和外来文化进行整合发展。 而这就有必要对中西方饮食文化从宏观上进行比较，进而从深层次上分析其不同的原因，以资借鉴。

中西方饮食文化在物质层面上的差异——饮食内容、饮食方式、饮食器具。

---

* 丁晶 . 中西方饮食文化的区别，徐兴海 . 食品文化概论［M］. 南京：东南大学出版社，2008.

1. 饮食内容上的差异

首先从饮食资源上来看。 饮食资源也就是食物原料，它是饮食中最基础的东西，一切饮食活动都是围绕它而开展的。 不管是饮食加工技艺、饮食器具还是饮食艺术、饮食方式，都与饮食原料密不可分。 饮食资源的采集、开发和利用自古以来就是人类物质生产活动的重要内容——这一点在人类社会中是相通的。

不同的国家和地区由于地理环境的不同其物产也大不相同，在食品原料上呈现出了丰富多样性，从而形成了不同的饮食结构。

中国的饮食结构在很早以前就已经基本形成。 饮食结构应该分为"饮"和"食"两大部分。 首先从"食"的角度来看。 古人在理论上对饮食结构早有认识，《黄帝内经·素问篇》提出了"五谷为养，五果为助，五畜为益，五菜为充"的理论，其实这就是中国饮食结构理论的最早总结。 随着社会经济的发展，物质生活水平的不断提高，食物种类的构成虽然不断发生变化，但是基本上始终是在谷、果、畜、菜的食物结构范围内量变。

西方的饮食结构，主要以西欧诸国为代表。 西方饮食原料与中国基本相同，仍然还是谷、果、畜、菜四大类，但是各类原料在饮食结构中的地位却大不相同，主次结构不像中餐那样明显，各个国家有各自特点。 我们可以通过英美法意的饮食习惯来了解西方的饮食结构。 意大利素有"欧洲大陆烹调之母"之称，意大利菜多以海鲜作主料，辅以牛、羊、猪、鱼、鸡、鸭、番茄、黄瓜、萝卜、青椒、大头菜、香葱烹成；再看看英国，午餐一般由汤、色拉凉盘、主菜及餐后甜食等组成，主菜一般是肉类、蔬菜类和米饭混合而成的盘菜，有时只有三明治、汉堡包和热狗；法国菜也是名扬世界，主餐一般由蔬菜色拉、一盘热菜（一般是肉类或鱼）和一个甜点组成，晚餐则多几道汤和一些奶酪，典型的法国菜有焗蜗牛、红酒牛排、海鲜色拉、马赛鱼汤等；德国饮食中最主要的有面包、火腿、奶酪、马铃薯等；美国则以快餐著称，但正餐也是有一定的章法程序的：在吃主食之前，一般都要吃一盘色拉，炸蘑菇和炸洋葱圈可作为开胃食品，牛排、猪排和鸡（腿）为主食，龙虾、贝壳类动物以及各种鱼类，甚至包括淡水鱼被统称为海鲜。 炸土豆条则是深受人们喜爱且几乎成了必不可少的食物。

再看看"饮"的方面。 意大利的饮料包括软饮料、低度酒、兴奋饮料、营养饮料几大类型，制作都很考究。 意大利是个嗜酒的民族，无论男女都爱饮酒，甚至喝咖啡时也要掺酒以增加其香味。 德国人则是十分嗜好啤酒，其啤酒种类和品牌也是数不胜数。 在法国菜肴中，酒扮演重要的角色，不仅烹调把酒用作调料，同时葡萄酒、啤酒或苹果汁被认为是不可缺少的；法国人用餐时饮酒十分讲究，不同的菜，饮不同的酒。 而英国则以其"下午茶"而闻名，说是喝茶也不完全如此，有时也喝咖啡；茶多用红茶加糖，也有的茶里加牛奶。 酒馆每一桌的品茗器具都各成一派，形状、颜色各异。

从以上的介绍可以看出，中西方饮食结构有着很大的不同。 首先从食的方面看，中国人的主食以谷类及其制品如面食为主，副食则以菜蔬为主，辅以肉类。 根据中西方饮食结构的这一明显差异，有人对此做出形象地概括：把中国人称为植物性格，西方人称为动物性格。 反映在文化行为方面，中国人则安土重迁，固本守己；西方人喜欢冒险、开拓、冲突。 按照美国民俗学家露丝·本尼迪克特的"文化模式"理论，中国人的文化性格颇近似于古典世界的阿波罗式，而西方人的文化性格则类同于现代世界的浮士德式。

其次从食物原料来看。 中西方饮食文化在内容上基本一致，因为人类生存所需要的物质元素是基本相同的，只是侧重点有所不同。 主要在于对食物原料的制作的讲究程度不同。 饮食制作，按加工方法和性能可以分为烹饪和食品加工两个部分。 在食品加工上中西方各有千秋，但是烹饪却几乎可以说是中国饮食的专利，它和中国传统文化的紧密结合使之达到了"只可意会，不可言传"的境界，这个令西方乃至世界其他民族可望而不可即。 中国的烹调方法十分多样，其中有很多是西方所没有的。 比如说烹调方法中的蒸法，是东方区别于西方的一种重要烹饪方法，在中国这种烹调方法已经有了不少于六千年的历史。 直到当今，欧洲人也极少使用蒸法，像法国这样在烹调术上享有盛誉的国家，据说厨师们也没有"蒸"的概念。

中国烹调特别强调随意性，而在西方，烹调的全过程都严格按照科学规范行事。 吃什么和不吃什么可以说是中外饮食文化的主要区别。

2. 饮食方式上的差异

吃中餐时，食客们围坐在餐桌旁，厨师做好饭菜以后，将所有的饭菜都置于食客的中央，围坐在餐桌旁的进餐人各取所需，根据各自的喜好各自选取相应的饭菜；餐桌上的任何一种饭菜都不属于任何一个食客，大家为了相同的目的聚在同一张餐桌旁，每个人都根据各自具体的主观感受选择客观的食品，面对相同的饭菜各取所需。

吃西餐时，主人预先根据来客的多少将准备好的饭菜分为相应的份数，厨师将做好的饭菜分成相应的几份，将每一份饭菜端到食客面前，然后自顾自地食用。 每个食客只能吃各自的那一份饭菜。

中西方餐饮方式的区别是：中国人进食的过程中无须他人事先进行食物的分配，西方人则有专人先行分配食物；在中国人的饮食过程中，食客的进食量或者说是每个人所消耗的食物的量占总食物量的比例是不确定的，而西方人的则是基本确定的；中国人在饮食过程中是各取所需，而西方饮食方式则是一人一份的定量供应。 这种饮食方式的区别所对应的是不同的文化背景：中国人将饮食作为交流的机会，体现的是和同精神，每一个人都应意识到自己是集体中的一员；而西方文化所强调的是个体的独立，个人的自由。

在入席以后的用餐顺序上，中西餐也有不同。 传统的中餐上菜顺序应是：先上冷菜、饮料及酒，后上热菜，然后上主食，最后上甜食点和水果。 宴会上桌数很多时，各桌的每一道菜应同时上。 上菜的方式大体上有以下几种：一是把大盘菜端上，由各人自取；二是由侍者托着菜盘逐一给每位分发；三是用小碟盛放，每人一份。

西餐以法国菜、意大利菜为主流。传统的法式菜单通常超过 12 道菜，那是传统习惯下的一份丰盛的大餐。而现代西式菜单越来越简化，现今较流行的西餐菜式通常分为 5 道菜——头盘、汤、副菜、主菜、甜品，最后上饮料。从上餐顺序来看，中西餐主要有以下不同：一是中餐的主食是在上热菜以后上桌的，而在西餐中相当于主食的热菜是在副菜之前就上桌的。这大概是由于中餐的主食是单纯的谷类，比较单调，需要由菜类来辅助搭配才会完整；而西餐中的主食就是热菜，不是一定非要副菜才可以进食。二是饭后甜点和水果，在以前的中式餐饮中没有这道程序，但是随着中西交流的密切，在中餐的正式宴会中也加入了这道程序，尤其是饭后食用水果，已然成为人们的一种习惯。从审美的角度来讲，中式餐饮的上菜顺序还类似于古典戏曲和诗歌，具有起、承、转、合的艺术韵律。

在饮食的表面形式上，中西方有着明显的差别。事实上，不同的进餐方式隐含着诸多更深层次的意识形态文化上的不同，如思维方式的差别。

3. 饮食礼俗的差异

人类在社会实践，尤其是在人际交往中约定俗成的习惯性定势构成行为模式，以民风民俗形态出现，见之于日常起居动作之中，具有鲜明的民族、地域特色，反映在饮食文化上主要是饮食礼俗。

饮食礼俗包括两方面的内容：一是饮食礼仪，二是饮食礼俗。一般而言，饮食礼俗是以饮食习俗为基础的。"俗"是社会的习惯，"礼"是社会的规则。具体而言，饮食礼仪是指按某些指令要求的、社会成员必须共同遵守的，并按具体的程序或规定进行的饮食行为方式，是阶级社会中一种借助于政治强制手段而出现的社会现象，具有维护不同阶级、阶层之间等级差别和规范各自行为准则的作用。当然，这种礼法并不局限于政治制度，在民间和宗教中也同样存在。而饮食习俗则是指人们的饮食风尚和习惯方式。它不仅是一种具有群体性、倾向性的社会行为，而且还具有明显的区域差异、地域特点、民族差异和分布规律。它不仅受地理、气候、水文等外部环境发展的影响，也受到经济发展水平、宗教信仰、民族特性、生产布局以及历史发展阶段的影响*。饮食不仅仅是满足物质层面上的充饥、养生等自然欲求，还是社会地位、伦理道德等精神层面上的体现。无论中西都是如此。在不同的历史文化背景之下，饮食文化向不同的方向发展，日积月累就形成了具有各自特色的礼俗。

节日是体现饮食礼俗的最好平台。每个国家各自最具传统特色的节日饮食礼俗，体现一个民族深层次的民族审美心理和思想。在中国，最具民族特色的节日首推春节，而西方国家则以圣诞为最重要的节日。

＊　徐海荣. 中国饮食史. 卷一 [M]. 北京：华夏出版社，1999.

公历每年的 12 月 25 日，是基督教徒们纪念耶稣基督诞辰的日子，也即"圣诞节"。这是一个在欧美各国普遍盛行，并在全世界也颇具影响力的节日。 在 12 月 24 日这天晚上，全家人一般都要相聚在一起举行圣诞晚餐。 餐宴餐桌上的食品种类繁多，丰富多彩，而其中最主要的一道菜就是必不可少的传统佳肴——烤火鸡。 在西方人眼里，没有烤火鸡的晚餐就算不上是圣诞晚餐。 有时，圣诞晚餐还要为"主的使者"设一席之位。 圣诞晚餐之后，人们还要上礼拜堂报告佳音，并为唱诗班预备糖果点心等。

有些西方人还习惯在圣诞晚宴的餐桌上摆一整只烤乳猪，英美等国人们还往往喜欢在猪的嘴里放一个苹果，据说这个习惯源于一些大家庭，因为只有大家庭才有可能吃得了一头猪，后来一些讲究排场的人在圣诞请客时便纷纷效仿。 晚餐后的甜食一般有李子、布丁和碎肉馅饼等，英美等国人认为，吃过这几种食物之后会大吉大利、福星高照。

世界之大，无奇不有，各国过圣诞节的饮食习俗也是各有不同。 澳大利亚人最爱吃喝，傍晚时分一家老小或携亲伴友成群结队的一起到餐馆去吃圣诞晚餐。 因为每家饭店酒店都为圣诞节准备了丰盛的食物，有腊鸡、火鸡、猪腿、美酒、点心等。 在美国，圣诞晚餐中还有一样特别的食品——烤熟的玉米粥，上面有一层奶油，并放一些果料，香甜可口，别有滋味。 在丹麦，当圣诞晚餐开始时，人们必须先吃一份杏仁布丁，然后才能开始吃别的东西。 生性浪漫的法国人则喜欢在 12 月 24 日的晚上载歌载舞，伴着白兰地和香槟酒的浓郁酒香，醉度圣诞。 英国人、德国人都喜欢畅饮啤酒。 英国人除开怀痛饮之外，还喜欢去异地旅游。 比较保守的家庭则在圣诞前夜举家团聚。

西方的圣诞节中的一些饮食礼俗也寄托着人们的美好愿望，但是其不同于中国的春节礼俗的一个重要方面就是，它的礼仪大都源自人们的宗教信仰。 在西方圣诞节中，人们将饮食视为主耶稣的恩惠，必须接受他的教导以表示自己的虔诚。 饮食内容更多的是一种形式而非本身，西方人对圣诞节更注重的是一种娱乐和放松的心态。

二、饮食观念的差异

人通过创造文化来塑造自己，文化成为人的第二生命，人是生物生命和文化生命的统一体。 饮食是人类生存的第一要义，与物质社会紧密联系。 在人类创造的物质社会进步的同时，这些与有形物质的生物生命相异的独特的无形的生命元素融入在人的生命里，并不经意地流露在人们的言行中。 这就形成了人类社会特有的饮食观念和饮食思想。 不同的地理环境和历史文化造就了不同的饮食观念和饮食思想。

西方饮食倾向科学、理性，中国饮食倾向于艺术、感性。 在饮食不发达的时代，这两种倾向都只有一个目的——度命充饥。 而在饮食文化充分发展之后，这种不同的倾向就表现在目的上了：前者发展为在营养学上的考虑，后者则表现为对味道的讲究。

1. 理性的西方饮食观

西方人于饮食重科学，重科学即讲求营养，故西方饮食以营养为最高准则，进食有如为一生物的机器添加燃料，特别讲求食物的营养成分，蛋白质、脂肪、碳水化合物、维生素及各类无机元素的含量是否搭配合宜，能量的供给是否恰到好处，以及这些营养成分是否能为进食者充分吸收，有无其他副作用。这些问题都是烹调中的大学问。而菜肴的色、香、味如何，则是次一等的要求。即便口味千篇一律，甚至单调得如同嚼蜡，但理智告诉他一定要吃下去，因为有营养，就像给机器加油一样。

西方人于饮食强调科学与营养，故烹调的全过程都严格按照科学规范行事，规范化的烹调要求调料的添加量精确到克，烹调时间精确到秒。另外，在西方，流水线上的重复作业，实行计件工资制，生活节奏急促，人们有意无意地受到机械的两分法影响，形成了"工作时工作，游戏时游戏"的原则。因此西方菜肴制作的规范化使得烹调成为一种机械性的工作。肯德基炸鸡既要按方配料，油的温度、炸鸡的时间也都要严格依规范行事，因而厨师的工作就成为一种极其单调的机械性工作，生活的机械性导致了饮食的单一性或对饮食的单一熟视无睹，顿顿牛排土豆，土豆牛排，单调重复的饮食与其工作一样，只为达到预定目的完成任务，无兴趣、滋味可言*。

2. 美性的中国饮食观

中国人在享受食品的时候，往往会持一种美性饮食观念。常常会说，这盘菜"好吃"，那盘菜"不好吃""味道不好"等。但若要追问他什么是"好吃"，为什么不好吃，好吃在哪里，味道哪里不好等，恐怕就很难用言语说清楚了。这说明，中国人对饮食追求的是一种难以用言语描述的"意境"，即使用"色、香、味、形、器"等分别描述，也难以概括全面。

中国饮食讲求"色、香、味、形、器"等诸多要素，"色"是菜肴本身美观的外在体现，菜肴的"形"也是很重要的方面，在现在的饮食内容中观赏性菜肴的出现就是对美性饮食追求的极致体现。从客观角度来讲，"器皿"也是美性饮食观的客观外在体现。古语说得好，"美食不如美器"，美食佳肴只有精致的餐具烘托，才能达到完美的效果。彩陶的粗犷之美、瓷器的清雅之美、铜器的庄重之美、漆器的秀逸之美、金银器的辉煌之美、玻璃器的亮丽之美，是配合美食的另类美的享受。美器与美食的和谐，是饮食美的较高境界。中国人在追求"色、香、味、形、器"的统一的同时，又讲求美食与良辰美景的结合，宴饮与赏心乐事的结合，并把饮食与美术、音乐、舞蹈、戏曲、杂技等艺术欣赏相结合，既增加了饮食的美感，也一定程度上促进了文化艺术的发展。

---

* 王仁湘．饮食与中国文化［M］．北京：人民出版社，1993．

在中国，烹调是技术与艺术的统一。 是一门艺术，它便与其他艺术一样，体现着严密性与即兴性的统一，所以在中国烹调一直以极强烈的趣味性，甚至还带有一定的游戏性，吸引着以饮食为人生之至乐的中国人。 有道是"上有天堂，下有厨房"，烹调之于中国，几乎与音乐、舞蹈、诗歌、绘画一样，拥有提高人生境界的伟大意义。"游戏中有工作，工作中有游戏"的生活方式在饮食中也显现出来。 趣味的烹调在中国是有传统的，出土的汉画像中众多《庖厨图》，就很像一个大杂技团演出的场面；杜甫《丽人行》中"鸾刀缕切空纷纶"的诗句，提到的这种刀背上系了许多铃铛的刀，据说当年唐代的厨师可以用它一边切菜一边奏出叮咚的乐曲。 可惜这种刀和操刀的技巧都已失传了。

中国饮食之所以有其独特的魅力，根本还是在于它的美味。 而美味的产生，在于调和，要使食物的本味、加热以后的熟味、加上配料和辅料的味以及调料的调和之味，交织融合协调在一起，使之互相补充，互助渗透，水乳交融，你中有我，我中有你。 这正如张起钧在《烹调原理》中对上海菜"咸笃鲜"描述的那样："虽是火腿、冬笋、鲜肉三味并陈，可是在煮好之后，鲜肉中早有火腿与笋的味道，火腿与笋也都各已含有其他两种因素，而整个说起来，又共同形成一种含有三种而又超乎三种以上的鲜汤。"[*]中国烹饪讲究的调和之美，是中国烹饪艺术的精要之处。

3. 中西方饮食文化差异形成的原因

（1）地理环境　文化的根源往往和早期的地理环境有很大的关系，文化的发展尤其在早期，受环境的制约很大，中西方饮食文化的差异的根源可以从两者的早期地理环境说起。

中国位于亚洲大陆的东南部，西北面是茫茫的沙漠、草原和戈壁，东南则是茫茫的大海。 在交通不发达的古代，中国就处于一个相对比较封闭的环境。 中国文明就在这样一个比较封闭的环境中生存发展。 中国文化的主要温床是华北地区：华北的中心是广阔的黄河冲积平原，这里的土壤很厚，蓄水性强，土地肥沃；从饮食文化的角度来讲，华北是中国许多基本食用作物的原产地，包括粟、大豆、白菜和桃等。 中华文明就在有着物质保障的黄土地上发展起来了，呈现出了与这个饮食环境相适应的饮食文化。

中华文化的主要温床黄河流域的土地虽然较肥沃，但是其环境较恶劣，多风少雨，生存条件不好。 因此这个社会需要谦让，需要少欲，而一个社会需要什么的时候，往往就是缺少什么的时候。 文明产生以后，当时的文化就以比较强烈的现实主义的思潮表现出来，伦理道德的色彩十分浓厚，中国文化从一开始就表现出早熟的特征。 马克思就曾经认为，中华文明是一个早熟的婴儿，她的发育过程中具有明显的超前特征。 中华文化的生存土壤，在其发展过程中逐渐干旱，逐渐变得不利于农业的生产，由于土壤及其他因素十分不

　＊ 张起钧. 烹调原理［M］. 北京：中国商业出版社，1985.

利于农业生产，现实的苦难产生不了文化的浪漫，因而中国文明以其强烈的道德和禁欲特征贯穿始终＊。

一般将希腊文化称为西方文明的摇篮，希腊三面环海，东临爱琴海，南与非洲大陆隔地中海相望，西南濒爱奥尼亚海，北部与阿尔巴尼亚、马其顿共和国、保加利亚接壤，东北部与土耳其的欧洲部分相连。 希腊文明又可以称之为爱琴海文明，其地理位置决定了它以捕捞和航海贸易业为主要生产方式，与外界的交流相对频繁，于是就形成了一种开放外向的精神，习惯上被称为"蓝色文明"。 这奠定了西方文化外向超越的基调。 西方文化的童年时代的希腊文明，以其独有的浪漫气息写入文明史。 希腊文化、罗马文化以至基督教文化是一个超越的过程，西方文化主要是以基督教文化为主，它是一种超越的浪漫精神。

自然条件决定生产方式，生产方式则影响人们的意识形态，形成不同的文化特色。 中国文化可以用"黄色文明"来概括，它形成的自然环境中内部资源多于外部资源，注重农业，自给自足，相对封闭。 从物质层面上来讲，它决定了中国传统的饮食结构以谷类为主食，兼以菜蔬，以家禽家畜等肉类为辅，这是一种以种植业为主的小农经济在饮食上的体现；从行为层面上来讲，文化发展早期的恶劣环境决定人们要通过团结协作来生存，地域环境的不均衡性使得人们不得不群居而作，所以中国人重和合，体现在饮食上习惯聚餐制，重五味调和，注重菜肴的搭配等；再上升到意识形态层面，封闭的环境影响了中国人的审美心理、思维方式、价值观念等。

而西方文化则可以用"蓝色文明"来概括：其地理环境决定了它内部资源少于外部资源，注重商业、交换或掠夺，相对开放。 所以有这样一种归纳，将西方饮食文化称之为"海洋性饮食文化"，也是有一定道理的。 首先是饮食结构上，海洋性的地理环境使得人们直接取材于自然，而对于以畜牧为主的西方民族来讲就是直接食用能方便取得的动物。海产品、动物类肉食的鲜是来自其本身的，强调原汁原味原色。 所以西方人倾向于生食，既是长期形成的传统，也带有原始的粗犷豪放。 海洋给予人们一种博大开阔、开拓进取和独立的倾向，反映在西方饮食文化上表现在西方人习惯于分餐、饮食口味比较浓烈、饮食过程比较直观，如此等。 当然这种地理环境也是形成西方思维方式和价值观的深层次原因，进而影响饮食文化观念，其间的关系牵涉到哲学美学等方面。

（2）文化渊源 任何一种文化都有其童年时代，而反映其童年时代的最好记录就是神话传说。 神话是人类早期在不能实际地支配自然力的条件下，"用想象和借助想象以征服自然力，支配自然力"的愿望的表现。"人靠自然界生活"，自然界是"人类赖以生长的基础"；神话是人类早期对"自然和社会形式本身"的幻想性的反映。 神话作为先民意识的表现，是把早期人类尚不能完全理解的抽象"自然力加以形象化"。 古代的人不可能像现

＊ 徐旺生．民以食为天——中华美食文化·序［M］．海口：海南出版社，1993.

代人一样，用科学技术思想武装彼此，他们的思想更多的是一种朴素的、原始的、直观的东西，也就表现为一种神话形态。所以从人类早期的神话中可以窥见原始先民的思维，进而可以进一步探求到文化的根源。

希腊文化是整个西方文化的摇篮，是西方文化最早的一种文化形态。希腊的神话追溯到最早，是由一个跟荷马同时代的游吟诗人赫西俄德写的《神谱》，书中描述了诸神的一个起源。后来，到了城邦时代，《神谱》就构成了希腊人都相信的一个谱系。后来的希腊神话都是在这个《神谱》基础上发展起来的。《神谱》里描述的最早的神叫卡俄斯，卡俄斯就是混沌的意思，任何神话都是从混沌开始的，只不过不同的是，希腊神话连上帝也没有，它就是从混沌开始，所以希腊神话更加符合自然的演进过程。在混沌之中首先就产生了大地之神——盖娅以及一系列与之相关的众神，盖娅自己又生下了天宇之神乌兰诺斯。之后盖娅和乌兰诺斯结合生下了提坦神族的 12 个神灵。他的小儿子克洛诺斯长大以后成为更为强劲有力的新一代的神，他和自己的父亲进行了一场战斗，战胜并阉割了他的父亲。这样，克洛诺斯就取代他的父亲成为新一代的天神，因为希腊神话遵循的是生殖原则。由此可见，希腊神话反映的就是自然界的演变过程以及揭示人类历史新陈代谢的自然规律。中国神话里面，讲究的是子承父业，是一种连续性、肯定性的延续。而希腊神话一开始就出现否定，新一代神否定老一代神，所以表现出一个很强的不断否定、社会进化的机制来。

希腊文化的一个特点是自然崇拜，包括两个内容：一个是对大自然本身的崇拜，另一个是对自己自然形体的崇拜。我们可以从中感受到西方人对自然的一种崇敬之情，自然是神圣的至高无上的，所以对自然所赐予的东西要尽可能的以其本来面目呈现，这是西方人理性思维的发端，对自然和自身的一种关注。所以体现在饮食思想中，西方人更多关注的是食物自身的营养，将饮食也看作是科学的一部分——饮食是为了维系人类的生存，必须从人类生存的角度来科学地规划饮食。所以西方的饮食多了一些机械性、准确性。

希腊神话里还包含了一个非常深刻的思想——命运，命运的前定力量产生了悲剧。西方著名哲学家罗素认为：希腊神话里真正具有宗教意义的神是命运，而承载命运的诸神却没有一点宗教的意味。即所谓"人神同形同性"。早期的西方文化在科技等实用领域发展得不如中国。作为与人们日常生活很密切的饮食文化，在中国有着非常好的发展土壤。

在中国的创世神话中，盘古开天辟地的传说是流传最为广泛的，还有很多如神农氏、伏羲氏、燧人氏、有巢氏等完善世界的传说：有巢氏是传说中发明巢居的人；燧人氏是传说中发明钻木取火的人；伏羲氏又称包牺氏，他对人民的贡献是很大的。中国神话，特别是创世神话，都与人的基本生存有关，这些神的伟大都来源于为人们提供了基本的生存条件，其中饮食又是最为基本的。这些神话从内容到社会根源都体现着人的中心地位。中国神话内在特征的以人为本、不死观念及善恶之对立等特性，扩大了乐观精神，形成了以伦理道德判断来评判社会功能的尚善美学。 神话作为一个民族精神的基石，广泛体现在中国的饮食观念中：作为人类生存的基本要义，中国人十分重视饮食，"民以食为天"的观念应该是在这种传统理念的长期积淀中形成的；正是由于饮食的重要性，饮食也就成为体现社会伦理道德的载体。 营养化、绿色化、节俭化、文明化和快乐化是饮食伦理的发展趋势。* 在中国的饮食民俗中，积极向上、求真求善是一个主题，饮食也成为体现民族精神的平台，饮食已经超越了满足人类生理需要的功用，上升到意识形态层面。 中国饮食中的隐喻性特征与此也有着很大联系。

（3）哲学理念 作为文化体系中的一部分，饮食文化的方方面面也能体现一个民族文化中的深层次的价值观和思维方式等，而这些意识形态对饮食文化的影响也是无处不在的。 在意识形态上，以儒教为核心的中国人同以基督教为核心的西方人有着巨大的不同。

西方哲学与中国哲学有很大的不同。 西方哲学重自然，中国哲学重精神；西方哲学重理论，中国哲学重实践；西方哲学重科学，中国哲学重伦理；西方哲学讲"天人两分"，中国哲学讲"天人合一"。

西方自古希腊起就发展出了鲜明的纯粹理性精神，它是西方哲学的起点。 西方主客对立的理性思维方式，以理性的力量维系着人的价值与尊严，因此形成了西方积极进取的实践理性，一种以工具理性为主导的实践方式。 理性的挺立，使个人主义成为其发展的必然结果。 这是西方饮食方式中分餐制形成的深层原因，他们各点各的菜，想吃什么点什么，这也表现了西方对个性的尊重。 及至上菜后，人各一盘各吃各的，各自随意添加调料，一道菜吃完后再吃第二道菜，前后两道菜绝不混着吃。

在中国的哲学中，是一种"内求于心"的理性认识方法。 这种精神传统，很少去追寻对外在的世界本原的认识，而是重视"本心仁体"的自我觉知、自我体认。 主宰我们民族理性精神的是和谐，而不是西方的那种两极对立。 我们的理性传统追求的是人与自然、人与社会、人与国家的内在的统一，即"天人合一"。 儒家主张内圣外王，向内部求价值之源，求安身立命之地。 于是"善"成为中国哲学至高无上的法则，它既是道德的、政治人伦的，也是天道天命的体现，而且这种天道天命只能靠直觉、神秘的顿悟和当下的感受来把握，无法证实，无法进行客观的分析。 在道家、佛家中，天人合一仍是主流概念，直觉呈现是主要认识方法。 这种整体、圆融体现在中国饮食思想中主要就是"和"思想。

中国菜的制作方法是调和鼎鼐，最终是要调和出一种美好的滋味。 这一讲究的就是分寸，就是整体的配合。 中国烹调的核心是"五味调和"，要在重视烹调原料自然之味的基

---

* 韩作珍. 饮食伦理：在中国文化的视野下［M］. 北京：人民出版社，2017.

础上进行"五味调和"，要用阴阳五行的基本规律指导这一调和，调和要合乎时序，又要注意时令，调和的最终结果要味美适口。 在饮食上，不但菜的制作讲究调和，菜肴和餐具是相辅相成的，宴席整套菜点的成龙配套、互相呼应，构成一个完美的整体，以及筵宴与周围环境的和谐统一等，无一不体现出中和、和合、均衡的风格。 中国人发明筷子，实际也是这种重调和的饮食文化的结果。 筷子来源无以查考，但它同调和之事也有关。 因为和合才有分离，这是自然的辩证法，筷子成双本身便是均衡对偶的象征。 这种"和合"还体现在食仪上，就是中国人习惯团团围坐合吃一桌菜，而饮食也成为增进人际关系的一种形式，成为一种社会文化。

三、从饮食词语看中华饮食文化的吸收与变化

中华饮食文化的发展过程中，不断地吸收外来的饮食文化，仅只从饮食词语中就充分反映出各个历史时期外来文化的影响。

有些以"胡"字开头的词语表明是外来的，如胡瓜，即黄瓜。《本草纲目·菜三·胡瓜》："张骞使西域得种，故名胡瓜。"胡豆，即是蚕豆别名。《太平御览》："张骞使外国，得胡豆种归。 指此也。 今蜀人呼此为胡豆，而豌豆不复名胡豆矣。"这是说，古时豌豆也别称胡豆，后来蜀人将蚕豆称为胡豆，而不再用胡豆称豌豆了。

胡荽，即今人称为的芫荽，俗称香菜。《齐民要术·种蒜》引晋代张华《博物志》："张骞使西域，得大蒜胡荽。"

胡桃，今人还这样称谓，晋代张华《博物志》："张骞使西域还，乃得胡桃种。"又宋代孙奕《履斋示儿编》："胡人常食核桃而名胡桃。"

胡麻，即芝麻，相传张骞得其种于西域，故名。 不过芝麻又称"脂麻"，据今人研究，脂麻是我国原生植物，原产地在我国西南云贵高原一带。 又，用胡麻榨的油，称"胡麻油"；用胡麻作的饭为"胡麻饭"。

胡椒，今人还这样称呼。 唐代段成式《酉阳杂俎》："胡椒，出摩伽陀国，呼为昧履支。"《本草纲目》："胡椒，今南番诸国及交趾，滇南，海南诸地皆有之。"

胡蒜，即大蒜。《本草纲目》："胡国有蒜，十子一株，名曰胡蒜，俗谓之大蒜是矣。"

胡饼，犹今天之烧饼，《释名》："胡饼，作之大漫沍也，亦言以胡麻著上也。"晋代陆翙《邺中记》："石勒讳胡，胡物皆改名，名胡饼曰麻饼。"

胡萝卜，今人还这样称谓，《本草纲目》："元时始自胡地来，气味微似萝卜，故名。"

胡食，今人已不知其内涵，唐代用胡食泛称来自胡人的食物。《旧唐书·舆服志》："贵人御馔，尽供胡食。"唐慧琳《一切经音义》："胡食者，即烧饼、胡饼、搭纳等是也。"

"番"字开头的词语也有不少是表明受外来文化影响的。 宋代就有把少数民族或外

国人称为"番人""番子"的；明清沿用之，以"番"称少数民族或外国，在饮食文化上也多有反映。 如番茄，今天还这样称谓，另又称西红柿，原产南美洲，现我国已普遍种植。

番菜，即指西餐。《文明小史》："有天毓生同了几位朋友，踱到江南邨想吃番菜。"鲁迅也用过"番菜"一词，在《花边文学·洋服的没落》："学戏台上的装束罢，蟒袍玉带，粉底皇靴，坐了摩托车吃番菜，实在也不免有些滑稽。"因此，"番菜馆"也就指西餐馆。

番薯，明代万历年间由吕宋（今菲律宾）引进，又一说自安南（越南）引进，初仅在福建、广东一带种植，后几遍及全国。 后来在不同地区还有红薯、白薯、山芋、地瓜、红苕等名称。

番鸭，家禽一种，也称洋鸭，鸭头及颈部粗红，嘴眼部有肉瘤，行动迟缓，生长快，容易育肥。 原产南美洲及中美洲，我国华南地区饲养较多。

"西"字开头的，有关外来食品的词语，如西点，指西洋式糕点。 西菜，即西式菜肴。 如西餐，西洋式的饭菜，吃时用刀、叉，又名大餐、番菜。 如西瓜，原产非洲，《本草纲目·果五·西瓜》："按：胡峤《陷虏记》言，峤征回纥得此种归，名曰西瓜。"则西瓜自五代始进入中国。 再如西红柿。

"洋"字开头的外来食品，如洋面，旧时指从国外进口的机制面粉；洋糖，是指从国外进口的机制糖。 洋面、洋糖今天已不这样称名了，然而像"洋葱""洋芋艿""洋葱头"还依然活在百姓们的口耳之间。

四、清代的饮食文化交流

中外饮食文化交流从汉代开始发生，此后明显地多了起来，中国一直是主动的。 至清代是一个转变的节点，封建主义的衰落，资本主义的侵入，使得中国的饮食文化遭遇到强烈的挑战。 清代中外饮食思想交流，成为中外饮食文化交流的一个阶段性总结。

（一）与欧美日本饮食文化之比较

中国与欧美日本饮食之比较，总体而言："欧美各国及日本各种饮食品，虽经制造，皆不失其本味。 我国反是，配合离奇，千变万化，一肴登筵，别具一味，几使食者不能辨其原质之为何品，盖单纯与复杂之别也。"*

西方人对世界饮食的归类是：世界之饮食，有重大区别的有三点：一是中国，二是日本，三是欧洲。中国食品宜于口，因为有口味可以辨别。日本食品宜于目，因为陈设时有

---

* 徐珂. 清稗类钞［M］. 北京：商务印书馆，1917.

色可观，使人入眼。欧洲食品宜于鼻，因为烹饪的时候有香味可闻，当时普遍的看法是：中国羹汤肴馔之精致，为世界第一。

中国人并没有囿于外国人的评价，并没有自得自满，真的以为我国就是第一，看到了危机，看到了中国与西方国家实力的明显差距，承认中国整体的落后，普遍认为中国与西方的差距与饮食有直接的关系。人们注意到中西饮食的区别与国民素质的关系问题。其一"饮食一事，实有关于民生国计"；其二"饮食丰美之国民，可执世界之牛耳"；其三，中国人的饮食不如欧美人，必须有所改变，多吃肉类。具体而言："饮食为人生之必要，东方人常食五谷，西方人常食肉类。食五谷者，其身体必逊于食肉类之人。食荤者，必强于茹素之人。美洲某医士云，饮食丰美之国民，可执世界之牛耳。不然，其国衰败，或至灭亡。盖饮食丰美者，体必强壮，精神因之以健，出而任事，无论为国家，为社会，莫不能达完美之目的。饮食一事，实有关于民生国计故也。"其中一些观点有待商榷，但是在世界饮食文化交流中发现中国饮食的问题、提出解决问题的方法则是可贵的，已经不再是"老子天下第一"了。

清代人对于我国如何强盛问题，已经从饮食文化角度进行思考，其结论是："吾国人苟能与欧美人同一食品，自不患无强盛之一日。"如何达到"同一食品"也就是多吃肉？提出十七个方面：一，人体之构造。二，食物之分类。三，食品之功用。四，热力之发展。五，食物之配置。六，婴孩与儿童之饮食。七，成人之饮食。八，老年之饮食。九，食物不足与偏胜之弊。十，饮食品混合与单纯之利弊。十一，素食之利弊。十二，减食主义与废止朝食之得失。十三，洗齿刷牙之法。十四，三膳之多寡。十五，细嚼缓咽之必要。十六，饮食法之改良。十七，牛乳与肉食之检查。这十七个方面包括许多中国历来的饮食思想家不曾讨论过的问题，比如人体构造，涉及解剖学，中国的医学从来没有解剖的概念；比如食物的分类，是指现代意义上的分类；比如分类研究不同年龄人群的饮食，就是新的课题；比如刷牙，卫生习惯的讨论对于中国人说来也是很新鲜的。说明清代的人已经有了现代意义的营养学的概念，提出研究"人身所需之滋养料"，这应当是受西方的影响而有的新的概念。

（二）新的视野

清代饮食思想家提出的许多观念属于饮食心理学、饮食社会学，这些在传统的饮食学中都是很少讨论的。比如"于饮食而讲卫生，宜研究食时之方法，凡遇愤怒或忧郁时，皆不宜食，食之不能消化，易于成病，此人人所当切戒者也。"是讲心理问题。比如"食时宜与家人或相契之友，同案而食，笑语温和，随意谈话，言者发舒其意旨，听者舒畅其胸襟，中心喜悦，消化力自能增加，最合卫生之旨。试思人当谈论快适时，饮食增加，有出于不自觉者。当愤怒或愁苦时，肴馔当前，不食自饱。其中之理，可以深长思焉。"是讨论饮食的社会学意义。

又能从传入的西医的神经系统的角度上讨论饮食的问题，比如，"饮酒能兴奋神经，常饮则受害匪浅，以其能妨害食物之消化与吸收，而渐发胃、肠、心、肾等病，且能使神经迟钝也，故以少饮为宜。茶类为茶、咖啡、可可等。此等饮料，少用之可以兴奋神经，使忘疲劳，多则有害心脏之作用。入夜饮之，易致不眠。"

（三）西餐

对于西方人饮食时的每人一餐具，一般人则表现出欣赏的态度，认为这样卫生得多。欧美各国及日本聚餐会食，不论常餐盛宴，一切食品，人各一器。我国则大众杂坐，置食品于案之中央，争以箸就而攫之，夹涎入馔，不洁已甚。

西方人凑钱聚饮有别于中国人的请客：第一，平均分配：有一人担负稍重者；何叶之姓名与何叶之银数相合，即依数出银，无违言……俗谓之曰撇兰；即世俗所称车轮会，又曰抬石头。

传入中国的西餐，一曰大餐，一曰番菜，一曰大菜。餐具与中国的不同处是：席具刀、叉、瓢三事，不摆设筷子。光绪朝，大都会商埠已经普遍。到宣统时，尤为盛行。西方人同样的对于礼仪十分重视，西方人座位设置被一般人所了解。

对于上菜的顺序及礼仪，与中国的不同，对吃西餐时刀和叉的使用方法也有许多记述。

记述进餐时的规矩，与中国的不同，尤其是有妇女入席，在中国古代的宴席上，是没有妇女的地位的：进食时，勿使餐具相触作响，勿咀嚼有声，勿剔牙。进点后，可饮咖啡，食果物，吸烟，（有妇女在席则不可，允许妇女入席已经是一大进步）并取席上所设之巾，揩拭手指、唇、面，向主人鞠躬致谢。

（四）西餐传入后的变化

最早传入的情况，以及在上海的西餐店情况，最早始于上海福州路之一品香，其价格每人大餐一元，坐茶七角，小食五角，外加堂彩、烟酒之费。当时人们很少过问，其后渐有趋之者，于是有海天春、一家春、江南春、万长春、吉祥春等继起，且分室设座。传入中国的西餐已经有所变化，但是社会评价并不高，认为繁盛商埠皆有西餐之肆，但是烹饪之法，不中不西，徒为外人扩充食物原料之贩路而已。

西方传入的汽水，中国人叫"荷兰水"，有了蒙古饮食，如"奶子酒"，蒙古人吃鱼时有不许说话的习惯。

蒋竹庄废止早上一顿饭，被人们接受，并且引进了西医的说法，这说明西医已经广泛地被接受，西医传入之后改变了中国人的饮食习惯。

传承中华文脉（弘崇书法）

[1] 孔子等.四书五经·礼记 [M].兴华,等译.北京:昆仑出版社,2001.

[2] 梁启雄.韩子浅解 [M].北京:中华书局,1960.

[3] 左丘明.春秋左氏传集解.西晋杜预集解 [M].上海:上海古籍出版社,1997.

[4] 司马迁.史记 [M].北京:中华书局,1959.

[5] 班固.汉书 [M].北京:中华书局,1962.

[6] 吴树平.风俗通义校释 [M].天津:天津人民出版社,1980.

[7] 徐震堮.世说新语校笺(全二册)[M].北京:中华书局,1984.

[8] 邓之诚.东京梦华录注 [M].北京:中华书局,1982.

[9] 吴自牧.梦粱录 [M].北京:中国商业出版社,1982.

[10] 姚伟钧等.饮膳正要注释 [M].郑州:中州古籍出版社,2015.

[11] 徐珂.清稗类钞 [M].北京:商务印书馆,1917.

[12] 俞敦培.酒令丛抄 [M].江苏:江苏广陵古籍刻印社,1984.

[13] 陈梦雷.钦定古今图书集成 [M].清内府铜活字印本,雍正四年(丙午1726).

[14] 曹雪芹.红楼梦 [M].沈阳:春风文艺出版社,1994.

[15] 阮元校刻.十三经注疏 [M].北京:中华书局.1980.

[16] 傅云龙.籑喜庐丛书 [M].清光绪十五年(1889)德清傅氏刊本.

[17] 钱钟书.管锥编 [M].北京:中华书局,1991.

[18] 白寿彝.中国通史 [M].上海人民出版社、江西教育出版社,2013.

[19] 邱庞同.中国烹饪古籍概述 [M].北京:中国商业出版社,1989.

[20] 张起钧.烹调原理 [M].北京:中国商业出版社,1985.

[21] 钱穆.中国思想通俗讲话 [M].北京:三联书店,2002.

[22] 朱宝镛,章克昌.中国酒经 [M].上海:上海文化出版社,2000.

[23] 贡华南.味道哲学 [M].北京:生活·读书·新知三联书店,2022.

[24] 马文·哈里斯.好吃 [M].济南:山东画报出版社,2001.

[25] 威廉·乌克斯原著.吴觉农主编.茶叶全书 [M].中国茶叶研究社丛书,1949.

[26] 尤金·N·安德森.中国食物 [M].马孆,刘东,译.南京:江苏人民出版社,2003.

[27] 筱田统,田中静一.中国食经丛书 [M].东京书籍文物流通会,昭和四十七年(1972).

[28] 篠田统.中国食物史研究 [M].北京:中国商业出版社,1987.

[29] 王仁湘.饮食与中国文化 [M].北京:人民出版社,1993.

[30] 赵荣光,谢定源.饮食文化概论 [M].北京:中国轻工业出版社,1999.

[31] 赵荣光.中华饮食文化概论 [M].北京:高等教育出版社,2018.

[32] 姚淦铭.先秦饮食文化研究 [M].贵阳:贵州人民出版社,2005.

[33] 徐海荣．中国饮食史［M］．北京：华夏出版社，1999.

[34] 徐兴海．食品文化概论［M］．南京：东南大学出版社，2008.

[35] 袁宏道，郎廷极编著，徐兴海注解．觞政·胜饮编［M］．郑州：中州古籍出版社，2017.

[36] 徐兴海，胡付照．中国饮食思想史［M］．南京：东南大学出版社，2015.

[37] 徐兴海．酒与酒文化［M］．北京：中国轻工业出版社，2018.

[38] 胡付照．中华茶文化与礼仪［M］．北京：中国财富出版社，2018.

[39] 胡付照．触目润心-宜兴紫砂商品美学［M］．北京：中国财富出版社，2017.

[40] 胡付照．壶里乾坤-紫砂壶艺术探赜［M］．桂林：广西师范大学出版社，2012.

[41] 张孟伦．汉魏饮食考［M］．兰州：兰州大学出版社，1988.

[42] 徐旺生．民以食为天——中华美食文化·序［M］．海口：海南出版社，1993.

[43] 傅树勤，欧阳勋．陆羽茶经译注［M］．武汉：湖北人民出版社，1983.

[44] 宋兆麟等．中国原始社会史［M］．北京：文物出版社，1983.

[45] 马承源．中国青铜器［M］．上海：上海古籍出版社，1988.

[46] 杜金鹏等．中国古代酒具［M］．上海：上海文化出版社，1995.

[47] 范行准主编．中国古典医学丛刊［M］．上海：群联出版社，1955.

[48] 陈念萱．我的香料之旅［M］．上海：上海文化出版社，2013.

[49] 孙中山．建国方略［M］．沈阳：辽宁人民出版社，1994.

[50] 韩作珍．饮食伦理：在中国文化的视野下［M］．北京：人民出版社，2017.

[51] 王志华，李彦知，杨建宇．杨建宇二十四节气养生歌赏析［J］．中国中医现代远程教育，2012.